SHENGWU HUAXUE

高职高专“十二五”规划教材

生物化学

第二版

李玉白 主编

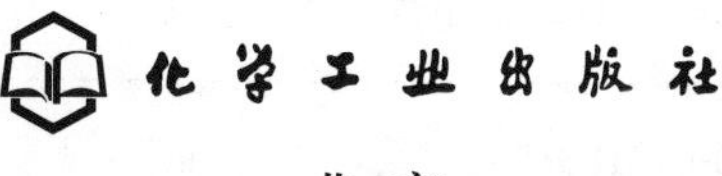

·北京·

本书根据职业教育教学的特点编写。全书共分 12 章，内容包括：蛋白质的结构与功能，核酸的结构与功能，酶，糖代谢，脂类代谢，生物氧化，氨基酸代谢，核苷酸代谢以及物质代谢的联系与调节，肝胆化学，维生素微量元素，水与无机盐，临床生化检验基础知识和生物化学实验。全书内容通俗易懂、简洁明了；基础知识够用、实用，重点突出，特色鲜明。每章后附有阅读材料，其内容紧密联系最新的研究进展和临床实例，每章后还附有适量习题。

本书为高职高专生物技术、临床医学、护理、医学技术、卫生管理等类专业生物化学教材，各院校可根据具体情况选择内容讲授，也可作为其他相关专业学生学习生物化学课程的选修或辅修教材及参考书。

图书在版编目（CIP）数据

生物化学/李玉白主编．—2 版．—北京：化学工业出版社，2013.6（2019.4 重印）
高职高专“十二五”规划教材
ISBN 978-7-122-17020-0

Ⅰ.①生…　Ⅱ.①李…　Ⅲ.①生物化学-高等职业教育-教材　Ⅳ.①Q5

中国版本图书馆 CIP 数据核字（2013）第 074828 号

责任编辑：旷英姿　郎红旗　　　　装帧设计：史利平
责任校对：蒋　宇

出版发行：化学工业出版社（北京市东城区青年湖南街 13 号　邮政编码 100011）
印　　装：大厂聚鑫印刷有限责任公司
787mm×1092mm　1/16　印张 14¾　字数 362 千字　　2019 年 4 月北京第 2 版第 4 次印刷

购书咨询：010-64518888　　　　售后服务：010-64518899
网　　址：http://www.cip.com.cn
凡购买本书，如有缺损质量问题，本社销售中心负责调换。

定　　价：28.00 元

编写人员

主　编　李玉白

副主编　高　岭

编　者　（以姓名笔画为序）

王　宇　辽宁科技学院

李玉白　湖南环境生物职业技术学院

陈　晗　荆楚理工学院

陈加红　杭州万向职业技术学院

陈武哲　永州职业技术学院

罗海勇　湖南环境生物职业技术学院

徐雄波　长沙医学院

高　岭　日照职业技术学院

前　言

本教材按照全面推进素质教育和21世纪职业教育课程改革的总体要求，根据《教育部关于加强高职高专教育人才培养工作的意见》，以“需用为准、够用为度、实用为先”为原则编写。重点围绕以就业为导向，以岗位需求为标准，培养技能型高素质劳动者的人才培养目标，体现以能力为本位，以发展技能为核心的职教理念。供高等职业技术学院、中等职业技术学校、医学高等专科学校及成人教育学院生物技术、临床医学、护理、医学技术、卫生管理等类专业学生使用。

本教材共12章，并附有10个实验。在编写中力求做到内容精练、通俗易懂，便于教与学。与其他生物化学教材比较，本教材根据新形势下职业教育培养目标降低了理论难度，补充临床生化基础知识，增加实用的实验指导内容，适当联系与生物技术、临床医学等专业有密切联系并成熟的有关生物化学的新进展，努力培养学生的创新思维和实践能力。每章后附有具有特色的相关阅读材料。为方便教学，本书还配有电子课件。

为了适应不同专业的教学需要，对教学内容尽量重视理论与实践相结合，突出实用性。各院校可根据具体情况选择使用教学内容。

本教材由李玉白主编、高岭副主编，李玉白负责全书统稿。全书编写分工如下：陈武哲编写第一章，高岭编写第二、第三章，王宇编写第四、第八章，徐雄波编写第五、第七章，陈晗编写第六、第九章，陈加红编写第十、第十一章，李玉白编写第十二章，罗海勇编写各章习题，生物化学实验由全体人员参与编写。全书由李玉白统稿。本教材编写中，全体编者都付出了艰辛的劳动，在此深表谢意。

本教材自2009年8月第一次印刷使用以来，得到了广泛的认可。在本次教材的修订过程中同时得到了化学工业出版社及各参编单位的大力支持和帮助，在此一并表示感谢。在今后的教学使用过程中，我们欢迎各校教师继续就有关内容提出修订，补充以及更新的意见和建议。

编　者

2013年1月

第一版前言

本教材按照全面推进素质教育和21世纪职业教育课程改革的总体要求，根据《教育部关于加强高职高专教育人才培养工作的意见》，以“需用为准、够用为度、实用为先”为原则编写。重点围绕以就业为导向，以岗位需求为标准，培养技能型高素质劳动者的人才培养目标，体现以能力为本位，以发展技能为核心的职教理念。供高等职业技术学院、中等职业技术学校、高等医学成人教育学院等各专业学生使用。

本教材共12章，并附有10个实验。在编写中力求做到内容精练、通俗易懂，便于教与学。与其他生物化学教材比较，本教材根据新形势下职业教育培养目标降低了理论难度，补充临床生化基础知识，增加实用的实验指导内容，适当联系与临床或现代生物技术有密切联系的成熟的有关生化的新进展，努力培养学生的创新思维和实践能力。每章后附有具有特色的相关阅读材料。

为了适应不同专业的教学需要，对教学内容尽量重视理论与实践相结合，突出实用性。各院校可根据具体情况选择使用教学内容。

本教材由李玉白主编、高岭副主编。全书编写分工如下：陈武哲编写第一章，高岭编写第二、第三章，王宇编写第四、第八章，徐雄波编写第五、第七章，陈晗编写第六、第九章，陈加红编写第十、第十一章，李玉白编写第十二章，生物化学实验由全体人员参与编写。全书由李玉白统稿。本教材编写中，全体编者都付出了艰辛的劳动，在此深表谢意。

由于学识水平有限，书中疏漏和不妥之处在所难免，敬请同行专家和使用本教材的师生批评指正。

编　者

2009年2月

目　录

第一章　绪　　论

【主要学习目标】

掌握生物化学的定义、内容和任务；了解生物化学的发展简史；熟悉生物化学与其他学科的关系；熟悉其发展应用前景。

生物化学是研究生物体内化学分子与化学反应的科学，从分子水平上探讨生命现象的本质。生物化学主要研究生物体分子结构与功能，物质代谢与调节，以及遗传信息传递的分子基础与调控规律。生物化学的研究主要采用化学的方法与原理，但同时也融入了生物物理学、生理学、细胞生物学、遗传学和免疫学等的理论和技术，使之与众多学科有着广泛的联系与交叉。

一、生物化学的任务

构成生物体最基本的结构单位是细胞。因此，生物化学的任务是从分子水平上来阐述和解释活细胞内和细胞之间的一系列化学反应及其与生命活动的关系，同时将生物化学的理论和规律应用于为人类的身体健康服务，这是每个生物化学工作者肩负的义不容辞的职责。

在生物化学研究过程中，首先应从活细胞中分离、纯化出成千上万种化学分子，从而确定它们的结构与性质，了解它们在体内进行的化学反应以及作用机理等内容，因此是非常艰巨的任务。其次是揭示自然界生命起源的奥秘，此方面的研究更加复杂、艰巨，目前仍然未取得什么进展。

二、生物化学的主要内容

生物化学包含的内容相当广泛。当代生物化学内容归纳为以下三个方面。

1. 生物大分子的结构与功能

所谓生物大分子是指相对分子质量大而结构复杂的分子，是由某些结构单位按一定顺序和方式连接而成的多聚体，相对分子质量一般在一万以上。例如，由核苷酸作为基本组成单位，通过磷酸二酯键形成多聚核苷酸链，即为核酸；氨基酸作为基本单位，通过肽键而形成多肽链，即为蛋白质；淀粉也是由一定的基本单位聚合而成的。一般来说，生物大分子的重要特征是具有信息功能，因此也被称为生物信息分子。

在研究生物大分子过程中，首先要确定其基本结构也就是一级结构，其次更重要的是研究其空间结构及其与功能的关系。例如蛋白质，结构是功能的基础，而功能是结构的表现。同时生物分子的功能还通过分子间的相互识别及相互作用而完成。例如，蛋白质与蛋白质、蛋白质与核酸、核酸与核酸相互联系，在基因表达的调节中起着决定性作用。综上所述，分子结构、分子识别和分子的相互联系是执行生物信息分子功能的基本条件。

2. 物质代谢及调控

物质代谢是指体内物质按一定规律进行的化学反应。正常的物质代谢是生命过程的必备条件，如果物质代谢发生紊乱则可引起疾病的发生，甚至危及生命。物质代谢中绝大部分化学反应是由酶催化而完成的，酶结构及量的变化对物质代谢的调节起着十分重要的作用。此外，细胞信息传递参与多种物质代谢及其相关的生长、增殖、分化等生命过程各环节的调节。

3. 生命信息传递

生命信息传递涉及遗传、变异、生长、分化等多方面生命过程，也与遗传疾病、心血管病、恶性肿瘤等多种疾病发病机制有关。故生命信息传递的研究在生命科学中的地位显得越来越重要。现已确定，DNA 是遗传信息的载体，也是遗传的主要物质基础，信息单位就是 DNA 分子的功能片段。目前，信息分子生物学除进一步研究 DNA 的结构与功能外，还要研究 DNA 的复制、RNA 的转录及蛋白质的生物合成等生命信息传递过程的机制及信息表达的调控规律。

三、生物化学的发展

生物化学的起始研究可追溯到 18 世纪，而在 20 世纪初叶作为一门独立的学科得到蓬勃发展，近 50 年来又有许多重大的进展和突破，可谓是一门既古老又年轻的学科。

我国劳动人民远在古代，就已在生产或医疗和营养等方面的实践中积累了许多有关生物化学的经验，而且有很多发明创造，对生物化学的发展做出了许多贡献。在 4000 多年前的夏禹时代就已经发明用粮食酿酒，酿酒用的酒母称为曲，即含有大量现在所称的酶。商周时期即公元前 12 世纪已经知道制造酱、醋和饴的技术。酒、酱、醋、饴都属于发酵酿造业，是利用生物体内的酶所催化的化学反应产物。

20 世纪 50 年代以来，生物化学有了突飞猛进的发展。生物科学的研究已经从过去的整体、组织器官等宏观水平进入现在的亚细胞和分子水平等微观水平，即所谓的分子生物学。许多生命现象的本质可以在分子水平得到阐明，成为人类改造自然和征服自然的有力武器之一。分子生物学通过对蛋白质、酶和核酸等生物大分子的结构和运动规律的研究来探讨生命现象的本质，同时物质代谢途径的研究继续发展，且重点进入代谢调节与合成代谢的研究。例如 20 世纪 50 年代后期揭示了蛋白质生物合成途径，确定了由合成代谢与分解代谢网络组成的“中间代谢”概念。这一阶段，细胞内两类重要的生物大分子——蛋白质与核酸，成为研究的焦点。例如 50 年代初期发现了蛋白质的 α-螺旋的二级结构形式；完成了胰岛素的氨基酸全序列分析等。更具有里程碑意义的是 J. D. Waston 和 F. H. Crick 于 1953 年提出 DNA 双螺旋结构模型，为揭示遗传信息传递规律奠定了基础，是生物化学发展进入分子生物学时期的重要标志。此后，对 DNA 的复制机制、DNA 转录过程以及各种 RNA 在蛋白质合成过程中的作用进行了深入研究；提出了遗传信息传递的中心法则，破译了 RNA 分子中的遗传密码等。这些成果深化了人们对核酸与蛋白质的关系及其在生命活动中作用的认识。20 世纪 70 年代，重组 DNA 技术的建立不仅促进了对基因表达调控机制的研究，而且使人们主动改造生物体成为可能。由此相继获得了许多基因工程产品，大大推动了医药工业和农业的发展。转基因动植物和基因剔除动物模型的成功建立是重组 DNA 技术发展的结果。基因诊断与基因治疗也是重组 DNA 技术在医学领域中应用的重要方面。20 世纪 80 年代，核酶的发现是人们对生物催化剂认识的补充。聚合酶链式反应（PCR）技术的发明，使人们有可能在体外高效率扩增 DNA。这些成果是分子生物学发展史上的重大事件。

20 世纪末开始的人类基因组计划是人类生命科学中的又一伟大创举。人类基因组计划是描述人类基因组和其他模式生物基因组特征，包括基因组图谱绘制和测序、发展基因组学技术等的一个国际性研究项目。人类基因组计划于 20 世纪 80 年代中期提出，1990 年正式启动。通过测序技术的不断发展和计算机手段的完善，在实验模式生物（如酵母和线虫）测序的工作基础上，大规模的人类基因组序列于1993年3月开始。人类基因组计划采用了先产生“工作草图”的策略，即获取能覆盖全基因组的有用数据，然后再补充很多未知序列的间隙和经验不确切序列，终于在2001年2月由人类基因组计划和Cerela共同公布了人类基因组草图，这个无疑是人类生命科学历史上的一个重大里程碑。它揭示了人类遗传学图谱的基本特点，将为人类的健康和疾病的研究带来根本性的变革。

我国对生物化学的发展作出了重要贡献。1965年，我国首先利用人工法合成了具有生物活性的胰岛素。1981年，又成功地合成了酵母丙氨酰-tRNA。近年来，我国的基因工程、蛋白质工程、人类基因组计划及新基因的克隆和功能研究等方面获得重大成果，正朝着国际先进水平迈进。

四、生物化学与医学的关系

生物化学是一门医学的必修课程，讲述正常人体的生物化学以及疾病过程中的生物化学相关问题，与医学有着紧密的联系。生物化学又是生命科学中进展迅速的基础学科，它的理论和技术已经渗透到基础医学和临床医学的各个领域，使之产生了许多新兴的交叉学科，如分子遗传学、分子免疫学、分子微生物学、分子病理学和分子药理学等。从分子水平上阐述疾病的发病机制、药物作用的原理及其在体内的代谢过程等，都应该以生物化学的知识为基础。生物化学还为人体提供认识健康及维持健康的基本知识，提供了解疾病及有效治疗疾病的理论基础知识，即医务工作者接触生物化学知识的两个重要的方面。例如生物化学阐明各种维生素在物质代谢及生命活动中的作用，这就为预防维生素缺乏症，维持人体健康或者治疗有关疾病提供了重要的基本知识。生物化学的研究成果从分子水平上阐明了健康与疾病规律诸多方面的基本问题；同时健康与疾病两个方面的研究又为生物化学提供了广阔的前景。例如异常血红蛋白的研究为血红蛋白结构与功能关系的研究开辟了广阔的前景，而且数百种异常血红蛋白研究所积累的资料又成为从各方面说明血红蛋白结构与功能关系的理论知识。因此，生物化学与医学之间是相互促进、共同发展的。

五、生物化学的应用和发展前景

生物化学在生产和生活中的作用主要体现在以下三方面。

首先是生化知识的应用。随着对生命活动分子机制的逐步了解，人们对各种生理和疾病过程的认识不断深化，并将这些知识应用于医疗保健和工农业生产中。在医学上，人们根据疾病的发展机制以及病原体与人体在代谢上和调控上的差异，设计或筛选出各种高效低毒的药物；按照生长发育的不同需要，配制合理的饮食。在工业生产尤其是发酵工业上，人们根据某种产物的代谢规律，通过控制反应条件，突破其限制步骤的调控，以大量生产所需要的生物产品。利用发酵法成功地生产出维生素C和许多氨基酸就是出色的例证。在农业上，对养殖动物和种植农作物代谢过程的深刻认识，成为制定合理的饲养和栽培措施的依据。人们根据农作物与病虫害和杂草在代谢和调控上的差异，设计各种农药和除草剂。此外，农产品、畜产品、水产品的储藏、保鲜、加工业等已广泛地利用了有关的生化知识。

其次是生化技术的应用。生化分析已经成为现代工业生产和医药实践中常规的检测手段。在工业生产上，利用生化分析检验产品质量，监测生产过程，指导工艺流程的改造。在农业上，利用生化分析进行品种鉴定，促进良种选育。在医学上，生化分析用于帮助临床诊断，跟踪和指导治疗过程，同时还为探讨疾病产生机制和药物作用机制提供了重要的线索。生化分离纯化技术和生物合成技术不仅极大地推动了近代生物化学，特别是分子生物学和生物工程的发展，而且必将给许多传统的生产领域带来一场深刻的变革。

再次是生化产品的广泛应用。这一方面最突出的当首推酶制剂的应用。例如，蛋白酶制剂被用作助消化和溶血栓的药物，还用于皮革脱毛和洗涤剂的添加剂；淀粉酶和葡萄糖异构酶用于生产高果糖浆；纤维素酶用作饲料添加剂；某些固定化酶被用来治疗相应的酶缺陷疾病；一些酶制剂已在工农业产品的加工和改造、工艺流程的革新和“三废”治理中得到应用。各种疫苗、血液制品、激素、维生素、氨基酸、核苷酸、抗生素和抗代谢药物等，已经广泛应用于医疗实践。此外，许多食品添加剂、营养补剂和某些饲料添加剂也是生化制品。

植物的抗寒性、抗旱性、抗盐性以及抗病性的研究离不开生物化学，豆科植物的共生固氮作用也是生物化学的一个重要课题，同时生物化学的理论还可以作为病虫害防治和植物保护的理论基础，用于研究植物被病原微生物侵染以后的代谢变化，了解植物抗病性机制、病菌及害虫的生物化学特征、化学药剂（如杀菌剂、杀虫剂和除草剂）的毒性机制，以提高植物对环境的适应能力，增强植物生产力，使植物资源更好地为人类服务。

目前应用生物工程技术手段已经大规模地生产出动植物体内含量少而为人类所需的蛋白质，如干扰素、生长素、胰岛素、肝炎疫苗等珍贵药物，展示出广阔的应用前景，对人类的生产和生活产生了巨大而深远的影响，是21世纪新兴技术产业之一。

因此，作为新世纪的科技工作者，学习生物化学的基础理论和基本技能，密切关注生物化学发展的前沿知识和发展动态是十分必要的。

第二章　蛋白质化学

【主要学习目标】

了解氨基酸的分类、结构和两性性质；掌握肽键、蛋白质一级结构的概念；了解蛋白质的空间结构及维持力量。

蛋白质广泛存在于生物界，是一类最重要的生物大分子。生物体的生长、发育、繁殖、代谢、运动、免疫、物质的运输等生命活动都离不开蛋白质。可以说蛋白质是一切生命活动的基础，没有蛋白质就没用生命。蛋白质种类繁多，结构复杂，但它们都是由大约 20 种氨基酸按照一定的顺序通过肽键缩合而成的，具有较稳定的构象，并具有一定生物功能的生物大分子。

第一节　蛋白质的分子组成

一、蛋白质的组成元素

构成蛋白质的基本元素主要有碳、氢、氧、氮和硫。有些蛋白质还含有微量的磷、铁、锌、铜、钼、碘等元素。其中氮的含量在各种蛋白质中都比较接近，平均为 16%。因此，一般可由测定生物样品中的氮，粗略地计算出其中蛋白质的含量（1g 氮相当于 6.25g 蛋白质）。

二、蛋白质的基本组成单位——氨基酸

蛋白质相对分子质量大，结构复杂，但如果用酸或蛋白酶处理使其彻底水解，最后可以得到各种氨基酸。实验证明氨基酸是蛋白质的基本组成单位。

从各种生物体中发现的氨基酸已有 180 多种，但是参与蛋白质组成的常见氨基酸或称基本氨基酸只有 20 种。此外，某些蛋白质中还存在若干种不常见的氨基酸，它们都是在已合成的肽链上由常见的氨基酸经专一酶催化的化学修饰转化而来。180 多种天然氨基酸中，大多数不参与蛋白质的组成，这些氨基酸被称为非蛋白质氨基酸。参与蛋白质组成的 20 种氨基酸被称为蛋白质氨基酸。

1. 氨基酸的结构特点

20 种基本氨基酸中，除脯氨酸外，均为 α-氨基酸，即羧酸分子中 α-碳原子上的一个氢原子被氨基取代的化合物。

α-氨基酸的结构可用下式来表示。式中 R 基为 α-氨基酸的侧链，方框内的基团为各种氨基酸的共同结构。

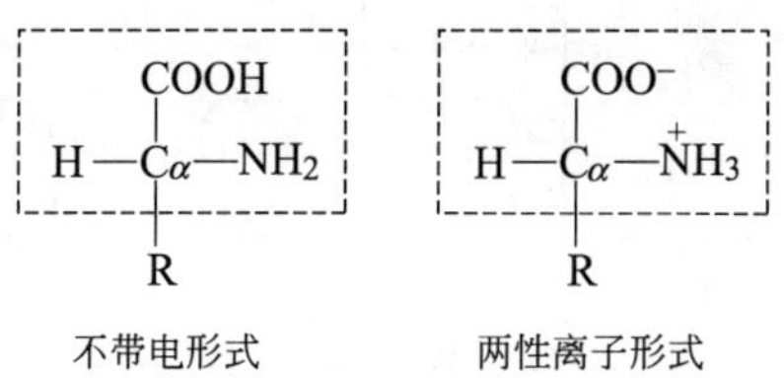

不带电形式　　两性离子形式

不同的α-氨基酸，其R基侧链不同，它对蛋白质的空间结构和理化性质有重大的影响。除了R基为H的甘氨酸外，其他氨基酸的α-碳原子都是手性碳原子，因此，第一，除甘氨酸以外的所有氨基酸都有旋光性；第二，除甘氨酸以外的所有氨基酸都可以形成两种不同的构型：D-型和L-型。书写时将羧基写在α-碳原子上端，则氨基在左边的为L-型，氨基在右边的为D-型。

$$\begin{array}{c} COOH \\ | \\ H_2N—C—H \\ | \\ R \end{array} \qquad \begin{array}{c} COOH \\ | \\ H—C—NH_2 \\ | \\ R \end{array}$$

L-α-氨基酸　　D-α-氨基酸

构型和旋光性之间没有直接对应关系。各种L-型氨基酸中有的为左旋，有的为右旋，即使同一种氨基酸，在不同的溶液中测定时，其旋光值和旋光方向也会不同。

从蛋白质中水解得到的α-氨基酸（除甘氨酸外）都是L-型。所以习惯上书写氨基酸都不标明构型和旋光方向。

2. 氨基酸的分类

各种氨基酸的区别就在于侧链R基的不同。组成蛋白质的20种基本氨基酸可以按照R基的化学结构或极性大小进行分类。

按照R基的化学结构，可以将20种基本氨基酸分为脂肪族、芳香族和杂环族3类。

按照R基的极性性质，可以将20种基本氨基酸分为非极性氨基酸和极性氨基酸两大类（指在细胞内的pH值范围，即pH≈7时的解离状态）。极性氨基酸又分为不带电的极性R基氨基酸、带正电荷的R基氨基酸和带负电荷的R基氨基酸。

氨基酸的分类见表2-1。

3. 氨基酸的重要理化性质

（1）一般物理性质

氨基酸为无色晶体，熔点极高，一般在200℃以上。其味随不同的氨基酸有所不同，有的无味，有的味甜，有的味苦，谷氨酸的单钠盐有鲜味，是味精的主要成分。

各种氨基酸在水中的溶解度差别很大，并能溶解于稀酸或稀碱中，但不能溶于有机溶剂。通常酒精能将氨基酸从其溶液中沉淀析出。

（2）两性解离和等电点

同一个氨基酸分子上既有氨基又有羧基，氨基可以接受质子呈碱性，而羧基可以给出质子呈酸性，所以，氨基酸既有酸性又有碱性，这一性质称为氨基酸的两性性质。氨基酸在晶体或水溶液中主要以兼性离子亦称两性离子的状态存在。

$$\begin{array}{c} COO^- \\ | \\ R—CH—NH_2 \end{array} \underset{OH^-}{\overset{H^+}{\rightleftharpoons}} \begin{array}{c} COO^- \\ | \\ R—CH—\overset{+}{N}H_3 \end{array} \underset{OH^-}{\overset{H^+}{\rightleftharpoons}} \begin{array}{c} COOH \\ | \\ R—CH—\overset{+}{N}H_3 \end{array}$$

阴离子 $pH>pI$　　两性离子 $pH=pI$　　阳离子 $pH>pI$

表2-1　氨基酸的分类

极性状况	带电荷状况	氨基酸名称	缩写符号三字母	单字符号	化学结构式
极性氨基酸	不带电荷	丝氨酸	Ser	S	$HO—CH_2—CH(\overset{+}{N}H_3)—COO^-$
		苏氨酸	Thr	T	$CH_3—CH(OH)—CH(\overset{+}{N}H_3)—COO^-$

续表

极性状况	带电荷状况	氨基酸名称	缩写符号三字母	单字符号	化学结构式
极性氨基酸	不带电荷	天冬酰胺	Asn	N	$H_2N-\overset{O}{\overset{\|}{C}}-CH_2-\underset{\overset{\|+}{NH_3}}{CH}-COO^-$
		谷氨酰胺	Gln	Q	$H_2N-\overset{O}{\overset{\|}{C}}-CH_2CH_2\underset{\overset{\|+}{NH_3}}{CH}COO^-$
		酪氨酸	Tyr	Y	$HO-C_6H_4-CH_2-\underset{\overset{\|+}{NH_3}}{CH}COO^-$
		半胱氨酸	Cys	C	$HS-CH_2-\underset{\overset{\|+}{NH_3}}{CH}-COO^-$
	带负电荷	天冬氨酸	Asp	D	$^-OOC-CH_2-\underset{\overset{\|+}{NH_3}}{CH}-COO^-$
		谷氨酸	Glu	E	$^-OOC-CH_2-CH_2-\underset{\overset{\|+}{NH_3}}{CH}COO^-$
	带正电荷	组氨酸	His	H	$(\text{咪唑环},\ \overset{+}{HN},\ NH)-CH_2-\underset{\overset{\|+}{NH_3}}{CH}-COO^-$
		赖氨酸	Lys	K	$\underset{+}{H_3N}-CH_2-CH_2-CH_2-CH_2-\underset{\overset{\|+}{NH_3}}{CH}COO^-$
		精氨酸	Arg	R	$H_2N-\underset{\underset{+}{NH_2}}{\underset{\|}{C}}-NH-CH_2CH_2CH_2\underset{\overset{\|+}{NH_3}}{CH}COO^-$
非极性氨基酸	甘氨酸		Gly	G	$H-\underset{\overset{\|+}{NH_3}}{CH}-COO^-$
	丙氨酸		Ala	A	$CH_3-\underset{\overset{\|+}{NH_3}}{CH}-COO^-$
	缬氨酸		Val	V	$CH_3-\underset{\overset{\|}{CH_3}}{CH}-\underset{\overset{\|+}{NH_3}}{CH}-COO^-$
	亮氨酸		Leu	L	$CH_3-\underset{\overset{\|}{CH_3}}{CH}-CH_2-\underset{\overset{\|+}{NH_3}}{CH}-COO^-$
	异亮氨酸		Ile	I	$CH_3-CH_2-\underset{\overset{\|}{CH_3}}{CH}-\underset{\overset{\|+}{NH_3}}{CH}-COO^-$
	苯丙氨酸		Phe	F	$C_6H_5-CH_2-\underset{\overset{\|+}{NH_3}}{CH}-COO^-$
	甲硫氨酸(蛋氨酸)		Met	M	$CH_3-S-CH_2-CH_2-\underset{\overset{\|+}{NH_3}}{CH}-COO^-$
	脯氨酸		Pro	P	$(\text{吡咯烷环},\ \overset{+}{N}H_2)-COO^-$
	色氨酸		Trp	W	$(\text{吲哚环},\ NH)-CH_2-\underset{\overset{\|+}{NH_3}}{CH}-COO^-$

氨基酸溶于水后，可以调节溶液的 pH 值，使氨基酸带上正电荷或负电荷，也可以使它处于正、负电荷数相等即净电荷为零的兼性离子状态。当氨基酸所带的净电荷为零时溶液的 pH 值称为该氨基酸的等电点（p*I*）。在等电点时，氨基酸在电场中既不向阳极移动，也不向阴极移动。

由于静电作用，在等电点时，氨基酸的溶解度最小，容易沉淀，利用这一性质可以分离制备某些氨基酸。利用各种氨基酸的等电点不同，可以通过电泳法、离子交换法等在实验室或工业上进行混合氨基酸的分离或制备。

氨基酸的等电点除了用酸碱滴定的方法测定以外，还可以按氨基酸的可解离基团的 p*K* 值计算。先写出氨基酸的解离方程，然后取两性离子两边的算术平均值，即可求出该氨基酸的等电点。

对中性氨基酸和酸性氨基酸来说：$pI=(pK_1+pK_2)/2$

对碱性氨基酸来说：　　　　　　$pI=(pK_2+pK_3)/2$

由于羧基解离度大于氨基的解离度，所以，含有一个氨基和一个羧基的中性氨基酸的等电点都在 pH6.0 左右。

各种氨基酸在 25℃时 p*K* 和 p*I* 见表 2-2。

表 2-2　各种氨基酸在 25℃时 p*K* 和 p*I*

氨基酸名称	pK_1	pK_2	pK_3	pI
甘氨酸	2.34	9.60		5.97
丙氨酸	2.34	9.69		6.0
缬氨酸	2.32	9.62		5.96
亮氨酸	2.36	9.60		5.98
异亮氨酸	2.36	9.68		6.02
丝氨酸	2.21	9.15		5.68
苏氨酸	2.71	9.62		6.18
半胱氨酸(30℃)	1.96	8.18(—SH)	10.28($\overset{+}{N}H_3$)	5.07
胱氨酸(30℃)	1.00	1.7(—COOH)	7.58 和 9.02	4.60
甲硫氨酸	2.28	9.21		5.74
天冬氨酸	1.88	3.65(β-COO^-)	9.60($\overset{+}{N}H_3$)	2.77
谷氨酸	2.19	4.25(γ-COO^-)		3.22
天冬酰胺	2.02	8.80		5.41
谷氨酰胺	2.17	9.13		5.65
赖氨酸	2.18	8.95(α-$\overset{+}{N}H_3$)	10.53(ε-$\overset{+}{N}H_3$)	9.74
精氨酸	2.17	9.04(α-$\overset{+}{N}H_3$)	12.58(胍基)	10.76
苯丙氨酸	1.83	9.13		5.48
酪氨酸	2.20	9.11(α-$\overset{+}{N}H_3$)	10.07(OH)	5.66
色氨酸	2.38	9.39		5.89
组氨酸	1.82	6.00(咪唑基)	9.17(α-$\overset{+}{N}H_3$)	7.59
脯氨酸	1.99	10.60		6.30
羟脯氨酸	1.92	9.73		5.83

(3) 氨基酸的化学性质

除氨基酸的 α-氨基和 α-羧基能参加反应外，其侧链的 R 基团也能参加反应。下面重点介绍几种常见的反应。

① 与茚三酮的反应　茚三酮在弱酸性溶液中与 α-氨基酸共热，引起氨基酸氧化脱氨、

脱羧反应，最后茚三酮与反应产物——氨和还原型茚三酮发生作用，生成蓝紫色物质。脯氨酸和羟脯氨酸与茚三酮反应产生黄色物质。氨基酸与茚三酮的反应非常灵敏，几微克氨基酸就能显色。根据蓝紫色的深浅，在 570nm 波长下（或根据黄色深浅在 440nm 波长）下测吸光值，再与标准样的吸光值进行比较，就可测定样品中氨基酸的含量。

采用纸色谱、离子交换色谱和电泳等技术分离氨基酸时，常用茚三酮溶液作显色剂，以定性定量测定氨基酸。多肽和蛋白质与茚三酮也有反应，但多肽相对分子质量越大，灵敏度越差。

② 与亚硝酸反应　氨基酸在室温下与亚硝酸作用生成氮气。其反应式如下：

$$\mathrm{R{-}\underset{\displaystyle |}{\overset{\displaystyle NH_2}{CH}}{-}COOH + HNO_2 \longrightarrow R{-}\overset{\displaystyle OH}{CH}{-}COOH + H_2O + N_2\uparrow}$$

在标准条件下测定生成的氮气的体积，即可计算出氨基酸的量。这是 Van Slyke 法测定氨基氮的基础。此法可用于氨基酸定量测定和蛋白质水解程度的测定。这里值得注意的是生成的氮气只有一半来自氨基酸。除 α-NH_2 外，赖氨酸的 ε-NH_2 也能与亚硝酸反应，但速度较慢，而 α-NH_2 作用 3～4min 即反应完全。

③ 与甲醛的反应　氨基酸溶液中存在如下平衡：

$$\mathrm{R{-}\underset{\displaystyle \overset{+}{N}H_3}{CH}{-}COO^- \rightleftharpoons R{-}\underset{\displaystyle NH_2}{CH}{-}COO^- + H^+}$$

氨基酸虽然是两性电解质，既是酸又是碱，但却不能直接用酸、碱滴定来进行定量测定。这是因为氨基酸的酸、碱滴定的化学计量点 pH 过高（12～13）或过低（1～2），没有适当的指示剂可被选用。如果向氨基酸溶液中加入过量的甲醛，再用 NaOH 标准溶液滴定时，由于甲醛合氨基酸中的—NH_2 作用形成羟甲基和羟二甲基氨基酸，使上述平衡向右移动，促使氨基酸分子上的—$\overset{+}{N}H_3$ 解离释放出 H^+，从而使溶液酸性增加，就可以用酚酞作指示剂用 NaOH 标准溶液来滴定。

$$\mathrm{R{-}\underset{\displaystyle \overset{+}{N}H_3}{CH}{-}COO^- \rightleftharpoons R{-}\underset{\displaystyle NH_2}{CH}{-}COO^- + H^+ \xrightarrow{OH^-} 中和}$$

$$\mathrm{R{-}\underset{\displaystyle NH_2}{CH}{-}COO^- \xrightarrow{HCHO} R{-}\underset{\displaystyle NHCH_2OH}{CH}{-}COO^-\ (羟甲基氨基酸) \xrightarrow{HCHO} R{-}\underset{\displaystyle N(CH_2OH)_2}{CH}{-}COO^-\ (二羟甲基氨基酸)}$$

由滴定所消耗的 NaOH 标准溶液的体积可以计算出氨基酸中氨基的含量，也即氨基酸的含量。蛋白质水解时放出游离的氨基酸，蛋白质合成时游离氨基酸减少，因此，可用甲醛滴定法测定游离氨基量，就可以大致判断蛋白质水解或合成的速度。

三、肽键连接氨基酸——肽

1. 肽和肽键

一个氨基酸的氨基和另外一个氨基酸的羧基脱水缩合而成的化合物称为肽。两个相邻氨基酸之间脱水后形成的键称酰胺键，又称肽键。由两个氨基酸组成的肽称为二肽，由三个氨基酸组成的肽称为三肽。一般含有几个至十几个氨基酸残基的肽链称为寡肽，更长的肽链称为多肽，也称多肽链。肽的形成示意图见图 2-1。

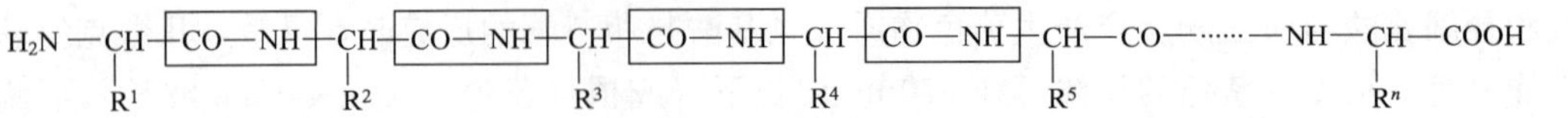

$$H_2N-\underset{R^1}{CH}-\boxed{CO-NH}-\underset{R^2}{CH}-\boxed{CO-NH}-\underset{R^3}{CH}-\boxed{CO-NH}-\underset{R^4}{CH}-\boxed{CO-NH}-\underset{R^5}{CH}-CO-\cdots\cdots-NH-\underset{R^n}{CH}-COOH$$

图 2-1 肽的形成

肽链的结构有主链和侧链之分。主链骨架是指除侧链 R 基以外的部分。肽链中的每一个氨基酸由于参与肽键的形成，已经不是原来的完整分子，因此称为氨基酸残基。一条多肽链的主链通常在一端含有一个游离的末端氨基，在另一端含有一个游离的末端羧基。两个游离的末端基团有时连接形成环状肽。

2. 肽的命名和结构

肽的命名是根据参与其组成的氨基酸残基来确定的。规定从肽链的氨基末端的氨基酸开始，称为某氨基酰某氨基酰……某氨基酸。例如具有下列结构的五肽命名为丝氨酰甘氨酰酪氨酰丙氨酰亮氨酸，简写为 Ser-Gly-Tyr-Ala-Leu。肽链像氨基酸一样，也有极性，通常总是把 NH_2 末端氨基酸残基放在左边，COOH 末端氨基酸残基放在右边，除特别指明外。注意反过来书写的 Leu-Ala-Tyr-Gly-Ser 是一个不同的五肽。

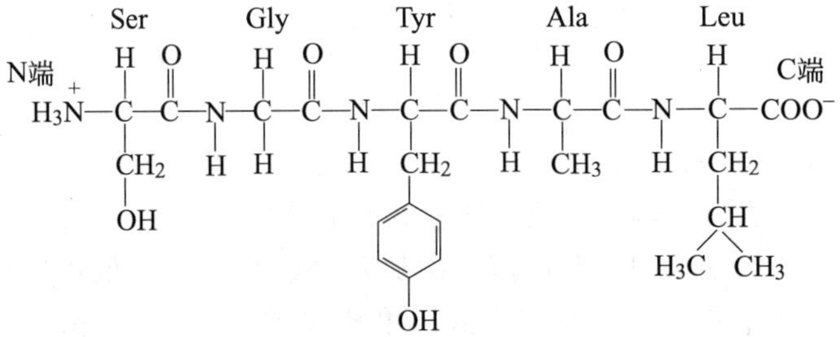

Ser Gly Tyr Ala Leu

N端 C端

$$H_3\overset{+}{N}-\underset{\underset{OH}{CH_2}}{\overset{H}{C}}-\overset{O}{\overset{\|}{C}}-\underset{H}{N}-\underset{H}{\overset{H}{C}}-\overset{O}{\overset{\|}{C}}-\underset{H}{N}-\underset{\underset{C_6H_4OH}{CH_2}}{\overset{H}{C}}-\overset{O}{\overset{\|}{C}}-\underset{H}{N}-\underset{CH_3}{\overset{H}{C}}-\overset{O}{\overset{\|}{C}}-\underset{H}{N}-\underset{\underset{\underset{H_3C\ \ CH_3}{CH}}{CH_2}}{\overset{H}{C}}-COO^-$$

从上面五肽的结构可以看出，肽链的主干是由—N—C_α—C—重复排列而成，称为共价主链，这里的 N 是酰胺氮，C_α 是氨基酸残基的 α-碳原子，C 是羰基碳。各种肽的主链结构都是一样的，但侧链 R 基的序列（也即氨基酸序列）不同。

3. 肽平面

根据 X 射线衍射法研究结果和测定有关肽的键长和键角，得出肽链的空间结构，提出肽单位的概念。肽单位是指多肽链中从一个 α-碳原子到相邻 α-碳原子之间的结构。

肽平面的构象（见图 2-2）具有以下三个特征。

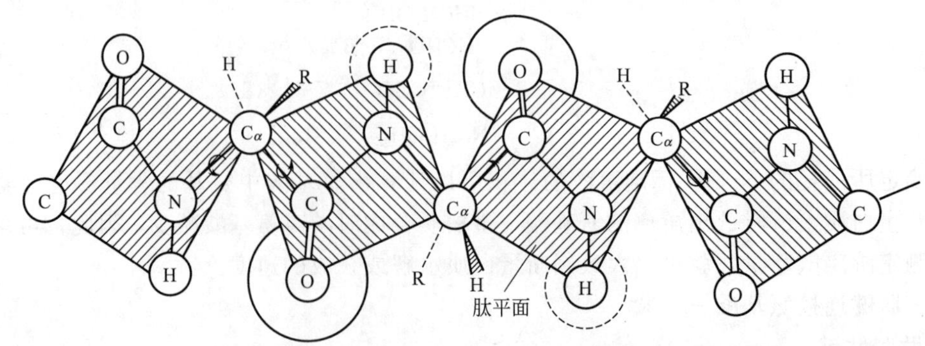

图 2-2 多肽链主链骨架的构象

① 肽单位是一个刚性的平面结构。

这是由于肽键中 C—N(0.132nm) 比一般的 C—N 单键(0.147nm) 要短些，而比一般的 C ═N(0.128nm) 要长些，因而具有部分双键的性质，不能自由旋转。使得肽平面上 6 个原子处于同一个平面上，这个平面又称酰胺平面或称肽平面。

② 肽单位中羰基的氧与亚氨基的氢绝大多数为反式排布（ $-\overset{\overset{\displaystyle O}{\|}}{C}-\underset{\underset{\displaystyle H}{|}}{N}-$ ），在 X-Pro（X 可以是其他任意一种氨基酸）序列中的肽键，它可以是反式的，也可以是顺式的。

③ C_α 和亚氨基 N 及羰基 C 之间的键都是单键，即可自由旋转。

这样就可以设想多肽链的主链是由许多肽平面组成的，平面之间以 α-碳原子隔开，并且以 α-碳原子为顶点做旋转运动。这样多肽链上所有的肽平面都可以相互旋转，从而使蛋白质主链形成各种不同的构象。事实上，一个天然蛋白质多肽链在一定条件下，往往只有一种或很少几种构象，这是因为主链上有 1/3 是 C－N 键，不能自由旋转，使多肽链的构象数目受到很大的限制，另外主链上还有很多侧链 R 基的影响，R 基团有大有小，相互间或者相斥或者相吸。一个蛋白质的主链受到侧链的相斥或相吸的作用力影响，二者互相制约，从而使多肽链的构象数目受到进一步的限制。

注意：在研究蛋白质一级结构时，氨基酸残基被看成是一个最小的单位，在研究蛋白质高级构象时，肽链中的最小单位是肽单位。多肽链中的骨架结构可以写成锯齿状。

4. 肽的物理和化学性质

大多数小肽具有一定的结晶形状，熔点较高，有自己的等电点。在 pH0～14 的范围内，肽键中的酰胺氢不解离，肽的酸碱性主要取决于肽链中的游离末端的 α-NH_2 和游离末端的 α-COOH 及侧链 R 基上的可解离基团。在长肽和蛋白质中，可解离的基团主要是侧链上的。肽链中末端的 α-COOH 的 pK_a 比要比游离氨基酸中的大些，而末端 α-NH_2 的 pK_a 要比游离氨基酸中的小一些，R 基的 pK_a 在两者之间区别不大。只需记住这样一个规则：当溶液的 pH 大于解离侧链的 pK_a 时，占优势的离子形式是该侧链的共轭碱，当溶液的 pH 小于解离侧链的 pK_a 时，占优势的离子形式是该侧链的共轭酸。

$$pH > pK_a \Rightarrow [HA] < [A^-]$$
$$pH < pK_a \Rightarrow [HA] > [A^-]$$

肽的化学反应也和氨基酸一样，游离 α-NH_2 和游离的 α-COOH 及侧链 R 基可以发生和氨基酸中相应的基团类似的反应。含有两个或两个以上肽键的化合物，都能和硫酸铜碱性溶液发生双缩脲反应而生成紫红色或蓝紫色的复合物，借助分光光度计可以测定蛋白质的含量。

第二节　蛋白质的分子结构

蛋白质是由各种氨基酸通过肽键连接而成的多肽链，再由一条或一条以上的多肽链按照各自的特殊方式组合成具有完整生物活性的分子。蛋白质的结构具有不同的层次，为了认识方便，通常将其分为一级结构和高级结构。高级结构又称空间结构，包括二级结构、三级结构、四级结构。

一、蛋白质的一级结构

蛋白质分子中氨基酸残基的排列顺序就是蛋白质的一级结构。蛋白质的一级结构是由基因上的遗传信息决定的，是蛋白质的基本结构。维持蛋白质一级结构的主要的化学键是肽键，另外，在两个半胱氨酸残基之间形成的二硫键，对维持蛋白质的结构也起重要作用。第一个被阐明一级结构的蛋白质分子是牛胰岛素。

```
                          ┌──────S─S──────┐
A链H2N-甘-异亮-缬-谷-谷酰-半胱-半胱-苏-丝-异亮-半胱-丝-亮-酪-谷酰-亮-谷-天冬酰-酪-半胱-天冬酰-COOH
       1   2   3  4   5    6    7  8  9   10   11  12 13  14  15  16 17   18  19  20   21
                                S                                                  S
                                |                                               S
                                S
                                |
B链H2N-苯丙-缬-天冬酰-谷酰-组-亮-半胱-甘-丝-组-亮-缬-谷-丙-亮-酪-亮-缬-半胱-甘-谷-精-甘-苯丙-苯丙-
        1   2    3    4   5  6   7   8  9  10 11 12 13 14 15 16 17 18  19  20 21 22 23  24   25
   酪-苏-脯-赖-丙-COOH
   26 27 28 29 30
```

蛋白质的一级结构是最基本的，它包含着决定蛋白质高级结构的因素。随着蛋白质化学的进展，大量的蛋白质分子的一级结构已经确定，为了查找和研究，人们把这些资料分类整理后全部储存在计算机（光盘）中，并称为蛋白质数据库。

二、蛋白质的二级结构

蛋白质分子的多肽链并不是线性伸展，而是按照一定方式折叠盘绕成特有的空间结构。蛋白质的空间结构通常称为蛋白质的构象，是指蛋白质分子中所有原子在三维空间的排列分布和肽链的走向。

蛋白质的二级结构主要是指蛋白质多肽链部分主链骨架的折叠和盘绕方式。包括 α-螺旋、β-折叠、β-转角和无规卷曲四种形式。

1. α-螺旋结构

① α-螺旋结构是一个类似棒状的结构。从外观上看，紧密卷曲的多肽链构成了棒状的中心部分，侧链 R 基伸出到螺旋排布的外面。完成一个螺旋，需 3.6 个氨基酸残基。螺旋每上升一圈，相当于向上平移 0.54nm，即螺旋的螺距为 0.54nm。相邻两个氨基酸残基之间的轴心距为 0.15nm（见图 2-3）。

② α-螺旋结构的稳定主要靠链内的氢键。氢键形成于第一个氨基酸的羧基与线性顺序中第五个氨基酸的氨基之间。氢键环内包含 13 个原子，因此称这种螺旋为 3.6（13）螺旋。

③ 大多数蛋白质中存在的 α-螺旋均为右手螺旋。

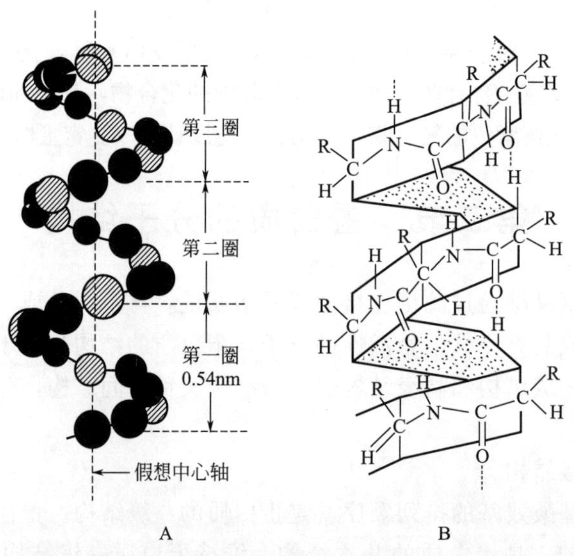

图 2-3 α-螺旋结构

④ 一条肽链螺旋结构的形成以及是否稳定，与其氨基酸组成有关。

一般来说，甘氨酸、脯氨酸不易形成 α-螺旋结构。两个或两个以上相邻氨基酸上带有相同电荷时，如多聚赖氨酸和多聚谷氨酸不易形成 α-螺旋结构。两个或两个以上相邻的氨基酸残基上带有较大的侧链时，也会阻止 α-螺旋结构的形成。连续几个丝氨酸或苏氨酸，由于羟基有强烈相吸的倾向，而破坏 α-螺旋结构的形成。

不同蛋白质 α-螺旋含量不同。有些蛋白质中，如肌红蛋白、血红蛋白，主要由 α-螺旋结构组成；有的蛋白质中，如 γ-球蛋白、肌动蛋白中几乎不含 α-螺旋结构；有的蛋白质中，如毛发中的 α-角蛋白，以 α-螺旋为基本结构。

2. β-折叠

β-折叠又称 β-片层结构（见图 2-4）。该结构的特点如下。

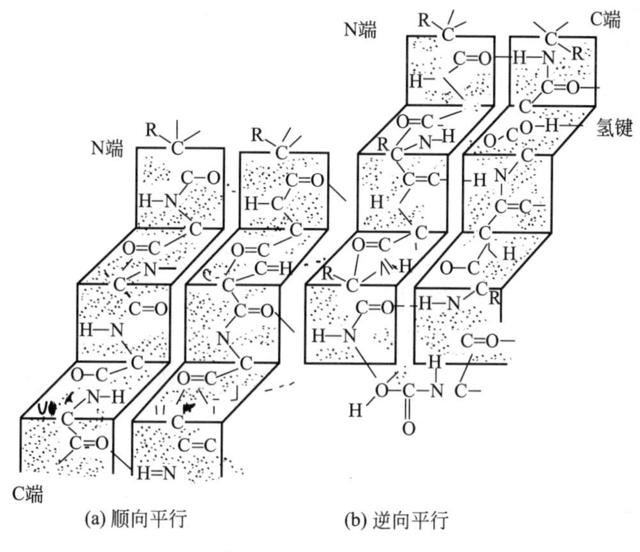

(a) 顺向平行　　(b) 逆向平行

图 2-4　β-折叠结构

① 肽链充分伸展使肽肽平面之间折叠成锯齿状结构，侧链 R 基团交替分布于锯齿结构的上下方。

② 肽链平行排列，相邻肽链之间的肽键交替形成的氢键是稳定 β-折叠的主要次级键。

③ 相邻排列的两条 β-折叠结构走向相同，即 N-端在同侧，称为平行（顺向平行），如 β-角蛋白；反之，称为反平行（逆向平行），如丝心蛋白；从能量的角度来讲，反平行的 β-折叠更为稳定。

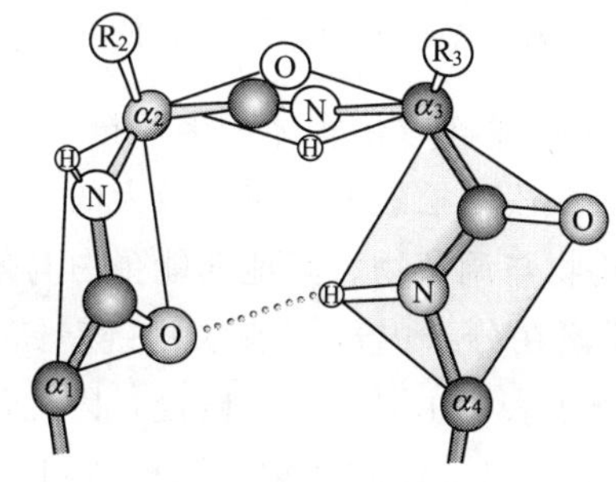

图 2-5　β-转角结构

β-折叠除了在不同肽链间形成以外，也可以通过多肽链的反折回转在同一条多肽链内形成。

3. β-转角

β-转角是球状蛋白中广泛存在的一种结构（见图 2-5）。蛋白质多肽链上经常出现 180°回折，在这种肽链的回折角上就是 β-转角结构，它是由第一个氨基酸残基的羰基氧与第四个氨基酸残基的亚氨基氢之间形成的氢键。

$$
\begin{array}{c}
\mathrm{O}\cdots\cdots\cdots\cdots\cdots\cdots\mathrm{H} \\
\| \qquad\qquad\qquad\qquad | \\
-\mathrm{C}-(\mathrm{NH}-\underset{\mathrm{R}}{\underset{|}{\mathrm{CH}}}-\mathrm{CO})_2-\mathrm{N}-
\end{array}
$$

甘氨酸残基侧链为氢原子，适于充当多肽链大幅度转向的成员。脯氨酸残基的环状侧链的固定取向有利于多肽链 β-转角的形成，它往往出现在转角部位。

4. 无规卷曲（又称自由回转）

无规卷曲是指没有一定规律的松散肽链结构。酶的功能部位常常处于这种构象区域内。

三、蛋白质的三级结构

多肽链首先在某些区域内与相邻的氨基酸残基形成有规则的二级结构单元，然后进一步折叠、盘绕，形成了三级结构。蛋白质的三级结构指多肽链上所有原子（包括主链和侧链）在三维空间的排布。对活性蛋白质来讲，绝大部分是球状蛋白。虽然每种球状蛋白都有自己独特的三维结构，但他们仍然有某些共同的特征。

① 球状蛋白分子含有多种二级结构元件。例如溶菌酶含有 α-螺旋、β-折叠、β-转角和无规卷曲等。不同的球状蛋白中各种元件的含量不同。鸡卵清溶菌酶和肌红蛋白的三级结构见图 2-6。

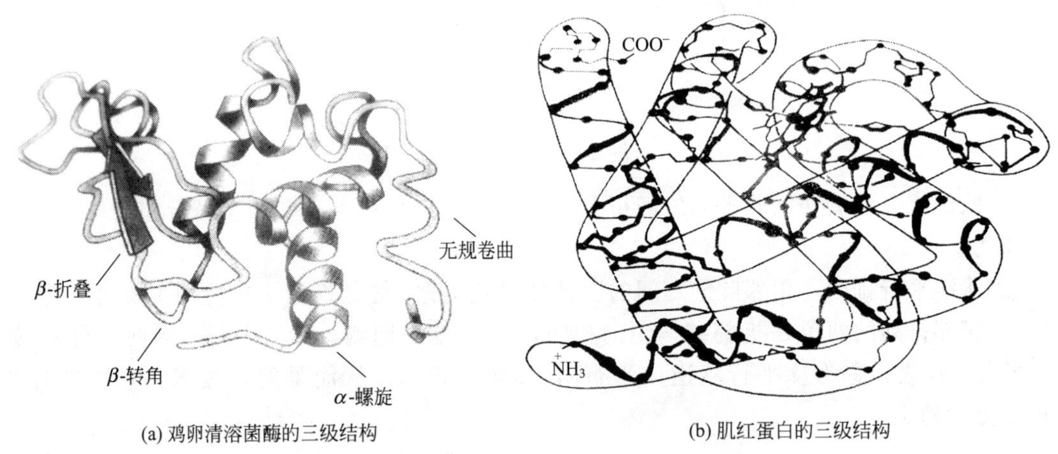

(a) 鸡卵清溶菌酶的三级结构　　(b) 肌红蛋白的三级结构

图 2-6　鸡卵清溶菌酶和肌红蛋白的三级结构

② 球状蛋白分子是紧密的球状或椭球状实体。多肽链在折叠的过程中各种二级结构紧密装配，它们之间也插入松散的肽段。松散的区域有较大的空间可塑性，使蛋白的构象容易发生变化，这是酶与底物、别构物与调节物、其他功能蛋白与效应物相互作用的结构基础。

③ 球状蛋白的疏水侧链埋藏在分子内部，亲水侧链暴露在分子表面。球状蛋白分子 80%～90%疏水侧链被埋藏，分子表面主要是亲水侧链，因此球状蛋白是水溶性的。

④ 球状蛋白分子表面有一个空穴（也称裂沟、凹槽或口袋）。这种空穴常是结合底物，效应物等配体并行使生物功能的活性部位。

各 R 基团间相互作用产生的化学键如疏水键、氢键、盐键、二硫键、范德华力等（见图 2-7），维持三级结构的稳定。其中，疏水键是维持三级结构稳定的最主要作用力。

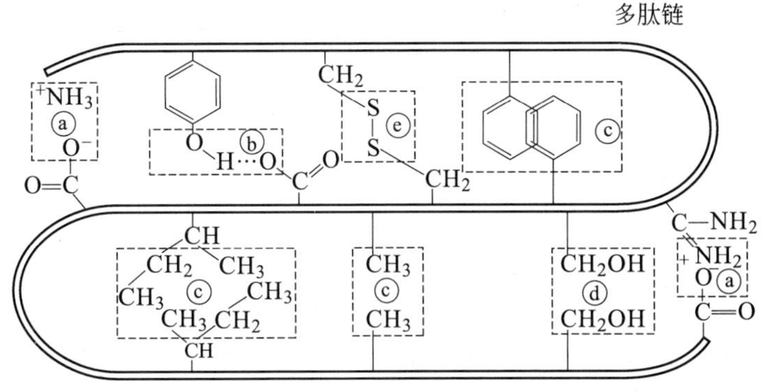

图 2-7　三级结构间的作用力

ⓐ—离子键；ⓑ—氢键；ⓒ—疏水键；ⓓ—范德华力；ⓔ—二硫键

三级结构研究最早的是肌红蛋白。肌红蛋白是哺乳动物肌肉中运输氧的蛋白质，由一条多肽链组成，有 153 个氨基酸残基和一个血红素辅基。相对分子质量为 17800。肌红蛋白的整个分子是由一条多肽链盘绕成的一个外圆中空的不对称结构。全链共折叠成八段长度为 7～24个氨基酸残基的 α-螺旋。在拐角处，α-螺旋遭到破坏。段间拐角处都有一段 1～8 个氨基酸残基的松散肽链，在 C 端也有 5 个氨基酸残基组成的松散肽链。脯氨酸以及难以形成 α-螺旋的氨基酸，如异亮氨酸、丝氨酸都存在于拐角处，形成一个致密结实的肌红蛋白分子。分子内部只有 1 个适于包含 4 个水分子的空间。具有极性侧链基团的氨基酸残基几乎全部分布在分子的表面，而非极性的残基则被包埋在分子的内部，不与水接触。分子表面的极性基团正好与水分子结合，从而使肌红蛋白成为可溶性，血红素垂直地伸出在分子表面，并通过肽链上的组氨酸残基与肌红蛋白分子内部相连。

四、蛋白质的四级结构

有些蛋白质分子中含有多条肽链，每一条肽链都具有各自的三级结构。这种由数条具有独立的三级结构的多肽链彼此通过非共价键连接而成的聚合体结构就是蛋白质的四级结构。在具有四级结构的蛋白质中，每个具有独立的三级结构的多肽链称为该蛋白质的亚单位（亚基）。亚单位一般只由一条多肽链组成，亚单位单独存在时没有生物学活力或活力小，只有通过亚单位相互聚

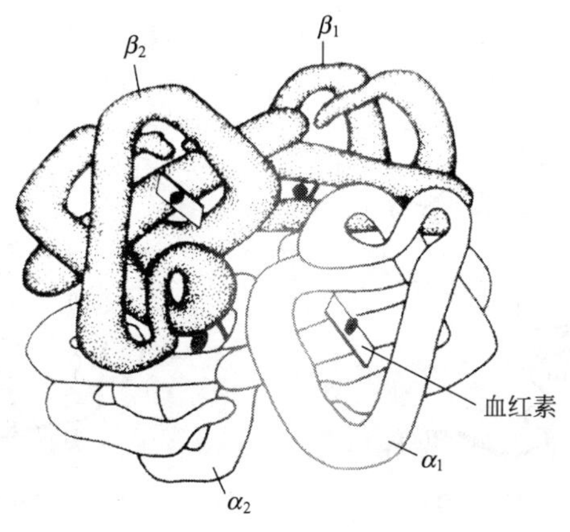

图 2-8　血红蛋白四级结构示意图

合成四级结构时，蛋白质才具有完整的生物学活性。在一种蛋白质中，亚单位可以相同，也可以不同。亚单位一般以α-、β-、γ-等命名。例如血红蛋白的四级结构，见图 2-8。

第三节 蛋白质结构与功能的关系

蛋白质分子具有的多种多样的生物功能是以其化学组成和极其复杂的结构为基础的。这不仅需要一定的化学结构，还需要一定的空间构象。蛋白质结构和功能的关系，已经成为当前分子生物学研究的一项重要内容。

一、一级结构决定蛋白质的构象

蛋白质的一级结构决定蛋白质构象的最直接最有力的证据来自某些蛋白质的可逆变性实验。在 20 世纪 60 年代，Anfinsen C. 进行了牛胰核糖核酸酶（RNA 酶）复性的经典实验。

核糖核酸酶分子中含有 124 个氨基酸残基，一条肽链经不规则折叠形成一个近似球形的分子。构象的稳定除了氢键等非共价键以外，还有四个二硫键。

在 8mol/L 尿素或 6mol/L 盐酸胍（蛋白质变性剂）的存在下，用β-巯基乙醇（还原剂）处理天然的核糖核酸酶，发现酶分子中的 4 个二硫键全部断裂，紧密的球状结构伸展成松散的无规则卷曲的构象，酶的催化活性完全丧失。但是当用透析的方法慢慢除去尿素（或盐酸胍）和巯基乙醇以后，发现二硫键重新形成，酶又可恢复活性，最后达到原来活性的 95%～100%。并发现如果不事先加入尿素或盐酸胍使酶变性，则 RNA 酶很难在 37℃和 pH7 的条件下被β-巯基乙醇还原。核糖核酸酶 A 的变性与复性示意图见图 2-9。

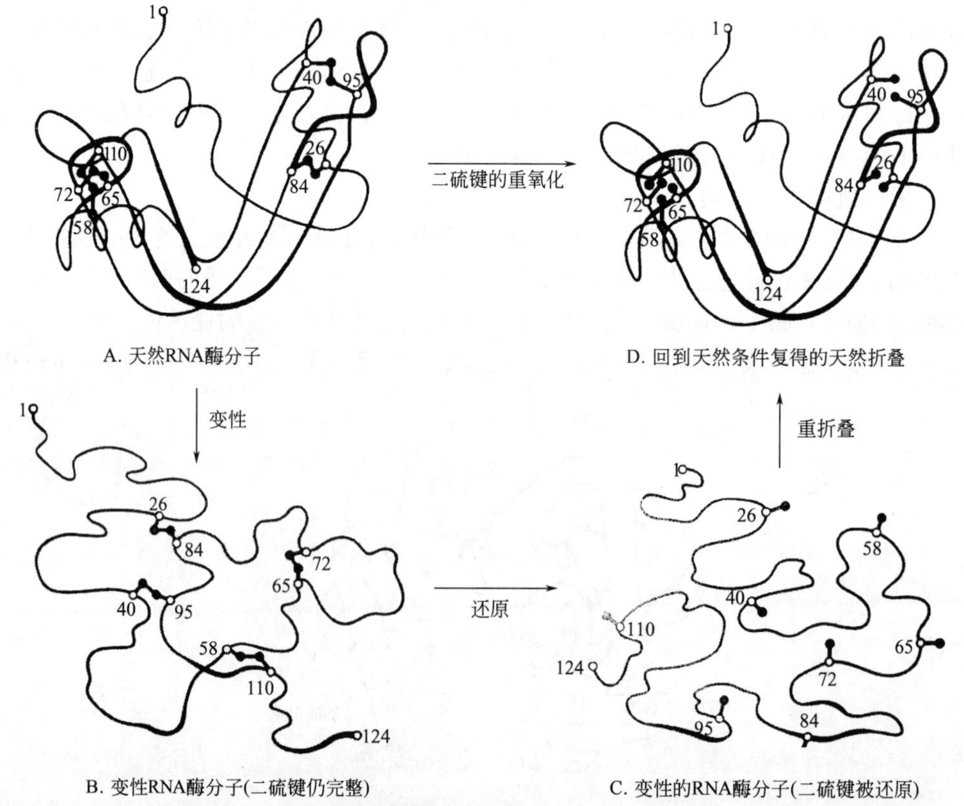

图 2-9 核糖核酸酶 A 的变性与复性示意图

经多方面的分析表明，复性后的产物与天然的 RNA 酶并无区别，在复性的过程中肽链上的 8 个—SH 借助空气中的氧重新氧化成 4 个二硫键时，它们的配对与天然的 RNA 酶完全相同，准确无误。

以上事实说明，蛋白质变性是可逆的；RNA 酶肽链上的一维信息控制肽链自身折叠成特定的天然构象，并由此确定了 Cys 残基两两相互接近的正确位置；二硫键对肽链的正确折叠并不是必要的，但它对稳定折叠结构具有重要的作用。

二、构象决定蛋白质的功能

蛋白质的一级结构决定其空间结构，而空间结构又决定其生物学功能。若空间结构发生改变，蛋白质的功能也随之发生改变。生物体内的各种蛋白质都有特定的空间结构（构象），而这种空间结构是与它们各自的功能相适应的。

1. 胰岛素的结构与功能

分析比较各种哺乳动物、鸟类、鱼类等动物的胰岛素，发现尽管不同种属来源的胰岛素的氨基酸组成有差别，但绝大多数是由 51 个氨基酸组成，其排列顺序也大致相同，而且最终形成的有活性的构象相同，功能也相同。据研究对胰岛素正确构象形成起决定作用的是其一级结构中的相同部分。

A、B 两条链中的 6 个半胱氨酸残基的位置始终不变，这使不同来源的胰岛素具有相同的连接方式，在不同来源的胰岛素形成相同的构象的过程中起关键作用。

2. 血红蛋白的结构与功能

蛋白质的构象并不是一成不变的，有些蛋白质在表现其生物功能时，其构象发生变化，从而改变了整个分子的性质，这种现象称为别构现象，是蛋白质在表现其生物功能过程中一种相当普遍又十分重要的现象。例如血红蛋白在表现其输氧功能时的别构现象就是一个例子。血红蛋白是由两个 α-亚基和两个 β-亚基组合而成的四聚体，具有稳定的高级结构，和氧的亲和力很弱，但当氧和血红蛋白分子中的一个亚基血红素铁结合后，即引起该亚基的构象发生改变，一个亚基构象的改变又会引起另外三个亚基相继发生变化，亚基间的次级键被破坏，结果，整个分子的构象发生改变，使所有的亚基血红素铁原子的位置都变得适宜与氧结合，所以血红蛋白与氧结合的速度大大加快。

3. 蛋白质分子的修饰和多肽链的局部断裂赋予它新的功能

许多蛋白质合成以后，肽链中的某些氨基酸需进行修饰后才能表现其生物活性。例如新合成的凝血酶原，其多肽链 N 端附近的大约 10 个谷氨酸必须在依赖于维生素 K 的酶系催化下，换变为 γ-羧基谷氨酸后才表现其生物活性。因为 γ-羧基谷氨酸是一个强的钙离子螯合剂，可与钙离子结合，这是新合成的凝血酶原转变成有活性的凝血酶原所必需的。

有些蛋白质在刚合成出来时，以前体的形式存在，无生物活性，必须经特定分子断裂才能成为有活性的蛋白质。例如胃蛋白酶原由胃黏膜细胞分泌，在胃液中的盐酸或已有活性的胃蛋白酶的作用下，自 N 端切下几个多肽碎片。其中一个大的多肽碎片对胃蛋白酶有抑制作用。在 pH 高的情况下，它与胃蛋白酶以非共价的方式结合，所以胃蛋白酶原没有活性。而在 pH 高的条件下，它很容易由胃蛋白酶原上解离下来，所以，胃蛋白酶原在 H^+ 作用下能转化为胃蛋白酶。

蛋白质分子中多肽链的修饰和局部断裂，具有很高的专一性，是生物活性蛋白质的形成并执行特定生物学功能所必需的过程。在生物机体中普遍存在。

现在可以比较肯定地说，蛋白质的高级结构归根到底是由一级结构决定的。由于特定的蛋白质高级结构的形成，出现了它特有的生物学活性。

第四节 蛋白质的分类

一、按组成分类

根据分子组成可以将蛋白质分为简单蛋白质和结合蛋白质两大类。

1. 简单蛋白质

蛋白质分子仅由氨基酸组成。按照其溶解度等理化性质又可以分为清蛋白、球蛋白、醇溶蛋白、谷蛋白、精蛋白、组蛋白及硬蛋白七类，见表 2-3。

表 2-3 简单蛋白质分类

简单蛋白	存 在	举 例	溶 解 度
清蛋白	一切动植物中	血清蛋白、卵蛋白、麦清蛋白	溶于水和稀盐溶液，加热即凝固，不溶于饱和硫酸铵溶液
球蛋白		血清球蛋白、大豆球蛋白、免疫球蛋白	不溶于水，可溶于稀盐溶液，不溶于半饱和硫酸铵溶液
醇溶蛋白	各类植物种子中	小麦胶体蛋白、玉米蛋白	不溶于水，可溶于稀酸、稀碱溶液，可溶于 70%～80%酒精
谷蛋白		米、谷蛋白	不溶于水，可溶于稀酸、稀碱溶液，受热不凝固
精蛋白	与核酸结合成核蛋白，存在于动物体中	鱼精蛋白	溶于水及稀酸，遇热不凝固。相对分子质量较小，结构较简单的碱性蛋白质
组蛋白		胸腺组蛋白	溶于水及稀酸，不溶于稀氨溶液中，遇热不凝固
硬蛋白	毛、发、角、爪、筋、骨等组织中，起结缔保护功能的蛋白质	角蛋白 胶原蛋白 弹性蛋白	不溶于水、盐溶液及稀酸、稀碱溶液中

2. 结合蛋白质

蛋白质的分子组成中除了蛋白质成分以外，还含有非蛋白成分，其非蛋白部分通常称为辅基或配体。也有人认为只有非蛋白部分对蛋白质的功能是关键的才能称为辅基。如果非蛋白部分是通过共价键连接于蛋白质的，则必须对蛋白质进行水解才能释放它；不是与蛋白质共价结合的，则只要使蛋白质变性即可把它除去。结合蛋白质可以按其非氨基酸成分进行分类，见表 2-4。

表 2-4 结合蛋白质分类

结合蛋白	非氨基酸成分	举 例
糖蛋白	糖类	许多细胞外基质属糖蛋白，如纤连蛋白、胶原蛋白、蛋白聚糖；γ-球蛋白等
脂蛋白	三酰甘油、胆固醇、磷脂	血浆脂蛋白
核蛋白	核酸	核糖体、AIDS 病毒、腺病毒
磷蛋白	与丝氨酸、苏氨酸或色氨酸残基的羟基酯化的磷酸基	酪蛋白、糖原磷酸化酶 a
金属蛋白	Fe、Zn、Cu、Mo、Mn	铁蛋白、乙醇脱氢酶、细胞色素氧化酶、固氮酶、丙酮酸羧化酶
血红素蛋白（实际上为金属蛋白的一个亚类）	辅基为血红素，是卟啉化合物	血红蛋白、细胞色素 c、过氧化氢酶、硝酸盐还原酶
黄素蛋白	含黄素，辅基为 FMN 和 FAD	琥珀酸脱氢酶（含 FAD）、NADH 脱氢酶（含 FMN）、亚硝酸盐还原酶（含 FMN 和 FAD）

二、按形状分类

根据蛋白质的形状可以将蛋白质分为两大类。

1. 球状蛋白

分子接近于球形或椭球形。较易溶于水。细胞中的大多数可溶性蛋白，都属于球状蛋白。大多数球状蛋白有特异的生物学活性，例如血红蛋白、酶、免疫球蛋白等。

2. 纤维状蛋白

具有比较简单、有规则的线性结构，形状呈细棒或纤维状。这类蛋白在体内主要起结构作用。典型的纤维状蛋白质有胶原蛋白、弹性蛋白、角蛋白和丝心蛋白等。不溶于水和稀盐溶液。有的纤维状蛋白质如肌球蛋白和血纤蛋白原是可溶的。

第五节　蛋白质的理化性质

蛋白质由氨基酸组成，因此蛋白质的性质有些与氨基酸相似，但也有其特殊的性质。

一、蛋白质的两性解离

蛋白质如同氨基酸那样，是两性电解质，既能和酸作用，也能和碱作用。蛋白质分子中可解离的基团除肽链末端的 α-氨基和 α-羧基以外，主要的还是肽链氨基酸残基上的侧链基团，例如 ε-氨基、β-羧基、γ-羧基、咪唑基、胍基、酚基、巯基等。在一定的 pH 值条件下，这些基团能解离为带电基团，从而使蛋白质带电。当蛋白质所带的正、负电荷恰好相等，即净电荷为零时，蛋白质所处溶液的 pH 称为该蛋白质的等电点。

各种蛋白质具有特定的等电点，这与它所含的蛋白质的种类和数量有关。如蛋白质分子中含碱性氨基酸较多，等电点偏碱，如果蛋白质分子中含酸性氨基酸较多，等电点偏酸。含酸性和碱性氨基酸残基数目相近的蛋白质，其等电点大多为中性偏酸。几种蛋白质的等电点见表 2-5。

$$\mathrm{Pr}\begin{matrix}\diagup NH_2\\ \diagdown COOH\end{matrix}$$

$$\Updownarrow$$

$$H_2O+\mathrm{Pr}\begin{matrix}\diagup NH_2\\ \diagdown COO^-\end{matrix} \underset{OH^-}{\overset{H^+}{\rightleftharpoons}} \mathrm{Pr}\begin{matrix}\diagup NH_3^+\\ \diagdown COO^-\end{matrix} \underset{OH^-}{\overset{H^+}{\rightleftharpoons}} \mathrm{Pr}\begin{matrix}\diagup NH_3^+\\ \diagdown COOH\end{matrix}$$

阴离子 $pH>pI$　　等电点 $pH=pI$　　阳离子 $pH<pI$

表 2-5　几种蛋白质的等电点

蛋白质名称	等电点	蛋白质名称	等电点
鱼精蛋白	12.00～12.40	胰岛素(牛)	5.30～5.35
胸腺蛋白	10.8	明胶	4.7～5.0
溶菌酶	11.0～11.2	血清清蛋白(人)	4.64
细胞色素 c	9.8～10.3	鸡蛋清蛋白	4.55～4.90
血红蛋白	7.07	胰蛋白酶(牛)	5.0～8.0
血清 γ_1-球蛋白(人)	5.8～6.6	胃蛋白酶	1.0～2.5

蛋白质在等电点时，以两性离子的形式存在，其总净电荷为零，这样的蛋白质颗粒在溶

液中因为没有相同电荷相互排斥的影响，所以最不稳定，溶解度最小，极易借静电引力迅速结合成较大的聚集体，因而沉淀析出。这一性质在蛋白质分离、提纯时应用。同时，在等电点时，蛋白质的黏度、渗透压、膨胀性及导电能力均为最小。

根据蛋白质的解离性质，可以利用电泳的方法对其进行分离、纯化和鉴定。电泳是指带电粒子在电场中向电性相反的电极泳动的现象。蛋白质电泳的方向和速度取决于其所带净电荷的性质、所带电荷的多少以及分子颗粒的大小。

二、蛋白质的高分子性质

蛋白质是高分子的化合物，由于相对分子质量大，它在水中所形成的颗粒直径在1～100nm之间，具有一般胶体溶液的特征，例如：布朗运动、丁达尔现象、电泳现象、不能透过半透膜、具有吸附能力等。

蛋白质的水溶液是一种稳定的亲水胶体溶液。使其稳定的基本因素主要有两个方面：一是因为蛋白质颗粒表面带有很多极性基团，和水具有高度亲和性，当蛋白质遇到水时，水就很容易被蛋白质吸住，在蛋白质外面形成一层水膜（又称水化层）。水膜的存在使蛋白质颗粒相互隔开，颗粒之间不会碰撞而聚集成大颗粒，因此，蛋白质在水溶液中比较稳定而不易沉淀。蛋白质能形成稳定亲水胶体的另一个原因是蛋白质在非等电点状态时带有相同电荷，使蛋白质颗粒之间相互排斥，保持一定的距离，不致互相凝集沉淀。

在实验室或工业生产上常用透析法除去蛋白质中的小分子杂质。透析就是利用蛋白质不能透过半透膜的性质，除去小分子杂质来分离纯化蛋白质。具体的操作是将含有小分子杂质的蛋白质放入一个透析袋中，然后置流水中进行透析。此时，小分子化合物不断从透析袋中渗出，而大分子蛋白质仍然留在袋内，经过一定时间后，就可达到纯化的目的。

三、蛋白质的沉淀

蛋白质分子因为表面带有相同的电荷和水化层，因而在水溶液中能够形成稳定的胶体。如果向蛋白质溶液中加入脱水剂以除去它的水化层或者改变溶液的pH值，达到蛋白质的等电点，从而使蛋白质颗粒表面失去净电荷或者加入电解质中和蛋白质颗粒表面的电荷，那么蛋白质分子就会凝集成大的颗粒而从溶液中沉淀出来。

沉淀蛋白质的方法主要有以下几种。

（1）盐析法

向蛋白质溶液中加入大量的中性盐（硫酸铵、硫酸钠、硫化钠等），既破坏了蛋白质分子的水化层，又中和了蛋白质分子表面的电荷，从而使蛋白质颗粒聚集而产生沉淀，这种加盐使蛋白质沉淀的方法称为盐析。不同蛋白质盐析时所需盐的浓度不同，因此，调节盐浓度，可以使混合蛋白质溶液中的几种蛋白质分段析出，这种方法称分段盐析。例如血清中加硫酸铵至50%饱和度，球蛋白首先沉淀析出；继续加硫酸铵至饱和，则清蛋白沉淀析出。盐析一般不引起蛋白质变性，当除去盐后，蛋白质又可以溶解，因此常用于酶、激素等具有生物活性的蛋白质的分离制备。

（2）有机溶剂沉淀法

向蛋白质溶液中加入一定量的可以与水互溶的有机溶剂（甲醇、乙醇、丙酮等），破坏蛋白质水化层，降低溶液的介电常数，从而使蛋白质分子易于聚集而沉淀。在等电点时加入有机溶剂更易使蛋白质沉淀。不同蛋白质所需的有机溶剂的浓度各异。有机溶剂沉淀法的缺点是容易引起蛋白质的变性，变性程度与有机溶剂的浓度、沉淀的温度、操作时间等因素有关。为了尽量减少变性，操作宜在低温下快速进行。

（3）重金属盐沉淀法

当溶液 pH 值大于等电点时，蛋白质颗粒带负电荷，这样，它就容易与重金属离子（Hg^{2+}、Pb^{2+}、Cu^{2+}、Ag^{+}等）结合成不溶性盐而沉淀。误服重金属盐的病人可口服大量牛乳或豆浆等蛋白质进行解救就是因为它能和重金属离子形成不溶性盐，然后再服用催吐剂排出体外。长期从事重金属作业的人，应该吃高蛋白的食物，以防止重金属离子被机体吸收造成的损害。

（4）生物碱试剂和某些酸类沉淀法

当 pH 值小于等电点时，蛋白质颗粒带正电荷，容易与生物碱试剂（例如鞣酸、苦味酸、磷钨酸、碘化钾等）和酸类（例如三氯乙酸、磺基水杨酸、硝酸等）的酸根负离子发生反应而生成不溶性盐而沉淀。这类沉淀反应经常被临床检验部门用来除去体液中干扰测定的蛋白质。

（5）加热变性沉淀法

几乎所有的蛋白质都因加热变性而凝固。加入少量的盐类可以促进蛋白质加热凝固。当蛋白质处于等电点时，加热凝固最完全、最迅速。加热可能引起蛋白质高级结构的破坏，疏水基团外露，因而破坏了水化层，同时由于蛋白质处于等电点也破坏了带电状态。将大豆蛋白的浓溶液加热，并加入少量卤盐制成豆腐，就是成功地应用加热变性使蛋白质沉淀的一个例子。

四、蛋白质的变性

天然蛋白质因受物理化学因素的影响，其空间构象改变，导致蛋白质的理化性质和生物学性质都有所改变，但并不导致蛋白质一级结构的破坏，这种现象称变性作用，变性后的蛋白质称变性蛋白。

使蛋白质变性的因素很多，化学因素有强酸、强碱、尿素、胍、去污剂、重金属盐、三氯乙酸、磷钨酸、苦味酸、浓乙醇等。物理因素有加热、剧烈振荡或搅拌、紫外线及 X 射线照射、超声波等。不同的蛋白质对各种因素的敏感程度不同，因而变性程度各异。

蛋白质变性的本质是外界因素破坏了维持蛋白质空间结构的次级键，导致蛋白质分子空间构象的改变和破坏，而不涉及蛋白质一级结构的改变和肽键的断裂。

蛋白质变性的主要标志是生物学功能的丧失。如酶的催化能力，蛋白质类激素的代谢调节功能，抗原抗体的反应能力，血红蛋白运输氧和二氧化碳的功能都会丧失。此外，某些理化特征也会改变，如溶解度降低，黏度增加，扩散系数降低，易被蛋白酶水解等。

某些蛋白质变性后可以在一定的条件下恢复原来的空间构象和生物学活性，这个过程称为蛋白质的复性。蛋白质变性的可逆性与导致变性的因素、蛋白质的种类、蛋白质分子结构改变的程度都有关系。如核糖核酸酶的复性，胰蛋白酶在酸性条件下短时间加热可使其变性，但缓慢冷却，胰蛋白酶可以复性。血红蛋白在酸性条件下容易变性，但如果用碱缓慢中和，可使活性部分恢复。

在临床上，应用乙醇、高温高压、紫外线照射等手段使细菌等病原体的蛋白质变性失活，可以达到消毒、抗感染的目的。在低温条件下，制备或保存一些蛋白质生物制剂，如激素、疫苗等，是为了防止蛋白质变性从而有效保持其活性。

五、蛋白质的吸收光谱及呈色反应

1. 蛋白质的吸收光谱

参与蛋白质组成的 20 多种氨基酸在可见光区都没有光吸收，在红外区和远紫外区（λ<

200nm）都有光吸收。但在近紫外区（200～400nm）只有芳香族氨基酸有吸收光的能力。酪氨酸的最大光吸收波长（λ_{max}）在 275nm，苯丙氨酸的 λ_{max} 在 257nm，色氨酸的 λ_{max} 在 280nm。

蛋白质由于含有这些氨基酸，所以也有紫外吸收能力，一般最大吸收在 280nm 波长处，因此，可以通过测量蛋白质样品在 280nm 处的光吸收值（A_{280}）对蛋白质进行定量。这种方法快速、简便，不消耗样品。当被测样品不纯，尤其是含有核酸时，常用 A_{280} 和 A_{260} 吸收差法。经验公式为：

$$\text{蛋白质浓度(mg/mL)} = 1.45A_{280} - 0.74A_{260}$$

2. 蛋白质的呈色反应

在蛋白质的分析工作中，常利用蛋白质分子中某些氨基酸或某些特殊结构与某些试剂产生的颜色反应，作为测定的依据。

（1）双缩脲反应

双缩脲是两分子尿素缩合而成的化合物。将尿素加热到 180℃，则两分子尿素合成一分子双缩脲，并释放出一分子氨。

$$2\ H_2N{-}CO{-}NH_2 \xrightarrow{\text{加热}} H_2N{-}CO{-}NH{-}CO{-}NH_2 + NH_3$$

尿素　　双缩脲

双缩脲在碱性溶液中鲜红，能与硫酸铜反应产生红紫色络合物，此反应称双缩脲反应。

蛋白质分子中含有很多和双缩脲结构相似的肽键，因此，也能产生双缩脲反应，形成红紫色络合物。通常可用此反应来定性鉴定蛋白质，也可根据 A_{280} 对蛋白质进行定量。

（2）酚（福林试剂）试剂反应

蛋白质分子中一般都含有酪氨酸，而酪氨酸中的酚基能将福林试剂中的磷钼酸基磷钨酸还原成蓝色化合物（即钼蓝和钨蓝的混合物）。在一定的浓度范围内，反应生成的蓝色深浅与蛋白质含量成正比。这一反应常用于蛋白质含量的测定。

本章小结

蛋白质广泛存在于生物界，是一切生命活动的基础，没有蛋白质就没有生命。蛋白质种类繁多，结构复杂，但它们都是由大约 20 种基本氨基酸通过肽键连接而成的生物大分子，具有较稳定的构象，并具有一定生物功能。构成蛋白质的基本元素主要有碳、氢、氧、氮和硫。有些蛋白质还含有微量的磷、铁、锌、铜、钼、碘等元素。其中氮的含量在各种蛋白质中都比较接近，平均为 16％。

组成蛋白质的基本单位是氨基酸。参与蛋白质组成的常见氨基酸大约有 20 种，除脯氨酸外，均为 α-氨基酸。不同的 α-氨基酸，其 R 基侧链不同。除了甘氨酸以外，其他氨基酸都有旋光性且都可以形成两种不同的构型；D-型和 L-型。构型和旋光性之间没有直接对应关系。

从蛋白质中水解得到的α-氨基酸（除甘氨酸外）都是L-型的。所以习惯上书写氨基酸都不标明构型和旋光方向。组成蛋白质的20种基本氨基酸按照R基的化学结构可以分为脂肪族氨基酸、芳香族氨基酸和杂环族氨基酸三类。按照R基的极性可以分为非极性氨基酸和极性氨基酸两大类（指在细胞内的pH范围，即pH7左右时的解离状态）。极性氨基酸又分为不带电的极性R基氨基酸、带正电荷的R基氨基酸及带负电荷的R基氨基酸。氨基酸为无色晶体，熔点极高，一般在200℃以上。其味随不同的氨基酸有所不同。各种氨基酸在水中的溶解度差别很大，并能溶解于稀酸或稀碱中，但不能溶于有机溶剂。同一个氨基酸分子上既有氨基又有羧基，氨基可以接受质子呈碱性，而羧基可以给出质子呈酸性，所以，氨基酸既有酸性又有碱性，这一性质称为氨基酸的两性性质。氨基酸在晶体或水溶液中主要以兼性离子亦称两性离子的状态存在。当氨基酸所带的净电荷为零时，溶液的pH值称为该氨基酸的等电点（pI）。在等电点时，氨基酸在电场中既不向阳极移动，也不向阴极移动。在等电点时，氨基酸的溶解度最小，容易沉淀，利用这一性质可以分离制备某些氨基酸。氨基酸的等电点除了用酸碱滴定的方法测定以外，还可以按氨基酸的可解离基团的pK值计算。对中性氨基酸和酸性氨基酸来说：$pI=(pK_1+pK_2)/2$；对碱性氨基酸来说：$pI=(pK_2+pK_3)/2$。除氨基酸的α-氨基和α-羧基能参与反应外，有侧链的R基团也能参加反应。茚三酮在弱酸性溶液中与α-氨基酸共热，生成蓝紫色物质。脯氨酸和羟脯氨酸与茚三酮反应产生黄色物质。氨基酸在室温下与亚硝酸作用生成氮气，这是Van Slyke法测定氨基氮的基础。此法可用于氨基酸定量测定和蛋白质水解程度的测定。用甲醛滴定法测定游离氨基含量可以大致判断蛋白质水解或合成的速度。

一个氨基酸的氨基和另外一个氨基酸的羧基脱水缩合而成的化合物称肽。两个相邻氨基酸之间脱水后形成的键称酰胺键，又称肽键。肽链中的每个氨基酸称为氨基酸残基。肽链主链骨架是指除侧链R以外的部分。一条多肽链的主链通常在一端含有一个游离的末端氨基，在另一端含有一个游离的末端羧基。肽的命名是根据参与其组成的氨基酸残基来确定的。规定从肽链的氨基末端氨基酸开始，称为某氨基酰某氨基酰……某氨基酸。肽链的主干是由—N—C_α—C—重复排列而成的，各种肽的主链结构都是一样的，但侧链R基的序列（也即氨基酸序列）不同。肽单位是指多肽链中从一个α-碳原子到相邻α-碳原子之间的结构。肽平面的构象具有以下三个特征：①肽单位是一个刚性的平面结构；②肽单位中羰基的氧与亚氨基的氢绝大多数为反式排布；③C_α和亚氨基N及羰基C之间的键都是单键，即可自由旋转。多肽链中的骨架结构可以写成锯齿状。大多数小肽具有一定的结晶形状，熔点较高，有自己的等电点。在pH0～14的范围内，肽键中的酰胺氢不解离，肽的酸碱性主要取决于肽链中的游离末端的α-NH_2和游离末端的α-COOH及侧链R基上的可解离基团。肽的化学反应也和氨基酸一样，含有两个或两个以上肽键的化合物，都能和硫酸铜碱性溶液发生双缩脲反应而生成紫红色或蓝紫色的复合物。

蛋白质的结构具有不同的层次，通常将其分为一级结构和高级结构。高级结构又称空间结构，包括二级结构、三级结构、四级结构。蛋白质分子中氨基酸残基的排列顺序就是蛋白质的一级结构。维持蛋白质一级结构的主要化学键是肽键，二硫键对维持蛋白质的结构也起重要作用。蛋白质分子的多肽链按照一定方式折叠盘绕成特有的空间结构，称为蛋白质的构象，即蛋白质分子中所有原子在三维空间的排列分布和肽链的走向。蛋白质的二级结构主要指蛋白质多肽链主链骨架的折叠和盘绕方式。包括α-螺旋、β-折叠、β-转角和无规卷曲四种形式。维持蛋白质二级结构的主要作用力是氢键。蛋白质的三级结构指多肽链上所有原子（包括主链和侧链）在三维空间的排布。疏水键、氢键、盐键、二硫键、范德华力等，维持三级结构的稳定。疏水键是维持三级结构稳定的最主要的作用力。三级结构研究最早的是肌红蛋白。有些蛋白质分子中含有多条肽链，每一条肽链都具有各自的三级结构。这种由数条具有独立的三级结构的多肽链彼此通过非共价键连接而成的聚合体结构就是蛋白质的四级结构。亚单位一般只由一条多肽链组成，亚单位单独存在时没有生物学活力或活力小，只有通过亚单位相互聚合成四级结构时，蛋白质才具有完整的生物学活性。

蛋白质的一级结构决定其空间结构，而空间结构又决定其生物学功能。若空间结构发生改变，蛋白质的功能也随之发生改变。生物体内的各种蛋白质都有特定的空间结构（构象），而这种空间结构是与它们各自的功能相适应的。

根据分子组成，可以将蛋白质分为简单蛋白和结合蛋白两大类。根据蛋白质的形状，可以将蛋白质分为球状蛋白和纤维状蛋白两大类。

蛋白质由氨基酸组成，因此蛋白质的性质有些与氨基酸相似，但也有其特殊的性质。蛋白质是两性电解质，既能和酸作用，也能和碱作用。蛋白质分子中可解离的基团除肽链末端的 α-氨基和 α-羧基以外，主要的还是肽链氨基酸残基上的侧链基团，如 ε-氨基、β-羧基、γ-羧基、咪唑基、胍基、酚基、巯基等。当蛋白质所带的正、负电荷恰好相等，即净电荷为零时，蛋白质所处溶液的 pH 值称为该蛋白质的等电点。蛋白质在等电点时溶解度最小，极易借静电引力迅速结合成较大的聚集体，因而沉淀析出。这一性质在蛋白质分离、提纯时应用。同时，在等电点时，蛋白质的黏度，渗透压、膨胀性及导电能力均为最小。根据蛋白质的解离性质，可以利用电泳的方法对其进行分离、纯化和鉴定。蛋白质电泳的方向和速度取决于其所带净电荷的性质、所带电荷的多少以及分子颗粒的大小。蛋白质是高分子的化合物，具有一般胶体溶液的特征，如布朗运动、丁达尔现象、电泳现象、不能透过半透膜、具有吸附能力等。蛋白质的水溶液是一种稳定的亲水胶体溶液。使其稳定的基本因素主要有两个方面：一是蛋白质的极性侧链基团使蛋白质外面形成一层水膜，使蛋白质颗粒相互隔开；二是蛋白质在非等电点状态时带有相同电荷，使蛋白质颗粒之间相互排斥。在实验室或工业生产上常用透析法除去蛋白质中的小分子杂质。沉淀蛋白质的方法主要有以下几种：盐析法、有机溶剂沉淀法、重金属盐沉淀法、生物碱试剂和某些酸类沉淀法、加热变性沉淀法。天然蛋白质因受物理化学因素的影响，其分子内部原有的高度规律性结构发生变化，导致蛋白质的理化性质和生物学性质都有所改变，但并不导致蛋白质一级结构的破坏，这种现象称变性作用，变性后的蛋白质称变性蛋白。使蛋白质变性的因素很多，化学因素有强酸、强碱、尿素、胍、去污剂、重金属盐、三氯乙酸、磷钨酸、苦味酸、浓乙醇等。物理因素有加热、剧烈振荡或搅拌、紫外线及 X 射线照射、超声波等。蛋白质变性的本质是外界因素破坏了维持蛋白质空间结构的次级键，导致蛋白质分子空间构象的改变和破坏，而不涉及蛋白质一级结构的改变和肽键的断裂。蛋白质变性的主要标志就是生物学功能的丧失。某些蛋白质变性后可以在一定的条件下恢复原来的空间构象和生物学活性，这个过程称蛋白质的复性。蛋白质的最大光吸收在 280nm，可以通过测量蛋白质样品在 280nm 处的光吸收值（A_{280}）对蛋白质进行定量。蛋白质也能产生双缩脲反应。通常可用此反应来定性鉴定蛋白质。蛋白质分子中一般都含有酪氨酸，能与福林试剂反应生成蓝色化合物。这一反应常用于蛋白质含量测定。

知识链接

天然存在的活性肽

一些肽在生物体内具有特殊的功能。激素肽或神经肽都是活性肽，它们广泛地分布在生物界。作为主要的化学信使，它们在沟通细胞内部、细胞和细胞之间以及器官与器官之间的信息方面起着重要的作用。研究表明，活性肽在生物的生长发育、细胞分化、大脑活动、肿瘤病变、免疫防御、生殖控制、抗衰防老、生物钟规律及分子进化等方面均起重要作用。

一、谷胱甘肽

谷胱甘肽是存在于动植物细胞中的一个重要的三肽，简称 GSH。GSH 分子中有一个特殊的 γ-肽键，是由谷氨酸的 γ-羧基与半胱氨酸的 α-氨基缩合而成的，这样的肽键很稳定，不易被蛋白水解酶作用。由于 GSH 中含有一个活泼的巯基，很容易被氧化，两分子 GSH 脱氢以二硫键相连形成氧化型的谷胱甘肽（GSSG）。谷胱甘肽是某些酶的辅基，在体内氧化还原过程中起重要作用

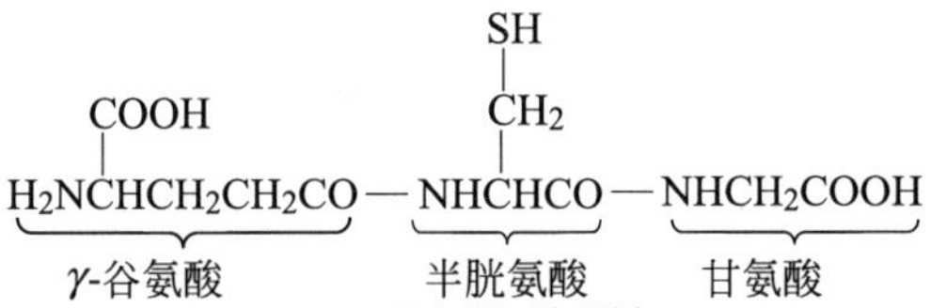

$$\underbrace{H_2N\overset{\overset{\displaystyle COOH}{|}}{C}HCH_2CH_2CO}_{\gamma\text{-谷氨酸}}-\underbrace{NH\overset{\overset{\overset{\displaystyle SH}{|}}{\displaystyle CH_2}}{\overset{|}{C}}HCO}_{\text{半胱氨酸}}-\underbrace{NHCH_2COOH}_{\text{甘氨酸}}$$

还原型谷胱甘肽

$$2GSH \underset{+2H}{\overset{-2H}{\rightleftharpoons}} GSSG$$

氧化型谷胱甘肽

二、催产素和升压素

两者都是在下丘脑的神经细胞中合成的多肽激素，都是 9 肽，在分子中都有环状结构。

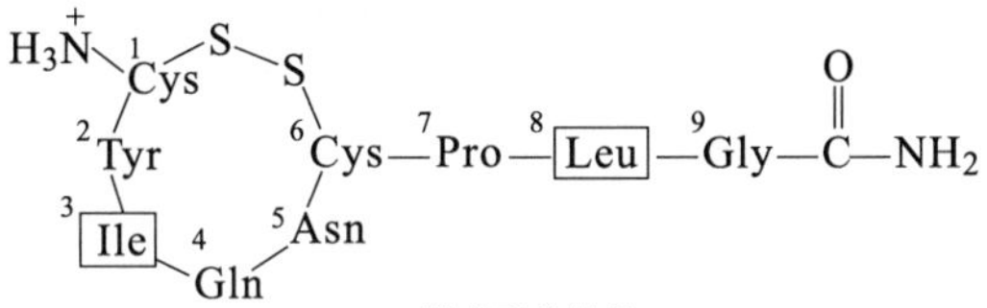

$H_3\overset{+}{N}$—^{1}Cys—S—S—^{6}Cys—^{7}Pro—^{8}[Leu]—^{9}Gly—C(=O)—NH_2；环：^{1}Cys—^{2}Tyr—^{3}[Ile]—^{4}Gln—^{5}Asn—^{6}Cys

催产素的结构

$H_3\overset{+}{N}$—^{1}Cys—S—S—^{6}Cys—^{7}Pro—^{8}[Arg]—^{9}Gly—C(=O)—NH_2；环：^{1}Cys—^{2}Tyr—^{3}[Phe]—^{4}Gln—^{5}Asn—^{6}Cys

升压素的结构

催产素的作用是使子宫和乳腺平滑肌收缩，具有催产和使乳腺排乳的作用。升压素的作用是使血管平滑肌收缩，从而升高血压，并减少排尿作用，所以也称抗利尿素。有的资料还表明，升压素还参与记忆过程，催产素促进遗忘的过程。

三、促肾上腺皮质激素（ACTH）

促肾上腺皮质激素是由腺垂体分泌的一种由 39 个氨基酸组成的多肽。它能促进肾上腺皮质的生长和肾上腺皮质激素的合成和分泌。另外，大脑、下丘脑也能分泌 ACTH，但各自分泌的 ACTH 具有不同的生理功能。现在通过化学方法合成的 ACTH，在临床上用于柯兴综合征的诊断，风湿性关节炎、皮肤炎和眼炎的治疗。

四、脑肽

脑肽的种类很多，其中脑啡肽是比吗啡更有镇痛作用的活性肽，1975 年，从猪脑中分离出两种类型的

脑啡肽，一种为C端4氨基酸残基是甲硫氨酸的，称Met-脑啡肽，另一种是C端氨基酸残基是亮氨酸的，称Leu-脑啡肽。它们都是5肽。由于脑啡肽是高等动物脑组织中原来就有的，所以，这类合成药物既有镇痛作用又不会使人上瘾。

1975年，有人从猪脑中分离出一种含有31个氨基酸残基的具有较强吗啡样活性与镇痛作用的β-内啡肽，从人脑中也分离出了β-内啡肽。β-内啡肽的降解产物：第1～17位的片段称为γ-内啡肽，无鸦片样活性也无镇痛作用，但具有抗精神分裂症的疗效。

五、消化器官分泌的活性肽

消化器官能分泌与消化机能相适应的一系列活性肽。例如小肠上段分泌胃泌素，促进胃酸的分泌。十二指肠、回肠分泌肠促胰泌素，可刺激胰脏分泌 HCO_3^-，增强十二指肠对胆囊收缩素的分泌。回肠和十二指肠分泌肠高血糖素，以滋养肠细胞。

六、胰高血糖素

胰脏α-细胞可以分泌胰高血糖素，它是29肽。胰高血糖素可以调节控制肝糖原降解产生葡萄糖，以维持血糖水平。它还能引起血管舒张，抑制肠的蠕动及分泌。

习　　题

一、名词解释

蛋白质　肽键　蛋白质的一级结构　蛋白质的构象　等电点　透析　蛋白质变性

二、填空题

1. 蛋白质是由________组成的一类生物大分子。
2. 含氮量十分接近，平均为________，是蛋白质元素组成的重要特点。某一蛋白质样品含氮0.2%，则蛋白质含量为____________。
3. 氨基酸既有酸性又有碱性，所以氨基酸为________电解质。
4. 天然蛋白质的氨基酸结构均为________（除甘氨酸）。
5. 蛋白质是由许多氨基酸残基通过肽键连接成的多肽链，其主键是________。
6. 利用蛋白质等电点不同这一特性，通过____________方法可分离、纯化蛋白质。
7. 一个开链五肽中含有____________个肽键。
8. 蛋白质的p*I*=5.2，在pH=8.6的溶液中状态为____________。
9. 蛋白质所形成胶体颗粒，在下列哪种pH条件下最不稳定____________。
10. 变性蛋白质由于____________断裂，____________结构破坏及____________基团的暴露，所以球状蛋白质变性后，明显改变是____________降低。

三、选择题

1. 主要研究生物体分子结构与功能，物质代谢与调节的学科是________。

   A. 医学化学　B. 解剖学　C. 生物化学　D. 遗传学
2. 氮的含量在各种蛋白质中都比较接近，平均为________。

   A. 10%　B. 12%　C. 14%　D. 16%
3. 蛋白质的基本组成单位是________。

   A. 核苷酸　B. 氨基酸　C. 葡萄糖　D. 脂肪酸和甘油
4. 基本氨基酸有________种。

   A. 16　B. 20　C. 4　D. 38或36
5. 不同的氨基酸，________不同。

   A. R基侧链　B. 羧基　C. 氨基　D. 碳原子
6. 氨基酸的性质为________。

   A. 酸性性质　B. 碱性性质　C. 中性性质　D. 两性性质

7. 氨基酸之间脱水缩合形成的化合物称为________。

A. 核酸　B. 肽键　C. 肽　D. 糖原

8. 两个相邻氨基酸之间相连的化学键称为________。

A. 酰胺键　B. 磷酸二酯键　C. 硫酯键　D. 双键

9. 蛋白质分子中氨基酸的排列顺序就是蛋白质的________结构。

A. 一级　B. 二级　C. 三级　D. 四级

10. 维持蛋白质一级结构的主要的化学键是________。

A. 磷酸二酯键　B. 硫酯键　C. 双键　D. 肽键

11. 蛋白质的空间结构通常称为蛋白质的________。

A. 形状　B. 构象　C. 折叠　D. 盘旋

12. 一级结构决定蛋白质的________，其决定蛋白质的功能。

A. 形状　B. 构象　C. 折叠　D. 盘旋

13. 根据________可以将蛋白质分为简单蛋白质和结合蛋白质。

A. 形状　B. 大小　C. 分子组成　D. 理化性质

14. 蛋白质是________电解质。

A. 酸性　B. 碱性　C. 中性　D. 两性

15. 溶液的 pH 与蛋白质的等电点相等时，蛋白质的净电荷为________。

A. 零　B. 正电荷　C. 负电荷　D. 不带电荷

16. 蛋白质在何种 pH 条件下最容易发生沉淀现象。

A. $pH=7$　B. $pH>pI$　C. $pH=pI$　D. $pH<pI$

17. 蛋白质所形成的胶体颗粒，在________条件下不稳定。

A. 溶液 pH 大于 pI　B. 溶液 pH 小于 pI

C. 溶液 pH 等于 pI　D. 溶液 pH 大于 7.4

18. 根据蛋白质的解离性质，可以利用________方法对其进行分离、纯化和鉴定。

A. 电泳　B. 透析　C. 分段盐析　C. 显色反应

19. ________就是利用蛋白质不能透过半透膜的性质，除去小分子杂质的方法。

A. 电泳　B. 透析　C. 分段盐析　C. 显色反应

20. 蛋白质的水溶液是稳定的溶液，使其稳定的基本因素主要有________个。

A. 1　B. 2　C. 3　D. 4

21. 下列哪个不是引起蛋白质变性的因素。

A. 强酸　B. 强碱　C. 冰冻　D. 加热

22. 蛋白质受物理化学因素的影响，导致蛋白质的理化性质和生物学性质都有所改变，这种现象称为蛋白质的________。

A. 溶解　B. 沉淀　C. 破坏　D. 变性

23. 血清清蛋白（$pI=4.7$）在溶液 pH 为________带正电荷。

A. 4.0　B. 5.0　C. 6.0　D. 7.0

24. 蛋白质溶液稳定因素是________。

A. 蛋白质溶液有“布朗效应”　B. 蛋白质分子表面带有水化膜和同种电荷

C. 蛋白质溶液黏度大　D. 蛋白质分子带有电荷

25. 蛋白质变性是由于________.

A. 氨基酸排列顺序的改变　B. 氨基酸组成的改变

C. 肽键的断裂　D. 蛋白质构象的破坏

26. 变性的蛋白质最主要的改变是________。

A. 黏度下降　B. 不易被蛋白酶水解

C. 溶解度增加　　D. 生物学活性丧失

27. 盐析法沉淀蛋白质的原理是________。

A. 与蛋白质形成不溶性蛋白盐　　B. 调节蛋白质溶液的等电点

C. 中和电荷，及破坏水化膜　　D. 使蛋白质溶液的 pH＝p*I*

28. 由于蛋白质具有紫外吸收能力，可以通过测量蛋白质样品在________nm 处的光吸收值对蛋白质进行定量。

A. 260　　B. 270　　C. 280　　D. 290

29. 蛋白质的双缩脲反应产生的颜色是________。

A. 鲜红　　B. 蓝色　　C. 黄色　　D. 紫色

四、简答题

1. 说明蛋白质一级结构和空间结构与功能的关系。
2. 蛋白质变性作用的本质是什么？变性后的蛋白质的理化性质有哪些改变？有何临床意义？
3. 常用的蛋白质分离纯化方法与原理。
4. 蛋白质溶液为什么是稳定的胶体溶液？

第三章　酶

【主要学习目标】

了解酶与一般催化剂的异同；掌握一些基本概念：酶的性中心、酶原、同工酶、竞争性抑制等；了解米氏方程的意义；熟悉影响酶促反应的各种因素。

新陈代谢是生命活动的基础，是生命活动的重要特征。而构成新陈代谢的许多复杂而有规律的物质变化和能量变化，都是在酶的催化作用下完成的。生物的生长发育、繁殖、遗传、运动、神经传导等生命活动，都与酶的催化过程紧密相关，可以说，没有酶的参与，生命活动一刻也不能进行。因此，从作用物的分子水平上研究生命活动的本质及规律无疑是十分重要的。

人们对酶的认识来源于长期的生产和科学的研究。现代科学认为，酶是由活细胞产生的、能在体内或体外同样起催化作用的一类生物大分子，包括蛋白质和核酸。本章只讨论蛋白质属性的酶。

第一节　酶的催化作用特点

酶作为生物催化剂和一般催化剂相比有其共同性，首先，酶和其他催化剂一样，都能加快化学反应速率，酶本身在反应前后没有结构、性质和量的改变；其次，酶只能缩短反应达到平衡所需要的时间，而不能改变反应的平衡常数。

酶和一般非生物催化剂相比又有不同之处。

一、酶易失活

高温、强酸、强碱、重金属盐等因素都能使酶失去催化活性，因此，酶所催化的反应往往都是在比较温和的常温、常压和接近中性酸碱的条件下进行的。

二、酶具有极高的催化效率

酶催化反应的反应速率比非催化反应高 10^8～10^{20}倍，比非生物催化高 10^7～10^{13}倍。

随着酶学的发展，对与酶作用的机理研究也逐步深入。现将目前关于为什么酶比一般催化剂具有更高的催化效率的看法作简单介绍。

酶（E）在催化反应的过程中，首先与底物（S）结合生成一个不稳定的中间产物（ES），ES 再分解为产物（P）和原来的酶。

$$E+S \rightleftharpoons ES \longrightarrow E+P$$

1. 邻近和定向效应

在 ES 复合物中，底物和酶活性部位邻近，对于双分子反应来说也包含了酶活性部位上底物分子之间的邻近，而相互靠近的底物分子与酶活性部位的基团之间还要有严格的定向（达到正确的化学排列）。这样，就大大提高了活性部位上底物的有效浓度，使底物分子间的反应近似于分子内的反应，同时还为轨道交叉提供了有利条件，使反应所需的能量大大减少。

2.“张力”和“形变”

底物与酶的结合诱导了酶的构象发生变化，而变化的酶分子又使底物分子的敏感键产生张力甚至形变，为键的断裂和形成提供了有利条件。

3. 酸碱催化

酶活性部位上的某些基团（羧基、巯基、酚羟基、氨基、咪唑基等）可以作为良好的质子供体或受体对底物进行酸碱催化。

4. 共价催化

酶还可以与底物生成不稳定的共价中间物，这种共价中间物进一步生成产物要比非催化反应容易得多。

5. 表面效应

酶的活性中心多为疏水性环境，可排除水分子对酶和底物功能基团的干扰性的吸引或排斥，防止底物和酶之间形成水化膜，有利于ES的形成。

必须指出的是，以上这些因素并不是在所有的酶中都一样起作用，更可能的情况是对不同的酶起作用的因素不完全相同。

三、酶具有高度的专一性

酶作用的高度专一性是指酶对催化的反应和反应物有严格的选择性。被作用的反应物，通常称为底物。酶往往只能催化一种或一类反应，作用于一种或一类底物。这是酶与非酶催化剂最重要的区别。如果没有这种专一性，生命本身有序的代谢活动就不复存在，生命也就不复存在。

酶的底物专一性是指酶对它所作用的物质有严格的选择性，一种酶只能作用于某一种或某一类特定的物质，这种对底物的选择性称为酶的特异性或作用的专一性。例如淀粉酶只能催化淀粉糖苷键的水解，蛋白酶只能催化蛋白质肽键的水解，脂肪酶只能催化脂肪酯键的水解，而对其他类物质没有催化作用。

1. 酶作用的专一性类型

（1）结构专一性

① 绝对专一性　有些酶对底物要求非常严格，只作用于一种底物，而不作用于任何其他物质，这种专一性被称为“绝对专一性”。例如脲酶只能水解尿素，而对尿素的各种衍生物不起作用。

② 相对专一性　有些酶可作用于一类结构近似的底物，这种专一性称为“相对专一性”。具有相对专一性的酶作用于底物时，对键两端的基团要求程度不同，对其中一个基团要求严格，而对另外一个基团则要求不严，这种专一性称为“族专一性”或“基团专一性”。例如α-D-葡萄糖苷酶不但要求α-糖苷键，并且要求α-糖苷键的一端必须有葡萄糖残基，因此它可以催化各种α-D-葡萄糖苷衍生物α-糖苷键的水解。有的酶只要求作用于底物一定的键，对键两端的基团并无严格的要求，这种专一性叫“键专一性”。例如酯酶催化酯键的水解。

（2）立体异构专一性

当底物具有立体异构体时，酶只能作用于其中的一种，这种专一性称为立体异构专一性。酶的立体异构专一性是相当普遍的现象。

① 旋光异构专一性　例如，L-氨基酸氧化酶只能催化L-氨基酸氧化，而对D-氨基酸无作用。

② 几何异构专一性　当底物具有几何异构体时，酶只能作用于其中的一种。例如，琥珀酸脱氢酶只能催化琥珀酸脱氢生成延胡索酸，而不能生成顺丁烯二酸。

2. 酶作用的专一性假说

(1) 锁钥学说

早在1894年，Fisher提出“锁钥学说”，即酶与底物为锁与钥匙的关系，以此说明酶与底物结构上的互补性。该学说的局限性不能解释酶的逆反应，如果酶的活性中心是“锁钥学说”中的锁，那么，这种结构不可能既适合于可逆反应的底物，又适合于可逆反应的产物。

(2) 诱导契合学说

1958年，Koshland提出“诱导契合学说”，当酶分子与底物分子接近时，酶蛋白受底物分子诱导，其构象发生有利于底物结合的变化，酶与底物在此基础上互补契合进行反应。X射线晶体结构分析的实验结果支持这一学说，证明了酶与底物结合时，确有显著的构象变化。这一假说比较满意地说明了酶的专一性（见图3-1）。

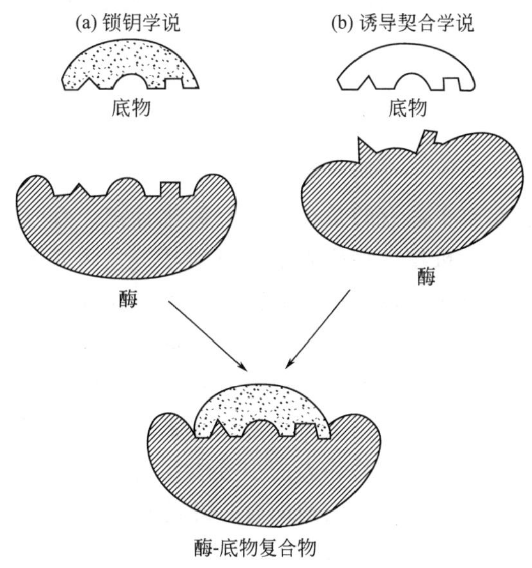

图3-1　酶作用的专一性的两种假说

四、酶活性受调节和控制

酶活性受到调节和控制是区别于一般催化剂的重要特征。细胞内酶的调节和控制有多种方式，主要有如下几种：

(1) 调节酶浓度（主要有两种方式：诱导或抑制酶的合成；调节酶的降解）；

(2) 通过激素调节酶的活性；

(3) 通过反馈抑制调节酶活性；

(4) 通过抑制剂和激活剂调节酶活性；

(5) 可逆共价修饰。

第二节　酶的结构与功能

一、酶的化学组成

到目前为止，被人们分离纯化研究的酶已有数千种，经过物理和化学方法分析证明了酶的化学本质是蛋白质。主要依据如下：

① 酶经酸碱水解后的最终产物是氨基酸，酶能被蛋白酶水解而失活；

② 酶是具有空间结构的生物大分子，凡能使蛋白质变性的因素都可使酶变性失活；

③ 酶是两性电解质，在不同 pH 值下呈现不同的离子状态，在电场中向某一电极泳动，各自具有特定的等电点；

④ 酶和蛋白质一样，具有不能通过半透膜等胶体性质；

⑤ 酶也有蛋白质所具有的化学呈色反应。

以上事实说明酶在本质上属于蛋白质。

二、酶的分子构成

根据酶分子的化学组成，可以将酶分为单纯蛋白酶和结合蛋白酶两大类。

① 单纯蛋白酶　单纯蛋白酶除了蛋白质以外，不含其他物质，如脲酶、蛋白酶、淀粉酶、脂肪酶和核糖核酸酶等。

② 结合蛋白酶　属于结合蛋白的酶类，除了蛋白质外，还要结合一些对热稳定的非蛋白质小分子物质或金属离子。其中蛋白质组分称为酶蛋白，非蛋白质组分称为辅因子。在酶蛋白和辅因子单独存在时，均无催化活力。只有两者结合成完整分子时，才具有活力。此完整的酶分子称为全酶。

全酶＝酶蛋白＋辅因子

有的酶的辅因子是金属离子，有的是小分子有机化合物。有时这两者对酶的活性都是需要的。通常将这些小分子的有机化合物称为辅酶或辅基。金属离子在酶分子中或作为酶活性部位的组成部分，或帮助形成酶活性中心所必需的构象。在催化过程中，辅酶或辅基的作用是作为电子、原子或某些基团的载体参与并促进整个催化过程。

辅酶和辅基并没有什么本质上的差别，只不过它们与蛋白质部分结合的牢固程度不同而已。通常把与酶蛋白结合比较松的，用透析法可以除去的小分子有机物称为辅酶，而把那些与酶蛋白结合比较紧的，用透析法不易除去的小分子物质称为辅基。

通常一种酶蛋白必须与某一特定的辅酶结合，才能成为有活性的全酶。如果这种辅酶被另外一种辅酶所替换，这种酶就不表现活力。反之，一种辅酶可以与多种不同的酶蛋白结合，而组成具有不同专一性的全酶。例如 NAD(或 NAD^+) 可以与不同的酶蛋白结合，组成乳酸脱氢酶、苹果酸脱氢酶和 3-磷酸甘油醛脱氢酶等。由此可见，决定酶催化专一性的是酶的蛋白质部分。

根据酶蛋白分子的特点，又可将酶分为单体酶、寡聚酶和多酶复合物。

(1) 单体酶

单体酶一般由一条肽链组成，例如溶菌酶、羧肽酶 A 等，但有的单体酶是由多条肽链组成的，例如凝乳蛋白酶是由 3 条肽链组成、肽链间二硫键相连构成的一个共价整体。单体酶种类较少，一般多是催化水解反应的酶。其相对分子质量为 13000～35000。属于这类的酶为数不多，而且全部为水解酶。

(2) 寡聚酶

寡聚酶是由两个或两个以上的亚基组成的酶，这些亚基之间可以是相同的，也可以是不同的。亚基之间靠次级键结合，在含 4mol/L 的尿素溶液中或通过其他的方法可以把它们分开。大多数的寡聚酶，其聚合形式是活性型，解聚形式则是失活型。相当数量的寡聚酶是调节酶，在代谢调控中起重要作用。已知的寡聚酶大多为糖代谢酶，其相对分子质量为

35000～数百万。

(3) 多酶复合物

几个酶靠非共价键彼此嵌合而成的复合物称多酶复合物。一般由 2～6 个功能相关的酶组成。这样更有利于化学反应的进行，以提高酶的催化效率，同时便于机体对酶的调控。多酶复合物的相对分子质量都在几百万以上。

三、酶的活性中心

酶作为生物催化剂，在起作用时，是整个酶分子都与催化活性有关呢？还是分子中的某一部分结构与催化活性直接相关？实验证明，与酶的催化活性有关的并非是酶的整个分子，而往往只是酶分子中的一小部分结构。酶的活性部位，也称活性中心，是酶分子中直接参与与底物结合，并与酶的催化作用直接相关的部位。通常又将活性部位分为结合部位和催化部位。前者负责与底物的结合，决定酶的专一性；后者负责催化底物键的断裂和形成新键，决定酶的催化能力。

对单纯酶来讲，活性部位就是由酶分子中在三维结构上比较靠近的少数几个氨基酸残基或是这些残基上的某些基团组成。对于结合酶类来讲，它们肽链上的某些氨基酸以及辅酶或辅酶分子上的某一部分结构往往就是其活性部位的组成部分（见图 3-2）。

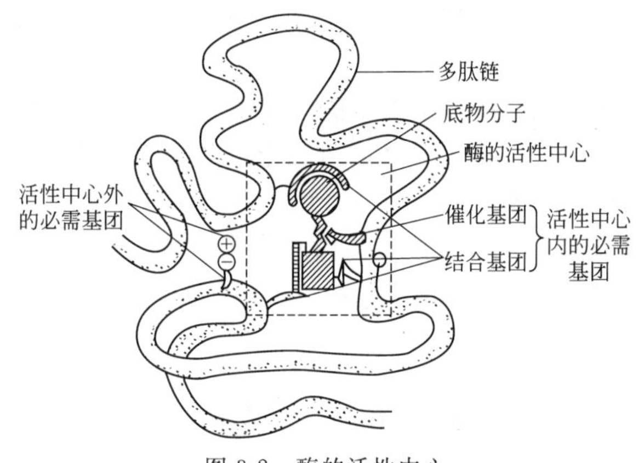

图 3-2　酶的活性中心

虽然酶在结构、专一性和催化模式上差别很大，但就活性部位而言，有其共同特点。

① 活性部位在酶分子的总体中只占相当小的部分，通常只占整个酶分子体积的 1%～2%。酶分子的催化部位一般只有 2～3 个氨基酸残基组成，而结合部位的氨基酸残基因不同的酶而异，可能是一个，也可能是数个。

② 酶的活性部位是一个三维实体。酶的活性部位不是一个点、一条线，甚至也不是一个面。活性部位的三维结构是由酶的一级结构所决定，且在一定的外界条件下所形成的。活性部位的氨基酸残基在一级结构上可能相距甚远，甚至位于不同的肽链上，通过肽链的盘绕、折叠而在空间结构上相互靠近。可以说，没有酶的空间结构，也就没有酶的活性部位。一旦酶的高级结构受到物理因素或化学因素的影响，酶的活性部位遭到破坏，酶即失活。

③ 酶的活性部位并不是和底物的形状正好互补的，而是在酶和底物结合的过程中，底物分子或酶分子有时是两者的构象同时发生了一定的变化后才互补的，这时，催化基团的位置也正好在所催化底物键的断裂和即将生成键的适当位置。这个动态的辨认过程称为诱导契合。

④ 酶的活性部位是位于酶分子表面的一个裂缝内，底物分子（或某一部分）结合到裂缝内，并发生催化作用。裂缝内是相当疏水的区域，非极性基团较多，但在裂缝内也含有某

些氨基酸残基，以便于底物结合，并发生催化作用。其非极性性质在于产生一个微环境，提高与底物的结合能力有利于催化。在此裂缝内底物有效浓度可达到很高。

⑤ 底物通过次级键结合到酶上。酶与底物结合成ES复合物，主要靠次级键：氢键、盐键、范德华力和疏水力互相作用。

⑥ 酶活性部位具有柔性和可运动性。在酶的变性过程中，当酶分子的整体构象还没有受到明显影响之前，活性部位已大部分被破坏，因而造成活性的丧失。说明酶的活性部位，相当于整个酶分子来说更具柔性，这种柔性或称可运动性，很可能正是表现其催化活性的一个必要因素。

活性部位的形成要求酶蛋白分子具有一定的空间构象，因此，酶分子中其他部位的作用对于酶的催化作用来说，可能是次要的，但绝不是毫无意义的，它们至少为活性酶部位的形成提供了结构基础。酶的催化活性依赖于它们天然蛋白质构象的完整性，假若一种酶被变性或解离成亚基酶就失活。因此，酶的空间结构对于它们的催化活性是必需的。

四、酶原与酶原的激活

某些酶，特别是一些与消化作用相关的酶，在最初合成和分泌时，没有催化活性。这种没有活性的酶的前体称作“酶原”。酶原在一定条件下经适当的物质作用，可转变成有活性的酶，酶原转变成酶的过程称酶原的激活。这个过程实质上是酶活性部位形成或暴露的过程。

例如，使蛋白质水解的消化酶，在胃和胰脏中是作为酶原合成的，激活后成为蛋白水解酶。胰蛋白酶原进入小肠以后，在 Ca^{2+} 存在下受肠激酶激活，第六位赖氨酸残基与第七位异亮氨酸残基之间的肽键被切断，失去一个六肽。断裂后的N端其余部分解脱张力的束缚，像一个放松的弹簧一样卷起来，这就使酶蛋白的构象发生变化，并把与催化有关的组氨酸46、天冬氨酸90带至丝氨酸183附近，形成一个合适的排列，因而自动产生活性中心，成为有催化活性的胰蛋白酶（见图3-3）。

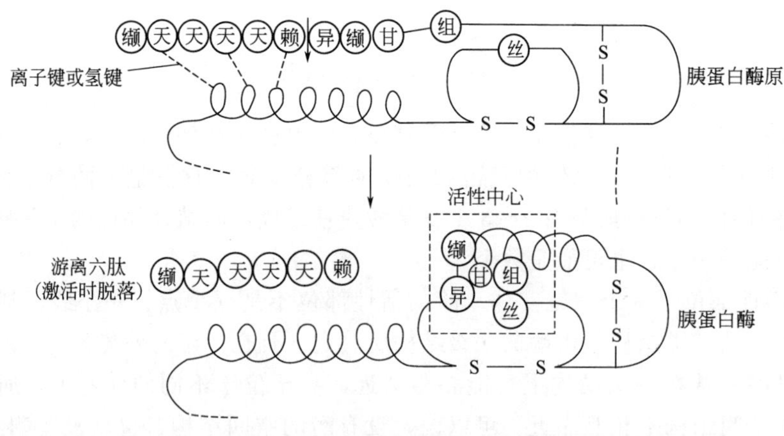

图3-3 胰蛋白酶原激活示意图

其他与酶原激活有关的例子还有：

① 血液凝固系统的许多酶都是以酶原的形式被合成出来，被激活后起作用；

② 有些蛋白激素也是以无活性的前体被合成的；

③ 存在于皮肤和骨骼中的纤维蛋白是由可溶性前体前胶原激活而成的；

④ 许多发育过程是由酶原激活调控的，例如蝌蚪变态成蛙。

在细胞中，某些酶以酶原的形式存在，具有重要的生物学意义。因为分泌酶原的组织细胞含有蛋白质，而酶原无催化活性，故可保护组织细胞不被水解破坏。

五、同工酶

1959 年，Markert 首次用电泳分离法发现动物的乳酸脱氢酶（LDH）具有多种分子形式，并将其称为同工酶。同工酶是指催化相同的化学反应，但其蛋白质分子结构、理化性质和免疫性能等方面都明显存在差异的一组酶。同工酶不仅存在于同一个体的不同组织中，甚至同一组织、同一细胞的不同亚细胞结构中。至今已经陆续发现了数百种具有不同分子形式的同工酶，几乎有一半以上的酶作为同工酶而存在。

乳酸脱氢酶是由四个亚基组成的寡聚酶，其亚基又分为骨骼肌型（M）和心肌型（H）两种类型。这两种亚基的相对分子质量都约为 35×10^3。它们在不同的基因控制下产生，可以装配成 M_4、M_3H、M_2H_2、MH_3、H_4 五种四聚体。由于这两种亚基在氨基酸组成上有较大差别，H 型富含酸性氨基酸，而 M 型富含碱性氨基酸，因此在电场中很容易分开，从阴极到阳极的排列依次是 LDH_5（M_4）、LDH_4（M_3H）、LDH_3（M_2H_2）、LDH_2（MH_3）、LDH_1（H_4）（见图 3-4）。此外，在动物睾丸及精子中还发现了另外一种基因编码的 x 亚基组成了 LDH_X。

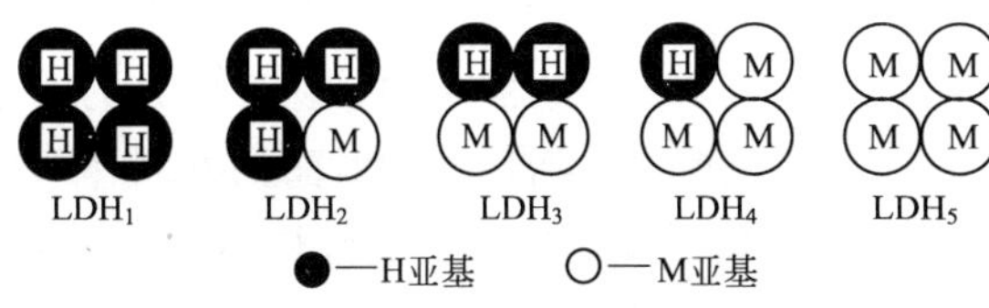

图 3-4 乳酸脱氢酶同工酶结构模式图

LDH 同工酶有组织特异性，LDH_1 在心肌中含量较高，而 LDH_5 在骨骼肌中含量相对较高。因此，LDH 同工酶相对含量的改变在一定程度上更敏感地反映某脏器的功能状况，临床医学常利用这些同工酶在血清中相对含量的改变作为某脏器病变鉴别诊断的依据。例如心、肝病变将引起血清 LDH 同工酶谱的变化。一般规律是：

心肌疾病 LDH_1 及 LDH_2 上升，LDH_3 及 LDH_5 下降；

急性肝炎 LDH_5 明显升高，随病情好转而逐渐恢复正常；

慢性肝炎一般处于正常范围，部分病例可见 LDH_5 有所升高；

肝硬变 LDH_5、LDH_1 和 LDH_3 均升高；

原发性肝癌 LDH_3、LDH_4、LDH_5 均升高，但 $LDH_5>LDH_4$；

转移性肝癌 LDH_3、LDH_4、LDH_5 均上升，但 $LDH_4>LDH_5$。人的 LDH 同工酶谱见表 3-1。

表 3-1 人的 LDH 同工酶谱

LDH 同工酶	亚基组	LDH 活性的百分数/%								
		心肌	肝	肾	肺	脾	骨骼肌	红细胞	白细胞	血清
LDH_1	H_4	73	2	43	14	10	0	43	12	27.1
LDH_2	H_3M	24	4	44	34	25	0	44	49	34.7
LDH_3	H_2M_3	3	11	12	35	40	5	12	33	20.9
LDH_4	HM_3	0	27	1	5	20	16	1	6	11.7
LDH_5	M_4	0	56	0	12	5	79	0	0	5.7

同工酶是研究代谢调节、分子遗传、生物进化、个体发育、细胞分化和癌变的有力工具，在酶学、生物学和医学中均占有重要地位。

第三节 影响酶促反应速率的因素

酶促反应速率受到某些因素的影响，这些因素主要包括底物浓度、酶浓度、pH 值、温度、激活剂和抑制剂等。酶促反应速率可用单位时间内底物的消耗量或产物的生成量来表示。

在一定量的酶和底物存在下，一个酶促反应开始后，在反应的不同时间测定反应体系中产物的生成量。以产物的生成量对时间作图，可得到如图 3-5 所示的曲线。

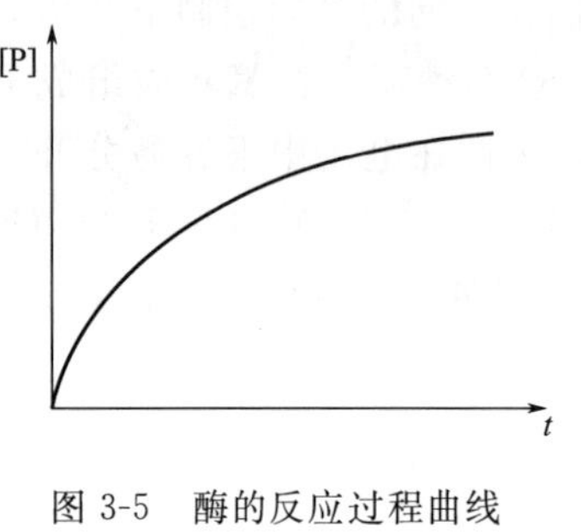

图 3-5 酶的反应过程曲线

不同时间的反应速率就是时间为不同值时曲线的斜率。从图 3-5 中可以看出，在开始一段时间内，反应速率几乎维持恒定，产物的生成量与时间成直线关系。但随着时间的延长，曲线斜率逐渐减少，反应速率逐渐降低。产生这种现象的原因很多，如由于反应的进行底物的浓度降低，随产物的增加，逆反应方的速率逐渐增大，酶本身在反应中失活，产物对酶的抑制作用等。为了正确测定酶促反应速率并避免以上因素的干扰，就必须测定酶促反应初期以上因素还来不及起作用时的速率，称之为“反应初速率”。

一、底物浓度的影响

1. 底物浓度和酶促反应速率的关系

若在酶浓度、pH、温度等条件固定不变的情况下研究底物浓度和反应速率的关系，可得到图 3-6 所示曲线。

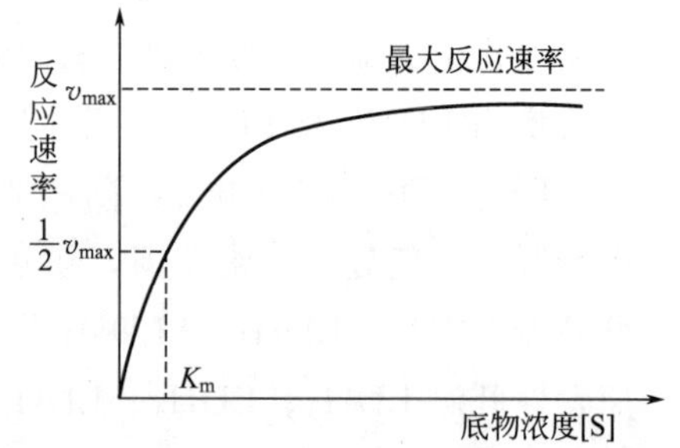

图 3-6 底物浓度对酶促反应速率的关系

在底物浓度较低时，反应速率随底物浓度的增加而升高，反应速率与底物浓度近乎成正比。

当底物浓度较高时，底物浓度增加，反应速率也随之升高，但不显著。

当底物浓度很大而达到一定限度时，反应速率达到一个极大值。此时虽然再增加底物浓度，反应速率也几乎不再改变。此时的酶促反应速率称为最大反应速率（v_{max}）。

酶促反应速率和底物浓度之间的这种关系可以用中间产物学说加以说明。酶作用时，酶 E 先与底物结合成一中间产物 ES，然后再分解为产物 P，并游离出酶。

$$E+S \rightleftharpoons ES \longrightarrow P+E$$

在底物浓度低时，每一瞬间，只有一部分酶与底物形成中间产物 ES，此时若增加底物浓度，则有更多的 ES 生成，因而，反应速率亦随之增加。但当底物浓度很大时，每一瞬间，反应体系中的酶分子都已与底物结合生成 ES，此时底物浓度虽再增加，但已无游离的酶与之结合，故无更多的 ES 生成，因而反应速率几乎不变。

2. 米氏方程

Michaelis 和 Menten 根据中间产物学说推导了能够表示整个反应中底物浓度和反应速率关系的公式，称为米氏方程。

$$v=\frac{v_{max}[S]}{K_m+[S]}$$

式中　v——反应速率；

v_{max}——酶完全被底物饱和时的最大反应速率；

[S]——底物浓度；

K_m——米氏常数，是酶促反应速率达到最大反应速率一半时的底物浓度，mol/L。

米氏方程圆满地表示了底物浓度和反应速率之间的关系。在底物浓度低时，$K_m \gg [S]$，米氏方程式分母中［S］一项可以忽略不计。得

$$v=\frac{v_{max}}{K_m}[S]$$

即反应速率和底物浓度成正比。

在底物浓度很高时，$[S] \gg K_m$，米氏方程中，K_m 可以忽略不计，得

$$v=v_{max}$$

即反应速率与底物浓度无关。

3. 米氏常数的意义

（1）K_m 是酶的一个特征性物理常数　K_m 大小只与酶的性质有关，而与酶的浓度无关。K_m 值随测定的底物、反应温度、pH 值及离子强度而改变。故对某一酶促反应而言，在一定的条件下都有特定的 K_m 值，可用来鉴别酶。

（2）K_m 值可以判断酶的专一性和天然底物　有的酶可以作用于几种底物，因此就有几个 K_m 值，其中 K_m 值最小的底物称为该酶的最适底物，也就是天然底物。K_m 值可以近似地反映酶对底物的亲和力，K_m 值越大，酶与底物的亲和力越小；K_m 值越小，酶与底物的亲和力越大。

4. 双倒数作图法

米氏方程是一个双曲线函数，直接用它求 K_m 和 v_{max} 不方便，可将该方程转化为倒数方程。以 1/［S］为横坐标，以 $1/v$ 为纵坐标作图，所得直线在纵坐标上的截距代表最大反应速率的倒数（$1/v_{max}$），而横坐标上的截距代表 $-1/K_m$（见图 3-7）。

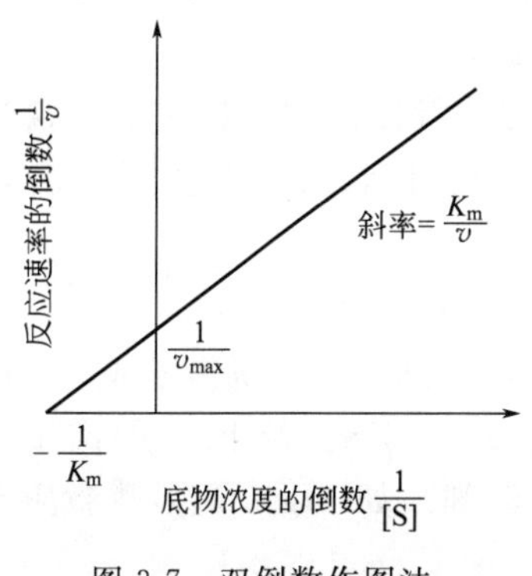

图 3-7　双倒数作图法

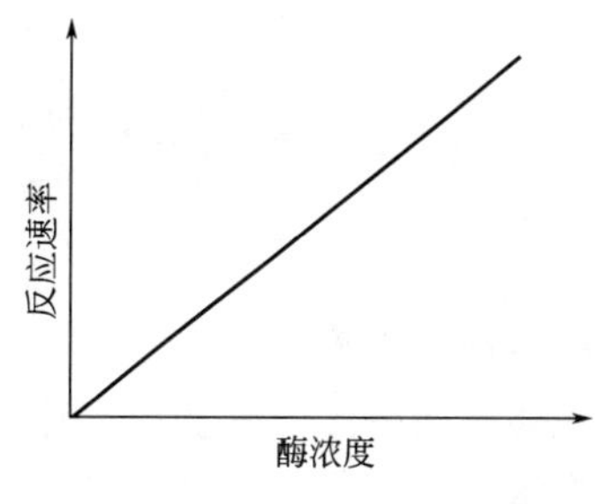

图 3-8　反应速率与酶浓度的关系

二、酶浓度的影响

在底物足够过量而其他条件固定的条件下，并且反应系统中不含有抑制酶活性的物质，

及其他不利于发挥作用的因素时，酶促反应速率和酶浓度成正比（见图 3-8）。

三、pH 的影响

酶的活力受环境 pH 的影响，在一定 pH 下，酶表现最大活力，高于或低于此 pH，酶活力降低，通常把表现出酶最大活力的 pH 称为该酶的最适 pH。

各种酶在一定条件下，都有其特定的 pH，因此，最适 pH 是酶的特性之一。但酶的最适 pH 不是一个常数，受许多因素影响，随底物种类和浓度、缓冲溶液种类和浓度的不同而改变，因此，最适 pH 只有在一定条件下才有意义。大多数酶的最适 pH 在 5～8 之间，动物体的酶多在 pH 6.5～8.0 之间，植物及微生物中的酶多为 pH 4.5～6.5。但也有例外，如胃蛋白酶的最适 pH 为 1.5，肝中精氨酸酶的最适 pH 为 9.7。

应当指出，酶在体外所测定的最适 pH，与它在生物体细胞内的生理 pH 并不一定相同。因为，细胞内存在多种多样的酶，不同的酶对此细胞内的生理 pH 的敏感性不同，也就是说，此 pH 对一些酶是最适 pH，而对另一些酶则不是，因而不同的酶表现出不同的活性。这种不同对于控制细胞内复杂的代谢途径可能具有重要的意义（见图 3-9）。

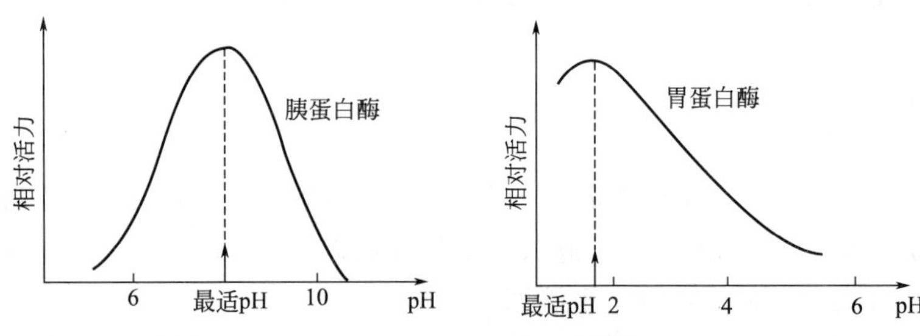

图 3-9　pH 对酶反应速率的影响

四、温度的影响

温度对酶的作用有两种不同的影响。一方面，与一般化学反应相同，酶反应在一定的温度范围（0～40℃）内，随温度升高，其化学反应速率加快；另一方面，由于大多数酶是蛋白质，随温度升高，酶蛋白逐渐变性而失活，引起酶反应速率的下降。综合以上两种因素的影响，在一定条件下，每种酶在某一定温度，其活力最大，这个温度称为酶的最适温度（见图 3-10）。也就是说，最适温度是酶表现最大活力时的温度。

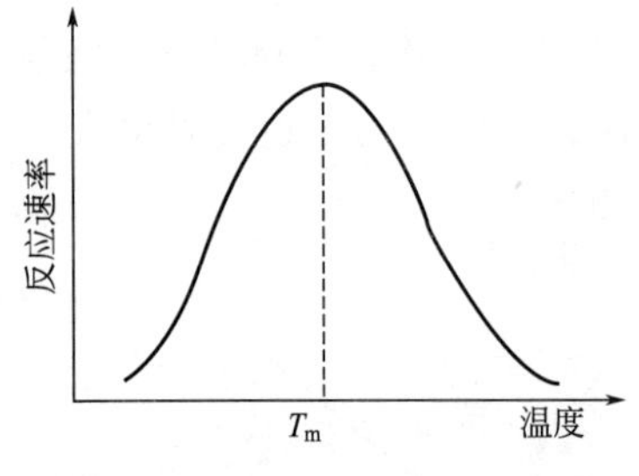

图 3-10　温度对反应速率的影响

最适温度不是酶的特征性的物理常数，常受到其他条件如底物种类、作用时间、pH 和离子强度等因素的影响而改变。

五、激活剂的影响

凡是能够提高酶活力的物质都称为酶的激活剂。其中大部分是无机离子或简单的有机化合物。作为激活剂的金属离子有 K^+、Na^+、Ca^{2+}、Mg^{2+}、Zn^{2+} 及 Fe^{2+} 等离子，无机阴离子如：Cl^-、Br^-、I^-、CN^-、$PO_4{}^{3-}$ 等都可作为激活剂。如 Mg^{2+} 是多数激酶及合成酶的激活剂，Cl^- 是唾液淀粉酶的激活剂。

激活剂对酶的作用有一定的选择性，即一种激活剂对某种酶起激活作用，而对另外一种酶可能起抑制作用。有时，离子之间有拮抗作用，例如 Na^+ 抑制 K^+ 激活的酶。有时金属离子之间也可以相互代替，如 Mg^{2+} 作为激酶的激活剂可被 Mn^{2+} 代替。另外，激活离子对于同一种酶，可因浓度不同而起不同的作用。

有些小分子有机化合物可作为酶的激活剂，如半胱氨酸、还原型谷胱甘肽等还原剂对某些含巯基的酶有激活作用，使酶中的二硫键还原成巯基，从而提高酶活性。

另外，酶原可被一些蛋白酶选择性地水解肽键而被激活，这些蛋白酶也可看成为激活剂。

六、抑制剂的影响

凡使酶的必需基团或活性部位中的基团的化学性质改变而降低酶活力，甚至使酶完全丧失活性，但不使酶变性的物质，称为抑制剂。用I来表示，其作用称为抑制作用。抑制作用可以分为不可逆抑制作用和可逆抑制作用两类。

1. 不可逆抑制作用

抑制剂与酶的必需基团以共价键结合而引起酶活力丧失，不能用透析、超滤等物理方法除去抑制剂而使酶恢复活力，这种抑制称为不可逆抑制作用。例如，有机磷农药敌敌畏、敌百虫等杀虫剂，能特异地与胆碱酯酶活性中心丝氨酸残基上的羟基结合，抑制乙酰胆碱酯酶的活力，因而使生物体内乙酰胆碱大量积累，影响神经传导，使机体功能失调，失去知觉而死亡。

某些重金属离子（Ag^{+}、Cu^{2+}、Hg^{3+}、Pb^{2+}等）对酶的抑制作用均属于这类抑制剂。

2. 可逆抑制作用

抑制剂与酶以非共价键结合而引起酶活力降低或丧失，能用物理方法除去而使酶恢复活力，这种抑制作用是可逆的，称为可逆抑制作用。

根据可逆抑制剂与底物的关系，可逆抑制作用主要有竞争性抑制作用和非竞争性抑制作用两种类型。

（1）竞争性抑制作用

竞争性抑制作用是最常见的一种抑制作用。抑制剂（I）和底物（S）竞争酶的结合部位，从而影响了底物与酶的正常结合。竞争性抑制可用下式表示：

$$\begin{array}{l} E + S \rightleftharpoons ES \longrightarrow E + P \\ + \\ I \\ \Updownarrow \\ EI \end{array}$$

大多数竞争性抑制剂的结构与底物结构类似，因此能与酶的活性部位结合，与酶形成可逆的EI复合物，但EI不能分解为产物P，酶反应速率下降。其抑制程度取决于底物及抑制剂的相对浓度，这种抑制作用可以通过增加底物浓度而解除。例如，磺胺类药物与细菌所需的对氨基苯甲酸（PABA）竞争二氢叶酸合成酶，使敏感菌的二氢叶酸合成受阻，从而影响核酸合成而抑制细菌生长繁殖（见图3-11）。

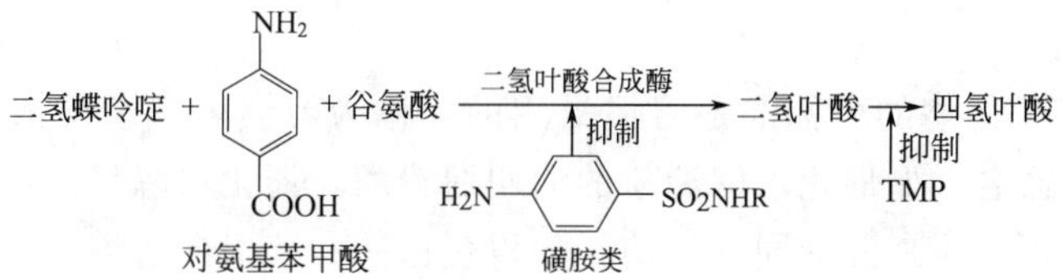

二氢蝶呤啶 + 对氨基苯甲酸（NH_2—苯环—COOH） + 谷氨酸 —二氢叶酸合成酶→ 二氢叶酸 → 四氢叶酸
（二氢叶酸合成酶反应受磺胺类 H_2N—苯环—SO_2NHR 抑制；二氢叶酸→四氢叶酸受TMP抑制）

图3-11　磺胺类药物作用机理

(2) 非竞争性抑制作用

这类抑制作用的特点是底物和抑制剂同时和酶结合，两者没有竞争作用。酶与底物结合后，还可以与底物结合。非竞争性抑制可用下式表示：

$$
\begin{array}{ccccc}
E+S & \rightleftharpoons & ES & \longrightarrow & E+P \\
+ & & + & & \\
I & & I & & \\
\upharpoonleft\downharpoonright & & \upharpoonleft\downharpoonright & & \\
EI+S & \rightleftharpoons & ESI & &
\end{array}
$$

但是三元中间复合物不能进一步分解为产物，因此，酶活力降低。这类抑制剂与酶活性部位以外的基团结合，其结构与底物无共同之处，这种抑制作用不能通过增加底物浓度来解除抑制，故称非竞争性抑制。例如亮氨酸是精氨酸酶的一种非竞争性抑制剂。竞争性抑制和非竞争性抑制示意图见图 3-12，它们之间的区别见表 3-2。

表 3-2 竞争性抑制和非竞争性抑制的区别

项　目	竞争性抑制	非竞争性抑制
结合部位	活性中心	中心外
特点	增加[S]可消除抑制	增加[S]不能消除抑制
	v_{max}不变	v_{max}下降
	K_m 增大	K_m 不变

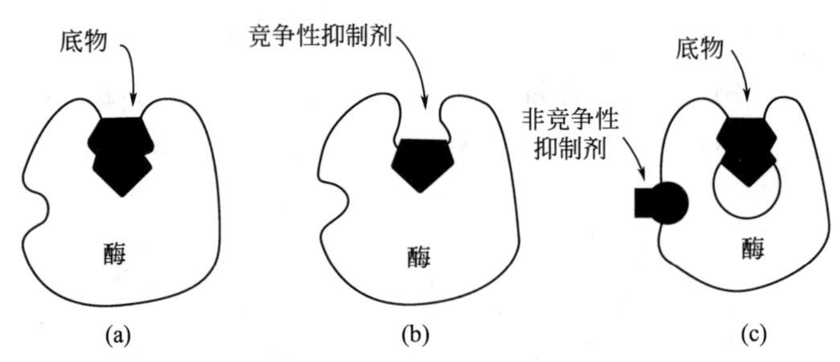

图 3-12 竞争性抑制和非竞争性抑制示意图

第四节 酶的命名与分类

迄今为止已经发现的酶有 4000 多种，为了研究和使用方便，需要对已知的酶加以分类。并给以科学的名称。

一、酶的命名

1. 习惯命名法

1961 年以前使用的酶的名称都是习惯沿用的，称为习惯名。主要依据两个原则：一是根据酶作用的底物命名，如催化水解淀粉的酶叫淀粉酶，催化水解蛋白质的酶叫蛋白酶。有时还加上来源以区别不同来源的同一类酶，如胃蛋白酶、胰蛋白酶等。二是根据催化反应的性质及类型命名，如水解酶、转移酶、氧化酶等。有的结合上述两个原则来命名，如琥珀酸脱氢酶是催化琥珀酸脱氢反应的酶。

习惯命名法简单、易懂，但缺乏系统性和科学性，常出现“一酶多名”或“多酶一名”的情况。

2. 国际系统名法

1961年，国际酶学委员会提出了系统命名法分类原则，现已被国际生物化学协会采用。

根据国际系统命名法原则，每种酶都有一个系统名称和一个习惯名称。习惯名称应简单，便于使用。系统名称应当明确标明酶的底物及所催化的反应的性质。如果一种酶催化两个底物起反应，应在它们的系统名称中包括两种底物的名称，并以“:”将它们隔开。此外，底物的构型也应该写出。例如，谷丙转氨酶，其系统名称是L-丙氨酸：α-酮戊二酸氨基转移酶。若底物之一是水时，可将水略去不写。例如，D-葡萄糖-δ-内酯水解酶，不必写成D-葡萄糖-δ-内酯：水水解酶。

二、酶的分类

1. 国际系统分类法分类原则

国际酶学委员会，根据各种酶所催化反应的类型，把酶分为六大类，即氧化还原酶类、转移酶类、水解酶类、裂合酶类、异构酶类和合成酶类。分别用1、2、3、4、5、6来表示。再根据底物中被作用的基团或键的特点将每一大类分为若干个亚类，每一亚类又按照顺序编成1、2、3、4……数字。每一亚类可再分为亚亚类，仍用1、2、3、4……来编号。每一个酶的分类编号由4个数字组成，数字间用“、”隔开。第一个数字指明该酶属于六个大类中的哪一类；第二个数字指出该酶属于哪一个亚类；第三个数字指出该酶属于哪个亚亚类；第四个数字标明该酶在亚亚类中的排号；编号之前冠以EC（见表3-3）。

表3-3 国际系统命名法的分类原则举例

编号	系统名称	习惯名称	反应
1.1	作用于供体的CHOH基		
1.1.1	以NAD^+或$NADP^+$为受体		
1.1.1.1	醇:NAD^+氧化还原酶	醇脱氢酶	醇+$NAD^+ \rightleftharpoons$醛或酮+NADH
1.1.3	以O_2为受体		
1.1.3.4	β-D葡萄糖:氧氧化还原酶	葡萄糖氧化酶	β-D-葡萄糖+$O_2 \rightleftharpoons$ D-葡萄酸-δ-内酯+H_2O_2
1.2	作用于供体的醛基或酮基		
1.2.1	以NAD^+或$NADP^+$为受体		
1.2.3	以O_2为受体		
1.2.3.2	黄嘌呤:氧氧化还原酶	黄嘌呤氧化酶	黄嘌呤+H_2O+$O_2 \rightleftharpoons$尿酸+H_2O_2
3	水解酶类		
3.1	水解酯键		
3.1.1	羧酸酯水解酶类		
3.1.1.7	乙酰胆碱乙酰水解酶	乙酰胆碱酯酶	乙酰胆碱+$H_2O \rightleftharpoons$胆碱+乙酸
3.1.3	磷酸单脂水解酶类		
3.1.3.9	D-葡萄糖-6-磷酸水解酶	葡萄糖-6-磷酸酶	D-葡萄糖-6-磷酸+$H_2O \rightleftharpoons$ D-葡萄糖+H_3PO_4
3.1.4	磷酸二酯水解酶类		
3.1.4.1	正磷酸二酯磷酸水解酶	磷酸二酯酶	磷酸二酯+$H_2O \rightleftharpoons$磷酸单酯+醇

这种系统命名法的原则及系统编号是相当严格的，一种酶只可能有一个名称和一个编号，一切新发现的酶，都能按此系统得到适当的编号。从酶的编号中可以了解到该酶的类型和反应性质。

2. 六大类酶的特征

六大类酶的特征见表3-4。

表 3-4 六大类酶的特征

类别	名称	定义	催化反应通式	举例
1	氧化还原酶	催化氧化还原反应的酶	$AH_2+B \rightleftharpoons A+BH_2$	琥珀酸脱氢酶、醇脱氢酶、多酚氧化酶等
2	转移酶	催化分子间基团转移的酶	$AR+B \rightleftharpoons A+BR$	谷丙转氨酶、胆碱转乙酰酶等
3	水解酶	催化水解反应的酶	$AB+H_2O \rightleftharpoons AOH+BH$	蛋白酶、淀粉酶、脂肪酶等
4	裂解酶	催化非水解地除去底物分子中的基团及其逆反应的酶	$AB \rightleftharpoons A+B$	草酰乙酸脱羧酶、碳酸酐酶等
5	异构酶	催化分子异构反应的酶	$A \rightleftharpoons B$	葡萄糖磷酸异构酶、磷酸甘油酸磷酸变位酶等
6	合成酶	与ATP(或相应的核苷三磷酸)的一个焦磷酸键断裂相偶联，催化两个分子合成一个分子的反应	$A+B+ATP \rightleftharpoons AB+ADP+Pi$	天冬酰胺合成酶、丙酮酸羧化酶等

第五节 酶与医学的关系

酶与医学的关系反映在酶与疾病发生、疾病诊断和治疗等方面。

一、酶与疾病的关系

酶的催化作用是机体实现物质代谢以维持生命活动的必要条件。临床上有些疾病的发病机理是由于酶的质和量异常或酶活性受抑制所致。酶的质和量异常可分为先天性或遗传性酶缺陷病。如酪氨酸酶缺乏的病人不能将酪氨酸转变成黑色素，使皮肤、毛发中缺乏黑色素而呈白色，称白化病；苯丙氨酸羟化酶缺乏时引起苯丙酮酸尿症，表现为精神幼稚化等。表3-5 列出部分酶遗传性缺陷病及其所缺陷的酶。

表 3-5 遗传性酶缺陷所致疾病

缺陷酶	相应疾病	缺陷酶	相应疾病
酪氨酸酶	白化病	6-磷酸葡萄糖脱氢酶	蚕豆病
黑尿酸氧化酶	黑尿酸症	高铁血红蛋白还原酶	高铁血红蛋白血症
苯丙氨酸羟化酶	苯丙酮酸尿症	谷胱甘肽过氧化物酶	新生儿黄疸
1-磷酸半乳糖尿苷移换酶	半乳糖血症	肌腺苷酸脱氢酶	肌病
葡萄糖-6-磷酸酶	糖原贮积症		

另一种是后天性的，由于激素代谢障碍或维生素、微量元素缺乏所致。如维生素 K 缺乏时肝脏合成的凝血酶原因子Ⅶ、Ⅸ、Ⅹ的前体不能进一步羟化生成成熟的相应凝血因子，病人表现出凝血时间延长，造成皮下、肌肉及胃肠道出血。硒是人体必需的微量元素，现已证实它是谷胱甘肽过氧化物酶的辅基成分，能将机体代谢过程中产生的对机体有损害作用的过氧化物还原成相应无害的氧化物。

此外，临床上有些疾病是由于酶活性受到抑制引起的，常见于中毒性疾病。例如，有机磷农药中毒是由于抑制了胆碱酯酶活性，重金属盐中毒是由于抑制了巯基酶活性，氰化物中毒是由于抑制了细胞色素氧化酶的活性等。

二、检测酶辅助诊断

由于细胞内酶含量很少，直接测定其绝对量很难，因此酶学检测中一般是测定酶活性。

测定血清（血浆）、尿液等体液中酶活性变化，可以反映某些疾病的发生和发展，有利于疾病诊断和预后判断。

临床上对酶活性的测定多采用相对测定法。即在一定条件下，测定单位时间内酶促反应体系中底物的消耗量或产物的生成量来表示酶活性。因为在反应初速率时，酶促反应体系中的产物从无到有，其生成量最能反映酶活性，故绝大多数方法都是把酶促反应体系中产物生成量作为酶活性测定的依据。

1. 酶活性测定的样品

临床实验室测定酶活性的样品很多，有全血、血清、血浆、尿液、脑脊液、胸腔积液和胃液等。由于血清简便易得，既可避免抗凝剂对酶活性的影响，又可防止加抗凝剂振摇引起溶血，故最为常用。

2. 血清酶的测定

血液与全身各组织细胞相沟通，当组织细胞损伤时，细胞内酶大量入血，使血清酶活性增高；或因细胞病变使其合成酶的能力下降，使血清中酶活性降低。测定血清酶活性对疾病的辅助诊断、治疗评价和预后判断具有重要的临床意义。检测的酶及检测项目主要有：血清（浆）功能性酶的测定、血清（浆）非功能性酶的测定、同工酶的测定等。

(1) 血清（浆）功能性酶的测定

此类酶是血浆蛋白质的固有成分，在血浆中发挥其特异催化作用的酶，故称血浆功能性酶。如与血液凝固和纤维蛋白溶解有关的酶类、催化血浆中胆固醇酯化的卵磷脂胆固醇酯酰基转移酶、使乳糜微粒中三脂酰甘油水解的脂蛋白脂肪酶等。这些酶主要由肝细胞合成后分泌入血，在血浆中的含量较为恒定。测定这些酶在血中的活性，有助于了解肝的功能。

(2) 血清（浆）非功能性酶的测定

此类酶在血浆中浓度很低，来自各组织细胞，在血浆中不发挥催化的功能，故称血浆非功能性酶。测定血浆中这些酶活性，能反映产生该酶的组织细胞或含量较高的相关组织细胞的病变。许多组织器官的疾病可引起血浆中酶活性的改变，一般有以下几种原因：①体内某些物质代谢发生障碍时，细胞中酶合成增加，使进入血中的酶量增加。如成骨肉瘤或佝偻病时，成骨细胞中碱性磷酸酶活性增高；②组织细胞损伤或细胞膜通透性变大，使进入血液中的酶量增加。

同工酶不仅存在于同一机体的不同组织或同一细胞的不同亚细胞结构中，也可存在于同一种属群体的不同个体中。一种酶的各个同工酶在化学、物理化学、生物学等方面的性质都有些差异。同工酶的测定为解决临床诊断的组织特异性提供了有力的武器。

3. 检测血清酶时的注意事项

对于目前认为具有诊断价值的每一种血清酶都有一个正常值的范围。必须强调，正常值范围不是绝对的，因为它受多种条件和因素的影响。

三、酶制品治疗疾病

1. 替代治疗

因消化腺体分泌不足所导致的消化不良，可补充胃蛋白酶、胰蛋白酶、胰脂肪酶及胰淀粉酶等以助消化。

2. 抗菌治疗

凡能阻断或抑制细菌重要代谢途径的酶活性，即可以达到杀菌或者抑菌的目的。氯霉素因抑制某些细菌的转肽酶活性，而抑制其蛋白质的生物合成。某些对青霉素耐药的细菌，是因为该菌生成一种能水解青霉素的β-内酰胺酶。新设计的β-内酰胺类抗生素具有不被该酶水解的结构特点。

3. 防治血栓

链激酶、尿激酶和纤溶酶等可溶解血栓，可用于脑血栓、心肌梗死等疾病的防治。

4. 治疗肿瘤

天冬酰胺具有促进血癌生长的作用，利用天冬酰胺酶分解天冬酰胺可抑制血癌细胞的生长。人工合成的6-巯基嘌呤、5-氟尿嘧啶等药物，通过酶的竞争性抑制作用阻碍肿瘤细胞的异常生长，可起到抑制肿瘤的作用。

5. 帮助消化

胃蛋白酶、胰蛋白酶、淀粉酶、脂肪酶和木瓜蛋白酶都可用于帮助消化。

四、酶活性的测定

1. 酶活力

酶活力又称酶活性，是指酶催化一定的化学反应的能力。酶活力的大小可用在一定的条件下，酶催化某一化学反应的反应速率来表示。所以，酶活力的测定，实际上就是测定酶所催化的化学反应的速率。酶催化的化学反应速率越快，酶的活力就越高。反应速率可用单位时间内底物的减少量或产物的生成量来表示。在一般的酶促反应体系中，底物的量往往是过量的。在测定的初速率范围内，底物的减少量仅为底物总量的很少一部分，测定不易准确；而产物从无到有，较易测定。故一般用单位时间内产物的生成量来表示酶催化的反应速率比较合适。

2. 酶的活力单位

酶活力的大小即酶含量的多少，用酶活力单位来表示，即酶单位（U）。酶单位的定义是：在一定条件下，一定时间内将一定量的底物转化为产物所需的酶量。在实际工作中，酶活力单位往往与所采用的测定方法、反应条件等因素有关。同一种酶采用的测定方法不同，活力单位也不同；为了便于比较，酶的活力单位已标准化。1961年，国际生物化学学会酶学委员会建议使用国际单位（IU）。一个国际单位是指在最适条件下，每分钟催化1μmol底物减少或1μmol产物生成所需的酶量。如果酶的底物中有一个以上的可以被作用的键或基团，则国际单位指的是每分钟催化1μmol的有关的基团或键的变化所需的酶量，如果是两个相同的分子参加反应，则每分钟催化2μmol底物转化的酶量称为一个酶单位。温度一般规定为25℃。

1972年，国际生化学会酶学委员会为了使酶的活力单位与国际单位制中的反应速率表达方式一致，推荐使用一个新的单位“催量”，即Katal，简称Kat来表示酶活力单位。1Kat单位定义为：在最适条件下，每秒能使1mol底物转化为产物所需的酶量。催量和国际单位之间的关系是：$1Kat=6\times10^{7}IU$。

酶的催化作用受测定环境的影响，因此，测定酶活力要在最适条件下进行，即最适温度、最适pH、最适底物浓度和最适缓冲溶液离子强度等，只有在最适条件下测定才能真实反映酶活力的大小。测定酶活力时，为了保证所测定的速率是初速率，通常以底物浓度的变化在5%以内的速率为初速率。底物浓度太低时，5%以下的底物浓度变化实验上不易测准，所以在测定酶活力时，往往使底物浓度足够大，这样整个酶反应对底物来说是零级反应，对酶来说却是一级反应，这样测得的速率就比较可靠地反应酶的含量。

3. 酶的比活力

酶的比活力代表酶的纯度，根据国际酶学委员会的规定，比活力（也称比活性）是指每毫克（mg）酶蛋白所具有的酶活力单位数。

比活力＝活力 U/mg 蛋白

对于同一种酶来讲，比活力越大，表示酶的活力越高。有时用每克酶制剂或每毫升酶制剂含有多少个活力单位来表示（U/g 或 U/mL）。

4. 酶活力的测定方法

测定酶活力常用以下方法。

（1）分光光度法

利用底物和产物光吸收性质的不同，可直接测定反应混合物中底物的减少量或产物的增加量。这一方法迅速、简便，节约样品，可检测到达 nmol/L 水平的变化。该方法已成为酶活力测定中一种最重要的方法。几乎所有的氧化还原酶都使用这种方法测定。例如脱氢酶的辅酶 NAD(P)H 在 340nm 有吸收高峰，而 $NAD(P)^+$ 则无。

（2）荧光法

主要是根据底物或产物的荧光性质的差别来进行测定。由于荧光方法的灵敏度往往比分光光度法高若干个数量级，而且荧光强度和激发光的光源有关，因此在酶学研究中，越来越多地被采用，特别是一些快速反应的测定方法。荧光测定法的一个缺点是易受其他物质的干扰，有些物质如蛋白质能吸收和发射荧光，这种干扰在紫外区尤为显著，故用荧光法测定酶活力时，尽可能选择可见光范围的荧光进行测定。

（3）放射测量法

放射测量法是酶活力测定中较常用的一种方法。一般用放射性同位素标记底物，在反应进行到一定程度时，分离带放射性同位素标记的产物进行测定，就可测得反应进行的速度。常用的放射性同位素有 ^{3}H、^{14}C、^{32}P、^{35}S、^{131}I 等。

（4）电化学方法

最常用的是玻璃电极，配合一高灵敏度的 pH 计，跟踪反应过程中 H^+ 变化，用 pH 值的变化来测定酶促反应的速率。也可以用恒定 pH 值测定法，在酶反应过程中，所引起的 H^+ 浓度的变化，用不断加入碱或酸来保持其 pH 值恒定，用加入碱或酸的速度来表示反应速率。用此法可以测定许多酯酶的活力。

此外，还有一些测定酶活力的方法，例如离子选择电极法、量气法、量热法和色谱法等，但这些方法使用范围有限，灵敏度较差，只应用于个别酶活力的测定。

本章小结

酶是生物催化剂，其本质是蛋白质或核酸。本章只讨论蛋白质性质的酶。酶作为生物大分子催化剂，除具有一般催化剂的特征之外，还具有催化效率高、高度专一性、作用条件温和、活性可被调节控制等特点。

蛋白质性质的酶，根据分子组成，可分为单纯蛋白酶和结合蛋白酶。单纯蛋白酶分子中只含有氨基酸，结合蛋白酶除了蛋白质成分以外，还结合一些对热稳定的非蛋白质小分子物质或金属离子，称为辅因子。辅酶或辅基一般指小分子的有机化合物，辅酶辅基之间一般没有严格的界限。酶蛋白决定反应的专一性，辅因子则参与催化底物，起转移电子、原子和功能基团的作用。

根据各种酶所催化反应的类型，把酶分为六大类，即氧化还原酶类、转移酶类、水解酶类、裂解酶类、异构酶类和合成酶类。按规定，每种酶都有一个习惯名称和一个系统名称，并且有一个编号。酶对催化的底物有高度的专一性。酶往往只能催化一种或一类反应，作用于一种或一类物质。酶的专一性可分为结构专一性和立体异构专一性两种类型。用“诱导契合”学说解释酶的专一性已经为人们普遍接受。

酶的催化活性与其分子的特殊结构密切相关。不同的酶尽管在结构、专一性及催化机理方面有相当大的差异，但它们的活性中心却有许多相似之处。活性中心只占酶分子的很小的一部分结构。每活性中心有两个功能部位：一个是结合部位，另一个是催化部位。构成这两个部位的有关基团，有时同时兼有结合底物和催化底物发生反应的功能。

不具有催化活性的酶的前体称酶原。酶原在一定条件下，经适当物质作用转变成有活性的酶的过程称为酶原的激活。这是机体内存在的重要的调控酶活性的一种方式。

酶的催化活性受环境条件，如温度、pH、激活剂和抑制剂等的影响。每种酶都有其作用的最适温度和最适 pH，底物浓度和反应速率之间的关系可用米氏方程来表示。当反应速率达到最大反应速率的一半时所对应的底物浓度就是米氏常数（K_m）。它是酶的特征常数之一，不同的酶有特定的 K_m 值。凡能提高酶活性的物质称为酶的激活剂。有些物质能与酶分子上的某些基团，特别是与酶活性中心的一些基团结合而使酶活性下降或丧失，这种作用称为抑制作用。引起这种抑制作用的物质称为酶的抑制剂。有些抑制剂与酶以共价键的形式结合在一起，引起酶的不可逆抑制作用；有些抑制剂与酶结合后可用透析等方法除去，从而解除酶的抑制作用，这种抑制作用称为酶的可逆抑制作用。可逆抑制作用主要有竞争性抑制、非竞争性抑制。磺胺类药物就是根据竞争性抑制作用的原理设计的。

酶的催化作用是机体实现物质代谢以维持生命活动的必要条件。临床上有些疾病的发病机理是由于酶的质和量异常或酶活性受抑制所致。临床上对酶活性的测定多采用相对测定法。临床实验室测定酶活性的样品很多，有全血、血清、血浆、尿液、脑脊液、胸腔积液和胃液等。血清简便易得，既可避免抗凝剂对酶活性的影响，又可防止加抗凝剂振摇引起溶血，故最为常用。

血清酶的测定：测定血清酶活性对疾病的辅助诊断、治疗评价和预后判断具有重要的临床意义。检测的酶及检测项目主要有：血清（浆）功能性酶的测定、血清（浆）非功能性酶的测定、同工酶的测定等。具有诊断价值的每一种血清酶都有一个正常值的范围。利用酶制品可以进行替代治疗、抗菌治疗、防治血栓、治疗肿瘤等。

酶活力是指酶催化一定的化学反应的能力。酶活力的大小用酶活力单位来表示。酶的国际单位（IU）是指在酶催化作用的最适条件下每分钟催化 1μmol 底物减少或 1μmol 产物生成所需要的酶量。酶的比活力是指每毫克蛋白所具有的活力单位数。比活力大小是表示酶纯度高低的一个重要指标。测定酶活力的方法有分光光度法、酶偶联分析、荧光法、放射测量法、电化学方法等。

知识链接

遗传病性酶缺陷病

遗传性酶缺陷病、先天性酶异常、先天性代谢缺陷和遗传性代谢病都是同指一类疾病，这类疾病的共同特就是由于单基因缺陷、合成异常的酶并导致酶活性减少，因而由这种酶所催化的中间代谢发生紊乱。单基因的遗传符合孟德尔定律。这类疾病绝大多数系常染色体隐性遗传，其次是伴性遗传。遗传性代谢病，就个别病来讲是比较少见的，但从总体来看就非常可观了。据统计，8.5%的婴儿死亡及4.7%的婴儿住院是由于常染色体隐性和伴性遗传病所致，新生儿先天性代谢缺陷的发生率为0.8%，因为这类疾病对社会和家庭构成了长期而繁重的负担，所以在计划生育和预防医学上都有重要意义。

一、先天性代谢疾病的发病机制

1. 基因异常

绝大多数酶合成缺陷可能是由于有关酶结构基因的缺陷所致。虽然在某些生物，调控基因的异常可以说明一些疾病，但是这样的例子在人类中尚未发现。DNA 链上遗传密码的异常导致 mRNA 的异常，进而导致蛋白质（酶）的合成异常。

2. 酶缺陷

由于基因异常而导致酶的缺陷，这种酶可以具有不同的理化性质，如电泳迁移率，但未必影响其活性中心，因此酶活性可能正常。如果酶结构的异常是在酶的结合点附近，则可影响酶与底物或辅酶的亲和力，进而影响酶活性。这类病最突出的特点就是维生素治疗效果显著。但是务必注意在治疗之前采集标本以建立正确的诊断。

3. 酶缺乏的后果

如果某一种酶缺乏，可引起几种不同的后果。最常见的是与缺陷酶有关的底物累积，例如苯丙酮酸尿症，患者体内缺乏苯丙氨酸羟化酶，底物苯丙氨酸便在体内积聚，血中浓度可升高几倍到十几倍。过量的苯丙氨酸通过次要的代谢途径，经转氨酶作用生成苯丙酮酸等衍生物，从尿中排出。这些产物的积累可能会干扰重要的生理功能而发病，若干扰其他代谢途径，就会产生次级的代谢异常。在另外一些病中，直接的代谢产物或下一步的代谢产物的缺乏会导致非常严重的后果，例如Ⅰ型肾上腺增生（类脂质增生）和几种甲状腺激素生成障碍的疾病。有时，基质的积累引起副反应并形成副产物，这种反应是不可逆的。

4. 酶的组织特异性

在诊断遗传性代谢异常时，要注意酶组织分布的组织特异性。例如，用免疫化学的方法检测红细胞和肌肉中的磷酸果糖激酶，其结果非常相似，但实际上这两种组织中的酶是不同的：在糖原累积病Ⅶ型患者肌肉中，磷酸果糖激酶活性几乎完全丧失，而红细胞中本酶的活性尚保留一半。因此，如果以红细胞中的酶活性作为诊断依据，则往往导致误诊。半乳糖血症患者肝和红细胞中都缺少半乳糖-1-磷酸转尿苷酰酶，测定红细胞中的酶作为诊断参数，相当可靠；但是还有一种半乳糖血症，人称“黑人变异”型，这种患者在白细胞杂合体中，本酶缺失程度远不如普通型的半乳糖血症基因携带者显著。酶缺陷的分布可以解释明显相关疾病之间的差异。如在所有的酶缺陷所致的溶血性贫血中，磷酸丙糖异构酶和磷酸甘油酸激酶缺陷是非常特殊的，因为它伴有神经系统症状。这些酶的缺陷不仅分布于红细胞，而且也分布于白细胞，还可能存在于其他许多尚未检查的组织。与此相类似的情况还有：细胞色素 b_5 还原酶缺陷所致的高铁血红蛋白血症，它伴有神经系统损害，并且证实在红细胞和白细胞中都存在这种酶缺陷，可能神经系统和其他组织也有这种酶的缺陷；但是，不伴有并发症的高铁血红蛋白还原酶的缺陷，则仅仅在于红细胞。

二、先天性代谢病的筛选

筛选应以新生儿为主要对象，目的是早期发现，早期治疗，预防疾病的发展。另一种筛选是对已经出现临床症状的患者，进行确诊，找出病因。近年兴起的新生儿普查，是以筛检苯丙酮酸尿症开始的。1953年美国的 Bickel 用低苯丙氨酸饮食治疗苯丙酮酸尿症患者获得成功，但必须在出生三个月以内开始治疗，否则，仍不免有智力障碍等后遗症。由此可见早期筛选的重要性。现在世界各地大量筛选的疾病有苯丙酮酸尿症、枫糖尿症、同型胱氨酸尿症、组氨酸血症和半乳糖血症等。这些发病的发病率随民族而异，其重要性也各有不同。

1. 致病基因携带者的筛选

携带先天性代谢病基因的杂合体绝大多数并无临床症状，但可以将致病的基因传给后代。杂合体的检出有下列方法。

① 测定一定的体液、细胞或组织的酶活性，但是由于酶分析所需要的组织常因取材困难，而且酶活性在不同的杂合体中变异范围很大，所以在杂合体的筛检中受到一定限制。

② 由于酶活性的降低可以引起体内有关催化反应产物的减少或基质的积聚，测定这些代谢物量的变化也是检测杂合体的一种参考方法。

③ 对于上述两种方法发现的可疑杂合体，应进一步通过负荷试验来验证，即给受试者口服或静脉注射缺陷酶的基质，当给药量超过机体的耐量时，这种基质便不被利用而在体内大量积聚。

2. 临床前的诊断

由于绝大多数的先天性代谢缺陷患者出生时无临床症状，但当器官发生损伤或者症状一旦出现以后，便往往不能治愈，因此应尽可能地早期诊断。

先天性代谢缺陷的筛检常应用于有某些相关疾病家族史的婴儿、儿童和他们的亲属；对于在婴儿和儿童期间出现与先天性代谢缺陷有关症状的可疑患者，应该进行筛检。

通过筛选发现可疑患者，可进一步进行代谢物的测定（积聚或缺失的代谢物的测定及异常代谢物的测定）、缺陷酶的分析（酶活性、电泳图谱及酶动力学测定等）和家系分析，以便进行确诊。

3. 临床诊断

先天性代谢缺陷一旦出现临床症状和体征之后，就应按照上面所述的方法，即通过代谢物的测定、缺陷酶的分析和家系分析来确诊。

4. 先天性代谢缺陷的产前诊断

由于这类疾病多数没有理想的治疗方法，所以最好的选择就是尽早地做出产前诊断，及时终止妊娠。随着近代科学技术的发展，现在已经有许多先天性代谢病及其他遗传病可以做到产前诊断。最常用的方法有以下几种。

① 羊水穿刺和羊水细胞培养法。对先天性代谢缺陷的胎儿诊断时，考虑到成纤维细胞的酶分析需要有足够的天数，羊水穿刺一般应在16～20周进行。经腹壁取5～10mL的羊水，离心，上清液做氨基酸分析和黏多糖定量等，沉渣可直接测定羊水细胞的酶活性，或经培养后测定。据称β-己糖胺酶、α-葡糖苷酶、半乳糖-1-磷酸等，不经培养就能测出酶活性。但是要注意：未经培养的细胞未测出酶活性者，培养后有时也可呈正常酶活性。对活性低的酶，用未经培养的羊水细胞来鉴别胎儿是酶异常的杂合子或纯合子是较困难的。因此直接测定羊水细胞的酶活性，即使没有活性，也不能立即测定证实。但是，如果为有一定程度的酶活性，即可立即诊断胎儿酶无异常。本法已用于许多遗传代谢疾病的预测。

② 近年来胎儿镜的技术发展很快。通过胎儿镜不仅可以直接观察胎儿的发育情况，还可取少量组织测定酶活性。

③ 最可靠的测定是直接测定细胞系提取物中的酶活性，并结合放射性同位素标记酶的基质，或用放射自显影照相术及组织化学等其他技术进行测定。

5. 先天性代谢病产前诊断存在的问题

先天性代谢病发病率极低，能够做出产前诊断的机会不多。因此，产前诊断的病例报告对诊断可靠性的探讨不够充分。

习　题

一、名词解释

酶　酶的活性中心　酶原激活　同工酶　K_m　酶的最适温度　竞争性抑制作用

二、填空题

1. 酶催化的化学反应称为________，被酶催化的物质称为________，反应生成的物质称为________。酶的催化一定化学反应的能力称为________。
2. 唾液淀粉酶的激活剂是________。
3. 急性肝炎病人血清中LDH同工酶活性增高的是________________。

4. 全酶由___________与___________构成。

5. 酶活性中心的必需基团有___________和___________两种。

6. 酶作用的基本原理是______________________________。

7. 某些酶以酶原形式存在的重要生理意义是_____________________________________。

8. 酶的化学本质是___________。

9. 磺胺药物的结构与___________相似，是___________________的抑制剂。

10. 竞争性抑制剂可使 K_m ___________，v_{max}___________。

11. 有些酶在细胞内合成或初分泌时，没有催化活性，这种___________状态的酶的___________称为酶原。

12. 酶原激活过程实质上是__________________过程。

13. ___________可用来表示酶与底物的亲和力。

14. 血浆功能酶主要在_______合成，测定其在血中的活性，有助于了解_______的功能。

15. 血浆非功能性酶存在于全身各组织细胞，可随细胞的更新与破坏而释放入血。测定血浆中此类酶的活性，可反映_______的病变情况。

三、选择题

1. 酶是具有_______功能的生物大分子。
   A. 催化　B. 反应　C. 作用　D. 调节

2. 酶的化学本质是_______。
   A. 糖　B. 脂类　C. 蛋白质　D. 核酸

3. 根据酶分子的化学组成，可以将酶分为单纯蛋白质和_______。
   A. 简单蛋白质　B. 结合蛋白质　C. 复杂蛋白质　D. 不单纯蛋白质

4. 全酶＝酶蛋白＋_______。
   A. 辅助因子　B. 酶　C. 底物　D. 产物

5. 酶分子中直接与底物结合，并与酶的催化作用直接相关的部位称为酶的_______。
   A. 结合中心　B. 催化中心　C. 活性中心　D. 作用中心

6. 酶原在一定条件下，可转变成有活性的酶，此过程称为酶原的_______。
   A. 抑制　B. 激活　C. 灭活　D. 失活

7. LDH 同工酶有组织特异性，LDH1 在_______中含量较高。
   A. 心肌　B. 骨骼肌　C. 肝脏　D. 肾脏

8. 急性肝炎时，血清中的___________明显升高。
   A. LDH1　B. LDH2　C. LDH4　D. LDH5

9. ___________不是影响酶促反应速率的因素。
   A. pH　B. p*I*　C. 温度　D. [S]

10. 当酶促反应速率达到最大反应速率一半时，K_m 等于_______。
    A. 酶浓度　B. 抑制剂浓度　C. 底物浓度　D. 产物浓度

11. p*I* 可以鉴别蛋白质，_______可以鉴别酶。
    A. pH　B. p*I*　C. 温度　D. K_m

12. 动物体酶的最适 pH 多在 pH6.5～8.0 之间，所以胃蛋白酶的最适 pH 为_______。
    A. 1.5　B. 6.5　C. 7.0　D. 9.7

13. 酶表现最大活力时的温度称为酶的_______。
    A. 最适 pH　B. 最适温度　C. 活力温度　D. 酶温度

14. 有机磷农药中毒的原理是_______。
    A. 酶原的激活　B. 不可逆抑制作用
    C. 竞争性抑制作用　D. 非竞争性抑制作用

15. 竞争性抑制剂与________结构相似。

A. 底物　B. 产物　C. 酶蛋白　D. 辅因子

16. 关于酶活性中心的叙述，________是正确的。

A. 所有酶都有活性中心　B. 所有酶的活性中心都有辅助因子

C. 所有的抑制剂都作用于酶的活性中心　D. 所有酶的活性中心都有金属离子

17. 酶与底物作用形成中间产物的叙述正确的是________。

A. 酶与底物主要以共价键结合　B. 酶诱导底物构象改变不利于结合

C. 底物诱导酶构象改变有利于结合　D. 底物结合于酶的变构部位

18. 全酶是指________。

A. 酶与底物的复合物　B. 酶与抑制剂的复合物

C. 酶与辅助因子的复合物　D. 酶的无活性前体

19. 底物浓度对酶的动力学曲线为________。

A. 直线　B. 矩形双曲线　C. S 型曲线　D. 抛物线

20. 当底物浓度达到饱和后，如再增加底物浓度，则________。

A. 反应速率不再增加　B. 反应速率随底物的增加而加快

C. 形成的酶-底物复合物增多　D. 随底物浓度的增加，酶活性减小

21. K_m 值是指________________。

A. 反应速率等于最大速率的 50%时的底物浓度

B. 反应速率等于最大速率的 50%时的酶浓度

C. 反应速率等于最大速率时的底物浓度

D. 反应速率等于最大速率时的温度

22. 当酶浓度不变时，底物浓度很低，酶促反应的速率与底物浓度________。

A. 成正比　B. 无关　C. 成反比　D. 不成正比

23. 关于酶的最适温度，________是正确的。

A. 是酶的特征常数　B. 是指反应速率等于 50% v_{max}时的温度

C. 是酶促反应速率最快时的温度　D. 是一个固定值，与其他因素无关

24. 丙二酸对琥珀酸脱氢酶的抑制属于________。

A. 非竞争性抑制　B. 竞争性抑制　C. 反竞争性抑制　D. 不可逆性抑制

25. CO 中毒的原理是属于________。

A. 非竞争性抑制　B. 竞争性抑制　C. 反竞争性抑制　D. 不可逆性抑制

26. 同工酶

A. 催化的化学反应相同　B. 结构相同，但存在部位不同

C. 催化不同的反应而理化性质相同　D. 催化相同的化学反应，理化性质也相同

四、简答题

1. 酶原激活的实质是什么？
2. 竞争性抑制作用的概念和特点，说明磺胺类药物抑菌作用和机理，及磺胺类药物使用要点。
3. 酶促反应的特点是什么？
4. 当酶促反应的反应速率为 $v=1/3v_{max}$时，其底物浓度［S］＝？
5. 同工酶的 K_m 相同还是不同？

第四章　生物氧化

【主要学习目标】

了解生物氧化的特点；了解生物氧化过程中二氧化碳的生成方式；熟悉呼吸链的概念及生物氧化过程中水的生成过程；掌握氧化磷酸化的概念及 ATP 的生成、转换与利用。

一切生命活动都需要能量，维持生命活动的能量主要有两个来源：光能（太阳能）和化学能。除绿色植物和一些自养微生物可以直接利用太阳能外，其他生物所需能源均利用了化学能。化学能主要是指异养生物或非光合组织通过生物体内糖、脂肪、蛋白质等有机物质的氧化作用将有机物质（主要是各种光合作用产物）氧化分解，使存储的稳定的化学能转变成 ATP 中活跃的化学能，ATP 直接用于需要能量的各种生命活动。

第一节　生物氧化概述

一、生物氧化的概念

营养物质在生命体内的分解、吸收与利用以及生命体内源物质的合成与分解是影响到生命体生长、繁殖的物质基础。每个生命体可被认为是受控制的开放系统，在这个开放系统中，生命体与其外部环境会出现物质、能量和信息的交换。细胞的生长及生命体的生长、繁殖、运动等生命活动均需要从外界摄取营养物质和能量，用于合成自身可利用的生物大分子，从而提供机体自身运动、物质运输及信息传递所需要的能量。

营养物质在生物体内进行氧化分解生成 CO_2 和 H_2O，并释放出能量形成 ATP 的过程称为生物氧化（biological oxidation)。生物氧化通常需要消耗氧，所以又称为呼吸作用。生物氧化是生物体新陈代谢的重要的基本反应，其基本过程为：有机物进入生物体内后要被分解，分解过程中经酶的参与，所得代谢物被氧化脱氢，脱下的氢经过递氢体的传递，最终与电子一起和氧或氢受体（或电子受体）结合生成水，同时产生大量的能量。生物氧化的基本过程如下：

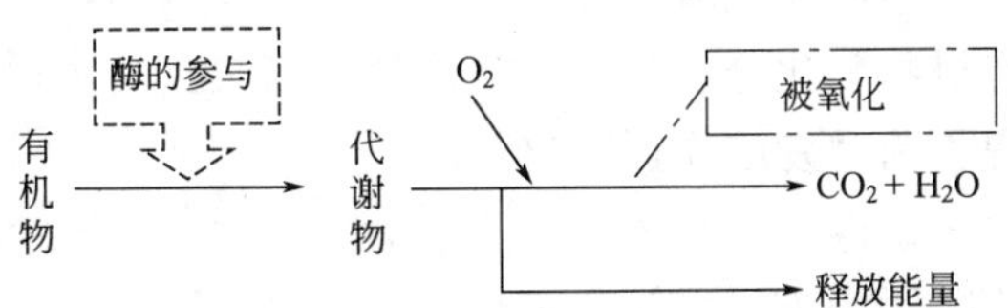

二、生物氧化的特点

生物氧化和有机物在体外氧化（燃烧）的实质相同，都是脱氢、失电子或与氧结合，消耗氧气，都生成 CO_2 和 H_2O，所释放的能量也相同。但二者进行的方式和历程却不同，生物氧化具有如下特点：

① 生物氧化在细胞内进行，且是在体温和 pH 值近中性及有水的环境中进行的；

② 生物氧化是在一系列酶、辅酶和中间传递体的作用下逐步进行的；

③ 生物氧化过程中产生的能量逐步释放，其能量总和同一氧化反应在体外进行时相同；

④ 生物氧化过程所释放的能量通常都先储存在高能化合物中，主要是腺苷三磷酸（ATP）中，通过 ATP 再供给机体生命活动的需要。生物氧化与有机物体外氧化的区别见表 4-1。

表 4-1 生物氧化与有机物体外氧化的区别

反应类型	生物氧化	体外氧化(燃烧)
反应条件	细胞内温和条件(常温、常压、中性 pH 值、水溶液)	高温或高压干燥条件
催化剂	一系列酶促反应	无机催化剂
能量释放	逐步氧化放能,能量利用率高	能量爆发释放
能量去向	转化成 ATP 被利用	转换为光和热,散失

三、生物氧化反应的类型

生物氧化在有氧和无氧条件下都能进行，因此，生物氧化又可分为有氧氧化和无氧氧化两种类型。

1. 有氧氧化

在有氧条件下，好氧生物或兼性生物吸收空气中的氧分子作为电子或氢的最终受体，可将有机物分子完全氧化分解，生成 CO_2 和 H_2O，这种生物氧化过程被称为有氧氧化。因为有氧氧化反应完全，产能多，所以，只要有氧气存在，细胞都优先进行有氧氧化。根据反应过程是否有传递体，有氧氧化可分为如下两类。

（1）不需传递体的有氧氧化体系

该体系为氧化过程不需要传递体的参与，代谢物经氧化酶或需氧脱氢酶作用后脱去的氢直接传递给氧分子，产生 CO_2 和 H_2O。根据催化酶种类的不同，它又可分为氧化酶类型和需氧脱氢酶类型。

（2）需传递体的有氧氧化体系

它是生物体内主要的氧化体系。代谢物上的氢原子被脱氢酶激活脱落后，经过一系列的传递体，最后传递给被激活的氧原子而生成水的全部体系。

2. 无氧氧化

在无氧情况下，最终氢的受体为有机物或无机物，所以根据氢最终受体的不同，无氧氧化可分为以下两类。

（1）以有机物为最终受体的无氧氧化体系

这种在细胞体内的有机物氧化分解过程中，脱掉的氢最终传递给细胞内其他有机物，继而产生新的有机物的过程称为“发酵作用”。例如：

$$\text{甘油醛-3-磷酸} + \text{磷酸} + NAD^+ \rightleftharpoons \text{甘油酸-1,3-二磷酸} + NADH + H^+$$

（2）以无机物为最终受体的无氧氧化体系

此体系最终电子（氢）受体为 NO_3^-、NO_2^-、SO_4^{2-}、CO_2　$S_2O_3^{2-}$ 等无机物。

第二节 生物氧化中 CO_2 的生成

生物氧化中 CO_2 的生成是由于糖类、脂类、蛋白质等有机物质转变成含羧基的化合物进行脱羧反应所致。

一、体内生成 CO_2 的特点

生物体内 CO_2 的生成并不是物质中所含的碳原子、氧原子的直接化合，而是来源于由糖、脂肪等转变来的有机酸的脱羧。根据脱去 CO_2 的羧基在有机酸分子中的位置，可将脱羧反应分为 α-脱羧和 β-脱羧两种类型。有些脱羧反应不伴有氧化，称为单纯脱羧，也称为直接脱羧基作用；有些则伴有氧化，称为氧化脱羧。

1. 直接脱羧基作用

以丙酮酸为例，丙酮酸在 α-酮酸脱羧酶的作用下直接脱羧生成乙醛和 CO_2。

$$\underset{\text{丙酮酸}}{CH_3-CO-\boxed{COO}H} \xrightarrow[Mg^{2+},TPP]{\alpha\text{-酮酸脱羧酶}} \underset{\text{乙醛}}{CH_3-CO-H} + CO_2$$

2. 氧化脱羧基作用

与直接脱羧基作用方式不同，氧化脱羧基作用是在脱羧过程中伴随着氧化（脱氢）。例如丙酮酸以及苹果酸的氧化脱羧等，有关内容将在下一章糖代谢中进行具体讲解。以丙酮酸为例，丙酮酸在丙酮酸氧化脱羧酶系的作用下进行氧化脱羧，脱去羧基的同时还进行脱氢反应，将脱下的 H 交给辅酶 A，反应生成乙酰 CoA 和 CO_2。

$$\underset{\text{丙酮酸}}{CH_3-CO-\boxed{COO}H} + HS\text{-}CoA \xrightarrow[NAD^+ \to NADH+H^+]{\text{丙酮酸氧化脱羧酶系}} \underset{\text{乙酰CoA}}{CH_3-CO-S\text{-}CoA} + CO_2$$

二、有机酸的脱羧方式

1. α-脱羧方式

（1）α-单纯脱羧

例如氨基酸在氨基酸脱羧酶的作用下脱去羧基，生成胺和 CO_2。

$$\underset{\alpha\text{-氨基酸}}{R-CH(NH_3^+)-\boxed{COO^-}} \longrightarrow RCH_2-NH_2 + CO_2$$

（2）α-氧化脱羧

例如前面介绍的丙酮酸氧化脱羧基作用。

2. β-脱羧方式

（1）β-单纯脱羧

例如草酰乙酸在丙酮酸羧化酶作用下脱羧生成丙酮酸和 CO_2。

$$H^+ + \underset{\text{草酰乙酸}}{{}^-OOC-CO-CH_2-\boxed{COO^-}} \xrightarrow{\text{丙酮酸羧化酶}} \underset{\text{丙酮酸}}{{}^-OOC-CO-CH_3} + CO_2$$

(2) β-氧化脱羧

例如苹果酸在苹果酸酶作用下脱羧基的同时也进行脱氢，脱下的氢交给了 $NADP^+$，生成丙酮酸和 CO_2。

$$H^+ + \begin{array}{c}\boxed{COO^-}\\ |\\ CH_2\\ |\\ \boxed{HCOH}\\ |\\ COO^-\end{array} + NADP^+ \xrightarrow{\text{苹果酸酶}} \begin{array}{c}CH_3\\ |\\ C{=}O\\ |\\ COO^-\end{array} + CO_2 + NADPH + H^+$$

苹果酸

第三节　生物氧化中 H_2O 的生成

生物氧化过程主要是通过脱氢来实现的。脱氢是氧化的一种方式，生物氧化中所生成的 H_2O 是代谢物脱下的氢经生物氧化作用和吸入的氧结合而成的。

糖、脂肪、氨基酸等代谢物所含的氢在一般情况下是不活泼的，必须通过相应的脱氢酶将其激活后才能脱落。进入体内的氧也必须经过氧化酶激活后才能变为活性很高的氧化剂。但激活的氧在一般情况下还不能直接氧化由脱氢酶激活而脱落的氢，两者之间还需要传递体传递才能最终结合生产 H_2O。所以生物体主要是以脱氢酶、传递体及氧化酶作出的生物氧化体系促进 H_2O 的生成。

一、呼吸链

1. 呼吸链的概念

糖、脂肪、氨基酸等代谢物上的氢原子被脱氢酶激活脱落后，经过一系列的传递体最后传递给被激活的氧分子，从而生成 H_2O 的全部体系称为呼吸链（repiratory chain），又称电子传递链。

在呼吸链中，酶和辅酶按一定顺序排列在线粒体内膜上。其中传递氢的酶或辅酶称为递氢体，传递电子的酶或辅酶称为电子传递体（electron transfer chain）。递氢体和电子传递体都起着传递电子的作用（$2H \longrightarrow 2H^+ + 2e$）。在具体线粒体的生物中，呼吸链是由位于线粒体内膜中的一系列氢和电子传递体按照标准氧化还原电位由低到高的顺序排列组成的一种能量转换体系。

在具有线粒体的生物中，典型的呼吸链有两种，即 NADH 呼吸链和 $FADH_2$ 呼吸链。它们的区别在于初始受氢体、生成 ATP 的数量及应用均有差别。

NADH 呼吸链应用最广，糖类、脂肪、蛋白质三大物质分解代谢中的脱氢氧化反应，绝大多数是通过该呼吸链来完成的。$FADH_2$ 呼吸链中的黄素脱氢酶只能催化某些代谢物脱氢，不能催化 NADH 或 NADPH 脱氢。

除上述两种典型的呼吸链外，在生物体内的呼吸链还有其他多种形式，它们之间有的是中间传递体的成员不同，例如某些细菌中（如分枝杆菌）用维生素 K 代替辅酶 Q，许多细菌没有完整的细胞色素系统。

综上所述，呼吸链的差异虽多，但其传递电子的顺序基本上是一致的。生物进化愈高级，呼吸链就愈完善。

2. 呼吸链的组成

呼吸链由多个组分组成，组成呼吸链的主要成分有以下五类，即尼克酰胺脱氢酶类、黄素脱氢酶类、铁硫蛋白类、辅酶Q类和细胞色素类。

(1) 尼克酰胺脱氢酶类（辅酶Ⅰ和辅酶Ⅱ）

辅酶Ⅰ（NAD^+ 或 CoⅠ）为烟酰胺腺嘌呤二核苷酸。辅酶Ⅱ（$NADP^+$ 或 CoⅡ）为烟酰胺腺嘌呤二核苷酸磷酸。它们是不需氧脱氢酶的辅酶，分子中的烟酰胺部分，即维生素 PP 能可逆地加氢还原或脱氢氧化，是递氢体。以 NAD^+ 作为辅酶的脱氢酶占多数。

(2) 黄素脱氢酶类

黄素酶的种类很多，辅基有 2 种，即 FMN 和 FAD。FMN 是 NADH 脱氢酶的辅基，FAD 是琥珀酸脱氢酶的辅基，都是以核黄素为中心构成的，其异咯嗪环上的第 1 位及第 5 位两个氮原子能可逆地进行加氢和脱氢反应，为递氢体。

(3) 铁硫蛋白类

此类组分的分子中含有非血红素铁和对酸不稳定的硫，因而常简写为 FeS 形式。在线粒体内膜上，常与其他递氢体或递电子体构成复合物，复合物中的铁硫蛋白是传递电子的反应中心，亦称铁硫中心，与蛋白质的结合是通过 Fe 与 4 个半胱氨酸的 S 相连接。

(4) 辅酶Q类

又名泛醌，是一类广泛分布于生物界的脂溶性醌类化合物。分子中的苯醌为接受和传递氢的核心，其 C_6 上带有异戊二烯为单位构成的侧链，在哺乳动物中，这个长链为 10 个单位，故常以 Q_{10} 表示。

(5) 细胞色素类

细胞色素（cytochrome，Cyt）是一类以铁卟啉为辅基的结合蛋白质，存在于生物细胞内，因有颜色而得名。已发现的有 30 多种，按吸收光谱分 a、b、c 三类，每类又有好多种。

Cyta 和 a_3 结合紧，迄今尚未分开，故写成 aa_3，位于呼吸链的终末部位，其辅基为血红素 A，传递电子的机制是以辅基中铁价的变化 $Fe^{3+} \longrightarrow Fe^{2+}$，$a_3$ 还含有铜离子，把电子直接交给分子氧 $Cu^+ \longrightarrow Cu^{2+}$，所以 a_3 又称细胞色素氧化酶。a_3 中的铁原子可以与氧结合，也可以与氰化物离子（CN^-）、CO 等结合，这种结合一旦发生，a_3 便失去使氧还原的能力，电子传递中止，呼吸链阻断，导致机体不能利用氧而窒息死亡。

3. 呼吸链各组分的排列顺序

呼吸链中氢和电子的传递有着严格的顺序和方向。根据氧化还原原理，氧化还原电势 E 是物质对电子亲和力的量度，电极电位的高低反映电子得失的倾向，$E^{\ominus\prime}$ 值愈低的氧化还原电对（A/AH_2）释放电子的倾向愈大，愈容易成为还原剂而排在呼吸链的前面。所以 NADH 还原能力最强，氧分子的氧化能力最强。电子的自发流向是从电极电位低的物质（还原态）到电位高的氧化态，目前一致认可的是按标准氧化还原电位递增值依次排列。

电子由 NADH 的传递到氧分子通过 3 个大的蛋白质复合体，即 NADH 脱氢酶、细胞色素 bc_1 复合体和细胞色素氧化酶到氧（又称复合体Ⅰ、Ⅲ、Ⅳ）。电子从 $FADH_2$ 的传递是通过琥珀酸-辅酶Q还原酶（复合体Ⅱ）经 Q、复合体Ⅲ、Ⅳ到氧（琥珀酸-辅酶Q还原酶催化的反应的自由能变化太小）。呼吸链传递全过程如下：

NADH 呼吸链：

$$MH_2 \longrightarrow NAD^+ \longrightarrow FMN \longrightarrow Fe\text{-}S \longrightarrow \underset{\sim\sim}{CoQ} \longrightarrow Cytb\text{-}c_1\text{-}c\text{-}aa_3 \longrightarrow O_2$$

$FADH_2$ 呼吸链：

$$MH_2 \longrightarrow FAD \longrightarrow Fe\text{-}S \longrightarrow \underset{\sim\sim}{CoQ} \longrightarrow Cytb\text{-}c_1\text{-}c\text{-}aa_3 \longrightarrow O_2$$

二、水的生成过程

生物氧化中 H_2O 的生成，即糖、脂肪、蛋白质等大分子有机物在生物体内经降解形成的代谢物，被脱下的成对氢原子通过多种酶和辅酶所组成的呼吸链进行连锁反应，经逐步传递，最终与被激活的氧结合的过程。

生物氧化中 H_2O 的生成可以概括为两个阶段：第一阶段是脱氢酶将底物上的氢激活脱落；第二阶段是氧化酶将来自大气中的分子态氧活化为氢的最终受体而生成 H_2O。植物和部分微生物还可以利用 NO_3^-、SO_4^{2-} 等氧化物作为受氢体。生物氧化中 H_2O 的生成过程图解如下：

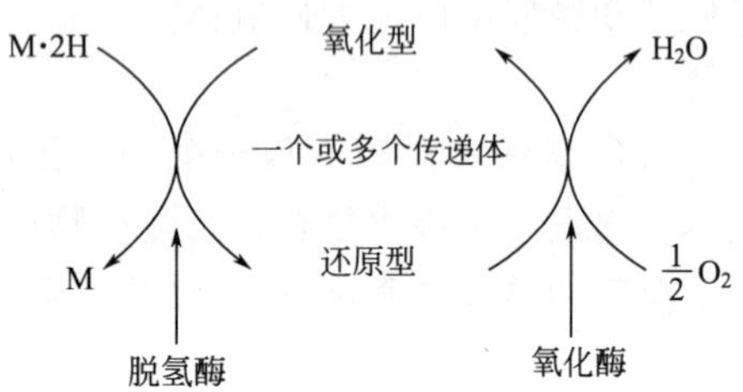

第四节 ATP 的代谢

从低等的单细胞生物到高等的人类，能量的释放、储存和利用都是以 ATP 为中心。生物体通过生物氧化所产生的能量，除一部分用以维持体温外，大部分可以通过磷酸化作用转移至高能化合物中。含高能磷酸键的化合物很多，其中以 ATP 最为重要。

一、ATP 的结构

ATP 即腺苷三磷酸（也可称为三磷酸腺苷），是生物体内一种重要的核酸衍生物，它是由生物体内的腺苷酸（即腺苷一磷酸）在 5′-位上进一步进行磷酸化而生成的，其分子简式为 A-P～P～P，其中 A 代表腺苷，T 代表三个，P 代表磷酸基，～代表高能磷酸键。根据磷酸化的程度不同，腺苷酸在磷酸化过程中可分别得到腺苷二磷酸（ADP）和腺苷三磷酸（ATP），两者在结构上相差一个高能磷酸键。

AMP、ADP 及 ATP 三者的结构式比较如下：

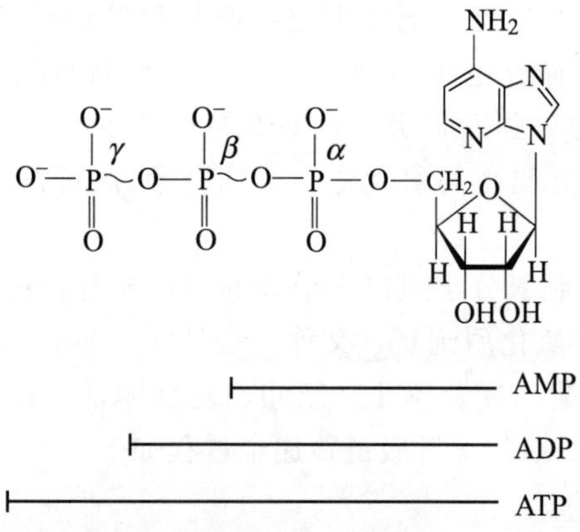

AMP

ADP

ATP

从结构式可以看出，ADP 分子中有 1 个高能磷酸键，而 ATP 分子中有 2 个高能磷酸键。

与 ATP 结构的形成相似的高能化合物还有 GTP、CTP、GDP 等。

二、ATP 的作用

许多生理作用所需的能量都与 ATP 有关，例如原生质的流动、肌肉的运动、电鳗放出的电能、萤火虫放出的光能以及动植物分泌、吸收的渗透能等都靠 ATP 供给。

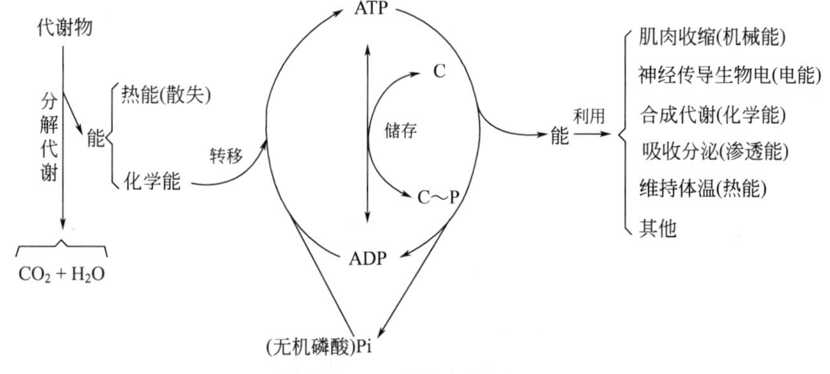

C代表肌酸；C～P代表磷酸肌酸

ATP 虽然在能量方面起着重要作用，但 ATP 在机体内含量有限，ATP 与 ADP 之间可以相互转化的体系相似于生物体中的 pH 缓冲体系。ATP 可以为比它能级低的化合物提供能量，使之转变为高能磷酸化合物；同样，ADP 也可以从比其能级高的化合物那里接受能量，而使自己转变为 ATP。因此，严格来说，ATP 不是能量的储存物质，而是能量的携带者和传递者。例如，ATP 可将能量转给肌酸用以生成磷酸肌酸，后者是肌肉及脑组织中能量的储存形式。

除此之外，机体内有些合成反应不一定都能够直接利用 ATP 供能，而可以利用其他三磷酸腺苷。例如 UTP 用于多糖的合成，CTP 用于磷脂的合成，GTP 用于蛋白质的合成等。但无论生物体内的化学反应由哪种高能化合物供能，物质氧化时所释放的能量大都必须先合成 ATP，然后 ATP 可使 UDP、CDP 或 GDP 生成相应的 UTP、CTP 或 GTP。

$$\text{ATP}+\begin{cases}\text{UDP}\\\text{CDP}\\\text{GDP}\end{cases}\xrightleftharpoons{\text{核苷二磷酸激酶}}\text{ADP}+\begin{cases}\text{UTP}\\\text{CTP}\\\text{GTP}\end{cases}$$

总之，生物体内的 ATP 在高能化合物中占有特殊地位，它起着共同中间体的作用。

三、ATP 的生成

生物体内 ATP 的生成需要能量，具体能量来源有光能和化学能。以代谢物进行生物氧化所产生的能量合成高能化合物（如 ATP）的过程称为氧化磷酸化。根据其方式不同，氧化磷酸化可分为两种，即底物水平磷酸化和电子水平磷酸化。

1. 底物水平磷酸化

底物水平磷酸化是指由底物脱水或脱氢而形成的高能化合物的过程，它是在被氧化底物上发生的磷酸化作用。底物被氧化的过程中形成了某些高能磷酸化合物的中间产物，通过酶的作用可使 ADP 生成 ATP。

$$\text{X}\sim\text{Ⓟ}+\text{ADP}\longrightarrow\text{ATP}+\text{X}$$

式中，X～Ⓟ代表底物在氧化过程中所形成的高能磷酸化合物。

底物水平磷酸化是发酵微生物进行生物氧化取得能量的唯一方式，其特点是底物水平磷酸化与氧的存在与否无关。

2. 电子水平磷酸化

当电子从 NADH 或 $FADH_2$ 经过电子传递体系（呼吸链）传递给氧形成 H_2O 时，同时伴有 ADP 磷酸化生成 ATP 的过程，这一全过程称为电子水平磷酸化或电子传递体系磷酸化。

电子水平磷酸化是生成 ATP 的一种主要方式，是生物体内能量转移的主要环节。人们发现这个过程正常进行时，只要有 ADP 与 Pi 存在，就有 ATP 的生成。电子传递过程和磷酸化作用存在彼此相偶联的部位，根据实验证明，从 NADH 到分子氧的呼吸链中，有三处能使氧化还原过程释放的能量转化为 ATP，而且这三个释放能量的部位都已清楚。这三处也是传递链上可被特异性抑制剂切断的地方。与上述事实相对应，根据实验证明，从 $FADH_2$ 到分子氧的呼吸链中，有两处能使氧化还原过程释放的能量转化为 ATP。NADH 与 $FADH_2$ 呼吸链生成 ATP 的部位及相应特异性抑制剂如图 4-1 所示。

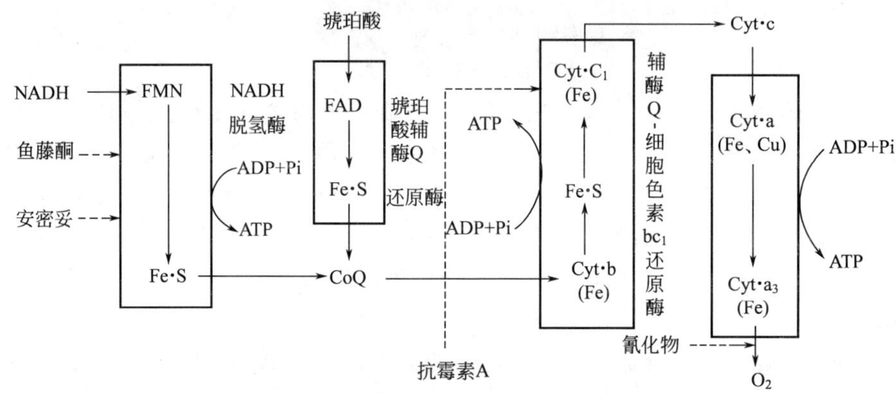

图 4-1 ATP 的部位及相应特异性抑制剂

虚线箭头所连接的物质是此酶的抑制剂

第五节 非线粒体氧化体系和生物转化

除线粒体外，细胞的微粒体和过氧化物酶体也是生物氧化的重要场所。其氧化酶类与线粒体不同，组成特殊的氧化体系。非线粒体氧化体系的特点是在氧化过程中不伴有偶联磷酸化，不能生成 ATP。

一、微粒体氧化体系

存在于微粒体中的氧化体系为单加氧酶系，又称混合功能氧化酶、羟化酶。此酶系催化氧分子中的一个氧原子加到作用物分子上，另一个氧原子被 $NADPH+H^+$ 还原成 H_2O。

单加氧酶系催化的反应与体内许多重要活性物质的生成、灭活以及药物、毒物的生物转化有密切联系。

二、过氧化物酶体氧化体系

过氧化物酶体是一种特殊的细胞器，存在于动物的肝脏、肾脏、中性粒细胞和小肠黏膜细胞中。过氧化物酶体中含有多种催化生成 H_2O_2 的酶，同时含有分解 H_2O_2 的酶。

1. 过氧化氢和超氧负离子的生成

生物氧化过程中，分子氧必须接受 4 个电子才能完成还原，生成 $2O^{2-}$，再与 $4H^+$ 结合生成 $2H_2O$。即：$O_2+4e \longrightarrow 2O^{2-}$，$2O^{2-}+4H^+ \longrightarrow 2H_2O$。

如果电子供给不足或氧分子过量，则生成过氧化基团 O_2^{2-}（—O—O—），即 $O_2+2e \longrightarrow O_2^{2-}$，或超氧负离子 O^-，即 $O_2+2e \longrightarrow 2O^-$。过氧化物酶体中含有许多氧化酶可催化过氧化氢和超氧负离子的生成，如单胺氧化酶、黄嘌呤氧化酶等可催化生成 H_2O_2。

2. 过氧化氢和超氧负离子的作用和毒性

H_2O_2 在体内有一定的生理作用，如嗜中性粒细胞产生的 H_2O_2 可用于杀死吞噬进入细胞的细菌（H_2O_2 常用作发炎伤口消毒剂的原理），甲状腺中产生的 H_2O_2 可用于酪氨酸的碘化过程，为合成甲状腺素所必需。但对大多数组织来说，H_2O_2 若积累过多，会对细胞有毒性作用。

超氧负离子的化学性质活跃，与 H_2O_2 作用可生成性质更活跃的羟基自由基 OH·。H_2O_2、超氧负离子和羟基自由基等可使 DNA 氧化、修饰、断裂，还可氧化蛋白质的巯基而使其丧失活性。自由基还可使细胞膜磷脂分子中的多不饱和脂肪酸氧化生成过氧化脂质(ROOH)，引起生物膜损伤（这是因为多不饱和脂肪酸含有双键，化学性质比较活跃，易与自由基反应）。因此必须及时将多余的 H_2O_2、自由基清除。

X 射线及 γ 射线的致癌作用可能与其促进自由基的生成有关，组织老化也与自由基的产生密切相关。此外，值得注意的是氧是维持生命所必需的物质，但也有一定的毒性，机体长时间在纯氧中呼吸或吸入的氧过多，可引起呼吸紊乱乃至死亡，这是因为氧不能在体内储存(血红蛋白数量有限)，如吸入过多则经生物氧化作用生成大量的 H_2O_2、超氧负离子，后者对机体造成严重损伤。

3. 过氧化氢和超氧负离子的清除

(1) 过氧化氢的清除

过氧化物酶体中含有过氧化氢酶和过氧化物酶，可处理和利用过氧化氢。红细胞等组织细胞中含有一种含硒的谷胱甘肽过氧化物酶，可使过氧化脂质（ROOH）和 H_2O_2 与还原型谷胱甘肽（GSH）反应，从而将它们转变为无毒的水或醇。所以，还原型谷胱甘肽（GSH）可保护红细胞膜蛋白、血红蛋白及酶的巯基等免受氧化剂的毒害，从而维持细胞的正常功能。GSSG(氧化型谷胱甘肽）在谷胱甘肽还原酶的作用下，由 NADPH 作为供氢体，又可重新生成 GSH（还原型谷胱甘肽）。如 NADPH 生成障碍（如缺乏葡萄糖-6-磷酸脱氢酶），谷胱甘肽则不能维持于还原状态，可引起溶血。这种溶血现象可因服用蚕豆及某些药物如磺胺药、阿司匹林而引起，称为蚕豆病。

(2) 超氧负离子的清除

超氧化物歧化酶（SOD）是人体防御内外环境中超氧负离子对自身侵害的重要酶。SOD 广泛存在于各种组织中，半衰期极短。胞液中的 SOD 以 Cu^{2+}、Zn^{2+} 为辅基，线粒体中的 SOD 则以 Mn^{2+} 为辅基。两者均可催化超氧负离子氧化还原生成 H_2O_2 与分子氧。

反应过程中，1 分子超氧负离子还原生成 H_2O_2，另 1 分子则氧化生成 O_2，故名歧化酶。所以 SOD 活性下降可引起超氧负离子堆积，超氧负离子对人体有较强的破坏作用，可引起许多疾病。若及时补充 SOD 可避免或减轻疾病。研究证明，SOD 对肿瘤的生长有抑制作用，SOD 活性降低是许多肿瘤的特征；SOD 可减少动物因缺血所造成的心肌区域性梗死的范围和程度。

本章小结

外源营养物质在生物体内进行氧化分解生成 CO_2 和 H_2O，并释放出能量形成 ATP 的过程称为生物氧化。生物氧化通常需要消耗氧，所以又称为呼吸作用。生物氧化是生物体新陈代谢的重要的基本反应，其基本过程为：有机物进入生物体内后要被分解，分解过程中经酶的参与，所得代谢物被氧化脱氢，脱下的氢经过递氢体的传递，最终与电子一起和氧或氢受体（或电子受体）结合生成水，同时产生大量的能量。因此，生物氧化主要包括如下三方面内容：

① 细胞如何在酶的催化下将有机化合物中的 C 变成 CO_2，即 CO_2 如何形成的问题？——通过脱羧反应。

② 在酶的作用下细胞怎样利用分子氧将有机化合物中的 H 氧化成 H_2O，即 H_2O 是如何形成的？——通过电子传递链。

③ 当有机物被氧化成 CO_2 和 H_2O 时，释放的能量怎样转化成 ATP，即能量如何产生的问题？——主要通过氧化磷酸化作用。

生物氧化反应进行的主要场所是线粒体，除线粒体外，细胞的微粒体和过氧化物酶体也是生物氧化的重要场所。其氧化酶类与线粒体不同，组成特殊的氧化体系。非线粒体氧化体系的特点是在氧化过程中不伴有偶联磷酸化，不能生成 ATP。

知识链接

SOD 水果概述

超氧化物歧化酶（super oxide dismutase，简称 SOD）化学本质是蛋白质，是广泛存在于生物体内的金属酶类。超氧阴离子自由基（O_2^-）是生物体内正常代谢的产物，但自由基的积累将使细胞膜的脂质发生过氧化作用而引起膜裂变，导致细胞损伤甚至细胞死亡。SOD 的功能是催化超氧阴离子自由基歧化为过氧化氢和氧：$2O_2^- + 2H^+ \longrightarrow H_2O_2 + O_2$。产生的过氧化氢在生物体内被过氧化氢酶所分解。毒性和毒理实验表明，SOD 对人、畜无毒副作用，是一种纯天然型生物活性物质。SOD 对人体内多余的自由基（指带有不成对电子的氧分子，危害人体健康细胞）具有强大、高效、专一的歧化作用，使毒性氧转化为无毒氧，减缓了自由基对人体细胞的损伤，因而具有延缓衰老、调节免疫、养颜美容、延年益寿的功效，对高血压、心脏病、癌症等疾病及辐射治疗损伤有预防和辅助治疗作用。

SOD 水果的特点是保持了水果原有的天然风味和营养成分，是富集 SOD 活性酶的保健功能水果；生产 SOD 水果所用制剂是利用微生态生物工程技术从植物体内有益共生芽孢杆菌中发酵提取的，安全性高；耐热耐酸，稳定性好；具有保健功能，价格又远远低于市场上一般 SOD 保健品及口服液、胶囊和片剂等。

SOD 在国外的应用比较普遍，尤其是经济发达的国家每年 SOD 的需求量巨大，而全球的 SOD 产量却十分有限，缺口很大。我国 2004 年 SOD 水果产量 5000t。目前，已经开发成功的 SOD 果蔬主要有：SOD 猕猴桃、SOD 苹果、SOD 梨、SOD 草莓、SOD 樱桃、SOD 桃、SOD 西红柿、SOD 龙眼、SOD 荔枝、SOD 香蕉、SOD 橄榄及其深加工产品等。从销售情况来看，国内生产的 SOD 高含量水果远远不能满足市场的需求。SOD 苹果每个卖到 4～11 元，且供不应求。

习 题

一、名词解释

生物氧化　呼吸链（R 链）　底物水平磷酸化　氧化磷酸化　ATP

二、填空题

1. 生物氧化过程中 CO_2 的生成是由于有机酸进行________反应所致。
2. 生物氧化过程中 H_2O 的生成，为代谢物进行________反应脱下成对的氢原子通过________进行逐步传递，最终与被激活的氧结合的过程。

3. 体内生成 ATP 的方式有________和________。
4. 线粒体内重要的呼吸链有____________________和____________________。
5. 生物体内能量的释放，储存和利用都是以 ____________为中心。
6. CO 影响氧化磷酸化的机理在于____。
7. 一对氢原子通过 NADH 呼吸链传递生成水的过程中，氧化磷酸化可以产生________分子 ATP；一对氢原子通过 $FADH_2$ 呼吸链传递生成水的过程中，氧化磷酸化可以产生________分子 ATP。

三、选择题

1. 生物氧化中 CO_2 的生成是含羧基的化合物进行________反应所致。
   A. 脱氢　B. 脱氨基　C. 脱羧　D. 水解
2. 生物氧化中 H_2O 的生成，是代谢物被脱下的成对氢原子通过________传递至氧，结合生成水。
   A. 传递链　B. ATP　C. ADP　D. 呼吸链
3. 在生物氧化中，NAD^+ 的作用是________。
   A. 脱氢　B. 加氧　C. 递氢　D. 脱羧
4. 真核生物细胞中，呼吸链存在的部位是________。
   A. 细胞质　B. 细胞核　C. 线粒体　D. 高尔基体
5. ________是肌肉及脑组织中能量的储存形式。
   A. 磷酸肌酸　B. AMP　C. ADP　D. ATP
6. 生物体内，能量的释放、储存和利用都是以________为中心。
   A. 磷酸肌酸　B. AMP　C. ADP　D. ATP
7. 三大营养物质不包括________。
   A. 糖类　B. 脂肪　C. 蛋白质　D. 核酸
8. ________在调节氧化磷酸化中起到重要作用。
   A. 甲状腺素　B. 肾上腺素　C. 生长素　D. 胰岛素
9. ________称为细胞色素氧化酶。
   A. Cyt c　B. Cyt b　C. Cyt aa3　D. Cyt c1
10. ________的氧化不经过 NADH 氧化呼吸链。
   A. 琥珀酸　B. 苹果酸　C. 谷氨酸　D. 异柠檬酸

四、简答题

1. 试叙述 ATP 在生物体能量代谢中的重要性。
2. 为什么甲亢病人临床表现多食，易出汗和怕热？
3. 试比较两条呼吸链的区别。

第五章　糖　代　谢

【主要学习目标】

了解糖的生理功能；掌握糖酵解、有氧氧化的概念、作用部位、反应过程、关键酶和生物学意义；了解磷酸戊糖途径的特点和生物学意义；了解糖异生作用、糖原合成与分解。

糖类广泛分布于自然界，几乎所有的生物体都含有糖。人体内糖的主要存在形式是葡萄糖、糖原以及糖类复合物。糖在动物体内的主要作用是提供能源和碳源，人类所需能量的50％～70％来源于糖。糖也是机体重要的结构成分，蛋白聚糖和糖蛋白构成结缔组织、软骨和骨的基质；糖蛋白和糖脂是细胞膜的构成成分；糖在体内还参与构成某些生理活性物质，如激素、酶、免疫球蛋白、血型物质、血浆蛋白等。葡萄糖是体内糖的运糖形式，也是糖代谢的核心，本章重点讨论体内葡萄糖的代谢。

第一节　概　　述

一、糖的消化吸收

人体摄入的糖类主要是淀粉及少量的麦芽糖、蔗糖、乳糖和动物糖原。它们都要经过消化管道消化转变成单糖，才能被机体吸收。

1. 消化

食物在口腔停留时间很短，淀粉受唾液淀粉酶催化只有少量被水解。食糜进入胃后，由于胃中没有消化淀粉的酶，而且胃酸逐渐渗入食糜内使唾液淀粉酶失去活性，所以小肠是消化糖类的主要部位。

小肠中胰淀粉酶催化淀粉水解生成糊精、麦芽糖等中间产物，最终水解生成葡萄糖。蔗糖和乳糖随食物进入小肠，分别受蔗糖酶和乳糖酶催化水解生成葡萄糖、果糖及半乳糖。乳糖酶缺乏的患者，在食用牛奶后乳糖消化吸收障碍，从而引起腹胀、腹泻等症状。

2. 吸收

糖以单糖（主要是葡萄糖）的形式经小肠黏膜吸收。小肠黏膜细胞主动吸收葡萄糖，此过程依赖 Na^+ 依赖型葡萄糖转运体，需要消耗 ATP 供能。吸收入血的葡萄糖经门静脉入肝，除了在肝内进行少量代谢外，大部分通过血液循环运达全身各组织，然后进入细胞进行代谢。

除淀粉与糖原之外的多糖不能被胃肠道酶水解，它们进入大肠时基本上没有变化，只有被胃酸轻微地水解。通常情况下，摄入的多糖如纤维素、半纤维素和植物细胞壁的果胶等虽不能被胃肠道酶水解，但对人体是有益的。这些多糖成分促进肠壁的蠕动，具有通便作用。

膳食中这类不可消化的多糖被称为“膳食纤维”。如果过量地食用果胶和其他植物胶，会引起腹泻，这是因为它们吸收了大量的水，产生一种黏性溶液或凝胶。这些多糖在胃肠道中不能进行代谢。通过小肠进入大肠，在大肠中形成了大便的主要部分（纤维）。

二、糖的生理功能

糖类是人类食物的主要成分。糖最主要的生理功能是为机体提供能量。葡萄糖在体内氧化释放能量 16.7kJ/g。人体所需能量的 50%～70%来自于糖，它对于保证重要生命器官的能量供应尤为重要。当机体缺乏糖时，机体则动用脂肪，甚至动用蛋白质氧化供能。

糖也是机体重要的碳源，糖代谢的中间产物作为体内脂肪、蛋白质、核苷酸合成的原料。糖还是人体组织重要的结构成分。糖与脂类结合为糖脂，是细胞膜及神经组织的成分。糖与蛋白质结合成糖蛋白，是免疫球蛋白、酶、激素、血型物质的组成成分。蛋白多糖是结缔组织的成分，具有支持和保护作用。值得指出的是，糖的磷酸衍生物可以形成许多重要的生物活性物质，如 NAD^+、FAD 和 ATP 等。

第二节　葡萄糖分解代谢

葡萄糖是人体内主要的供能物质，其主要分解代谢情况与氧的摄取量关系很大，氧摄取量不足时，葡萄糖通过糖酵解途径进行代谢，生成少量的能量和乳酸，当机体供氧充足的情况下，葡萄糖通过有氧分解进行代谢，可以生成大量的能量 CO_2 和 H_2O。此外葡萄糖也可以进入磷酸戊糖途径等进行代谢。

一、糖的无氧酵解

糖的无氧酵解是指葡萄糖或糖原在无氧或缺氧情况下分解生成乳酸并生成少量 ATP 的过程，由于这一过程与酵母中糖生醇发酵的过程相似，故称为糖酵解，全身各组织细胞均可进行糖酵解，整个糖酵解的代谢反应可分为二个阶段：第一阶段由葡萄糖或糖原分解生成 2 分子磷酸丙糖；第二阶段由磷酸丙糖转变为乳酸。糖酵解的全部反应在胞浆中进行。

1. 磷酸丙糖的生成

此阶段由 4 步反应组成。

（1）葡萄糖磷酸化生成 6-磷酸葡萄糖

葡萄糖进入细胞后首先的反应是磷酸化，在限速酶——己糖激酶（肝外）或葡萄糖激酶（肝内）的催化下，由 ATP 提供磷酸基团和能量，生成 6-磷酸葡萄糖，这步反应不可逆，并且需要 Mg^{2+} 参与。糖原则在磷酸化酶催化下生成 1-磷酸葡萄糖，然后在磷酸葡萄糖变位酶的催化下转变成 6-磷酸葡萄糖（主要），这是不消耗 ATP 的反应；或在脱支酶的催化下转变成游离的葡萄糖。

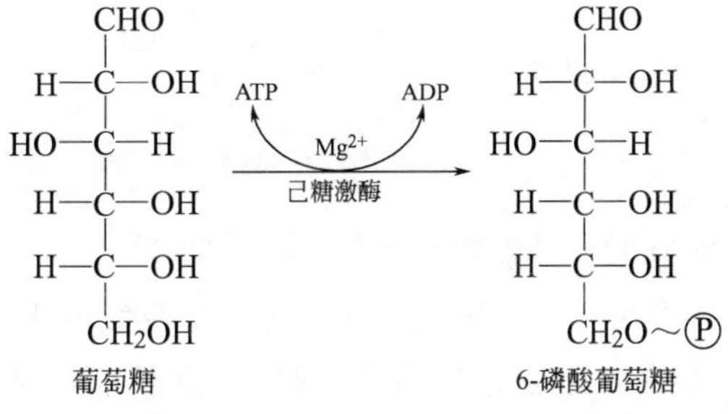

```
     CHO                                       CHO
      |                                         |
  H—C—OH       ATP          ADP          H—C—OH
      |           ↖  Mg²⁺  ↗                   |
 HO—C—H       ─────────────→          HO—C—H
      |             己糖激酶                    |
  H—C—OH                                 H—C—OH
      |                                         |
  H—C—OH                                 H—C—OH
      |                                         |
    CH₂OH                                    CH₂O～Ⓟ
    葡萄糖                                 6-磷酸葡萄糖
```

从糖原开始，若糖原先被磷酸解为1-磷酸葡萄糖，然后在磷酸葡萄糖变位酶催化下转变为6-磷酸葡萄糖，反应不消耗ATP。

(2) 6-磷酸葡萄糖转变为6-磷酸果糖

这是醛糖与酮糖的可逆异构反应，由磷酸己糖异构酶催化。

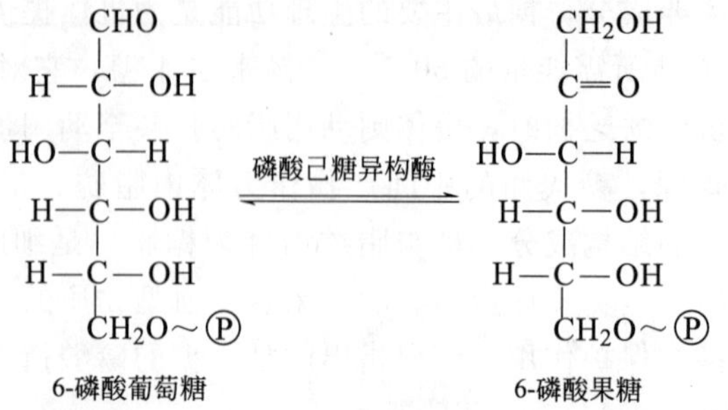

CHO
H—C—OH
HO—C—H
H—C—OH
H—C—OH
CH_2O~Ⓟ
6-磷酸葡萄糖

⇌ 磷酸己糖异构酶

CH_2OH
C=O
HO—C—H
H—C—OH
H—C—OH
CH_2O~Ⓟ
6-磷酸果糖

(3) 6-磷酸果糖磷酸化转变为1,6-二磷酸果糖

这是第2个磷酸化反应，需ATP和Mg^{2+}参与，由6-磷酸果糖激酶-1催化，反应不可逆，6-磷酸果糖激酶-1是糖酵解过程中的限速酶。

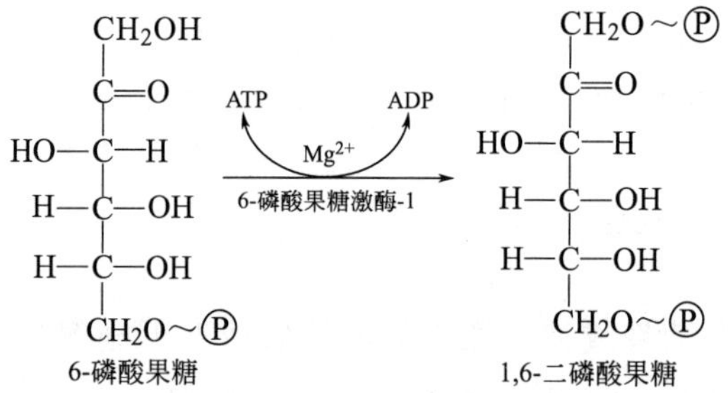

CH_2OH
C=O
HO—C—H
H—C—OH
H—C—OH
CH_2O~Ⓟ
6-磷酸果糖

ATP → ADP, Mg^{2+}
6-磷酸果糖激酶-1

CH_2O~Ⓟ
C=O
HO—C—H
H—C—OH
H—C—OH
CH_2O~Ⓟ
1,6-二磷酸果糖

(4) 1,6-二磷酸果糖裂解为2分子磷酸丙糖

在醛缩酶催化下，1分子1,6-二磷酸果糖裂解为1分子磷酸二羟丙酮和1分子3-磷酸甘油醛，反应可逆，且磷酸二羟丙酮和3-磷酸甘油醛是同分异构体，在磷酸丙糖异构酶催化下可相互转变，只有3-磷酸甘油醛能够进入糖酵解的后续反应，当3-磷酸甘油醛被不断消耗时，磷酸二羟丙酮则迅速转变为3-磷酸甘油醛参与代谢。因此，1分子1,6-二磷酸果糖相当于生成2分子3-磷酸甘油醛。

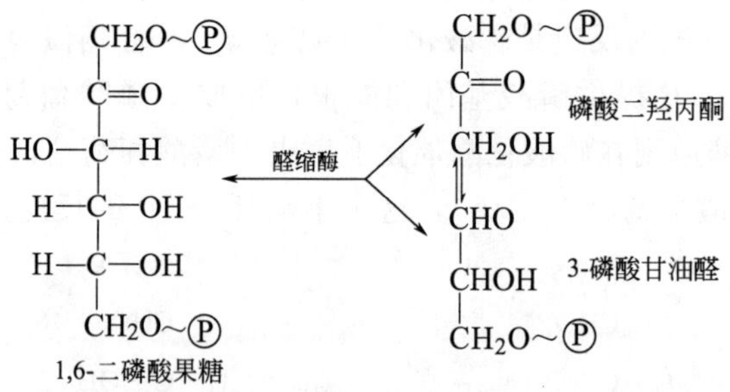

CH_2O~Ⓟ
C=O
HO—C—H
H—C—OH
H—C—OH
CH_2O~Ⓟ
1,6-二磷酸果糖

醛缩酶

CH_2O~Ⓟ
C=O
CH_2OH
磷酸二羟丙酮

⇅

CHO
CHOH
CH_2O~Ⓟ
3-磷酸甘油醛

2. 乳酸的生成

此阶段由6步反应组成。

(1) 3-磷酸甘油醛氧化为1,3-二磷酸甘油酸

在3-磷酸甘油醛脱氢酶催化下，3-磷酸甘油醛的醛基脱氢氧化成羧基，与磷酸形成混合酸酐。脱下的氢由NAD^+接受，还原为NADH+H^+。此反应可逆。

$$\begin{array}{l} CH_2O\sim Ⓟ \\ | \\ CHOH \\ | \\ CHO \end{array} \xrightleftharpoons[\text{3-磷酸甘油醛脱氢酶}]{NAD^+ \quad NADH+H^+} \begin{array}{l} COO\sim Ⓟ \\ | \\ CHOH \\ | \\ CH_2O\sim Ⓟ \end{array}$$

3-磷酸甘油醛　　1,3-二磷酸甘油酸

(2) 1,3-二磷酸甘油酸转变为 3-磷酸甘油酸

在 3-磷酸甘油酸激酶与 Mg^{2+} 存在时，1,3-二磷酸甘油酸上的磷酸从羧基转移到 ADP，形成 ATP 和 3-磷酸甘油酸。这是糖酵解过程中第 1 个生成 ATP 的反应：由于底物的脱氢（脱水），使底物分子内原子重新排列，能量集中于某一键，因而产生高能磷酸键，将此底物分子中的高能磷酸基直接转移给 ADP 生成 ATP，这种 ADP 的磷酸化作用与底物的脱氢作用直接偶联的反应，称为底物水平磷酸化。

$$\begin{array}{l} COO\sim Ⓟ \\ | \\ CHOH \\ | \\ CH_2O\sim Ⓟ \end{array} \xrightleftharpoons[\text{3-磷酸甘油酸激酶}]{ADP \quad Mg^{2+} \quad ATP} \begin{array}{l} COOH \\ | \\ CHOH \\ | \\ CH_2O\sim Ⓟ \end{array}$$

1,3-二磷酸甘油酸　　3-磷酸甘油酸

(3) 3-磷酸甘油酸转变为 2-磷酸甘油酸

磷酸甘油酸变位酶催化磷酸基从 3-磷酸甘油酸的 3 位 C 转移到 2 位 C 上，生成 2-磷酸甘油酸。此步反应可逆。

$$\begin{array}{l} COOH \\ | \\ CHOH \\ | \\ CH_2O\sim Ⓟ \end{array} \xrightleftharpoons{\text{磷酸甘油酸变位酶}} \begin{array}{l} COOH \\ | \\ CHO\sim Ⓟ \\ | \\ CH_2OH \end{array}$$

3-磷酸甘油酸　　2-磷酸甘油酸

(4) 2-磷酸甘油酸转变成磷酸烯醇式丙酮酸

烯醇化酶催化 2-磷酸甘油酸脱水生成磷酸烯醇式丙酮酸，形成 1 个高能磷酸键。

$$\begin{array}{l} COOH \\ | \\ CHO\sim Ⓟ \\ | \\ CH_2OH \end{array} \xrightleftharpoons{\text{烯醇化酶}} \begin{array}{l} COOH \\ | \\ CO\sim Ⓟ \\ \| \\ CH_2 \end{array} + H_2O$$

2-磷酸甘油酸　　磷酸烯醇式丙酮酸

(5) 丙酮酸的生成

丙酮酸激酶催化磷酸烯醇式丙酮酸转变为不稳定的烯醇式丙酮酸，同时把分子中的高能磷酸基转移给 ADP，生成 ATP。这是糖酵解途径中第 2 次底物水平磷酸化。烯醇式丙酮酸进而经非酶促反应转变为稳定的丙酮酸。此反应不可逆。

$$\begin{array}{l} COOH \\ | \\ CO\sim Ⓟ \\ \| \\ CH_2 \end{array} \xrightarrow[\text{丙酮酸激酶}]{ADP \quad Mg^{2+} \quad ATP} \begin{array}{l} COOH \\ | \\ COH \\ \| \\ CH_2 \end{array} \longrightarrow \begin{array}{l} COOH \\ | \\ C=O \\ | \\ CH_3 \end{array}$$

磷酸烯醇式丙酮酸　　烯醇式丙酮酸　　丙酮酸

(6) 丙酮酸还原为乳酸

乳酸脱氢酶催化丙酮酸还原为乳酸，供氢体 $NADH+H^+$ 来自本阶段第 1 步反应中 3-磷酸甘油醛脱下的氢。此反应可逆。

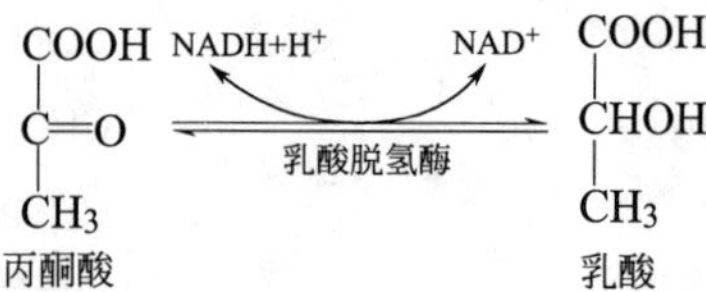

糖酵解反应的全过程如图 5-1 所示。

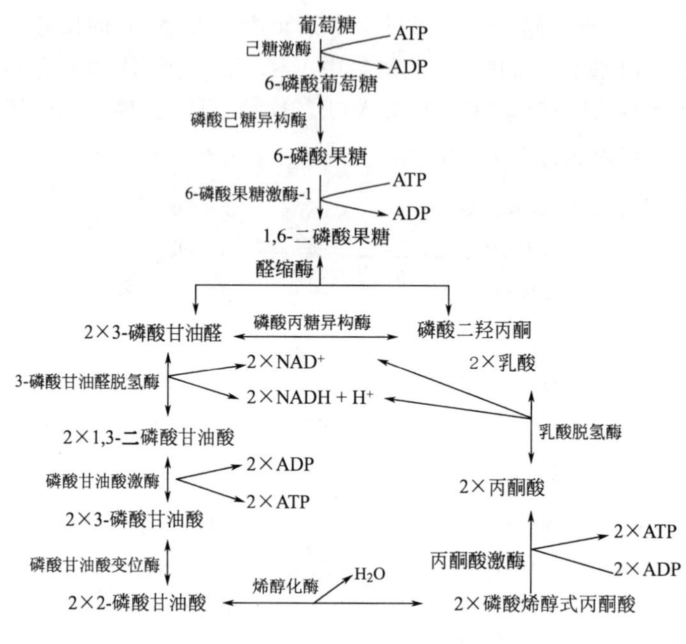

图 5-1 糖酵解过程

3. 糖酵解的反应特点

(1) 糖酵解全过程没有氧的参与

整个糖酵解反应过程在胞液中进行，反应中生成的 $NADH+H^+$ 只能将 $2H^+$ 交给丙酮酸，使之还原为乳酸。乳酸是糖酵解的必然产物。

(2) 糖酵解中糖没有完全被氧化

反应中能量释放较少，1 分子葡萄糖可氧化为 2 分子丙酮酸，经 2 次底物水平磷酸化，可产生 4 分子 ATP，葡萄糖活化时消耗的 2 分子 ATP，净生成 2 分子 ATP。

(3) 糖酵解中有 3 步不可逆的单向反应

己糖激酶（葡萄糖激酶）、6-磷酸果糖激酶-1 和丙酮酸激酶是糖酵解过程中的关键酶，其中 6-磷酸果糖激酶-1 的催化活性最低，是最重要的限速酶，对糖酵解代谢的速率起着决定性的作用。

4. 糖酵解途径的调节

整个糖酵解反应过程中，在生理条件下，人体内的各种代谢过程受到精细而又严格的调节，来保持内环境的稳定，适应机体生理活动的需要，这种调节作用是通过改变关键酶的活性来实现的。糖酵解过程中由己糖激酶（葡萄糖激酶）、6-磷酸果糖激酶-1 和丙酮酸激酶催化的三个反应是不可逆的，这三个酶是糖酵解的限速酶，糖酵解途径的调节主要是对这三个酶的活性的调节见表 5-1。

表 5-1　糖酵解途径关键酶的调节

酶 名 称	激 活 剂	抑 制 剂
己糖激酶	—	6-磷酸葡萄糖
6-磷酸果糖激酶-1	AMP　ADP 1,6-二磷酸果糖 2,6-二磷酸果糖	ATP、柠檬酸
丙酮酸激酶	1,6-二磷酸果糖、胰高血糖素	ATP、丙氨酸、乙酰 CoA

5. 糖酵解的生理意义

(1) 提供机体急需的能量

糖酵解所释放的能量虽然不多，但却是机体在缺氧情况下提供能量的重要方式，如剧烈运动、心脏疾患、呼吸受阻等。如果机体相对缺氧时间较长，可导致糖酵解产物乳酸的堆积，可能引起代谢性酸中毒。

(2) 红细胞供能的主要方式

成熟红细胞没有线粒体（能量主要在线粒体内生成），不能进行有氧氧化，而以糖酵解为唯一的供能途径。人体红细胞每天利用的葡萄糖约为 25g，其中 90%～95%是通过糖酵解进行代谢的。

(3) 某些组织生理情况下的供能途径

少数组织即使在氧供应充足的情况下，仍主要靠糖酵解供能，如视网膜、睾丸、肾髓质、白细胞及肿瘤细胞等。

二、糖的有氧氧化

葡萄糖或糖原在有氧条件下彻底氧化分解生成 CO_2 和 H_2O 并释放大量能量的过程，称为糖的有氧氧化。有氧氧化是糖分解代谢的主要方式，体内大多数组织通过糖有氧氧化获得能量。

1. 有氧氧化的反应过程

糖的有氧氧化整个过程可分为 3 个阶段：第一阶段，葡萄糖或糖原在胞浆中转变为丙酮酸；第二阶段，丙酮酸进入线粒体进行氧化脱羧，生成乙酰辅酶 A（乙酰 CoA）；第三阶段，乙酰 CoA 进入三羧酸循环彻底氧化生成 CO_2 和 H_2O，并释放大量的能量。

(1) 丙酮酸的生成

此阶段的反应步骤与糖酵解基本相同。所不同的是有氧氧化不再将 3-磷酸甘油醛脱氢产生的 $NADH+H^+$ 交给丙酮酸使其还原为乳酸，而是将产生的 $NADH+H^+$ 经呼吸链氧化生成水并释放能量，使 ADP 磷酸化生成 ATP，这种生成 ATP 的方式称为氧化磷酸化。丙酮酸则直接进入线粒体进一步氧化。

(2) 丙酮酸氧化脱羧生成乙酰 CoA

胞浆内生成的丙酮酸首先经线粒体内膜上特异载体转运入线粒体，在丙酮酸脱氢酶复合体的催化下进行氧化脱羧，与辅酶 A(HSCoA) 结合成乙酰 CoA，此反应不可逆，总反应如下：

$$\text{丙酮酸}+HSCoA+NAD^+ \xrightarrow{\text{丙酮酸脱氢酶复合体}} \text{乙酰 CoA}+CO_2+NADH+H^+$$

丙酮酸脱氢酶复合体由 3 种酶按一定比例组成，并有 6 种辅酶或辅基参与（见图 5-2）。

丙酮酸氧化释放的自由能储存于乙酰 CoA 及 $NADH+H^+$ 中。乙酰 CoA 可进入多种代谢途径代谢，$NADH+H^+$ 则进入呼吸链继续氧化。丙酮酸氧化脱羧体系由多种维生素参与辅助因子的组成，一旦这些维生素缺乏时，势必导致糖代谢障碍，如缺乏维生素 B_1，可引起“脚气病”；缺乏维生素 B_2，常可引起口角炎、舌炎等。

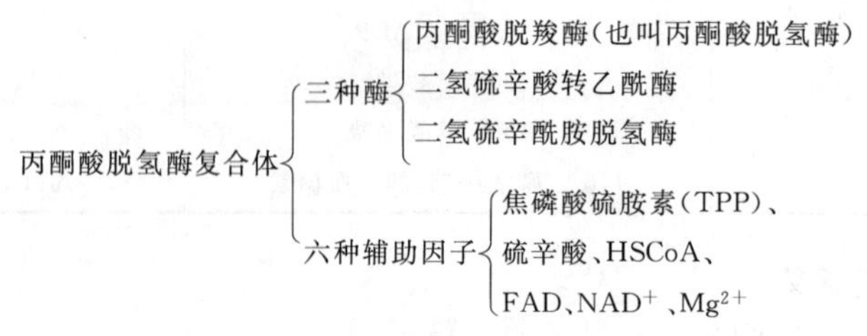

图 5-2　丙酮酸脱氢酶系的组成

(3) 乙酰 CoA 彻底氧化分解（三羧酸循环）

三羧酸循环从乙酰 CoA 与草酰乙酸缩合生成含 3 个羧基的三羧酸——柠檬酸开始，经 4 次脱氢、2 次脱羧反应，最后仍生成草酰乙酸而构成循环，故称为三羧酸循环，也称为柠檬酸循环。三羧酸循环在线粒体中进行，反应中脱下的 H^+ 经呼吸链传递与氧结合为水，并且生成大量的 ATP。

① 柠檬酸的生成　乙酰 CoA 与草酰乙酸在关键酶——柠檬酸合成酶的催化下缩合成柠檬酸，同时释放出辅酶 A。反应所需的能量来源于乙酰 CoA 中高能硫酯键的水解。此反应不可逆。

$$\underset{\text{乙酰辅酶A}}{CH_3-C(=O)\sim SCoA} + \underset{\text{草酰乙酸}}{O=C(COOH)-H_2C-COOH} \xrightarrow[\text{柠檬酸合成酶}]{+H_2O} \underset{\text{柠檬酸}}{HO-C(COOH)(H_2C-COOH)_2} + \underset{\text{辅酶A}}{HSCoA}$$

② 异柠檬酸的生成　在顺乌头酸酶的催化下，柠檬酸经脱水与加水反应，柠檬酸转变为异柠檬酸，此反应可逆。

$$\underset{\text{柠檬酸}}{H_2C(COOH)-C(OH)(COOH)-H_2C-COOH} \underset{\text{顺乌头酸酶}}{\overset{-H_2O}{\underset{+H_2O}{\rightleftharpoons}}} \underset{\text{顺乌头酸}}{H_2C(COOH)-C(COOH)=HC-COOH} \underset{\text{顺乌头酸酶}}{\overset{+H_2O}{\underset{-H_2O}{\rightleftharpoons}}} \underset{\text{异柠檬酸}}{H_2C(COOH)-HC(COOH)-HC(OH)-COOH}$$

③ 异柠檬酸的氧化脱羧　在异柠檬酸脱氢酶催化下，异柠檬酸脱氢、脱羧转变为 α-酮戊二酸，反应脱下的氢由 NAD^+ 接受。这是三羧酸循环中第 1 次脱氢，伴有脱羧，反应不可逆。异柠檬酸脱氢酶是三羧酸循环的限速酶。

$$\underset{\text{异柠檬酸}}{H_2C(COOH)-HC(COOH)-HC(OH)-COOH} \xrightarrow[\text{异柠檬酸脱氢酶}]{NAD^+ \quad Mg^{2+} \quad NADH+H^+} \underset{\alpha\text{-酮戊二酸}}{CH_2(COOH)-CH_2-CO-COOH} + CO_2$$

④ α-酮戊二酸的氧化脱羧　在 α-酮戊二酸脱氢酶复合体催化下，α-酮戊二酸脱氢、脱羧转变为琥珀酰 CoA，其反应过程机制与丙酮酸氧化脱羧反应类似，酶系组成也类似，由三种酶（二氢硫辛酸转琥珀酰酶、α-酮戊二酸脱氢酶、二氢硫辛酸脱氢酶）及六种辅助因子（TPP、硫辛酸、FAD、NAD^+、HSCoA 和 Mg^{2+}）组成。该酶系为关键酶，反应不可逆。这是三羧酸循环中的第 2 次脱氢，伴有脱羧。

$$\begin{array}{l}CH_2-COOH\\ |\\ CH_2\\ |\\ CO-COOH\end{array} \xrightarrow[\text{TPP, L(S-S), HSCoA, FAD}]{NAD^+ \ \ Mg^{2+} \ \ NADH+H^+} \begin{array}{l}CH_2-COOH\\ |\\ CH_2\\ |\\ CO\sim SCoA\end{array} + CO_2$$

α-酮戊二酸　　α-酮戊二酸脱氢酶复合体　　琥珀酰辅酶A

⑤ 琥珀酸的生成　在琥珀酸硫激酶的催化下，琥珀酰 CoA 的高能硫酯键水解，能量转移给 GDP，生成 GTP，其本身则转变为琥珀酸，生成的 GTP 可直接利用，也可将高能磷酸基团转移给 ADP 生成 ATP。这是三羧酸循环中唯一的 1 次底物水平磷酸化反应，此反应可逆。

$$\begin{array}{l}CH_2-COOH\\ |\\ CH_2\\ |\\ CO\sim SCoA\end{array} + GDP + Pi \xrightleftharpoons{\text{琥珀酸硫激酶}} \begin{array}{l}H_2C-COOH\\ \quad |\\ H_2C-COOH\end{array} + GTP + HSCoA$$

琥珀酰辅酶 A　　琥珀酸

⑥ 延胡索酸的生成　在琥珀酸脱氢酶催化下，琥珀酸脱氢转变成延胡索酸，脱下的氢由 FAD 接受。这是三羧酸循环中的第 3 次脱氢，此反应可逆。

$$\begin{array}{l}H_2C-COOH\\ \quad |\\ H_2C-COOH\end{array} + FAD \xrightleftharpoons{\text{琥珀酸脱氢酶}} \begin{array}{l}HC-COOH\\ \quad \|\\ HC-COOH\end{array} + FADH_2$$

琥珀酸　　延胡索酸

⑦ 苹果酸的生成　在延胡索酸酶的催化下，延胡索酸水解为苹果酸，此反应可逆。

$$\begin{array}{l}HC-COOH\\ \quad \|\\ HC-COOH\end{array} + H_2O \xrightleftharpoons{\text{延胡索酸酶}} \begin{array}{l}\quad\ \ H_2C-COOH\\ \qquad\ \ |\\ HO-CH-COOH\end{array}$$

延胡索酸　　苹果酸

⑧ 草酰乙酸的再生　在苹果酸脱氢酶催化下，苹果酸脱氢转变为草酰乙酸，脱下的氢由 NAD^+ 接受。这是三羧酸循环中的第 4 次脱氢，此反应可逆。再生的草酰乙酸可再次进入三羧酸循环。

$$\begin{array}{l}\quad\ \ H_2C-COOH\\ \qquad\ \ |\\ HO-CH-COOH\end{array} \xrightleftharpoons[\text{苹果酸脱氢酶}]{NAD^+ \quad NADH+H^+} \begin{array}{l}\ \ H_2C-COOH\\ \qquad |\\ O=C-COOH\end{array}$$

苹果酸　　草酰乙酸

三羧酸循环整个反应过程如图 5-3 所示。

2. 三羧酸循环的特点

（1）是在有氧条件下进行的连续循环的酶促反应过程

由草酰乙酸与乙酰 CoA 缩合成柠檬酸开始，以草酰乙酸的再生结束。循环 1 周，实际氧化了 1 分子乙酰 CoA，通过 2 次脱羧，生成 2 分子 CO_2，4 次脱下来的氢经呼吸链传递，与氧结合生成水并释放出能量。

（2）机体主要的产能方式

1 次三羧酸循环有 4 次脱氢反应，其中 3 次以 NAD^+ 为受氢体（每分子 $NADH+H^+$ 经呼吸链氧化可产生 3 分子 ATP），1 次以 FAD 为受氢体（1 分子 $FADH_2$ 经呼吸链氧化可产生 2 分子 ATP），可产生 11 分子 ATP，再加上底物水平磷酸化生成的 1 个 GTP，共产生 12 分子 ATP。

（3）单向反应体系

其中柠檬酸合成酶、异柠檬酸脱氢酶、α-酮戊二酸脱氢酶系是限速酶，催化单向不可逆反应。因此，三羧酸循环是不可逆转的。

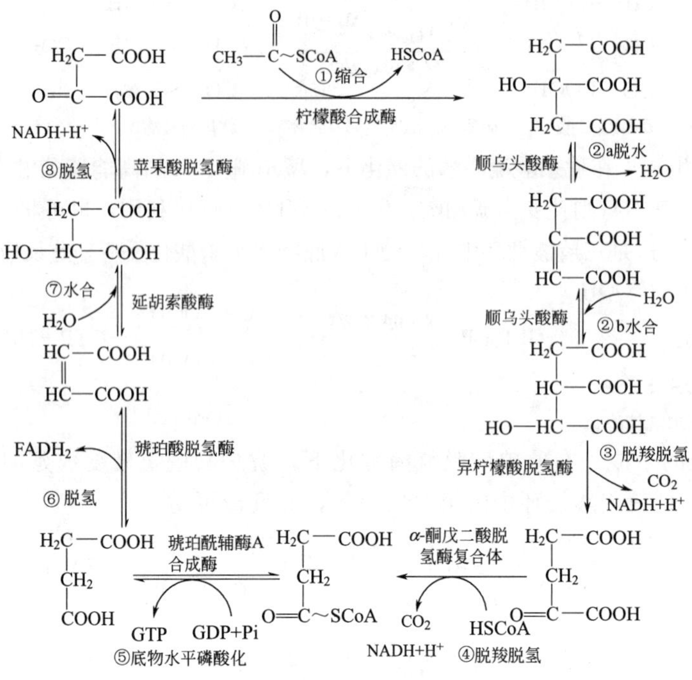

图 5-3 三羧酸循环

(4) 循环的中间物必须不断补充

尽管三羧酸循环 1 次只消耗 1 分子乙酰基，其中间产物可循环使用并无量的变化，然而由于体内各代谢途径相互交汇和转化，中间产物常可移出循环而参加其他代谢，如草酰乙酸可转变为天冬氨酸而参与蛋白质的合成，琥珀酰 CoA 可参与血红素合成等。为维持三羧酸循环中间产物的一定浓度，保证三羧酸循环的正常运转，必须不断补充消耗的中间产物。

3. 糖有氧氧化能量的生成

人体活动所需的能量主要来自于糖的有氧氧化，而糖有氧氧化能量的生成主要是脱下来的氢经线粒体呼吸链传递，最终与氧结合成水，所释放的能量经氧化磷酸化生成 ATP，另有少量的 ATP 是通过底物水平磷酸化生成的。现将 1 分子葡萄糖彻底氧化成 CO_2 和 H_2O 过程中 ATP 消耗和生成的情况总结如表 5-2 所示。

表 5-2 葡萄糖有氧氧化时 ATP 生成与消耗

项　目	反　应	辅酶	ATP 生成与消耗
第一阶段	葡萄糖⟶ 6-磷酸葡萄糖		−1
	6-磷酸果糖⟶ 1,6-二磷酸果糖		−1
	2×3-磷酸甘油醛⟶ 2×1,3-二磷酸甘油酸	NAD^+	3×2 或 2×2[①]
	2×1,3-二磷酸甘油醛⟶ 2×3-磷酸甘油酸		1×2
	2×磷酸烯醇式丙酮酸⟶ 2×丙酮酸		1×2
第二阶段	2×丙酮酸⟶ 2×乙酰 CoA	NAD^+	3×2
第三阶段	2×异柠檬酸⟶ 2×α-酮戊二酸	NAD^+	3×2
	2×α-酮戊二酸⟶ 2×琥珀酰 CoA	NAD^+	3×2
	2×琥珀酰 CoA ⟶ 2×琥珀酸		1×2
	2×琥珀酸⟶ 2×延胡索酸	FAD	2×2
	2×苹果酸⟶ 2×草酰乙酸	NAD^+	3×2
总计			38 或 36

① 糖酵解过程脱下来的 $NADH+H^+$ 在胞浆中，而 $NADH+H^+$ 必须转移到线粒体内才能氧化，根据 $NADH+H^+$ 进入线粒体的方式不同最后生成的 ATP 数量不同。

4. 糖有氧氧化的调节

糖有氧氧化的主要功能在于提供机体活动所需的能量，所以有氧氧化的调节是为了适应机体能量的需求，当机体处于相对缺能的状态时，糖有氧氧化的关键酶几乎全部被激活，当机体能量充足时，这些酶被抑制。糖有氧氧化的三个阶段都有调节点，第一阶段关键酶的调节在糖酵解部分已经介绍，第二、三阶段的关键酶调节见表 5-3。

表 5-3　糖有氧氧化调节

阶　段	酶　名　称	激　活　剂	抑　制　剂
第一阶段		与糖酵解相同	
第二阶段	丙酮酸脱氢酶复合体	HSCoA、AMP、NAD^+	乙酰 CoA、ATP、$NADH+H^+$
第三阶段	异柠檬酸脱氢酶	ADP、NAD^+、Ca^{2+}	ATP、$NADH+H^+$
	α-酮戊二酸脱氢酶复合体	ADP、NAD^+、Ca^{2+}	琥珀酰 CoA、ATP、$NADH+H^+$
	柠檬酸合成酶	—	ATP、$NADPH+H^+$

此外丙酮酸脱氢酶复合体还可以通过共价修饰方式调节，磷酸化后此酶活性受到抑制，去磷酸化后酶活性恢复。

5. 有氧氧化的生理意义

（1）有氧氧化是机体获得能量的主要方式

1mol 葡萄糖经有氧氧化可生成 38（或 36）mol ATP，而 1mol 葡萄糖在无氧条件下经酵解仅得 2mol ATP。脑是机体耗能的主要器官，主要以葡萄糖的有氧氧化为供能方式。

（2）三羧酸循环是体内营养物质彻底氧化分解的共同通路

糖、脂肪、蛋白质三大营养物质经代谢后均可生成乙酰 CoA，各营养物质的分解途径虽不相同，但都可分解为共同的二碳化合物——乙酰 CoA 而进入三羧酸循环，进而完全氧化分解为 CO_2 和 H_2O，并释放能量以满足机体需要，三大营养物质代谢的联系见氨基酸代谢。

（3）三羧酸循环为三大营养物质代谢相互联系的枢纽

糖代谢产生的丙酮酸、α-酮戊二酸、草酰乙酸等可通过联合脱氨基逆行分别转变为丙氨酸、谷氨酰胺、天冬氨酸；同样这些氨基酸也可通过脱氨基后生成相应的α-酮酸进入三羧酸循环彻底氧化；脂肪分解产生甘油和脂肪酸，前者可转变成磷酸二羟丙酮，后者可生成乙酰 CoA，两者均可进入三羧酸循环氧化供能。因此三羧酸循环是糖、脂肪、氨基酸互相转化的枢纽。

（4）三羧酸循环可提供生物合成的前体

三羧酸循环中的某些中间物质可用于合成其他物质，例如琥珀酰 CoA 可用于血红素的合成。α-酮戊二酸、草酰乙酸等可以合成氨基酸等。

三、磷酸戊糖途径

磷酸戊糖途径由 6-磷酸葡萄糖开始，生成具有重要生理功能的 5-磷酸核糖和 $NADPH+H^+$，此反应途径主要发生在肝、脂肪组织、哺乳期的乳腺、肾上腺皮质、性腺、骨髓和红细胞中等。

1. 反应过程

磷酸戊糖途径在胞液中进行，全过程可分为 2 个阶段。第 1 阶段是 6-磷酸葡萄糖脱氢氧化生成磷酸戊糖、$NADPH+H^+$ 和 CO_2；第 2 阶段是一系列基团的转移反应。

（1）磷酸戊糖的生成

6-磷酸葡萄糖首先在限速酶6-磷酸葡萄糖脱氢酶的催化下，脱氢生成6-磷酸葡萄糖酸，继而受6-磷酸葡萄糖酸脱氢酶的催化，脱氢生成5-磷酸核酮糖。5-磷酸核酮糖在异构酶、差向异构酶的催化下，可互变为5-磷酸核糖和5-磷酸木酮糖。

(2) 基团的转移反应

在转酮基酶、转醛基酶的催化下，5-磷酸木酮糖、5-磷酸核糖经一系列反应，生成6-磷酸果糖和3-磷酸甘油醛，前者用于合成核苷，后者则可进入糖酵解途径代谢。

磷酸戊糖途径的反应可归纳为图5-4。

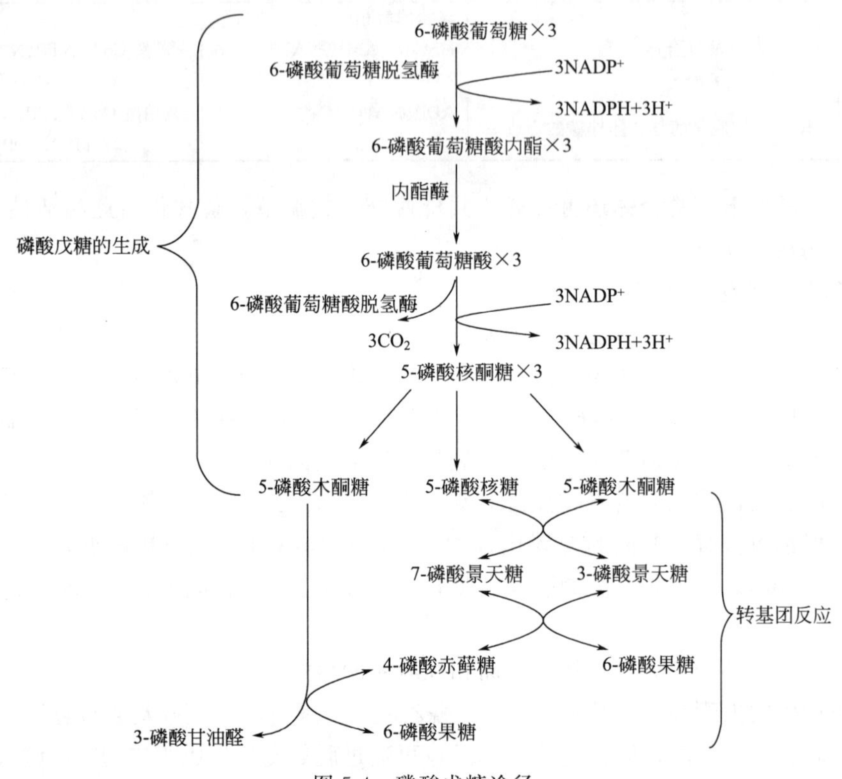

图5-4 磷酸戊糖途径

综上所述，1分子6-磷酸葡萄糖经磷酸戊糖途径氧化，需6分子6-磷酸葡萄糖反应，最后生成5分子6-磷酸葡萄糖，实际消耗了1分子6-磷酸葡萄糖。磷酸戊糖途径中有2次脱氢，6分子6-磷酸葡萄糖共生成12分子$NADPH+H^+$。如果体内缺乏限速酶6-磷酸葡萄糖酸脱氢酶，易发生溶血性贫血，俗称蚕豆病。此酶活性受$NADPH+H^+$浓度的影响，$NADPH+H^+$的浓度增高时该酶活性受抑制。

2. 生理意义

磷酸戊糖途径的生理意义是产生5-磷酸核糖和$NADPH+H^+$。

(1) 为核酸的生物合成提供原料（核糖）

磷酸戊糖途径是体内利用葡萄糖生成5-磷酸核糖的唯一途径，为体内核苷酸的合成提供了原料。

(2) $NADPH+H^+$作为供氢体

$NADPH+H^+$可参与体内许多重要的代谢反应：①作为供氢体参与胆固醇、脂肪酸、皮质激素和性激素等的生物合成；②$NADPH+H^+$是加单氧酶系（羟化反应）的供氢体，参与药物、毒物和某些激素的生物转化；③作为谷胱甘肽（GSH）还原酶的辅酶，对于维持细胞中还原型 GSH 的含量起重要作用。GSH 可与氧化剂起反应，从而保护一些含巯基的蛋白或酶免遭氧化而丧失正常的结构和功能。如红细胞中的 GSH 可保护细胞膜上含巯基的蛋白质和酶，以维持膜的完整性和酶的活性。

第三节 糖原的代谢

糖原是由若干葡萄糖单位组成的具有分支的大分子多糖，是体内糖的储存形式。糖原分子中的葡萄糖单位主要以 α-1,4 糖苷键相连，形成直链，部分以 α-1,6 糖苷键相连构成支链。一条糖链有 1 个还原端、1 个非还原端，每形成 1 个分支即多出 1 个非还原端，糖原的合成与分解都由非还原端开始。

糖原主要储存于肝脏和肌肉组织，分别称为肝糖原和肌糖原。肝糖原能直接分解维持血糖，占肝重的 6%～8%，肌糖原占肌肉总量的 1%～2%，但肌糖原不能直接补充血糖，需先经酵解生成乳酸，经糖异生作用转变成糖。

一、糖原合成

1. 概念

由单糖（如葡萄糖）合成糖原的过程称为糖原合成。肝糖原可以由任何单糖（如葡萄糖、果糖、半乳糖等）为原料进行合成，而肌糖原只能以葡萄糖为原料。糖原合成在胞液进行，消耗 ATP 和 UTP。

2. 反应过程

（1）葡萄糖的磷酸化

此反应是由己糖激酶（或葡萄糖激酶）催化的不可逆反应，由 ATP 供能，葡萄糖转变成 6-磷酸葡萄糖。

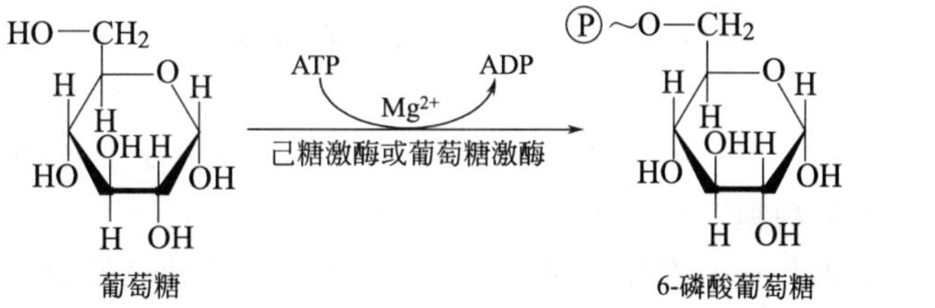

葡萄糖 —（ATP → ADP，Mg^{2+}，己糖激酶或葡萄糖激酶）→ 6-磷酸葡萄糖

（2）1-磷酸葡萄糖的生成

在磷酸葡萄糖变位酶的催化下，6-磷酸葡萄糖转变为 1-磷酸葡萄糖。

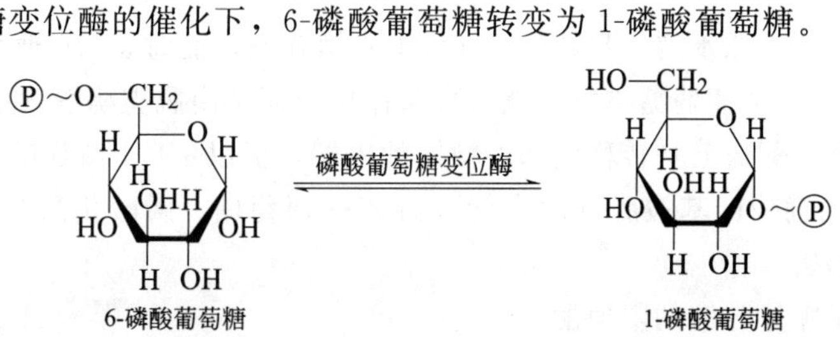

6-磷酸葡萄糖 ⇌（磷酸葡萄糖变位酶）1-磷酸葡萄糖

（3）尿苷二磷酸葡萄糖（UDPG）的生成

在 UDPG 焦磷酸化酶的作用下，1-磷酸葡萄糖与 UTP 作用，生成 UDPG，释放出焦磷酸。

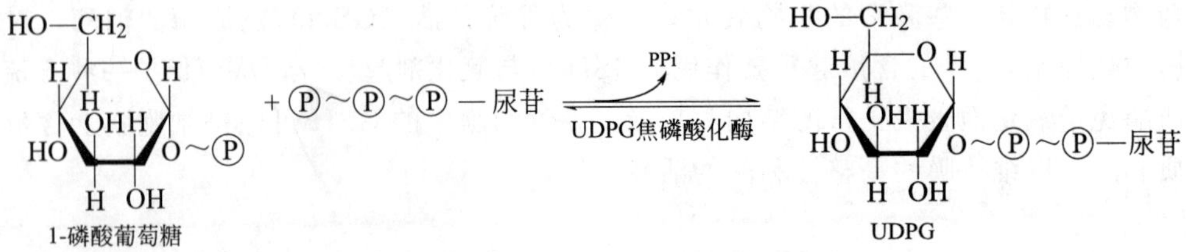

1-磷酸葡萄糖 + Ⓟ～Ⓟ～Ⓟ—尿苷 $\xrightarrow[\text{UDPG焦磷酸化酶}]{\text{PPi}}$ UDPG（葡萄糖—O～Ⓟ～Ⓟ—尿苷）

（4）糖原的合成

UDPG 中的葡萄糖单位在糖原合成酶作用下，转移到原有的糖原引物上，在非还原端以 α-1,4 糖苷键连接，每次反应糖原引物便增加 1 个葡萄糖单位。

$$\text{UDPG}+\text{糖原}(\text{G}_n)\xrightarrow{\text{糖原合成酶}}\text{UDP}+\text{糖原}(\text{G}_{n+1})$$

3. 反应特点

（1）糖原合成酶催化的糖原合成反应不能从头开始

必须有 1 个多聚葡萄糖的引物，在其非还原端每次增加 1 个葡萄糖单位。

（2）糖原合成酶只能催化糖原碳链的延长

糖原合成酶不能催化形成分支，当糖链长度达 11 个葡萄糖残基时，分支酶就将 7 个葡萄糖残基的糖链转移到另一糖链上，以 α-1,6 糖苷键相连，形成糖原分支。

（3）糖原合成酶是糖原合成的关键酶

其活性受胰岛素的调控。

（4）UDPG 是体内葡萄糖的供体

其中的葡萄糖是活性葡萄糖。糖原分子每增加 1 分子葡萄糖，需要消耗 2 个高能磷酸键。

二、糖原分解

1. 概念

肝糖原分解为葡萄糖以补充血糖的过程，称为糖原分解。肌糖原不能分解为葡萄糖补充血糖，而是经糖酵解生成乳酸，再经糖异生转变为葡萄糖。

2. 反应过程

① 1-磷酸葡萄糖的生成　在磷酸化酶的作用下，糖原分子非还原端的 α-1,4 糖苷键水解，逐个生成 1-磷酸葡萄糖。

② 6-磷酸葡萄糖的生成　在变位酶的作用下，1-磷酸葡萄糖转变为 6-磷酸葡萄糖。

③ 葡萄糖的生成　在葡萄糖 6-磷酸酶的作用下，6-磷酸葡萄糖水解为葡萄糖。

3. 反应特点

① 磷酸化酶催化糖原水解，只能作用于 α-1,4 糖苷键，而对 α-1,6 糖苷键无作用，当催化至距 α-1,6 糖苷键 4 个葡萄糖单位时就不再起作用，而是由脱支酶继续催化糖原的水解。

② 脱支酶将 3 个葡萄糖基转移到邻近糖链的末端，仍以 α-1,4 糖苷键连接，剩下 1 个以 α-1,6 糖苷键连接的葡萄糖基被脱支酶水解成游离的葡萄糖。磷酸化酶与脱支酶交替作用，完成糖原的分解过程。

③ 磷酸化酶是糖原分解的限速酶。

④ 葡萄糖 6-磷酸酶只存在于肝和肾，肌肉组织中没有，因此肌糖原不能分解为葡萄糖，而只有肝、肾组织中的糖原才能直接分解为葡萄糖，补充血糖。

糖原合成与分解示意：

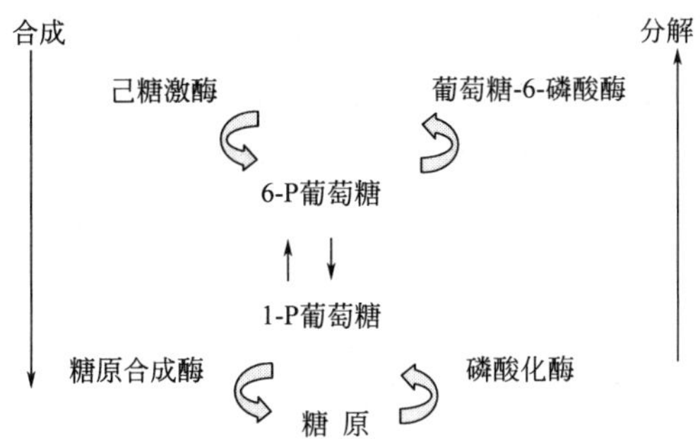

第四节　糖　异　生

由非糖物质（乳酸、甘油、生糖氨基酸等）转变为葡萄糖或糖原的过程，称为糖异生作用。糖异生的主要场所是肝脏，长期饥饿和酸中毒时，肾脏的糖异生能力大大增强，几乎与肝脏持平。

一、糖异生的基本过程

糖异生途径基本上是糖酵解途径的逆反应，但糖酵解中由己糖激酶、6-磷酸果糖激酶-1、丙酮酸激酶 3 个关键酶所催化的反应是不可逆的，存在较大的“能障”，必须由另外的酶来催化绕过这 3 个“能障”。这些酶即为糖异生过程的限速酶。在此，只介绍糖异生如何由其他的酶的催化绕过糖酵解的三个不可逆反应，糖异生途径的其他反应为糖酵解的逆反应。

1. 6-磷酸葡萄糖水解为葡萄糖

由葡萄糖-6-磷酸酶催化 6-磷酸葡萄糖的水解，生成葡萄糖，完成己糖激酶催化的逆反应。

$$\text{6-磷酸葡萄糖} + H_2O \xrightarrow{\text{葡萄糖-6-磷酸酶}} \text{葡萄糖} + Pi$$

2. 1,6-二磷酸果糖水解为 6-磷酸果糖

由果糖-1,6-二磷酸酶催化 1,6-二磷酸果糖的水解，生成 6-磷酸果糖，完成磷酸果糖激酶-1 所催化的逆反应。

$$\begin{array}{c} CH_2O\sim Ⓟ \\ | \\ C{=}O \\ | \\ HO{-}C{-}H \\ | \\ H{-}C{-}OH \\ | \\ H{-}C{-}OH \\ | \\ CH_2O\sim Ⓟ \\ \text{1,6-二磷酸果糖} \end{array} + H_2O \xrightarrow{\text{果糖-1,6-二磷酸酶}} \begin{array}{c} CH_2OH \\ | \\ C{=}O \\ | \\ HO{-}C{-}H \\ | \\ H{-}C{-}OH \\ | \\ H{-}C{-}OH \\ | \\ CH_2O\sim Ⓟ \\ \text{6-磷酸果糖} \end{array} + Pi$$

3. 丙酮酸羧化支路

丙酮酸羧化酶和磷酸烯醇式丙酮酸羧激酶可催化由丙酮酸激酶催化的逆反应，此过程称

为丙酮酸羧化支路，催化丙酮酸逆向转变为磷酸烯醇式丙酮酸，且消耗能量。

（1）丙酮酸转变为草酰乙酸

在以生物素为辅酶的丙酮酸羧化酶催化下，并在 CO_2、ATP 存在时，丙酮酸羧化为草酰乙酸。

$$\underset{\text{丙酮酸}}{CH_3-C(=O)-COOH} + CO_2 \xrightarrow[\text{丙酮酸羧化酶}]{\text{生物素 ATP}} \underset{\text{草酰乙酸}}{COOH-CH_2-O(=O)-COOH}$$

（2）磷酸烯醇式丙酮酸的生成

在磷酸烯醇式丙酮酸羧激酶催化下，由 GTP 供能，草酰乙酸脱羧生成磷酸烯醇式丙酮酸。

$$\underset{\text{草酰乙酸}}{COOH-CH_2-C(=O)-COOH} \xrightarrow[\text{磷酸烯醇式丙酮酸羧激酶}]{GTP \to GDP} \underset{\text{磷酸烯醇式丙酮酸}}{CH_2=C(-O\sim Ⓟ)-COOH} + CO_2$$

二、甘油和乳酸的糖异生途径

1. 甘油的糖异生途径

甘油是脂肪的分解产物，首先在磷酸甘油激酶的作用下，生成 α-磷酸甘油，再经 α-磷酸甘油脱氢酶的催化生成磷酸二羟丙酮，由此汇入糖异生途径。

2. 乳酸的糖异生途径

在乳酸脱氢酶作用下，乳酸脱氢转变为丙酮酸，丙酮酸进入线粒体，可转变为磷酸烯醇式丙酮酸出线粒体到胞浆，汇入糖异生途径；也可先羧化为草酰乙酸，再还原为苹果酸后，出线粒体，脱氢生成草酰乙酸和 $NADH+H^+$，草酰乙酸可转变为磷酸烯醇式丙酮酸而汇入糖异生途径，而 $NADH+H^+$ 则提供了 1,3-二磷酸甘油酸逆向生成 3-磷酸甘油醛所需的 2 个 H，从而保证糖异生过程的正常进行。

三、糖异生的生理意义

1. 饥饿状态下维持血糖浓度的恒定

空腹或饥饿时，肝糖原分解产生的葡萄糖仅能维持 10h 左右，长期饥饿时，机体完全依靠糖异生作用来维持血糖浓度的恒定。以保证脑、红细胞等重要器官的能量供应。

2. 调节酸碱平衡

长期饥饿时肾糖异生作用增强，促进肾小管细胞分泌氨，乳酸经糖异生转变成糖，可防止乳酸堆积，维持机体的酸碱平衡。

3. 有利于乳酸的利用

当肌肉在缺氧或剧烈运动时，肌糖原经酵解产生大量乳酸，而肌肉组织内不能进行糖异生，乳酸便弥散入血液，经肝门静脉入肝，在肝内异生为葡萄糖，葡萄糖释放入血后，又可被肌肉摄取，生成肌糖原。这个循环即为乳酸循环。乳酸循环的形成是由于肝和肌肉组织中酶的特点所致，可以防止和改善由乳酸堆积造成的酸中毒，进行乳酸的再利用。

第五节 血 糖

血浆中的葡萄糖称为血糖。正常人空腹血糖浓度为 3.9～6.1mmol/L(70～110mg/dL) 全身各组织细胞均从血液中获得葡萄糖，尤其是脑组织和红细胞，它们几乎没有糖原储存，必须随时由血液提供。血糖降低，势必会影响脑组织的生理功能，严重时可引起脑功能障碍，出现昏迷，以致死亡。

一、血糖的来源和去路

1. 血糖的来源

① 食物中糖类的消化吸收 这是血糖最基本的来源。食物中糖类在消化道酶的作用下水解为葡萄糖等单糖，由肠黏膜吸收后经门静脉入肝，部分以肝糖原形式储存，部分进入血液循环运送至其他组织储存或利用。

② 肝糖原的分解 这是空腹时血糖的重要来源。空腹时，血糖浓度降低，肝糖原分解为葡萄糖释放入血，以补充血糖。

③ 糖异生作用 这是饥饿时血糖的主要来源。长期饥饿时，肝糖原已不足以维持血糖浓度，此时大量非糖物质经糖异生作用转变为葡萄糖，维持血糖的正常水平。

2. 血糖的去路

① 氧化分解供能 这是血糖最主要的去路。血糖进入组织细胞后，氧化分解供能，以供机体生理需要。

② 合成糖原储存 血糖可进入肝、肌肉等组织，合成肝糖原、肌糖原储存。

③ 转变为其他物质 血糖还可转变为脂肪、某些非必需氨基酸和其他糖及其衍生物(如核糖等)。

④ 随尿排出 这是糖的非正常去路。当血糖超过肾小管最大重吸收能力时，则糖从尿液中排出，出现糖尿。

二、血糖浓度的调节

1. 器官水平的调节

肝脏是体内调节血糖浓度的主要器官，通过肝糖原的合成、分解和糖异生作用维持血糖浓度的恒定。当进食后血糖浓度增高时，肝糖原合成增加，从而使血糖水平不致过度升高；空腹时肝糖原分解加强，用于补充血糖浓度，饥饿或禁食情况下，肝的糖异生作用加强，以维持血糖浓度，以保证脑和红细胞等组织对葡萄糖的需要。

2. 激素水平的调节

调节血糖浓度的激素有两大类，一类是降低血糖的激素，即胰岛素；另一类是升高血糖的激素，有肾上腺素、胰高血糖素、肾上腺糖皮质激素和生长素等。这两类激素的作用相互对立、相互制约，通过调节糖氧化分解、糖原合成和分解、糖异生等途径中的关键酶或限速酶的活性或含量来调节血糖的浓度。其作用如表 5-4 所示。

三、糖耐量及耐糖曲线

1. 耐糖现象

正常人体内存在一整套精细的调节糖代谢的机制，在一次性食入大量葡萄糖之后，其血糖浓度也仅暂时升高，约过 2h 即可恢复正常水平，血糖水平不会出现大的波动和持续升高。人体对摄入的葡萄糖具有很大耐受能力的这种现象称为葡萄糖耐量或耐糖现象。

表 5-4　激素对血糖水平的调节

项　目	激　素	调　节　血　糖　机　理
降低血糖的激素	胰岛素	1. 促进肌肉、脂肪组织细胞膜对葡萄糖的通透性，利于葡萄糖进入细胞内进行各种代谢；2. 加速糖原合成，抑制糖原分解；3. 促进葡萄糖的有氧氧化；4. 抑制肝内糖异生；5. 抑制激素敏感脂肪酶，减少脂肪动员
升高血糖的激素	胰高血糖素	1. 促进肝糖原分解；2. 抑制糖酵解，促进糖异生；3. 激活激素敏感脂肪酶，加速脂肪动员
	糖皮质激素	1. 促进肝外蛋白质分解，产生的氨基酸转移到肝进行糖异生；2. 协助促进脂肪动员
	肾上腺素	1. 加速肝糖原分解；2. 促进肌糖原酵解成乳酸，转入肝异生成糖
	生长素	1. 抑制葡萄糖进入细胞；2. 促进糖异生

2. 耐糖曲线

医学上对病人做糖耐量试验可以帮助诊断某些与糖代谢障碍相关的疾病。常用的试验方法是测试受试者清晨空腹血糖的浓度，然后一次性进食 100g 葡萄糖（或按照每千克体重 1.5～1.75g），进食后，每隔 30min 或者 1h 测血糖一次，测至 3～4h 为止。以时间为横坐标，血糖浓度为纵坐标绘成的曲线称为耐糖曲线。

正常人的耐糖曲线特点是：食入糖后血糖迅速升高，约 1h 可 8.33mmol/L（150mg/dL)，然后血糖又迅速降低，在 2～3h 即降至正常水平，而糖尿病和艾迪生病患者的耐糖曲线跟正常人有很大差别，见图 5-5。

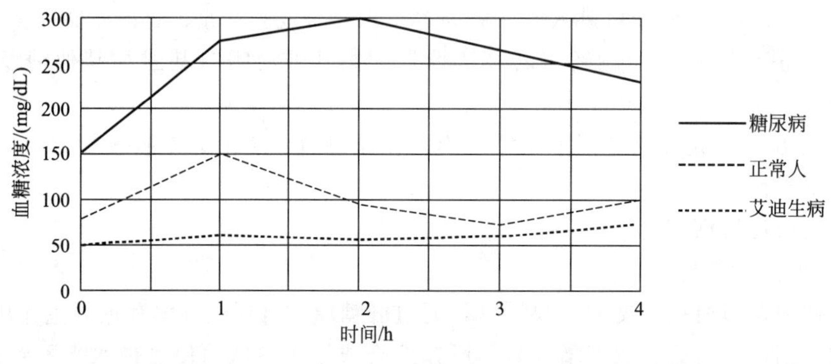

图 5-5　耐糖曲线

四、高血糖与低血糖

临床上因糖代谢障碍可发生血糖水平紊乱，常见有以下两种类型。

1. 高血糖

临床上将空腹血糖浓度高于 7.22～7.28mmol/L 称为高血糖。当血糖浓度高于 8.89～10.00mmol/L，即超过了肾小管的重吸收能力，则可出现糖尿，这一血糖水平称为肾糖阈。持续性高血糖和糖尿，特别是空腹血糖和糖耐量曲线高于正常范围，主要见于糖尿病。

2. 低血糖

空腹血糖浓度低于 3.33～3.89mmol/L 时称为低血糖。低血糖影响脑组织的正常功能，因为脑细胞所需的能量主要来自葡萄糖的氧化。当血糖水平过低时，就会影响脑细胞的功能，从而出现头晕、倦怠无力、心悸，严重时出现昏迷，称为低血糖休克。如不及时给病人静脉补充葡萄糖，可导致死亡。

本章小结

糖类是自然界中一类重要的含碳化合物。其主要生物学功能是在机体代谢中提供能源和碳源，也是组织和细胞结构的重要组成成分。

一、糖的消化吸收

食物中可被消化的糖主要是淀粉，它经过消化道中一系列酶的消化作用，最终生成葡萄糖，在小肠中靠特殊的载体主动耗能吸收。

二、糖的代谢

糖代谢包括分解代谢与合成代谢。其分解代谢途径主要有糖酵解、糖的有氧氧化及磷酸戊糖途径等；其合成代谢为糖异生。

1. 糖酵解

糖酵解是在不需要氧的情况下，葡萄糖或者糖原生成乳酸的反应过程。其代谢反应可以分为两个阶段：第一阶段是葡萄糖转变成 2 分子的磷酸丙糖，在此阶段中一分子葡萄糖消耗 2 分子 ATP；第二阶段是磷酸丙糖转变成乳酸，此阶段有两次底物水平磷酸化，2 分子磷酸丙糖可以生成 4 分子的 ATP。糖酵解整个过程是在胞浆中进行。调节糖酵解的关键酶是 6-磷酸果糖激酶-1、丙酮酸激酶、己糖激酶或葡萄糖激酶。糖酵解的生理意义在于迅速提供能量，1 分子葡萄糖经过糖酵解可以净生成 2 分子 ATP。

2. 糖的有氧氧化

糖的有氧氧化是指葡萄糖在有氧的条件下生成水和二氧化碳的反应过程，是糖氧化供能的主要方式。其反应过程分为三阶段：第一阶段为葡萄糖或糖原在胞浆中转变为丙酮酸；第二阶段为丙酮酸进入线粒体进行氧化脱羧，生成乙酰 CoA；第三阶段为乙酰 CoA 进入三羧酸循环彻底氧化生成 CO_2 和 H_2O，并释放较多的能量。三羧酸循环是以草酰乙酸和乙酰 CoA 缩合成柠檬酸开始，经脱氢脱羧等一系列反应又生成草酰乙酸的循环过程。此循环中有三个关键酶（异柠檬酸脱氢酶、α-酮戊二酸脱氢酶系、柠檬酸合成酶）催化的反应是不可逆的。三羧酸循环的生理意义在于它是三大营养物质的最终代谢通路；也是三大营养物质相互转变的联系枢纽；还为其他物质合成代谢提供前体物质；以及为氧化磷酸化提供还原能量。1 分子乙酰 CoA 经三羧酸循环运转一周，生成 2 分子 CO_2、3 分子 $NADH+H^+$、1 分子 $FADH_2$、1 次底物水平磷酸化。$NADH+H^+$ 和 $FADH_2$ 经氧化磷酸化生成 ATP 和 H_2O，1 分子乙酰 CoA 经三羧酸循环和氧化磷酸化后共生成 12 分子 ATP。糖有氧氧化的关键酶为：磷酸果糖激酶-1、丙酮酸激酶、己糖激酶或葡萄糖激酶、丙酮酸脱氢酶系、异柠檬酸脱氢酶、α-酮戊二酸脱氢酶系、柠檬酸合成酶。

3. 磷酸戊糖途径

葡萄糖通过磷酸戊糖途径代谢可以生成磷酸核糖和 $NADPH+H^+$。磷酸核糖是合成核苷酸的重要原料。NADPH 作为供氢体参与多种代谢反应。磷酸戊糖途径在胞浆中进行，其关键酶是 6-磷酸葡萄糖脱氢酶。

4. 糖原的合成与分解

糖原是体内糖的储存形式。肝和肌肉是储存糖原的主要组织。由葡萄糖经 UDPG 合成糖原是肝糖原和肌糖原合成的主要途径。糖原分解习惯上指肝糖原分解成葡萄糖补充血糖，肌糖原由于缺乏葡萄糖-6-磷酸酶不能补充血糖。糖原合成与分解的关键酶分别是糖原合成酶及磷酸化酶。

5. 糖异生

糖异生是指由非糖物质转变为葡萄糖或者糖原的过程。糖异生的主要器官是肝，其次为肾。糖异生途径与糖酵解途径的多数反应是共有的可逆反应，但糖酵解途径中三个关键酶催化的反应是不可逆的，在糖异生途径中须由丙酮酸羧化酶、磷酸烯醇式丙酮酸羧激酶、果糖-1,6-二磷酸酶、葡萄糖-6-磷酸酶催化。糖异生的生理意义在于维持血糖水平的恒定，也是补充和恢复糖原储备的重要途径。

三、血糖

血糖是指血浆中的葡萄糖，其正常水平相对恒定，维持在3.89～6.11mmol/L之间，血糖水平主要受多种激素的调控。调节血糖浓度的激素有两大类，一类是降低血糖的激素，即胰岛素；另一类是升高血糖的激素，有肾上腺素、胰高血糖素、肾上腺糖皮质激素和生长素等。当人体糖代谢发生障碍时可引起血糖水平紊乱，常见的临床症状有高血糖和低血糖。糖尿病是最常见的糖代谢紊乱疾病。

知识链接

饥饿时机体的整体调节

由于各种原因，使动物体不能进食，体内的糖得不到补充时，可使动物体内的代谢发生一系列的改变，这些改变都是在激素的影响下产生的。

短期饥饿，如不能进食1～3天后，体内可利用的肝糖原显著减少，血糖降低，引起胰岛素分泌减少和胰高血糖素分泌增加，这两种激素的增减可引起体内一系列的代谢变化。饥饿对血浆中某些激素和燃料浓度的影响见表5-5。

表5-5 饥饿对血浆中某些激素和燃料浓度的影响

项目	胰岛素/(微单位/mL)	胰高血糖素/(μg/mL)	血糖质量分数/%	其他能源物质/(μmol/L)						
				脂肪酸	乙酰乙酸	β-羟基丁酸	甘油	氨基酸	丙氨酸	丙酮酸
吸收后状态	15	100	80	600	1	10	60	4500	300	60
早期饥饿	8	150	70	1000	1000	4000	100	4500	250	45
晚期饥饿	8	120	60	1200	1500	6000	100	3500	125	35

1. 肌肉组织释放氨基酸的速度加快

激素平衡的改变使骨骼肌的蛋白质分解加快，释放出氨基酸。释放出的氨基酸大部分转变为丙氨酸和谷氨酰胺，然后进入血液循环，成为糖异生作用的原料或者成为燃料。

2. 糖异生作用增强

胰岛素对糖异生作用具有抑制作用，饥饿时胰岛素分泌减少，大大减弱了这一作用。同时胰高血糖素可以促进以氨基酸为原料的糖异生作用，胰高血糖素分泌量的增加，大大加快了肝脏摄取丙氨酸，并以丙酮酸异生为糖的速度。所以在饥饿时，氨基酸（特别是丙氨酸）的糖异生作用明显增强，虽然肌肉组织释放出的丙氨酸增多，但血液中的丙氨酸浓度反而降低（见表5-5）。同时，肌肉组织释放出的谷氨酰胺在无酸中毒的情况下，主要被肠黏膜细胞摄取，并且也转变为丙氨酸，由门静脉进入肝脏，成为葡萄糖的另一重要来源。肝脏是饥饿初期糖异生作用的主要场所，约占体内糖异生总量的80%，小部分（约20%）则在肾皮质中进行。

3. 脂肪动员加强和酮体生成增多

胰岛素促进脂肪组织的“酯化作用”，而抑制“酯解作用”。胰高血糖素则促进酯解作用。在饥饿时，二者分泌量的变化，大大促进了脂肪组织中脂肪的动员，使血浆中甘油和脂肪酸浓度升高（见表 5-5）。甘油是糖异生的原料，可异生为糖。脂肪酸不但成为动物体的能量来源（包括为糖异生作用提供能量），而且能促进氨基酸、丙酮酸和乳酸的糖异生作用。例如，脂肪酸的代谢中间物乙酰 CoA 可激活与糖异生有关的丙酮酸羧化酶。

从脂肪组织中分解释放出的大量脂肪酸当中，约有 1/4 可在肝脏中转变为酮体。所以饥饿时血浆中的酮体浓度可高达吸收后状态的数百倍（见表 5-5）。此时，脂肪酸和酮体成为心肌、肾皮质和骨骼肌的重要燃料。一部分酮体也可被大脑利用。

4. 组织对葡萄糖的利用降低

心肌、骨骼肌、肾皮质等组织摄取和利用脂肪酸和酮体的量增加，可减少这些组织对葡萄糖的摄取和利用，这主要是由于：①长链脂肪酸抑制这些组织中葡萄糖的载体转运；②脂肪酸 β-氧化和酮体氧化时生成的乙酰 CoA 可和草酰乙酸缩合为柠檬酸，后者是糖酵解途径的关键酶 6-磷酸果糖激酶-1 的强烈抑制剂；③乙酰 CoA 可抑制丙酮酸脱氢酶，阻碍丙酮酸的氧化。这些机理不但使组织中葡萄糖的利用降低，其中②③还和促进糖异生作用有关。

同样，饥饿时大脑氧化酮体生成的乙酰 CoA，也可使大脑对葡萄糖利用比平时有所减少，但在饥饿初期，大脑仍以葡萄糖为主要能源。

因糖异生作用增强，加上一些重要组织对糖的利用减少，故在饥饿初期血糖浓度改变较小。血糖浓度的恒定不但能保证中枢神经系统，特别是大脑的能量供应，而且对一些主要利用糖酵解供能的组织也有重要的意义，这些组织产生的乳酸又可回到肝脏和肾皮质中重新异生为葡萄糖。

总之，饥饿时的能量来源是储存的脂肪和蛋白质，其中脂肪约占能量来源的 85％以上。此时若给动物体输入葡萄糖，不但可减少酮体的生成，降低酸中毒的发生率，而且可防止蛋白质的消耗。每输入 100g 葡萄糖大约可节约 50g 蛋白质，这对不能进食的动物体尤为重要。

长期饥饿，体内的代谢将发生进一步的变化，此时下列几方面与短期饥饿不同。

① 脂肪的动员进一步加速，在肝脏中大量生成酮体，脑组织利用酮体的比例增加，甚至超过葡萄糖，可占总氧耗氧的 60％，这对减少糖的利用、维持血糖以及减少氨基酸的糖异生作用，从而减少体蛋白的分解都具有一定的意义。

② 肌肉中以脂肪酸代替酮体为燃料，以保证酮体优先供应脑组织。

③ 血中酮体增多还可直接作用于肌肉，减少肌肉蛋白的分解，此时肌肉释放的氨基酸减少，而甘油和乳酸则成为肝脏中糖异生作用的主要原料。

④ 肾脏的糖异生作用明显增强，几乎和肝脏相等。

⑤ 肌肉释放出的谷氨酰胺进入肠黏膜细胞的量减少，而被肾脏的摄取增多，在肾脏中通过糖异生作用异生为葡萄糖。同时，谷氨酰胺脱下的酰胺氮和氨基氮，可以以氨的形式排入肾小管管腔，从而有利于促进体内 H^+ 排出，改善酮体症引起的酸中毒。

⑥ 因为肌肉蛋白分解减少，氮的负平衡状况有所改善，此时尿中的尿素含量减少，而尿氨含量增加。

习 题

一、名词解释

血糖 糖酵解 糖的有氧氧化 三羧酸循环 糖异生 肾糖阈

二、填空题

1. 唯一降低血糖的激素是____________。

2. 糖代谢各条途径的共同中间代谢物是____________________。

3. 蚕豆病是因缺乏________________。
4. 1mol 葡萄糖在成熟红细胞中氧化净生成________ ATP。
5. 糖异生作用的主要生理意义是维持________或________状态下血糖浓度相对恒定。
6. 肌糖原不能直接补充血糖是因为肌肉组织缺乏________.
7. 糖的有氧氧化途径分为________、________、________，其中________在细胞液进行的。
8. 三羧酸循环由草酰乙酸与________缩合成柠檬酸开始，以草酰乙酸的再生结束，在此过程每消耗 1mol 可产生________ ATP。
9. 正常人血糖浓度为________。
10. 低血糖时，能量供应首先受影响的是________。
11. 一分子葡萄糖进入有氧氧化途径产生的 ATP 是进入糖酵解产生 ATP 的________倍。
12. 一分子葡萄糖所产生的乙酰 CoA 通过三羧酸循环可产生的 ATP 分子数是________。

三、选择题

1. ________是人体内主要的供能物质。
   A. 葡萄糖　　B. 脂肪　　C. 糖原　　D. 蛋白质
2. 葡萄糖的分解代谢不包括________。
   A. 糖酵解　　B. 有氧氧化　　C. 糖原分解　　D. 磷酸戊糖途径
3. 一分子葡萄糖经糖酵解净生成________分子 ATP。
   A. 2　　B. 3　　C. 38 或 36　　D. 129
4. 一分子葡萄糖经糖有氧氧化净生成________分子 ATP。
   A. 2　　B. 3　　C. 38 或 36　　D. 129
5. 有氧情况下也完全需糖酵解提供能量的是________。
   A. 成熟红细胞　　B. 肌肉　　C. 心肌　　D. 肝脏
6. 成熟红细胞以________为唯一供能途径。
   A. 糖酵解　　B. 糖有氧氧化　　C. 脂肪分解　　D. 蛋白质分解
7. 机体获得能量的主要方式是________。
   A. 糖酵解　　B. 糖有氧氧化　　C. 脂肪分解　　D. 蛋白质分解
8. ________是体内营养物质彻底氧化分解的共同通路。
   A. 有氧氧化　　B. 无氧分解　　C. 三羧酸循环　　D. β-氧化
9. ________的生理意义是产生 5-磷酸核糖和 NADPH。
   A. 糖酵解　　B. 有氧氧化　　C. 糖原分解　　D. 磷酸戊糖途径
10. ________是体内糖的储存形式。
   A. 葡萄糖　　B. 麦芽糖　　C. 糖原　　D. 淀粉
11. 糖异生的主要场所是________。
   A. 心　　B. 肝脏　　C. 肾脏　　D. 肺
12. 血糖最基本的来源是________。
   A. 食物糖类消化吸收　　B. 肝糖原的分解　　C. 糖异生　　D. 静脉注射葡萄糖
13. 血糖去路中，非正常去路是________。
   A. 氧化供能　　B. 合成糖原　　C. 转变成其他物质　　D. 随尿排出
14. 体内调节血糖浓度的主要器官是________。
   A. 心　　B. 肝脏　　C. 肾脏　　D. 肺
15. 激素中减低血糖的是________。
   A. 胰岛素　　B. 肾上腺素　　C. 肾上腺皮质激素　　D. 生长素
16. 正常空腹血糖水平为________ mmol/L。

A. 3.3～3.9　　B. 3.9～6.1　　C. 7.2～7.6　　D. 8.9～10.0

17. 糖有氧氧化的部位是在细胞的________进行。

A. 细胞质　　B. 细胞核　　C. 线粒体　　D. 细胞质和线粒体

18. 三羧酸循环的第一步反应产物是________。

A. 草酰乙酸　　B. 柠檬酸　　C. 乙酰 CoA　　D. CO_2

19. 一分子乙酰 CoA 经三羧酸循环彻底氧化，共经过________次脱氢反应。

A. 2　　B. 3　　C. 4　　D. 5

20. 为核苷酸合成提供磷酸核糖的代谢途径是________。

A. 糖异生　　B. 糖原分解　　C. 磷酸戊糖途径　　D. 糖酵解

四、简答题

1. 简述糖的生理功能有哪些?
2. 血糖的去路有哪些?
3. 比较糖酵解与糖的有氧氧化的异同。
4. 磷酸戊糖途径的生理功能?
5. 简述三羧酸循环的生理意义。
6. 叙述维持血糖浓度恒定的意义及调节方式有哪些?
7. 尿糖患者是否就是糖尿病人? 为什么?

第六章 脂类代谢

【主要学习目标】

掌握脂肪酸的β-氧化过程；熟悉酮体的生成部位、生成过程及危害；了解甘油的代谢；了解胆固醇的代谢。

随着生活水平的提高，高血脂、高血压、冠心病等疾病的发生率日趋上升，这些疾病的发生都与人体血脂代谢异常有关。血脂是血浆中的中性脂肪（三脂酰甘油和胆固醇）和类脂（磷脂、糖脂、固醇、类固醇）的总称，广泛存在于人体中。脂类与糖类、蛋白质一样，是生命细胞的基础代谢必需物质。它们难溶于水，必须与血液中的特殊蛋白质和极性类脂（如磷脂）一起组成一个亲水性的球状巨分子，才能在血液中被运输，并进入组织细胞。

第一节 概 述

脂类（lipids）是脂肪和类脂的总称，是一类较难溶于水而易溶于有机溶剂的化合物。脂肪（fat）是一分子甘油和三分子脂肪酸组成的酯，故称三脂酰甘油（triacylglycerol，TG）或称甘油三酯（triglyceride），主要功能是储存能量及氧化供能。类脂（lipoid）包括磷脂、糖脂、胆固醇及其酯等，是细胞膜结构的重要组分。

一、脂类的分布

脂肪和类脂在体内的分布差异很大。

脂肪主要分布在皮下、大网膜、肠系膜以及脏器周围等脂肪组织中，这些部位被称为脂库。成年人脂肪含量占体重的10%～20%，女性稍多。体内的脂肪含量随营养状况及机体活动等有较大的变化，故又称可变脂。

类脂主要分布在细胞的各种膜性结构中，以神经组织含量最多，约占体重的5%。类脂含量不受机体营养状况及机体活动的影响，故又称恒定脂。

二、脂类的化学

脂类按组成不同，可分为简单脂和复合脂。简单脂是指脂酸和醇类所形成的酯，如三脂酰甘油，即甘油和脂酸形成的酯（脂肪）；复合脂是指除脂酸和醇类化合物外，还含有其他物质，如甘油磷脂、鞘磷脂等（见图 6-1）。

三脂酰甘油是中性脂，是甘油中的三个羟基和三个脂酸形成的酯。三脂酰甘油分子中的三个脂酸可以相同，也可不同。一般在常温下固态的称为脂，液态的称为油，有时也统称为油脂脂酸。常温下呈现不同状态，是由它们分子中脂酸组成的不同所决定的（见图 6-2）。

在天然的三脂酰甘油中的脂酸，大多数是含偶数碳原子的长链脂酸，其中有饱和脂酸，也有不饱和脂酸。饱和脂酸中以软脂酸（16：0）和硬脂酸（18：0）最为常见；不饱和脂酸

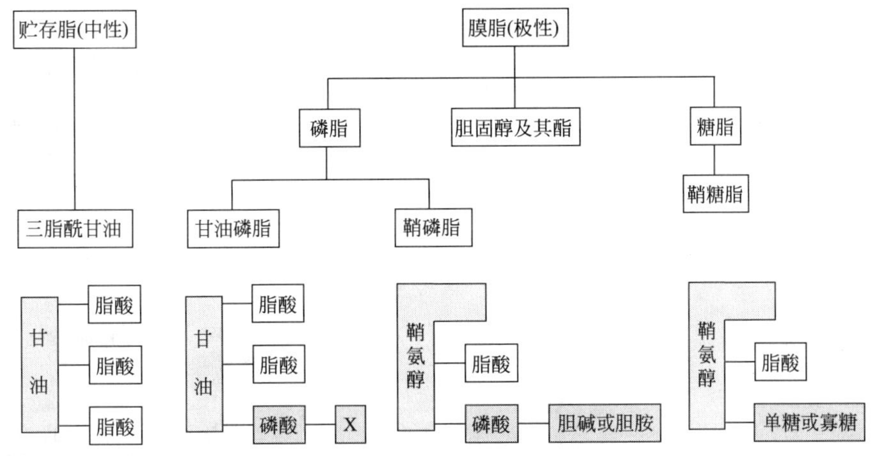

图 6-1 脂肪和类脂的基本结构

中以软油酸（16∶1，$\triangle^{9}$）、油酸（18∶1，$\triangle^{9}$）和亚油酸（18∶2，$\triangle^{9,12}$）最为常见。脂酸命名的△编号系统是从脂酸羧基端开始给碳原子编号来表示双键位置。多数脂酸在人体内能合成，只有不饱和脂酸中的亚油酸、亚麻酸（18：3，$\triangle^{9,12,15}$）和花生四烯酸（20：4，$\triangle^{5,8,11,14}$）在体内不能合成，必须从植物油中摄取，称为人体必需脂肪酸。这些必需脂肪酸有维持皮肤营养，降低血中胆固醇及抗动脉粥样硬化的作用，并且是合成前列腺素等生理活性物质的原料。

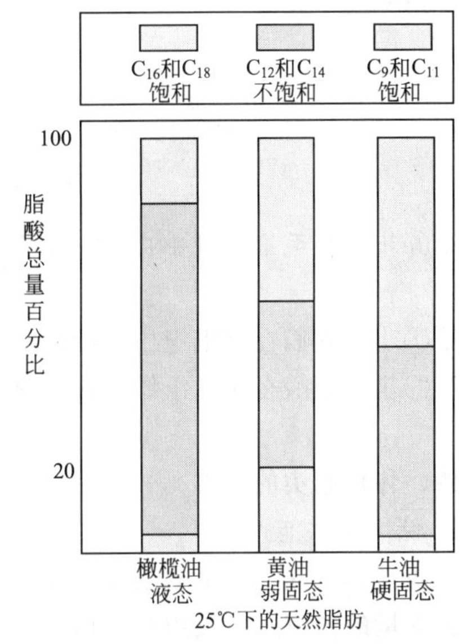

图 6-2 三种脂肪中脂酸的组成

三、脂类的消化吸收

食物中脂类的主要成分是脂肪，另含有少量的磷脂、胆固醇等。

胃中只含有少量的脂肪酶，其最适 pH 近乎中性，在胃中强酸性的环境下，实际上它几乎是无活性的，所以脂肪在胃中几乎不发生消化作用。婴儿因胃酸较少，并且乳中脂肪呈乳化状态，故可消化一部分脂肪。

脂类消化吸收的主要部位是小肠（见图 6-3）。简单来讲可分为以下 8 个步骤。

第①步：摄入的脂肪在胆汁酸盐的乳化作用下，与磷脂、胆固醇形成胆汁酸微团。

第②步：在胰脂酶和辅脂酶、磷脂酶 A、胆固醇脂酶的作用下，将三脂酰甘油、磷脂和胆固醇水解为单脂酰甘油、脂酸及溶血磷脂等，与胆汁酸盐乳化成更细小微团，易被肠黏膜吸收。

第③步：这些酶作用的产物在小肠上皮细胞（主要指 12～16 碳长链脂酸及单脂酰甘油）重新转化为三脂酰甘油。

第④步：三脂酰甘油与饮食中的胆固醇和细胞中的特异蛋白形成乳糜微粒。

第⑤步：含有 apoC-Ⅱ 的乳糜微粒从小肠黏膜进入淋巴系统，再进入血液，然后运到肌肉和脂肪组织。

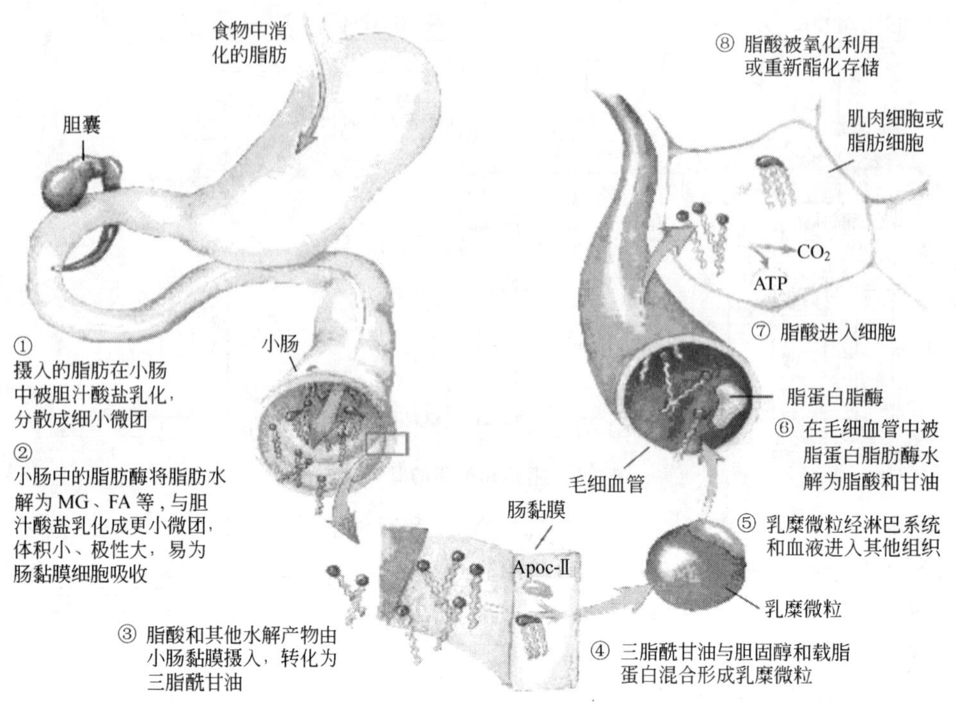

图 6-3 脂肪的消化吸收过程

第⑥步：在毛细血管中由被 apoC-Ⅱ激活的脂蛋白脂肪酶将三脂酰甘油水解为脂酸和甘油。

第⑦步：它们在靶组织中被细胞吸收。

第⑧步：脂酸在肌肉组织中被氧化供能，在脂肪组织中被重新酯化，以三脂酰甘油形式储存。

四、体内脂类的功用

1. 储能与供能

脂肪是体内储存能量的主要形式，脂肪组织是储存脂肪的重要场所，脂肪氧化所释放的能量比等量的糖或蛋白质约高一倍，每克脂肪完全氧化分解释放能量约 38.94kJ(9.3kcal)。在饥饿或禁食等特殊情况下，脂肪可被动员，以满足机体对能量的需要。

2. 维持正常细胞膜的结构和功能

类脂，特别是磷脂和胆固醇是构成生物膜的重要成分，占膜总量的 40%～70%，如细胞膜、线粒体膜、内质网膜、核膜和神经鞘膜等的重要组成成分，它们与蛋白质结合形成脂蛋白参与生物膜的组成。

3. 保护内脏和防止体温散失

内脏周围的脂肪组织具有软垫作用，能缓冲外界的机械撞击，对内脏有保护作用。人体皮下脂肪，因脂肪组织不易导热，可防止热散失而保持体温。

4. 促进脂溶性维生素的吸收

食物中的脂溶性维生素，常随脂肪在肠道被吸收、转运和储存。食物中脂类缺乏或消化吸收障碍时，机体往往易发生脂溶性维生素缺乏。

5. 提供必需脂酸，转变成多种重要的生物活性物质必需脂酸是维持机体生长发育和皮肤正常代谢所必需的多不饱和脂酸，若食物中缺乏营养必需脂酸，机体可出现生长缓慢、皮肤鳞屑多及变薄、毛发稀疏等症状。如花生四烯酸是机体合成白三烯、前列腺素和血栓素等生物活性物质的原料。多不饱和脂酸在抗血栓、抗氧化、抗炎及增强机体免疫功能方面具有非常重要的作用。如二十碳五烯酸（EPA）、二十二碳六烯酸（DHA），临床将其用以降血脂、防治动脉粥样硬化等心脑血管疾病的治疗。

6. 磷脂作为第二信使参与代谢调节

细胞膜上的磷脂酰肌醇 4,5-二磷酸被磷脂酶水解生成三磷酸肌醇和甘油二酯，两者均为激素作用的第二信使。

第二节 三脂酰甘油的分解代谢

脂肪是由一分子甘油与三分子脂肪酸组成的酯，故名为三脂酰甘油，习惯上也称为甘油三酯。

一、三脂酰甘油的动员

体内除成熟红细胞外，其他各组织细胞几乎都有氧化利用脂肪及其代谢产物的能力，但它们很少利用自身的脂肪，主要是利用脂肪组织中动员的脂酸。

储存于脂肪组织中的三脂酰甘油，被脂肪酶逐步水解为游离脂酸（free fatty acid，FFA）和甘油，并释放入血，以供其他组织氧化利用的过程称为脂肪动员。反应过程如下：

$$\text{三脂酰甘油}\xrightarrow[\text{三脂酰甘油脂肪酶}]{H_2O\ \ \ \ FFA}\text{二脂酰甘油}\xrightarrow[\text{二脂酰甘油脂肪酶}]{H_2O\ \ \ \ FFA}\text{单脂酰甘油}\xrightarrow[\text{单脂酰甘油脂肪酶}]{H_2O\ \ \ \ FFA}\text{甘油}$$

三脂酰甘油在三脂酰甘油脂肪酶（HSL）的作用下，水解为二脂酰甘油；后者在二脂酰甘油脂肪酶的作用下水解成单脂酰甘油；再在单脂酰甘油脂肪酶催化下水解成甘油和脂酸。以上三种酶的活力以三脂酰甘油脂肪酶最小，故该酶是三脂酰甘油水解过程的限速酶。因该酶的活力受激素的影响，所以又称它为激素敏感三脂酰甘油脂肪酶。肾上腺素、去甲肾上腺素及胰高血糖素等直接激活三脂酰甘油脂肪酶，促进脂肪分解，称为脂解激素；甲状腺激素、生长激素以及肾上腺皮质激素等具有协同作用；胰岛素则具有相反的作用，使三脂酰甘油脂肪酶活性降低，拮抗脂解激素的脂解作用，故将胰岛素称为抗脂解激素。机体对三脂酰甘油动员的调控就是通过激素对这一限速酶的作用实现的（见图 6-4）。当机体饥饿或处于兴奋时，肾上腺素、胰高血糖素等分泌增加，脂解作用加强；饭后胰岛素分泌增加，脂解作用降低。

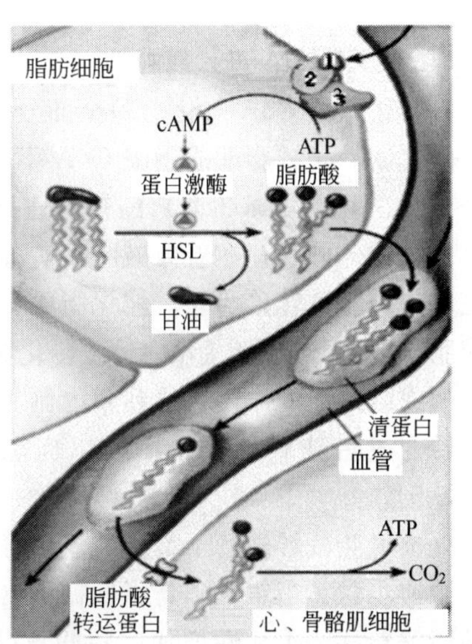

图 6-4 脂肪的动员
1—脂解激素；2—受体；3—腺苷酸环化酶

二、甘油的氧化分解

三脂酰甘油动员时产生的甘油，主要被各组织细胞用于氧化供能。甘油在细胞内经甘油磷酸激酶和 ATP 作用，生成 α-磷酸甘油，后者再在 α-磷酸甘油脱氢酶的催化下生成磷酸二羟丙酮，磷酸二羟丙酮可循糖代谢途径继续氧化分解并释放能量，少量也可在肝脏经糖异生途径转变为糖原和葡萄糖。肝、肾及小肠黏膜细胞富含甘油磷酸激酶，而肌肉及脂肪细胞中这种激酶活性很低，所以后两种组织利用甘油的能力很弱，其中的甘油主要是经血入肝再进行氧化分解。由于甘油只占三脂酰甘油分子中很小的一部分，所以三脂酰甘油供应的能量主要来自脂酸部分。反应过程如下：

$$\underset{\text{甘油}}{\begin{matrix}CH_2OH\\|\\CHOH\\|\\CH_2OH\end{matrix}} \xrightarrow[\text{甘油激酶}]{ATP \quad ADP} \underset{\alpha\text{-磷酸甘油}}{\begin{matrix}CH_2OH\\|\\CHOH\\|\\CH_2O-Ⓟ\end{matrix}} \xrightarrow[\alpha\text{-磷酸甘油脱氢酶}]{NAD^+ \quad NADH+H^+} \underset{\text{磷酸二羟丙酮}}{\begin{matrix}CH_2OH\\|\\C{=}O\\|\\CH_2O-Ⓟ\end{matrix}} \begin{matrix}\dashrightarrow \text{糖异生}\\ \dashrightarrow CO_2 + H_2O + \text{能量}\end{matrix}$$

三、脂肪酸的氧化分解

脂肪酸是人及哺乳动物的主要能源物质。在氧供给充足的条件下，脂肪酸可在体内分解成 CO_2 和 H_2O，并释放出大量能量。除脑组织外，大多数组织都能氧化脂酸，但以肝和肌肉组织最活跃。饱和脂肪酸氧化分 4 阶段进行。

$$\text{脂肪酸} \xrightarrow{\text{活化}} \text{脂酰 CoA} \xrightarrow{\text{转运}} \text{脂酰 CoA} \xrightarrow{\beta\text{-氧化}} \text{乙酰 CoA} \xrightarrow{TAC} CO_2\text{、}H_2O\text{、能量}$$

1. 脂酸活化为脂酰 CoA

脂酸的化学性质比较稳定，在氧化分解之前必须活化，活化在细胞液中进行。内质网及线粒体外膜上脂酰 CoA 合成酶，在 ATP、HSCoA、Mg^{2+} 存在的条件下，催化脂酸活化生成脂酰 CoA。

脂酸活化后不仅含有高能硫酯键，而且增加了水溶性，从而提高了脂酸的代谢活性。反应过程中由 ATP 供能，产生 AMP 和焦磷酸（PPi），生成的焦磷酸立即被水解，阻止了逆反应的进行，故 1 分子脂酸活化实际消耗了 2 个高能磷酸键，相当于 2 分子 ATP。

$$\underset{\text{脂酸}}{RCOOH} + HSCoA \xrightarrow[\text{脂酰辅酶A合成酶}]{ATP \quad AMP+PPi \quad (Mg^{2+})} \underset{\text{脂酰辅酶A}}{RCO \sim SCoA}$$

2. 脂酰 CoA 进入线粒体

催化脂酰 CoA 氧化的酶全部分布在线粒体内，因此活化的脂酰 CoA 必须进入线粒体内才能代谢。长链脂酸或脂酰 CoA 不能透过线粒体内膜，脂酰基需依靠肉碱（carnitine，L-3-羟基-4-三甲基氨基丁酸）的转运通过线粒体内膜。

线粒体外膜存在着肉碱脂酰转移酶Ⅰ（carnitineacyl transferase I）及线粒体内膜内侧存在着肉碱脂酰转移酶Ⅱ，催化脂酰 CoA 与肉碱间的脂酰基转移过程。位于线粒体外膜的肉碱脂酰转移酶Ⅰ催化脂酰 CoA 转化为脂酰肉碱，脂酰肉碱通过膜上肉碱转运蛋白（亦称变位酶或载体）的作用转移到膜内侧。进入膜内侧的脂酰肉碱又经肉碱脂酰转移酶Ⅱ催化而重新转变成脂酰 CoA，并释放出肉碱。这样，线粒体外的脂酰基便进入线粒体基质（见图 6-5）。

肉碱脂酰转移酶Ⅰ是脂酸氧化分解的限速酶，脂酰 CoA 进入线粒体是脂酸 β-氧化的主要限速步骤。当饥饿、高脂低糖膳食或糖尿病时，机体不能利用糖，需要脂酸供能，这时肉碱脂酰转移酶Ⅰ活性增加，脂酸氧化增强。反之，饱食后，脂肪合成及丙二酰 CoA 增加，后者抑制肉碱脂酰转移酶Ⅰ的活性，因而脂酸的氧化被抑制。丙二酰 CoA 是脂酸合成过程中的第一个中间物，它对肉碱脂酰转移酶Ⅰ的抑制，阻止了脂酸同时被进行合成和降解这样的现象出现。

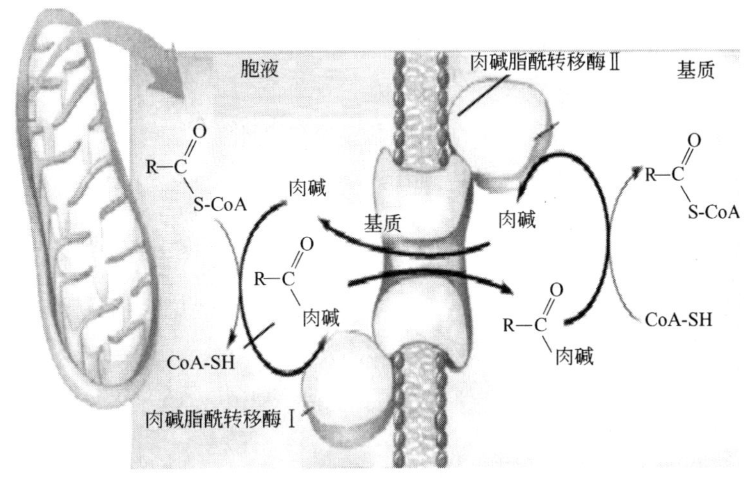

图 6-5 肉碱转运脂酰基进入线粒体示意图

3. 脂酸的 β-氧化

脂酰 CoA 进入线粒体后，在线粒体基质中疏松结合的脂酸 β-氧化多酶复合体的催化下，从脂酰基的 β-碳原子开始，进行脱氢、加水、再脱氢、硫解四步连续反应，逐步氧化分解，因为氧化过程发生在脂酰基的 β-碳原子上，故将此过程称为脂酸的 β-氧化作用。

脂酸 β-氧化的过程（见图 6-6）如下。

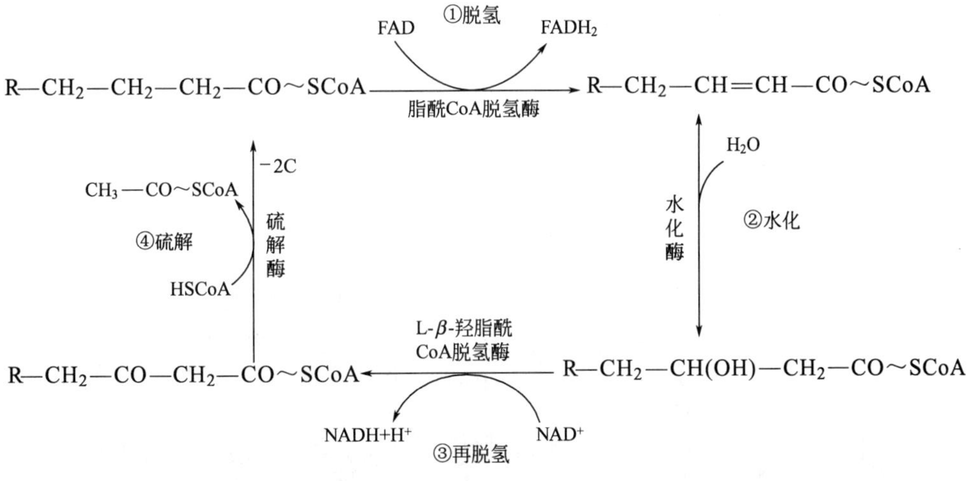

图 6-6 β-氧化循环的反应过程

（1）脱氢

脂酰 CoA 在脂酰 CoA 脱氢酶的催化下，在 α-和 β-碳原子上各脱去一个氢原子，生成 α-、β-烯脂酰 CoA，脱下的 2H 使 FAD 还原成 $FADH_2$。

（2）加水

α-、β-烯脂酰 CoA 在水化酶的催化下，加 1 分子水生成 β-羟脂酰 CoA。

（3）再脱氢

β-羟脂酰 CoA 在 β-羟脂 CoA 脱氢酶催化下，脱去两个氢原子，生成 β-酮脂酰 CoA，脱下的 2H 使 NAD^+ 还原成 $NADH+H^+$。

（4）硫解

β-酮脂酰 CoA 在 β-酮脂酰 CoA 硫解酶的催化下，与 1 分子 HSCoA 作用，生成 1 分子乙酰 CoA 和 1 分子比原来少两个碳原子的脂酰 CoA。

上述 β-氧化作用的四个酶促反应的平衡点极度偏于分解方向，所以，整个过程的可逆程度不大。综合这四步反应，可以看出，脂酰 CoA 每经过一次 β-氧化过程，便缩短了 2 个碳原子，生成比原来少两个碳原子的脂酰 CoA 和 1 分子乙酰 CoA。新生成的脂酰 CoA 又可经过脱氢、加水、再脱氢和硫解四步反应，进行再一次 β-氧化过程。如此多次重复，1 分子长链脂酸直到最后生成的丁酰 CoA，再经一次 β-氧化，生成两分子乙酰 CoA 为止。

4. 乙酰 CoA 进入三羧酸循环彻底氧化

β-氧化生成的乙酰 CoA 通过三羧酸循环，可彻底氧化生成 CO_2 和 H_2O，并释放出大量的能量，以满足人体活动的需要。

氧化过程中释放的大量能量，除一部分以热能形式散失维持体温外，其余以化学能形式储存在 ATP 中。现以软脂酸为例来说明。氧化的总反应式为：

$$CH_3(CH_2)_{14}CO \sim SCoA + 7HSCoA + 7FAD + 7NAD^+ + 7H_2O \longrightarrow 8CH_3CO \sim SCoA + 7FADH_2 + 7NADH + 7H^+$$

脂酸在体内的氧化伴有能量的释放，释放的能量除一部分以热能形式释放外，其余部分以 ATP 形式储存，供机体各种生命活动的需要。

现以软脂酸彻底氧化为例计算 ATP 的生成量。软脂酸是含有 16 个碳原子的饱和脂酸。

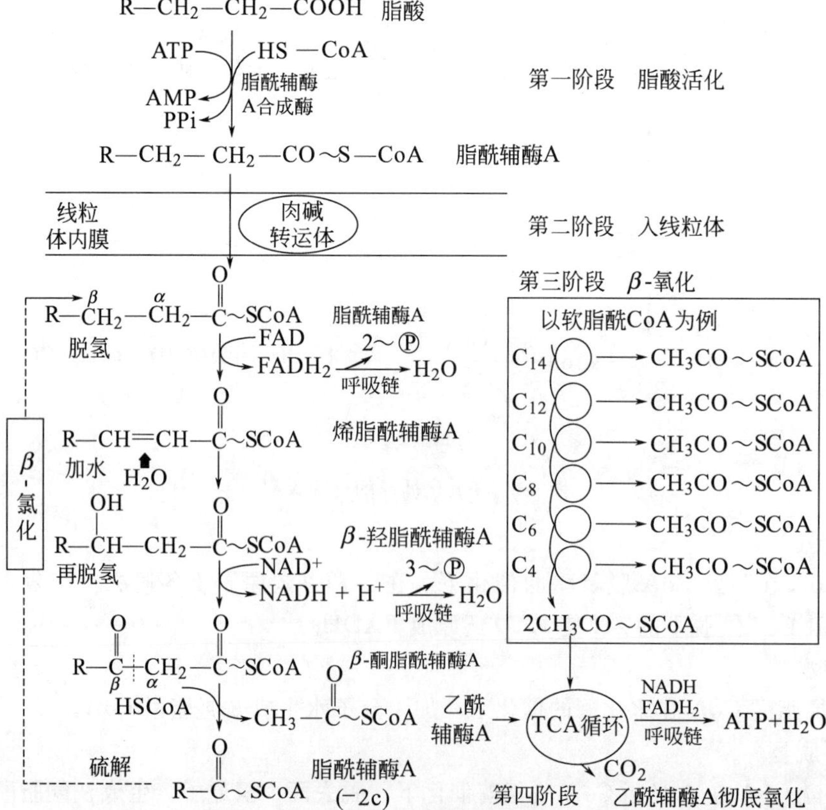

图 6-7 脂酸氧化全过程

经 7 次 β-氧化生成 7 分子 $FADH_2$、7 分子 $NADH+H^+$ 和 8 分子乙酰 CoA。每分子 $FADH_2$ 进入呼吸链氧化生成 2 分子 ATP；每分子 $NADH+H^+$ 进入呼吸链氧化生成 3 分子 ATP，即每次 β-氧化净生成 5 分子 ATP；每分子乙酰 CoA 进入三羧酸循环，可产生 12 分子 ATP。1 分子软脂酸彻底氧化生成 $7\times5+8\times12=131$ 分子 ATP，减去脂酸活化时耗去的 2 分子 ATP，净生成了 129 分子 ATP。由此可见脂酸是体内的重要能源物质，产生的能量比同分子数量的葡萄糖多。由上述计算方法，总结出脂肪酸彻底氧化分解后净得 ATP 的计算公式：

$$\text{ATP 净生成数}=\left(\frac{\text{碳原子数}}{2}-1\right)\times5+\frac{\text{碳原子数}}{2}\times12-2$$

饱和脂肪酸完全氧化分解的四个阶段总结如图 6-7 所示。

脂肪代谢简示：

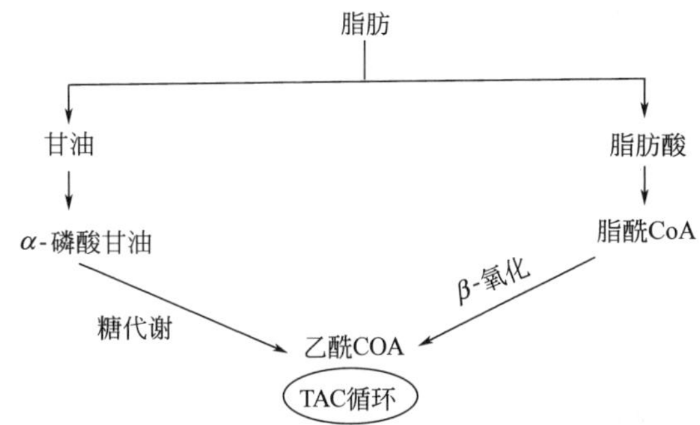

体内除了饱和脂肪酸外，还存在一些其他类型的脂肪酸。简单介绍一下。

（1）不饱和脂酸的氧化

体内的脂酸约 50%以上是不饱和脂酸，它们的氧化途径与饱和脂酸的 β-氧化过程基本相似。天然不饱和脂酸的双键均为顺式。对单不饱和脂酸需反烯酰 CoA 异构酶的催化，将 $\triangle^3$ 顺式转变为 $\triangle^2$ 反式，β-氧化才能继续进行；而多不饱和脂酸，需烯脂酰 CoA 还原酶（$NADPH+H^+$ 供氢），减少双键数。不饱和脂酸含有双键，因此少 β-氧化中的第一次脱氢过程，有几个双键便少几次此种脱氢反应。所以，产生的 ATP 数量少于含相同碳原子数的饱和脂酸。

（2）奇数脂酸的氧化

人体含有极少量奇数碳原子脂酸，β-氧化除生成乙酰 CoA，还生成丙酰 CoA，支链氨基酸代谢亦可生成丙酰 CoA。丙酰 CoA 经 β-羧化酶及异构酶作用生成琥珀酰 CoA，然后代谢。

（3）长链脂酸的氧化

对于二十碳脂酸、二十二碳脂酸需先在过氧化酶体中氧化为短链脂酸才能进入线粒体氧化，反应由 FAD 为辅基的脂酸氧化酶催化，脱下的氢生成 H_2O_2，不与呼吸链偶联生成 ATP。

四、酮体的生成和利用

脂肪酸在心肌、骨骼肌等组织中经 β-氧化生成的乙酰 CoA，能彻底氧化成 CO_2 和 H_2O，并释放 ATP。而在肝细胞中因具有活性较强的合成酮体的酶系，β-氧化反应生成的乙酰 CoA，大都转变为乙酰乙酸、β-羟基丁酸和少量的丙酮等中间产物，这三种产物统称为酮体（ketone bodies）。肝脏是生成酮体的主要器官。

1. 酮体的生成过程

酮体合成的部位在肝细胞的线粒体中，合成的原料是乙酰 CoA。酮体合成的基本过程如下。

① 2 分子乙酰 CoA 在乙酰乙酰硫解酶催化下缩合成乙酰乙酰 CoA。

② 乙酰乙酰 CoA 再与 1 分子乙酰 CoA 缩合，生成羟甲戊二酸单酰 CoA(HMGCoA)。

③ 羟甲戊二酸单酰 CoA 在裂解酶催化下裂解，生成 1 分子乙酰乙酸和 1 分子乙酰 CoA。乙酰乙酸在 β-羟丁脱氢酶催化下还原成 β-羟丁酸（此过程为可逆反应），乙酰乙酸也可自动脱羧生成少量丙酮。酮体的生成过程如图 6-8 所示。

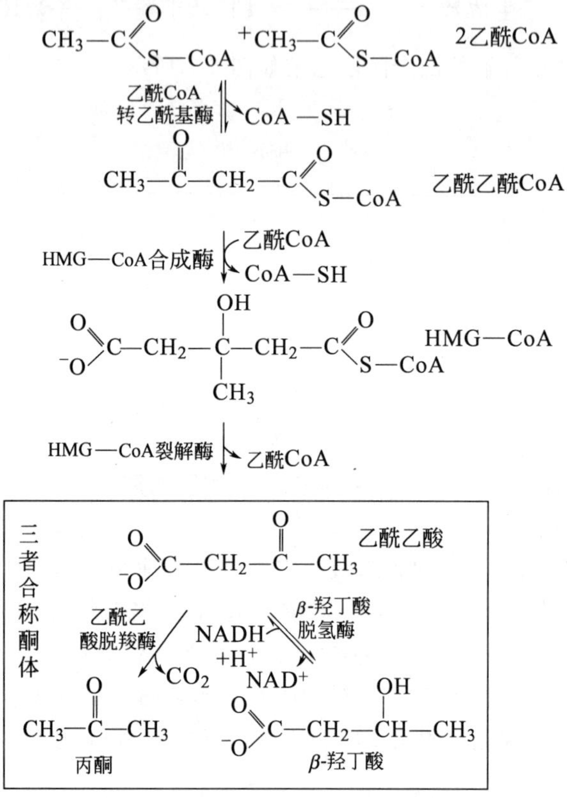

$CH_3-CO-S-CoA + CH_3-CO-S-CoA$　2乙酰CoA

↓ 乙酰CoA转乙酰基酶（→ CoA—SH）

$CH_3-CO-CH_2-CO-S-CoA$　乙酰乙酰CoA

↓ HMG—CoA合成酶（乙酰CoA → CoA—SH）

$^-OOC-CH_2-C(OH)(CH_3)-CH_2-CO-S-CoA$　HMG—CoA

↓ HMG—CoA裂解酶（→ 乙酰CoA）

三者合称酮体：

$^-OOC-CH_2-CO-CH_3$　乙酰乙酸

乙酰乙酸脱羧酶（→ CO_2）：$CH_3-CO-CH_3$　丙酮

β-羟丁酸脱氢酶（NADH+H^+ ⇌ NAD^+）：$^-OOC-CH_2-CH(OH)-CH_3$　β-羟丁酸

图 6-8　酮体的生成过程

2. 酮体的利用

肝内缺乏氧化利用酮体的酶系，所以生成的酮体不能在肝中氧化利用。酮体呈水溶性，易进入血液，随血液循环输送到其他组织中利用。

其过程是：乙酰乙酸可在琥珀酰 CoA 转硫酶（心、脑、肾、骨骼肌等组织）或乙酰乙酸硫激酶（心、脑、肾等组织）的催化下，活化成乙酰乙酰 CoA。β-羟丁酸可在 β-羟丁酸脱氢酶的催化下先转变成乙酰乙酸，然后再按上述过程生成乙酰乙酰 CoA。乙酰乙酰 CoA 在乙酰乙酰 CoA 硫解酶催化下分解成两分子乙酰 CoA，后者主要进入三羧酸循环，被彻底氧化（见图 6-9）。正常情况下，丙酮量少，易挥发，经肺呼出。

3. 酮体生成的生理意义

酮体是肝正常代谢的中间产物，是肝输出能量的一种形式。它相对分子质量小、溶于水，便于通过血液运输，并易于通过血脑屏障及肌肉等组织的毛细血管管壁，是肌肉和大脑等组织的重要能量来源。由于脑组织不能氧化脂酸而能利用酮体，故当机体长期饥饿或糖的

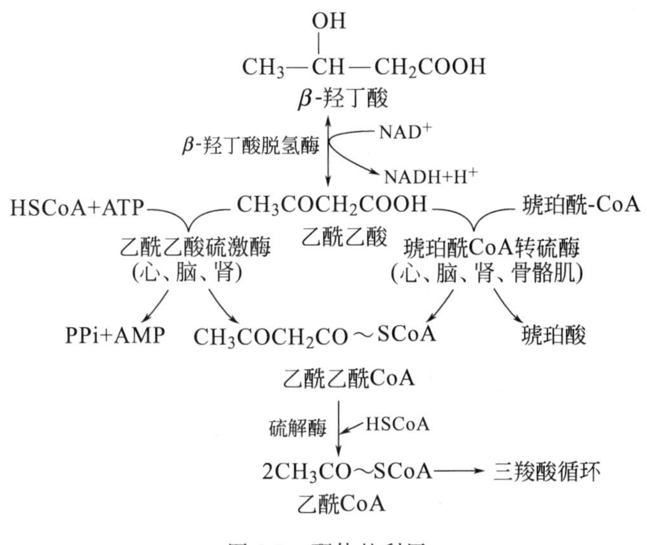

图 6-9　酮体的利用

供应不足时，由储存脂肪动员而产生的酮体可以代替葡萄糖成为脑组织的主要能量来源。而且据研究证明，血中酮体增高还可以减少肌肉中氨基酸的释放，说明酮体还具有防止肌肉蛋白质过多消耗的作用。

正常情况下，血中仅含少量酮体，为 0.08～0.5mmol/L(0.8～5mg/dL)。在饥饿、高脂低糖饮食或糖尿病时，脂肪动员加强，酮体生成增多。若超过肝外组织的利用能力时，引起血中酮体升高，可导致酮血症。尿中酮体增多，称为酮尿症。由于酮体中的乙酰乙酸、β-羟丁酸是一些有机酸，血中过多的酮体会导致代谢性酸中毒。丙酮增多时，可从肺呼出，甚至可闻到病人呼出气中有烂苹果味。酮体生成与利用全过程简示如下：

肝内：FA→乙酰CoA→乙酰乙酸→β-羟丁酸、丙酮
→血酮体→
肝外：乙酰乙酸→乙酰乙酰CoA→乙酰CoA →(TAC) CO_2+H_2O

第三节　三脂酰甘油的合成代谢

肝、脂肪组织及小肠是合成脂肪的主要场所，以肝合成能力最强，其合成能力较脂肪组织大 8～9 倍。脂肪组织主要是脂肪的储存场所，而它本身也可以葡萄糖为原料合成脂肪酸及脂肪，但主要是摄取并储存由小肠吸收的食物脂酸以及肝合成的脂肪酸。脂肪的合成过程包括 α-磷酸甘油的合成、脂肪酸的合成和甘油三酯的合成。

一、α-磷酸甘油的合成

三脂酰甘油合成所需要的甘油为 α-磷酸甘油，它的来源有两条途径。

1. 由糖代谢而来

糖代谢过程中产生的磷酸二羟丙酮，经 α-磷酸甘油脱氢酶催化还原成 α-磷酸甘油。此反

应普遍存在于人体内的各组织中，它是 α-磷酸甘油的主要来源。

$$\begin{array}{c}CH_2OH\\|\\C{=}O\\|\\CH_2O-Ⓟ\end{array}\ \underset{\alpha\text{-磷酸甘油脱氢酶}}{\overset{NADH+H^+\quad NAD^+}{\rightleftharpoons}}\ \begin{array}{c}CH_2OH\\|\\CHOH\\|\\CH_2O-Ⓟ\end{array}$$

磷酸二羟丙酮　　　　α-磷酸甘油

脂肪组织及肌肉细胞内甘油激酶的活性很低，因而主要是以此种方式生成 α-磷酸甘油。

2. 甘油的再利用

甘油在甘油激酶的催化下，生成 α-磷酸甘油。

$$\begin{array}{c}CH_2OH\\|\\CHOH\\|\\CH_2OH\end{array}\ \underset{ATP\quad ADP}{\xrightarrow{\text{甘油激酶}}}\ \begin{array}{c}CH_2OH\\|\\CHOH\\|\\CH_2O-Ⓟ\end{array}$$

甘油　　　　α-磷酸甘油

肝外组织（脂肪组织和肌肉组织等）由于甘油激酶的活性很低，三脂酰甘油分解产生的甘油，不能被再利用，通常随血液运输到甘油激酶活性高的肝、肾等组织中，形成 α-磷酸甘油。

二、脂肪酸的合成

人体内脂酸可来自食物，除必需脂酸外，非必需脂酸都可在体内合成。脂肪酸的合成是以乙酰 CoA 为原料，凡能生成乙酰 CoA 的物质都可成为脂肪酸合成的原料，糖就是最主要的碳源。

乙酰辅酶 A 只能合成最长含 16 个碳的软脂酸，其他的脂肪酸以软脂酸为母体，通过碳链的延长、缩短以及脱饱和作用，生成碳链长度不同、饱和度也不同的脂酸。

1. 合成部位

脂肪酸的合成在胞液中进行，肝、肾、脑、乳腺及脂肪组织等均可合成脂肪酸，但肝是合成脂肪酸的主要场所。

2. 合成原料

乙酰 CoA、ATP、NADPH、HCO_3^-（CO_2）及 Mn^{2+} 等。NADPH＋H^+ 是脂酸合成过程中的供氢体，主要来自磷酸戊糖途径，也可由柠檬酸-丙酮酸循环中苹果酸转化为丙酮酸时提供。

乙酰 CoA 是脂酸合成的主要原料，可来自糖代谢的丙酮酸氧化脱羧，某些氨基酸分解也可提供部分乙酰 CoA。乙酰 CoA 都是在线粒体内生成的，而脂酸合成的有关酶系却存在于细胞液中，乙酰 CoA 必须转运到胞液才能参与脂酸的合成。然而乙酰 CoA 本身不能通过线粒体内膜，必须通过柠檬酸-丙酮酸循环进入细胞液（见图 6-10）。在线粒体内，乙酰 CoA 先与草酰乙酸在柠檬酸合酶的催化下，缩合成柠檬酸，通过线粒体内膜上的载体转运入细胞液；经柠檬酸裂解酶催化柠檬酸分解为乙酰 CoA 和草酰乙酸；乙酰 CoA 在胞液内合成脂酸，而草酰乙酸经苹果酸脱氢酶催化还原成苹果酸；苹果酸既可经线粒体内膜载体的转运进入线粒体，也可在细胞液苹果酸酶的催化下氧化脱羧生成丙酮酸，脱下的氢由辅酶 $NADP^+$ 接受生成 NADPH＋H^+，丙酮酸通过载体转运入线粒体可再形成草酰乙酸或乙酰 CoA。它是除磷酸戊糖途径外，提供 NADPH＋H^+ 的另一来源。

3. 合成过程

(1) 丙二酸单酰 CoA 的生成

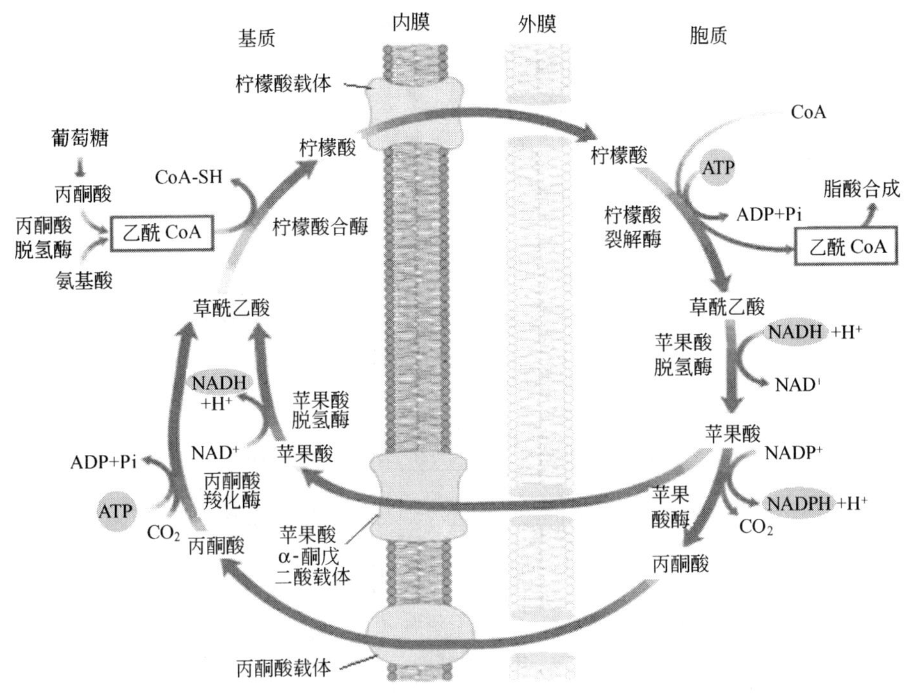

图 6-10 柠檬酸-丙酮酸循环

由乙酰 CoA 合成软脂酸的过程并不是 β-氧化的逆过程，而是以丙二酸单酰 CoA 为主要原料的一种连续性缩合及还原的过程。首先乙酰 CoA 在乙酰 CoA 羧化酶（辅酶是生物素）的催化下，加上 CO_2 转变为丙二酸单酰 CoA。反应由碳酸氢盐提供 CO_2，ATP 提供羧化过程所需要的能量。

$$\underset{\text{乙酰 CoA}}{CH_3-CO\sim SCoA} + HCO_3^- + H^+ + ATP \xrightarrow[\text{生物素}\quad Mn^{2+}]{\text{乙酰辅酶 A 羧化酶}} \underset{\text{丙二酸单酰 CoA}}{\begin{matrix} CH_2-CO\sim SCoA \\ | \\ COOH \end{matrix}} + ADP + Pi$$

乙酰 CoA 羧化酶存在于细胞液中，是脂酸合成的限速酶。它受柠檬酸和乙酰 CoA 的别构激活，同时受软脂酰 CoA 的别构抑制。高糖低脂饮食可促进此酶的合成，进而促进脂酸的合成。

(2) 软脂酸的合成

脂酸合成酶系由 7 种蛋白质组成，以没有酶活性的脂酰基载体蛋白（acyl carrier protein，ACP）为中心，周围有序排布着具有催化活性的酶。ACP 将底物转送到各个酶活性位点上，使脂酸合成有序进行。整个脂酸合成在此酶分子上依次重复进行缩合、加氢、脱水和加氢的过程，每重复一次使碳链增长 2 个碳原子。具体反应过程见图 6-11。

软脂酸由 1 分子乙酰 CoA 和 7 分子丙二酸单酰 CoA 在脂酸合成酶系催化下，由 NADPH+H^+ 供氢合成软脂酸。最后形成的 16C 的软脂酰-ACP，经酶的硫解活性部位的作用而放出软脂酸。总反应式如下：

$$\underset{\text{乙酰 CoA}}{CH_3CO\sim SCoA} + \underset{\text{丙二酰 CoA}}{7HOOCCH_2CO\sim SCoA} + 14NADPH + 14H^+ \xrightarrow{\text{脂酸合成酶系}}$$

$$\underset{\text{软脂酸}}{CH_3(CH_2)_{14}COOH} + 7CO_2 + 14NADP^+ + 8HSCoA + 6H_2O$$

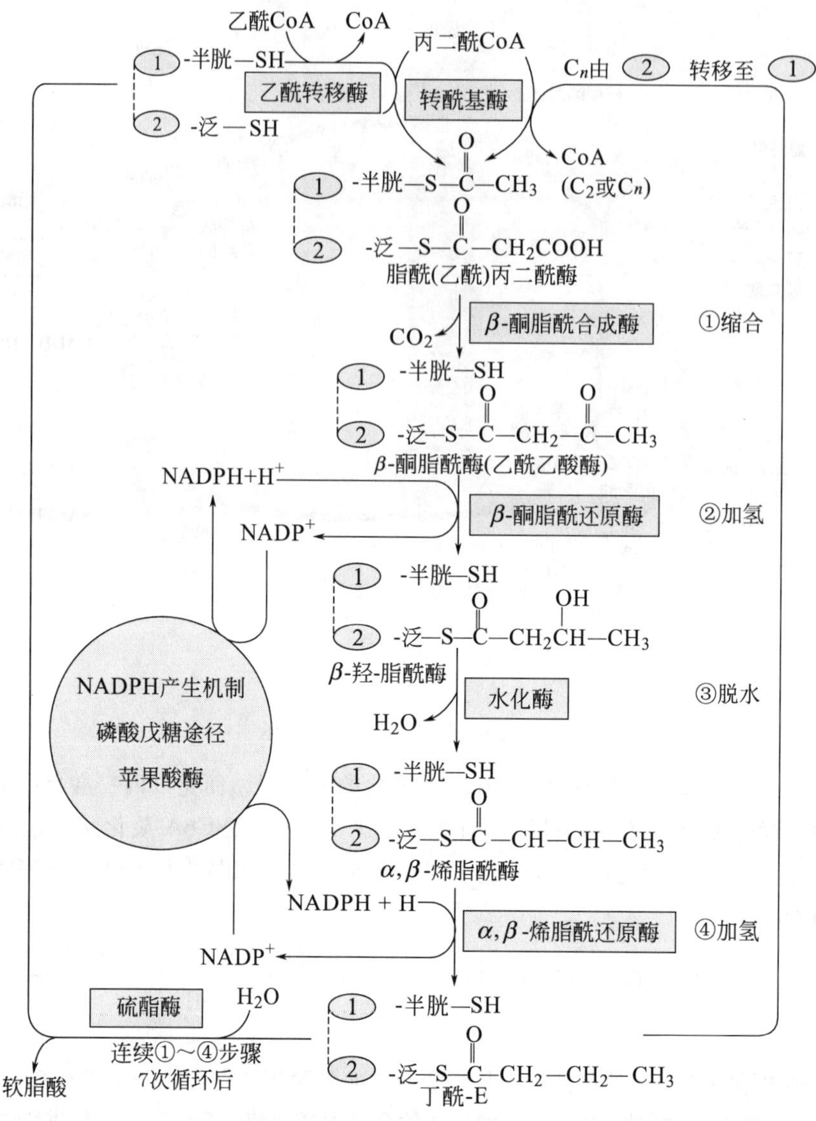

图 6-11 软脂酸合成过程

(3) 软脂酸合成后加工合成其他脂酸

① 碳链的延长或缩短 碳链缩短可通过 β-氧化。碳链加长可以在线粒体和内质网中进行，线粒体中的脂酸延长酶系能催化乙酰 CoA 的乙酰基进入软脂酰 CoA 中，并使带氧的碳原子还原成长链的脂酰 CoA，这一过程基本上是 β-氧化的逆反应。通过这种延长方式，每一次缩合反应可加入 2 个碳原子，一般可延长到 24～26 碳的脂酸。内质网中的酶系能以丙二酸单酰 CoA 为原料使软脂酰 CoA 的碳链加长，其反应过程与软脂酸的合成过程相似。

② 不饱和脂酸的合成 人体内的脂类中所含的不饱和脂酸有软油酸（16：1，$\triangle^{9}$）、油酸（18：1，$\triangle^{9}$）、亚油酸（18：2，$\triangle^{9,12}$）、亚麻酸（18：3，$\triangle^{9,12,15}$）和花生四烯酸（20：4，$\triangle^{5,8,11,14}$）等。前两种机体能合成，通过脱饱和作用可使硬脂酸转变为油酸，软脂酸转变为软油酸，脱饱和作用主要在肝微粒体内由$\triangle^{9}$ 脱饱和酶（一种混合功能氧化酶）催化完成。而亚油酸、亚麻酸及花生四烯酸在人体内不能合成，是必需脂酸。这些脂酸碳链上有多个双键，称多烯脂酸或多不饱和脂酸。

三、三酰甘油的合成

1. 单脂酰甘油途径

小肠黏膜利用消化吸收的单脂酰甘油及脂酸合成三脂酰甘油（见脂肪的消化吸收）。

2. 二脂酰甘油途径

肝及脂肪组织按此途径合成脂肪。由于脂肪细胞中缺乏甘油激酶，故不能利用游离的甘油。反应过程如下：

糖代谢 → 磷酸二羟丙酮 ⇄ CH_2OH—$CHOH$—CH_2O—Ⓟ（α-磷酸甘油）

甘油 →（甘油激酶，肝脏）→ α-磷酸甘油

α-磷酸甘油 →（$2RCO\sim SCoA$ → $2HS\sim CoA$；α-磷酸甘油脂酰转移酶）→ CH_2OCOR^1—$CHOCOR^2$—CH_2O—Ⓟ（磷脂酸）

磷脂酸 →（H_2O → H_3PO_4；磷脂酸磷酸酶）→ CH_2OCOR^1—$CHOCOR^2$—CH_2OH（二脂酰甘油）

二脂酰甘油 →（$RCO\sim SCoA$ → $HS\sim CoA$；二脂酰甘油脂酰转移酶）→ CH_2OCOR^1—$CHOCOR^2$—CH_2OCOR^3（三脂酰甘油）

α-磷酸甘油脂酰基转移酶是三脂酰甘油合成的限速酶。一般情况下，脂肪组织合成的三脂酰甘油主要是就地储存；肝及小肠黏膜上皮细胞合成的三脂酰甘油不能在原组织细胞内储存，而是形成极低密度脂蛋白或乳糜微粒后入血并被运送到脂肪组织储存，或运至其他组织内利用。三脂酰甘油是机体储能的一种形式，合成三脂酰甘油的原料主要来源于糖，人体即使完全不摄入脂肪也可由糖大量合成三脂酰甘油。

3. 三脂酰甘油代谢的调节

机体可以通过神经及体液系统来调节脂类代谢，改变其合成和分解的速度，以适应机体活动的需要。

（1）糖代谢的影响

糖供应充分、氧化分解正常时促进三脂酰甘油合成。饱食时，糖的供应充足，糖分解产生的乙酰 CoA 及柠檬酸，可激活脂酸合成的限速酶——乙酰辅酶 A 羧化酶，促进丙二酸单酰 CoA 的合成，三脂酰甘油的合成代谢加强。再则丙二酸单酰 CoA 又可与脂酰 CoA 竞争脂酸分解的限速酶——肉碱脂酰转移酶 I，阻碍脂酰 CoA 进入线粒体进行 β-氧化。故三脂酰甘油合成代谢加强，分解代谢减慢。糖供应不充分或氧化分解障碍时，则抑制脂肪合成，β-氧化加强，酮体生成增加。

（2）激素的影响

胰岛素促进脂酸的合成，同时也促进脂酸合成磷脂酸，因此促进三脂酰甘油的合成。因为胰岛素能诱导乙酰 CoA 羧化酶、脂酸合成酶以及柠檬酸裂解酶等合成。肾上腺素、胰高血糖素、生长素、促肾上腺皮质激素、甲状腺素、促甲状腺素等，能使三脂酰甘油水解的限速酶——三脂酰甘油脂肪酶的活性增强，促进三脂酰甘油的分解作用，使血中游离的脂酸升高。性激素能促进脂肪动员或抑制其储存，增加体内脂肪氧化。

第四节　磷脂的代谢

一、磷脂的基本结构与分类

磷脂是指含磷酸的脂类。人体内含有多种磷脂，其中含有甘油的磷脂称为甘油磷脂，含

有神经氨基醇的则称为神经磷脂或鞘磷脂。它们主要参与细胞膜系统的组成，少量存在于细胞的其他部位。甘油磷脂是第一大类膜脂，包括鞘磷脂和鞘糖脂的鞘脂类是第二大类膜脂。体内几种重要的甘油磷脂见表 6-1。

表 6-1 体内几种重要的甘油磷脂

X-OH	X 取代基	甘油磷脂
水	—H	磷脂酸
胆碱	$—CH_2CH_2N^+(CH_3)_3$	磷脂酰胆碱(卵磷脂)
乙醇胺	$—CH_2CH_2NH_3^+$	磷脂酰乙醇胺(脑磷脂)
丝氨酸	$—CH_2CHNH_2COOH$	磷脂酰丝氨酸
甘油	$—CH_2CHOHCH_2OH$	磷脂酰甘油
磷脂酰甘油	$—CH_2CHOHCH_2O—P(=O)(OH)—OCH_2—HCOCOR^2—CH_2OCOR^1$	二磷脂酰甘油(心磷脂)
肌醇	(肌醇环结构：H, OH, H, OH, H, OH, HO, H, OH, H, H)	磷脂酰肌醇

磷酸甘油酯的两个长脂酸链（R^1 和 R^2）为非极性，而其余部分则为极性，所以磷脂是两性脂类，这是磷脂的特性。其在细胞膜的组成、脂类的消化吸收及脂类的运输等方面均起着非常重要的作用，图 6-12 以磷脂酰胆碱为例介绍甘油磷脂的基本结构。

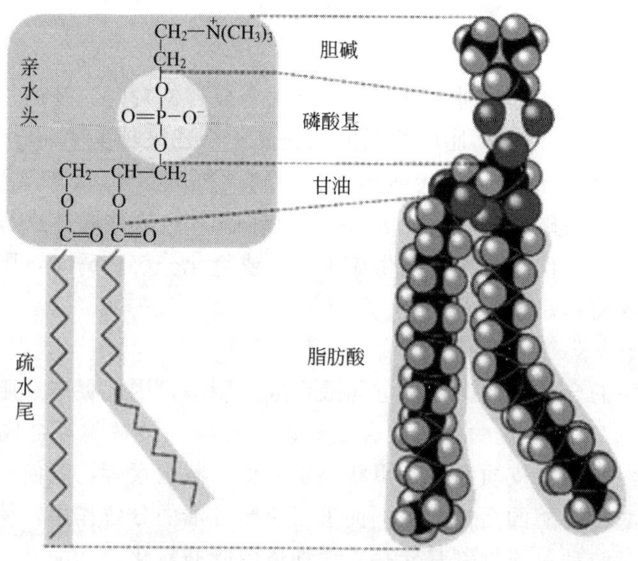

图 6-12 甘油磷脂的基本结构

二、甘油磷脂的代谢

1. 甘油磷脂的合成代谢

(1) 合成部位

人体各组织细胞的内质网都有合成磷脂的酶系，因此均能合成甘油磷脂，但肝、肾及小肠等组织是合成甘油磷脂的主要场所。

(2) 合成原料

主要有二脂酰甘油、磷酸盐、含氮化合物（如胆碱、乙醇胺、丝氨酸、S-腺苷蛋氨酸等），还需 ATP 和 CTP。CDP-乙醇胺、CDP-胆碱是合成卵磷脂、脑磷脂等的活化中间物，它们的形成需 CTP，形成过程见图 6-13。

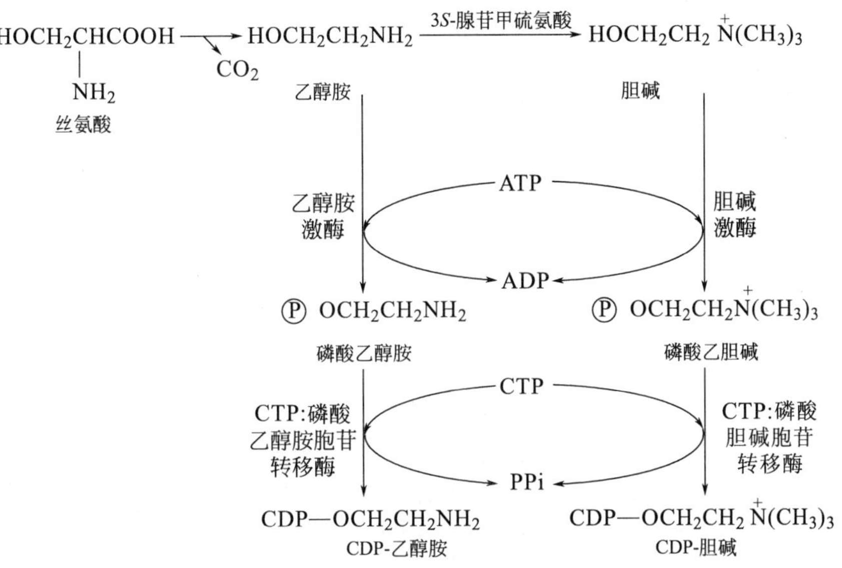

图 6-13 CDP-乙醇胺、CDP-胆碱的形成过程

二脂酰甘油主要来自磷脂酸。磷脂酸是最简单的甘油磷脂，体内存量虽少，但它是合成三脂酰甘油和磷脂的中间代谢产物。

胆碱和乙醇胺可由食物供给，也可在体内由丝氨酸生成。丝氨酸脱羧生成胆胺，再甲基化后生成胆碱。

(3) 甘油磷脂的合成过程

① 甘油二酯合成途径　磷脂酰胆碱及磷脂酰乙醇胺主要通过此途径合成。这两类磷脂

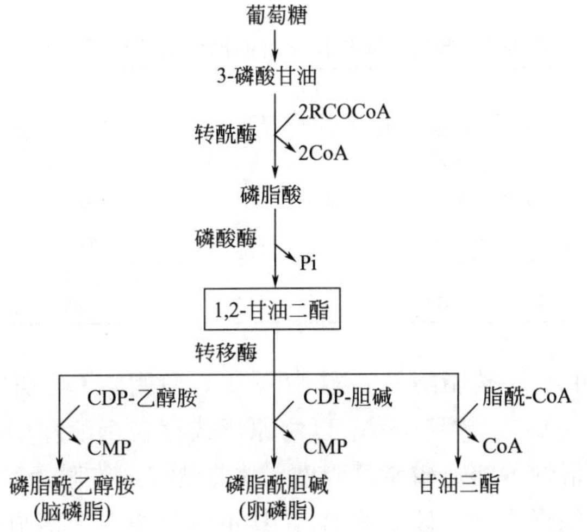

图 6-14 甘油二酯合成途径

在体内含量最多，占组织及血液中磷脂的75%以上。甘油二酯是合成的重要中间物。胆碱及乙醇胺由活化的CDP-胆碱及CDP-乙醇提供。其合成过程见图6-14。

② CDP-甘油二酯合成途径　肌醇磷脂、丝氨酸磷脂及心磷脂由此途径合成。由葡萄糖生成磷脂酸与上述途径相同。不同的是磷脂酸不被磷脂酸酶水解，本身即为合成这类磷脂的前体。然后，磷脂酸由CTP提供能量，在磷脂酰胞苷转移酶的催化下，生成活化的CDP-甘油二酯。CDP-甘油二酯是合成这类磷脂的直接前体和重要中间物，在相应合成酶的催化下，与丝氨酸、肌醇或磷脂酰甘油缩合，即生成磷脂酰丝氨酸、磷脂酰肌醇或二磷脂酰甘油（心磷脂）见图6-15。

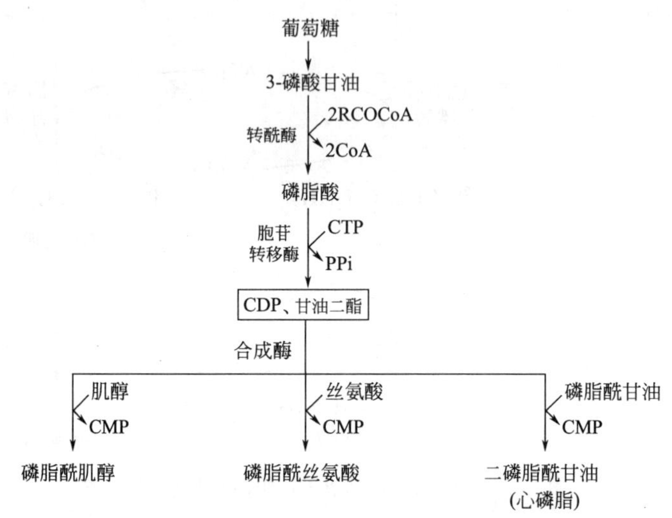

图6-15　CDP-甘油二酯合成途径

以上是各类磷脂合成的基本过程。此外磷脂酰胆碱也可由磷脂酰乙醇胺从*S*-腺苷甲硫氨酸获得甲基生成，通过这种方式合成占人肝的10%～15%。磷脂酰丝氨酸可由磷脂酰乙醇胺羧化或其乙醇胺与丝氨酸交换生成。

2. 甘油磷脂的分解代谢

在人体内，甘油磷脂可在多种磷脂酶的作用下，水解为它们的各组成成分，见表6-2。

表6-2　各磷脂酶作用于甘油磷脂的部位及产物

磷脂酶种类	酶作用部位	作用产物
磷脂酶 A_1	第1位酯键	溶血磷脂2、脂酸
磷脂酶 A_2	第2位酯键	溶血磷脂1、脂酸
磷脂酶 B_1	溶血磷脂的第1位酯键	甘油磷脂、脂酸
磷脂酶 B_2	溶血磷脂的第2位酯键	甘油磷脂、脂酸
磷脂酶 C	第3位磷酸酯键	二脂酰甘油、磷酸胆碱、磷酸乙醇胺
磷脂酶 D	磷酸取代基间酯键	磷酸甘油、含氮碱

磷脂酶A_1、磷脂酶A_2、磷脂酶B_1、磷脂酶B_2、磷脂酶C、磷脂酶D分别作用于甘油磷脂的各个酯键（见图6-16）。磷脂酶A_2以酶原形式存在于胰腺中，此酶使磷脂酰胆碱水解生成具有较强的表面活性的溶血磷脂酰胆碱，故能使红细胞膜等膜结构被破坏，从而引起溶血或细胞坏死。某些蛇毒中含有磷脂酶A_1，其水解产物亦为溶血磷脂，因此机体中蛇毒时也会表现出大量溶血的症状。有人认为急性胰腺炎的发病机制与胰腺磷脂A_2对胰腺细胞

膜的损伤密切相关。在胰腺及若干组织中还含有磷脂酶 B_1（溶血磷脂酶）。它能水解溶血磷脂酰胆碱等溶血型磷脂，使其再脱去另一脂酰基，从而失去溶解膜的作用。甘油磷脂的水解产物如甘油、脂酸、磷酸、胆碱及乙醇胺等，可分别进行有关的合成或分解代谢。

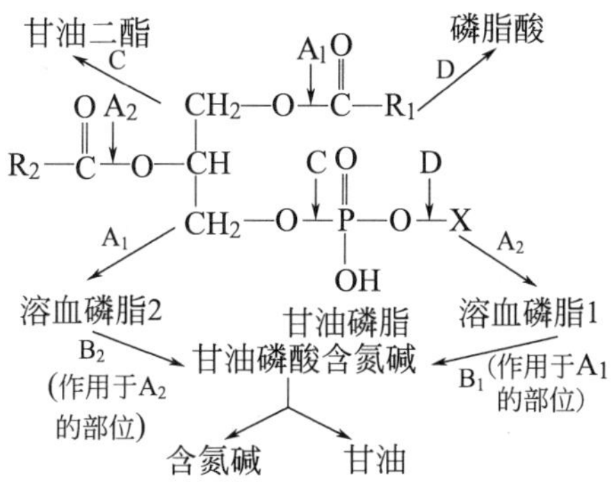

图 6-16 磷脂酶对磷脂的水解示意图

第五节 胆固醇代谢

胆固醇是人体重要的脂类物质之一。健康成人体内含胆固醇总量约为 140g，平均含量约为 2g/kg(体重)。胆固醇广泛分布于全身各组织中，其中神经组织（特别是脑）、肾上腺皮质、卵巢中含量最高，肝、肾、肠等内脏及皮肤、脂肪组织也含较多的胆固醇。骨骼中含胆固醇最低。

胆固醇是生物膜的重要组成成分，在维持膜的流动性和正常功能中起重要作用。膜结构中的胆固醇均为游离胆固醇，而细胞中储存的都是胆固醇酯。胆固醇在体内可转变成胆汁酸、维生素 D_3、肾上腺皮质激素（adrenal corticosteroid hormone）及性激素（sex hormone）等重要生理活性物质。胆固醇代谢发生障碍可使血浆胆固醇增高，是形成动脉粥样硬化的一种危险因素。

体内的胆固醇有两个来源：内源性胆固醇和外源性胆固醇。外源性胆固醇由膳食摄入，全部来自动物性食品，其中以禽卵和动物的脏器及脑髓含量最多。内源性胆固醇由机体合成，正常人 50%以上的胆固醇来自机体自身合成。

一、胆固醇的合成部位和原料

1. 合成部位

成人除脑组织及成熟红细胞外，几乎全身各组织都能合成胆固醇。肝脏的合成能力最强，占全身总合成的 70%～80%，小肠合成能力次之，占总量的 10%。胆固醇合成酶系存在于细胞液和内质网中。

2. 合成原料

乙酰 CoA 是合成胆固醇的直接原料，此外还要 ATP 供能，NADPH＋H^+ 供给还原所需的氢。实验证明：每合成 1 分子胆固醇需 18 分子乙酰 CoA、36 分子 ATP 及 16 分子 NADPH＋H^+。乙酰 CoA 和 ATP 大多来自线粒体内的氧化过程。乙酰 CoA 在线粒体内与草酰乙酸缩合成柠檬酸，后者出线粒体进入细胞液，由柠檬酸裂解酶裂解为乙酰 CoA，作为胆固醇合成的原料。NADPH＋H^+ 则来自细胞液中的磷酸戊糖途径，因此，糖是胆固醇合成原料的主要来源。

二、胆固醇的合成过程

胆固醇的合成过程比较复杂，有近 30 步的酶促反应，有些步骤目前尚未完全阐明。整个合成过程可分为三个阶段（见图 6-17）。

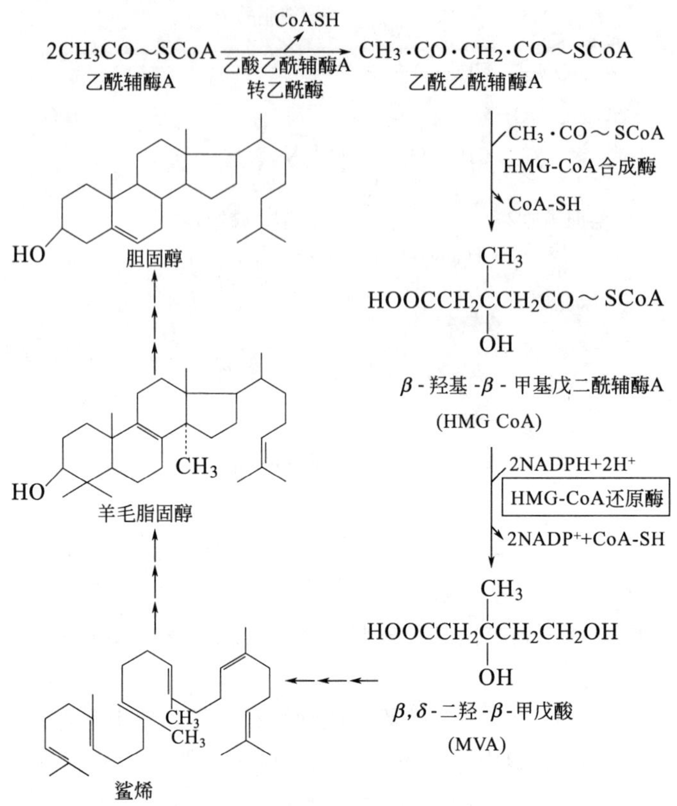

图 6-17 胆固醇的生成示意图

1. 3 分子乙酰 CoA 合成甲羟戊酸（mevalonic acid，MVA）

首先由 2 分子乙酰 CoA 缩合成乙酰乙酰 CoA，然后再与 1 分子乙酰 CoA 缩合成β-羟基-β-甲基戊酸单二酰 CoA（HMG-CoA），后者经 HMG-CoA 还原酶的催化生成甲羟戊酸。HMG-CoA 是胆固醇、酮体及脂肪酸代谢的重要中间产物。但是 HMG-CoA 还原酶仅存在于内质网中，是胆固醇的限速酶。

2. 甲羟戊酸经 15 碳的焦磷酸法尼酯合成 30 碳的鲨烯

MVA 首先在 ATP 供能条件下脱羧、脱羟基，生成活泼的 5 碳焦磷酸化合物，然后 3 分子的 5 碳化合物缩合成 15 碳的焦磷酸法尼酯，2 分子的 15 碳化合物再缩合成为含 30 碳的多烯烃——鲨烯。

3. 鲨烯环化为羊毛固醇，再变为胆固醇

鲨烯结合在细胞液中的固醇载体蛋白上，经单加氧酶、环加氧酶等的作用，环化生成羊毛固醇，后者经氧化、脱羧及还原等反应，脱去 3 个甲基生成 27 碳的胆固醇。反应过程中消耗氧，并由 $NADPH+H^+$ 提供氢。

三、胆固醇合成代谢的调节

体内胆固醇主要由肝脏合成，HMG-CoA 还原酶是胆固醇合成的限速酶，各种影响胆固醇合成的因素主要通过调节 HMG-CoA 还原酶的活性来实现。

1．食物成分对胆固醇合成的影响

食入胆固醇能显著抑制胆固醇的合成；食入脂肪，尤其是不饱和脂酸能增强胆固醇的合成；葡萄糖和蛋白质提供了胆固醇合成的原料乙酰 CoA，故亦增强胆固醇的合成；而禁食时，肝中 HMG-CoA 还原酶活性显著下降，胆固醇合成减少。

2. HMG-CoA 还原酶活性与胆固醇合成的节律性一致

动物实验发现，大鼠肝合成胆固醇有昼夜节律性，午夜时合成最高，中午合成最低；肝中 HMG-CoA 还原酶活性有与胆固醇合成一致的昼夜节律性变化。

3．激素的调节作用

胰岛素增强肝中 HMG-CoA 还原酶活性，从而增加胆固醇的合成。胰高血糖皮质激素则降低 HMG-CoA 还原酶活性，抑制胆固醇的合成。甲状腺素虽然可以增强 HMG-CoA 还原酶的活性，但促进胆固醇在肝内转化为胆汁酸的能力更强，故总效应是转化大于合成，使胆固醇的含量下降。临床上常见甲状腺功能亢进患者血浆胆固醇浓度低于正常值。

四、胆固醇的酯化、转变与排泄

1．胆固醇的酯化

细胞内和血浆中游离的胆固醇都可以被酯化成胆固醇酯，但不同部位催化胆固醇酯化的酶及其反应过程不同。

（1）细胞内胆固醇的酯化

在组织细胞内，非酯化胆固醇可在脂酰 CoA 胆固醇脂酰基转移酶（acylcholesterol acyltransfesa，ACAT）的催化下，接受脂酰 CoA 的脂酰基形成胆固醇酯（cholesteryl esters，CHE）。

（2）血浆中胆固醇的酯化

血浆中胆固醇在卵磷脂胆固醇脂酰基转移酶（lecithin cholesterol acyl transferase，LCAT）的催化下，卵磷脂第 2 位碳原子上的脂酰基，转移到胆固醇第 3 位羟基上，生成胆固醇酯和溶血卵磷脂。反应中的 LCAT 由肝细胞合成，而后分泌入血，在血浆中发挥作用。

正常时胆固醇的含量与胆固醇酯的含量有一定的比值，为 CH/CHE＝1∶3。肝细胞病变或损伤时，LCAT 活性降低，引起血浆胆固醇酯含量下降，导致比值升高，故测定 CH/CHE 可作为反映肝细胞功能的指标。

2．胆固醇的转变

机体可将乙酰 CoA 合成胆固醇，但却不能将胆固醇彻底氧化分解为 CO_2 和 H_2O，而只能经氧化、还原转变为其他含多氢菲母核的化合物，参与体内的代谢和调节，有近一半的胆固醇不经变化，直接被排出体外。

（1）转变为胆汁酸

在肝中，胆固醇转化为胆汁酸的反应是体内胆固醇的主要去路。正常人每天合成的胆固醇总量约有 40％(0.4～0.6g）在肝内转变为胆汁酸，随胆汁排入肠道。

胆汁酸既含亲水的羟基、羧基或磺酸基，又含疏水的烃基、甲基及脂酰侧链，故胆汁酸分子具有亲水和疏水两性，能在油水两相间起降低表面张力的作用。因而，胆汁中的胆汁酸盐和磷脂酰胆碱可与胆固醇形成微团而使胆固醇在胆汁中以溶解状态存在，可避免胆固醇析出沉淀。故当胆汁中胆汁酸盐、磷脂酰胆碱与胆固醇的比值下降（小于 10∶1）时，可使胆固醇析出沉淀，引起胆道结石。生成胆汁酸既是胆固醇的主要去路，胆汁酸与胆固醇形成混合微团又是胆固醇排泄的主要方式，因此，胆汁酸与胆固醇代谢关系极为密切。胆汁酸在小肠内可促进脂类的乳化，促进脂类的消化，又可与脂类的消化产物形成胆汁酸混合微团，在脂类的吸收中起主要作用。

（2）转变为维生素 D_3

胆固醇在肝脏、小肠黏膜和皮肤等处，可脱氢生成 7-脱氢胆固醇。储存于皮下的 7-脱氢胆固醇，经紫外线（如日光）照射进一步转化成维生素 D_3。维生素 D_3 经肝细胞微粒体 25-羟化酶催化生成 25-羟维生素 D_3，后者通过血浆转运至肾，再经 1 位羟化形成具有生理活性的 1,25-二羟维生素 D_3[1,25-$(OH)_2$-D_3]。活性维生素 D_3 具有调节钙、磷代谢的作用。

（3）转变成类固醇激素

胆固醇失去侧链氧化形成类固醇激素。在肾上腺皮质球状带转变为醛固酮、在皮质束状带转变为皮质醇、在皮质网状带转变为雄激素；在卵巢可转变成孕酮及雌二醇；在睾丸可转变成睾丸酮等。

3. 胆固醇的排泄

胆固醇在体内的代谢去路主要是转变成一些重要的生理活性物质。部分胆固醇可随胆汁进入肠道，进入肠道的胆固醇，一部分被重吸收，另一部分受肠道细菌作用还原生成粪固醇随粪便排出体外。

胆固醇代谢简示：

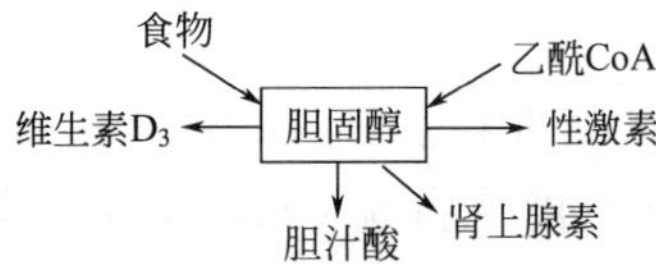

第六节 血脂及血浆脂蛋白

一、血脂

血浆中所含的脂类统称为血脂，主要包括三脂酰甘油、磷脂、胆固醇、固醇酯及游离脂酸（free fatty acid，FFA）等。正常成人空腹 12～14h 血脂的组成和正常参考值见表 6-3。

表 6-3 正常成人空腹血脂的组成及含量

成 分	正常参考值/(mmol/L)(mg/dL)	成 分	正常参考值/(mmol/L)(mg/dL)
三脂酰甘油	1.1～1.7(10～150)	游离胆固醇	1.0～1.8(40～70)
总胆固醇	2.6～6.5(100～250)	磷脂	48.4～80.7(150～250)
胆固醇酯	1.85～2(70～200)	游离脂酸	0.195～0.805(5～20)

注：正常情况下，血浆脂类的来源和去路处于平衡状态，但这种平衡常受膳食、年龄、性别、职业以及代谢等多种因素的影响，使正常成人血脂含量范围较大。

血脂的来源有外源性和内源性两个方面：外源性是从肠道吸收入血的脂类；内源性是由肝、脂肪组织合成或从组织动员释放入血的脂类。血脂的去路是不断被组织摄取后，氧化供能、能源储存（脂库内储存）、构成生物膜、转变成其他物质等。

血浆中脂类的含量与全身脂类总量相比，虽然只占极少的一部分，但无论是外源性脂类物质还是内源性脂类物质都需要经过血液转运于各个组织之间，因此血脂含量可反映体内脂类的代谢情况。临床上测定血脂含量对某些疾病诊断有一定意义，如血浆甘油三酯、胆固醇的测定是临床生化检验的常规项目。

二、血浆脂蛋白

血浆中的脂类与载脂蛋白结合组成的复合体称为血浆脂蛋白。血浆脂蛋白是血脂运输形式。因三脂酰甘油、胆固醇及其酯的水溶性很差，不能直接溶解于血浆转运，必须与水溶性强的蛋白质、磷脂形成脂蛋白（lipoprotein，LP）的形式才能在血浆中转运。三脂酰甘油动员释放入血的游离脂酸则与血浆中的清蛋白结合成复合体（也有人认为是一种脂蛋白）而转运。其结构如图6-18所示。疏水性较强的三脂酰甘油及胆固醇酯位于脂蛋白的内核，具有极性和非极性基团的载脂蛋白（apolipoprotein，apo）、磷脂及游离胆固醇则以单分子层借其非极性疏水基团与内部的疏水链相联系，覆盖在脂蛋白表面，极性基团朝外，呈球状。

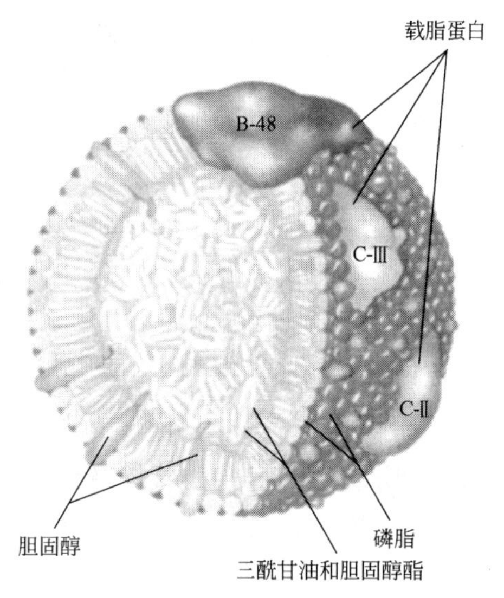

图6-18　脂蛋白结构示意图

1. 血浆脂蛋白的分类

各种血浆脂蛋白含有的脂类和蛋白质量均不相同，因而其密度、颗粒大小、表面电荷、电泳行为及免疫性也各有不同。一般用电泳法及超速离心法可将血浆脂蛋白分为四类（见表6-4）。

（1）超速离心法（密度分类法）

根据脂蛋白密度大小进行分类。由于不同脂蛋白中各种脂类和蛋白质所占比例不同，故其密度不同。根据血浆在一定密度的盐溶液中进行超速离心时沉降速度不同，将血浆脂蛋白分为四种：即乳糜微粒（chylomicron，CM）、极低密度脂蛋白（very low density lipoprotein，VLDL）、低密度脂蛋白（low density lipoprotein LDL）和高密度脂蛋白（high density lipoprotein，HDL）。

此外，还有一种中间密度脂蛋白（intermediate density lipoprotein，IDL），它是VLDL在血浆中代谢的中间产物，其组成、颗粒大小和相对密度（1.006～1.019）介于VLDL和LDL之间。

（2）电泳法

由于各类血浆脂蛋白中载脂蛋白的不同，其表面电荷多少也不同，颗粒大小也有差异，在同一电场中具有不同的迁移率。按其在电场移动的快慢，可将脂蛋白分离成四条区带：α-脂蛋白（α-LP）、前β-脂蛋白（Preβ-LP）、β-脂蛋白（β-LP）和乳糜微粒（见图6-19）。这四类脂蛋白分别与超速离心法的HDL、VLDL、LDL、CM相对应（见表6-4）。

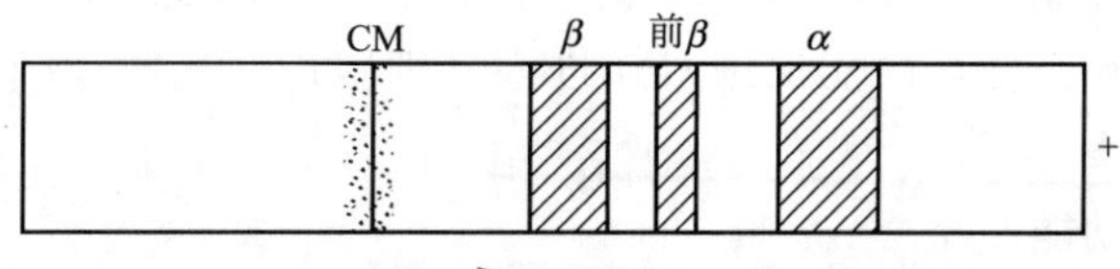

图6-19　血浆脂蛋白琼脂凝胶电泳图

正常人电泳图谱上β-脂蛋白多于α-脂蛋白，而α-脂蛋白又多于前β-脂蛋白。前β-蛋白含量少时在一般电泳图谱上看不出来。乳糜微粒仅在进食后才有，空腹时也很难检出。

表 6-4 血浆脂蛋白的分类、性质、组成、合成部位及功能

项目	CM	VLDL	LDL	HDL	LP(a)
蛋白质	0.5～2	5～10	20～25	45～50	22～31
TG	80～95	50～75	8～12	3～6	3～10
PL	5～7	18～20	20～25	20～30	19～23
CE	3	10～17	40～42	15～17	26～40
Apo	A C B_{48}	C B_{100} E	B_{100}	AⅠ AⅡC	(a)B_{100}
合成部位	小肠黏膜	肝细胞	血浆、肝	肝、小肠	肝细胞
功能	转运外源甘油三酯	转运内源甘油三酯	转运内源胆固醇	逆向转运胆固醇	抑制纤溶酶原激活

2. 血浆脂蛋白的组成

血浆脂蛋白中的蛋白质部分称载脂蛋白。各脂蛋白中都含有载脂蛋白、三脂酰甘油、磷脂、胆固醇及其酯，但组成比例不同。乳糜微粒的颗粒最大，含三脂酰甘油最多，达80%～95%，含载脂蛋白最少，约 1%，所以密度最小。VLDL 颗粒比 CM 小，含三脂酰甘油较多，含载脂蛋白比 CM 多；LDL 颗粒比 VLDL 小，含胆固醇量最多，约占血浆总胆固醇的 1/3；HDL 的颗粒最小，含载脂蛋白最多，约占 50%，三脂酰甘油含量最少，颗粒最小，密度最大。血浆脂蛋白组成特点见表 6-5。

表 6-5 血浆脂蛋白组成特点

项 目		CM	VLDL	LDL	HDL
密度		<0.95	0.95～1.003	1.006～1.063	1.063～1.210
组成	脂类	含 TG 最多,80%～90%	含 TG,50%～70%	含胆固醇及其酯最多 40%～50%	含脂类 50%
	蛋白质	最少,1%	5%～10%	20%～25%	最多,约 50%
载脂蛋白组成		apoB48、E AⅠ、AⅡ AⅣ、CⅠ CⅡ、CⅢ	ApoB100、CⅠ CⅡ、CⅢ、E	apoB100	apo AⅠ、AⅡ

血浆脂蛋白中的载脂蛋白是由肝细胞、小肠黏膜细胞合成的特异球蛋白。目前发现的载脂蛋白有 18 种之多，主要有 ApoA、B、C、D 和 E 等五类。其中 ApoA 可分为 AⅠ、AⅡ；ApoB 可分为 B_{100} 及 B_{48}；ApoC 又可分为 CⅠ、CⅡ、CⅢ等数种。不同脂蛋白所含的载脂蛋白不同。载脂蛋白的生理功能主要有以下几方面：①维持脂蛋白的结构，ApoAⅠ、Apo CⅠ和 ApoE 能维持各种脂蛋白的结构；②调节脂蛋白代谢关键酶的活性，例如 ApoAⅠ和 ApoC Ⅰ能激活 LCAT，促进胆固醇的酯化；ApoC Ⅱ能激活脂蛋白脂酶（LPL），促进 CM 和 VLDL 中的三脂酰甘油降解；③参与脂蛋白受体等的识别作用，例如 ApoE 能识别肝细胞 CM 残余颗粒受体，故能促进 CM 进入肝细胞进行代谢；ApoB_{100} 能识别 LDL 受体，促进 LDL 的代谢。

3. 血浆脂蛋白的功能

(1) 乳糜微粒

乳糜微粒是在小肠黏膜细胞内合成的，通过高尔基体分泌，经淋巴管进入血液循环，主要作用是转运外源性三脂酰甘油至肝及其他组织。新生的 CM 经淋巴管进入血液接受 HDL

所提供的 ApoC 和 ApoE，并将部分 ApoA 转给 HDL，形成成熟的 CM。ApoCⅡ能激活脂蛋白脂肪酶，此酶催化乳糜微粒中的三脂酰甘油水解为脂酸和甘油。LPL 是一种细胞外酶，主要存在于毛细血管内皮细胞表面，尤其是脂肪组织、心肌、脾、乳腺等组织的毛细血管内皮细胞表面脂蛋白脂肪酶活性较高。在 LPL 的反复作用下，CM 内核的三脂酰甘油 90%以上不断被水解，释放的脂酸被脂肪组织、心肌等摄取利用，颗粒逐渐变小。其表面磷脂、胆固醇和 ApoC 转向 HDL，并接受 HDL 转移来的胆固醇酯，成为富含胆固醇酯的残余颗粒并被肝脏摄取。进入肝细胞的 CM 残余颗粒中的脂类可用于合成 VLDL。

CM 代谢较快，半衰期仅为 5～15min，所以食入大量的脂肪后血浆浑浊只是暂时现象，数小时后血浆便澄清，这种现象称为脂肪的廓清。正常空腹 12～14h 后血液中应无 CM 存在。极少数由于先天性脂蛋白脂肪酶缺乏，空腹血电泳时可检出 CM。

(2) 极低密度脂蛋白

极低密度脂蛋白（VLDL）主要由肝细胞合成，含有较多的三脂酰甘油，其脂酸来源为：糖在肝内转变成的脂酸；由脂库动员出来的脂酸；部分来自 CM 中的三脂酰甘油水解生成的脂酸。所以 VLDL 的主要功能是运输内源性三脂酰甘油，从肝内到脂肪组织或其他组织。

VLDL 在血浆中半衰期为 6～12h，其分解代谢和 CM 相似，VLDL 也是在血中从 HDL 获得 ApoC 和 ApoE，然后在脂蛋白脂肪酶的作用下，其中三脂酰甘油被水解而释放，VLDL 逐渐变小，形成中间密度脂蛋白（IDL)。VLDL 表面的磷脂、胆固醇、ApoC 向 HDL 转移。而 HDL 的胆固醇酯向 IDL 转运，IDL 最后转变成 LDL。

(3) 低密度脂蛋白

低密度脂蛋白（LDL）是在血浆中由 VLDL 转变而来，仅含有 ApoB 的脂蛋白。因 LDL 含有较多的胆固醇和胆固醇酯，所以，LDL 的主要功能是运输内源性胆固醇，从肝内到肝外组织。人血浆总胆固醇有 60%～70%由 LDL 运输。肝是降解 LDL 的主要器官（约 50%)。

LDL 在血浆中半衰期为 2～4 天。肝外组织细胞表面存在 LDL 受体，当 LDL 与细胞膜特异受体结合后，LDL 便进入细胞内，并被溶酶体水解。游离的胆固醇被释放，供细胞摄取利用，如参与生物膜的组成，也可抑制细胞内胆固醇的合成（抑制 HMGCoA 还原酶)，还可激活脂酰胆固醇脂酰基转移酶（ACAT)，将过多的胆固醇转变成胆固醇酯加以储存。

(4) 高密度脂蛋白

高密度脂蛋白（HDL）由肝细胞和小肠黏膜细胞合成，主要功能是从肝外组织运输胆固醇到肝内代谢。这种将胆固醇从肝外组织向肝转运的过程，称为胆固醇的逆向转运（RCT)。

HDL 在血浆中半衰期为 3～5 天。新生的 HDL 颗粒呈圆盘状，主要由载脂蛋白和磷脂组成，仅含少量的胆固醇。新生的 HDL 进入血液后，与富含胆固醇的细胞膜及其他脂蛋白接触，由于物理平衡作用而获得胆固醇。进入 HDL 表层的胆固醇在卵磷脂-胆固醇酰基转移酶（LCAT）催化下，被酯化成胆固醇酯，此胆固醇酯转入 HDL 核心部分。由于胆固醇酯不断形成、核心逐渐增长膨大，使盘状 HDL 变成球形 HDL，即新生的 HDL 转变为含有较多胆固醇酯的 HDL_3。HDL_3 再增加胆固醇酯，同时从 CM 和 VLDL 接受 ApoC、磷脂和自由胆固醇而变成 HDL_2，HDL_2 进一步增加胆固醇酯和 ApoE 形成 HDL_1（HDLc)，即可被肝细胞的 ApoE 受体识别，并转入肝细胞内降解，其中胆固醇可以转变成胆汁酸或直接通过胆汁排出体外。因此，HDL 可降低血浆中胆固醇的浓度，HDL 中的胆固醇与动脉粥样硬化的发生呈负相关。

三、高脂血症与高脂蛋白血症

血脂高于正常人上限即为高脂血症。由于血脂在血中以脂蛋白形式运输，因此也可将高脂血症称为高脂蛋白血症（hyperlipoproteinemia）。正常人上限的标准因地区、膳食、年龄、劳动状况、职业以及测定方法不同而有差异。一般以成人空腹 12～14h 血中三脂酰甘油超过 2.26mmol/L(200mg/dL)，胆固醇超过 6.21mmol/L(240mg/dL)，儿童胆固醇超过 4.14mmol/L(160mg/dL) 为标准。

1970 年世界卫生组织（WHO）建议，将高脂蛋白血症分为六型，其脂蛋白及血脂的改变见表 6-6。

表 6-6 高脂蛋白血症分型

分型	脂蛋白变化	血脂变化
Ⅰ	CM↑	胆固醇↑　三脂酰甘油↑↑↑
Ⅱa	LDL↑	胆固醇↑↑
Ⅱb	LDL↑　VLDL↑	胆固醇↑↑　三脂酰甘油↑↑
Ⅲ	IDL↑	胆固醇↑↑　三脂酰甘油↑↑
Ⅳ	VLDL↑	三脂酰甘油↑↑
Ⅴ	VLDL↑　CM↑	胆固醇↑　三脂酰甘油↑↑↑

高脂血症可分为原发性和继发性两大类。继发性高脂血症是继发于其他疾病如糖尿病、肾病和甲状腺功能减退等的高脂血症。原发性高脂血症是指原因不明的高脂血症，现已证明有些与遗传性缺陷有关。

本章小结

脂类是人体的重要营养物质，分为脂肪（甘油三酯）及类脂两大类。脂肪的主要功能是储能及供能。类脂包括胆固醇及其酯、磷脂及糖脂等，是生物膜的重要组分，参与细胞识别及信息传递，并是多种生理活性物质的前提。

脂类消化主要在小肠上段，经各种脂或酯酶及胆汁酸盐共同作用，脂类被水解为甘油、脂肪酸及一些不完全水解的产物，主要在空肠被吸收。吸收的甘油及中、短链脂酸，通过门静脉进入血液循环。吸收的长链脂肪（C_{12}～C_{26}）及甘油则在小肠黏膜上皮细胞内再合成脂肪，与载脂蛋白、磷脂、胆固醇等形成乳糜微粒（CM）后经淋巴进入血循环。

甘油三酯是机体储存能量的主要形式。肝、脂肪组织及小肠是合成甘油三酯的主要场所，以肝合成能力最强。合成所需的甘油及脂肪酸主要是由葡萄糖代谢提供。机体可利用 3-磷酸甘油与活化的脂肪酸酯化生成磷脂酸，然后经脱磷酸及再酯化即可合成甘油三酯。

甘油三酯水解产生甘油和脂肪酸。甘油活化、脱氢、转变为磷酸二羟丙酮后，进入糖代谢。脂肪酸则在肝、肌、心等组织中分解氧化、释放出大量能量，以 ATP 形式供机体利用。脂肪酸的分解需经活化，进入线粒体，β-氧化（脱氢、加水、再脱氢及硫解）等步骤。脂肪酸在肝内 β-氧化生成酮体，但肝不能利用酮体，需运至肝外组织氧化。长期饥饿时脑及肌肉组织主要靠酮体氧化功能。甘油三酯代谢概况见图 6-20。

脂肪酸合成是在胞液中脂酸合成酶系的催化下，以乙酰 CoA 为原料，在 NADPH、

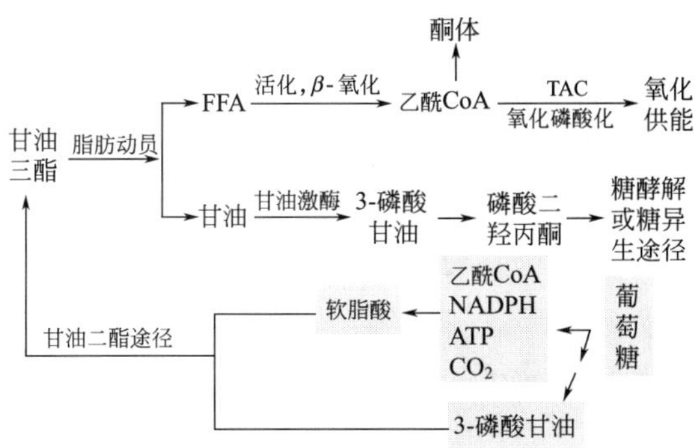

图 6-20　甘油三酯代谢概况

ATP、HCO_3^- 及 Mn^{2+} 的参与下，逐步缩合而成的。

磷脂分为甘油磷脂和鞘磷脂两大类，甘油磷脂的合成是以磷脂酸为前体，需 CTP 参与。甘油磷脂的降解是磷脂酶 A、磷脂酶 B、磷脂酶 C、磷脂酶 D 催化下的水解反应，鞘磷脂是以软脂酸及丝氨酸为原料先合成二氢鞘氨醇后，再与脂酰 CoA 和磷酸胆碱合成鞘磷脂。

人体胆固醇一是自身合成，二是食物摄取。摄入过多则可抑制胆固醇的吸收及体内胆固醇的合成。合成 1 分子胆固醇需 18 分子乙酰 CoA、16 分子 NADOH 及 36 分子 ATP。胆固醇在体内可转化为胆汁酸、类固醇激素、维生素 D_3 及胆固醇酯。

血脂不溶于水，以脂蛋白形式运输。按超速离心法及电泳法可将血浆脂蛋白分为乳糜微粒（CM）、极低密度脂蛋白（前 β-）、低密度脂蛋白（β-）及高密度脂蛋白（α-）四类。CM 主要转运外源性甘油三酯及胆固醇，VLDL 主要转运内源性甘油三酯，LDL 主要将肝合成的内源性胆固醇转运至肝外组织，而 HDL 则参与胆固醇的逆向转运。

知识链接

胆固醇代谢与动脉粥样硬化

动脉粥样硬化是由于血浆中胆固醇过多，沉积在动脉内膜上，引起动脉管壁增厚、变硬所致。正常状态下，只有少量脂蛋白自血中移入动脉内膜，再进入中膜，到达外膜，经淋巴再回到血液循环中，这个过程中即使有少量胆固醇游离，也会通过正常渠道代谢而不致在动脉中沉积。当脂质代谢紊乱，尤其是胆固醇代谢紊乱时，致血中胆固醇含量增高，胆固醇易于与蛋白质解离。如载脂蛋白和磷脂相对不足，血游离胆固醇升高，易于沉积动脉管壁，发生动脉粥样硬化。病检资料表明，动脉粥样硬化灶中脂质成分与血液中相同。

虽然胆固醇代谢紊乱是动脉粥样硬化发病的重要因素，但其他原因也不可轻视，如老年、高血压、吸烟，该病发病率也会升高。

（1）年龄

老年人动脉壁老化，如缺乏锻炼，更易于在老化的动脉壁内沉积胆固醇，胆固醇沉积随年龄的增高呈直线上升。

（2）高血压

高血压易使动脉壁损伤，受损的内皮细胞通透性增加，使血液中胆固醇进入动脉血管壁，而发生沉积。

（3）吸烟

烟中的尼古丁可直接损伤血管内皮细胞，烟可以使血中一氧化碳升高，致血管壁缺氧，内皮损伤，使胆固醇易于沉积。

硬化灶好发生于主动脉后壁和主动脉分支各开口处，由于这些部位易损伤，加之高胆固醇血症，使胆固醇易于沉积，导致动脉内膜结缔组织增生，使血管壁增厚、变硬、变窄，血流通过发生障碍，严重者器官供血不足。如发生在冠状动脉，会引起心肌细胞供血不足，引起心绞痛或心肌梗死。

习　　题

一、名词解释

必需脂肪酸　抗脂解激素　脂肪动员　可变脂　脂肪酸的β-氧化　酮体——血浆脂蛋白

二、填空题

1. 体内的脂类包括________和________。
2. 携带脂肪酰 CoA 通过线粒体内膜的载体是____________。
3. 脂肪酸的活化形式是____________________。
4. 肝脏不能利用酮体是由于缺乏____________________和____________________两种氧化酮体的酶。
5. 合成 HMG-CoA 共有________分子乙酰 CoA 参与反应。
6. 甘油的代谢物各为____________________或____________。
7. 酮体的成分有____________、____________、____________
8. 脂蛋白____________具有抗动脉粥样硬化作用，____________是导致动脉粥样硬化的危险因素。
9. 必需脂肪酸包括____________、____________、____________三种不饱和脂肪酸。
10. 在____________、____________、____________等情况下，酮体生成增加。
11. 一分子硬脂酸（C_{18}）需经________次β-氧化，产生____________分子乙酰 CoA。
12. 乳糜微粒的合成场所是____________________。

三、选择题

1. ________不属于类脂。

A. 脂肪　　B. 糖脂　　C. 磷脂　　D. 胆固醇

2. ________不是必需脂肪酸。

A. 亚油酸　　B. 亚麻酸　　C. 软脂酸　　D. 花生四烯酸

3. 脂肪酸的活化形式是________。

A. 脂酰 CoA　　B. 乙酰 CoA　　C. 软脂酸　　D. 硬脂酸

4. 脂酰 CoA 转运进入线粒体需要________的帮助。

A. ATP　　B. 肉碱　　C. 辅酶 A　　D. 酶

5. 脂酰 CoA 经过β-氧化分解成________。

A. 乙酰 CoA　　B. CO_2　　C. H_2O　　D. 乳酸

6. 脂肪酸β-氧化时，不发生的反应是________。

A. 水化　　B. 脱水　　C. 脱氢　　D. 羟基氧化

7. 酮体不包括________。

A. 乙酰乙酸　　B. β-羟基丁酸　　C. 丙酮　　D. 丁酮

8. 酮体不能在________被分解利用。

A. 心　　B. 肝脏　　C. 肾脏　　D. 肌肉

9. 在糖供应不足时，________可代替葡萄糖成为脑组织的主要能量来源。

A. 糖原　　B. 酮体　　C. 脂肪　　D. 蛋白质

10. 下列哪个不是酮症的表现。

A. 血中酮体升高，出现酸中毒　　B. 尿中酮体增多

C. 呼出气有烂苹果味　　D. 昏迷甚至死亡

11. 胆固醇转变的物质不包括________。

A. 胆汁酸　B. 胆色素　C. 类固醇激素　D. 维生素 D_3

12. 有关酮体的代谢正确的是________。

A. 酮体包括乙酰乙酸、β-羟丁酸和丙酮酸

B. 一切组织均能氧化酮体

C. 生成酮体的原料亦能生成胆固醇

D. 酮体是脂肪代谢的有害物质，无生理意义

13. 体内合成胆固醇的主要原料是________。

A. 乙酰辅酶 A　B. 乙酰乙酰辅酶 A　C. 丙酰辅酶 A　D. 草酰乙酸

14. 下列关于胆汁酸与胆固醇代谢的叙述，________是正确的。

A. 在肝细胞内胆固醇转变为胆汁酸　B. 合成胆汁酸的前体是胆固醇酸

C. 肠道吸收胆固醇增加则胆汁酸合成量减少　D. 胆固醇的消化不受胆汁酸盐的影响

15. 血浆脂蛋白的组成成分中不包括________。

A. 脂肪　B. 磷脂　C. 胆固醇　D. 游离脂肪酸

16. 试选出下列脂蛋白密度由低到高的正确顺序。

A. LDL　IDL　VLDL　CM　B. CM　VLDL　LDL　HDL

C. VLDL　IDL　LDL　CM　D. CM　VLDL　LDL　IDL

17. 血浆脂蛋白中密度最小的是________。

A. 乳糜微粒　B. 极低密度脂蛋白　C. 低密度脂蛋白　D. 高密度脂蛋白

18. VLDL 主要由________组织（或器官）合成。

A. 肾脏　B. 肝脏　C. 小肠黏膜　D. 脂肪组织

19. 脂肪动员时脂酸在血中运输的主要形式是________。

A. 与球蛋白结合　B. 与清蛋白结合　C. 与 VLDL 结合　D. 与 CM 结合

20. 与运输内源性三脂酰甘油有关的血浆脂蛋白是________。

A. 乳糜微粒　B. 极低密度脂蛋白　C. 低密度脂蛋白　D. 高密度脂蛋白

21. 与运输外源性三脂酰甘油有关的血浆脂蛋白是________。

A. 乳糜微粒　B. 极低密度脂蛋白　C. 低密度脂蛋白　D. 高密度脂蛋白

22. 与运输内源性胆固醇，从肝内至肝外组织有关的血浆脂蛋白是________。

A. 乳糜微粒　B. 极低密度脂蛋白　C. 低密度脂蛋白　D. 高密度脂蛋白

23. 与胆固醇逆向转运有关的血浆脂蛋白是________。

A. 乳糜微粒　B. 极低密度脂蛋白　C. 低密度脂蛋白　D. 高密度脂蛋白

24. 血浆脂蛋白中的蛋白质称为________。

A. 清蛋白　B. 球蛋白　C. 载脂蛋白　D. 结合蛋白

25. 一分子软脂酸经彻底氧化净生成________分子 ATP。

A. 2　B. 3　C. 38 或 36　D. 129

四、简答题

1. 简述体内脂类的基本情况。
2. 脂类的生理功能有哪些？
3. 何谓酮体？酮体是如何生成及氧化利用的？
4. 说出血脂的来源与去路
5. 简述几种血浆脂蛋白的作用。

第七章　氨基酸代谢

【主要学习目标】

熟悉蛋白质的营养功用；掌握氨基酸的脱氨基方式；掌握氨的代谢及α-酮酸的代谢；了解个别氨基酸的代谢。

氨基酸是蛋白质的基本组成单位。体内的大多数蛋白质均不断地进行合成与分解代谢，体内的这种转换过程一方面可清除异常蛋白质，因为这些异常蛋白质的积聚会损伤细胞。另一方面使酶或调节蛋白的活性由合成和分解得到调节，进而调节细胞代谢。

蛋白质分解代谢首先在酶的催化下蛋白质水解为氨基酸，而后各氨基酸进行分解代谢，或转变为其他物质，或参与新的蛋白质的合成。因此氨基酸代谢是蛋白质分解代谢的中心内容。

第一节　概　　述

一、蛋白质的营养作用

1. 蛋白质营养作用的重要性

蛋白质是生命的物质基础，维持细胞、组织的生长、更新、修补，以及催化、运输、代谢调节等均需要蛋白质参与。同时，蛋白质也是能源物质，每克蛋白质在体内氧化分解可释放约 17kJ 的能量。因此，提供足够食物蛋白质对正常代谢和各种生命活动的进行十分重要，对于处于生长发育期的儿童和康复期的病人，供给足量、优质的蛋白质尤为重要。

2. 蛋白质的需要量和营养价值

(1) 氮平衡

机体内蛋白质代谢的概况可根据氮平衡实验来确定。如前所述，蛋白质的平均含氮量约为 16%。食物中的含氮物质绝大部分是蛋白质。因此测定食物中的含氮量可以估算出所含蛋白质的量。蛋白质在体内分解代谢所产生的含氮物质主要由尿、粪排出。测定尿与粪中的含氮量（排出氮）及从食物中摄入的含氮量（摄入氮）可以反映人体蛋白质的代谢情况。

① 氮的总平衡　摄入氮＝排出氮，反映正常成年人的蛋白质代谢情况。

② 氮的正平衡　摄入氮＞排出氮，部分摄入的氮用于合成体内蛋白质，见于儿童、孕妇及恢复期病人。

③ 氮的负平衡　摄入氮＜排出氮，摄入的蛋白质不能满足机体的需要，见于长期饥饿或者消耗性疾病患者。

(2) 生理需要量

根据氮平衡实验计算，在不进食蛋白质时，成人每日最低分解约 20g 蛋白质。由于食物蛋白质与人体蛋白质组成的差异，不可能全部被利用，故成人每日最低需要 30～50g 蛋白质。我国营养学会推荐成人每日蛋白质需要量为 80g。

(3) 蛋白质的营养价值

在营养方面，不仅要注意膳食蛋白质的量，还必须注意蛋白质的质。由于各种蛋白质所含氨基酸的种类和数量不同，它们的质不同。

组成人体蛋白质的氨基酸有 20 种，其中有数种不能在人体内合成，而必须获自食物，这些氨基酸被称为“必需氨基酸”，它们是蛋氨酸、赖氨酸、色氨酸、苏氨酸、缬氨酸、苯丙氨酸、亮氨酸和异亮氨酸。此外，幼儿生长尚需组氨酸。除这些必需氨基酸以外的其他氨基酸，因为都能在机体内合成，故被称为“非必需氨基酸”。食物蛋白质的营养价值即有效利用率，与必需氨基酸密切相关。因此，评价一种食物蛋白质的营养价值，主要应视其所含的各种必需氨基酸量是否能满足机体的需要。

一般来说，含有必需氨基酸种类多和数量足的蛋白质，其营养价值高，反之营养价值低。由于动物性蛋白质所含必需氨基酸的种类和比例与人体需要相近，故营养价值高。营养价值较低的蛋白质混合食用，则必需氨基酸可以互相补充，从而提高营养价值，称为食物蛋白质的互补作用。例如：谷类蛋白质含赖氨酸较少而含色氨酸较多，豆类蛋白质含赖氨酸较多而含色氨酸较少，两者混合食用即可提高营养价值。

在某些病理情况下，为保证患者的营养需要，可进行混合氨基酸输液。

二、蛋白质的消化、吸收与腐败作用

1. 蛋白质的消化

各种生物体都具有特异的蛋白质组成与结构。因此，人体不能用与体内分子组成和结构不同的食物蛋白质来直接修补或更新组织，而必须先将食物蛋白质消化成为简单的氨基酸，这样可以消除食物蛋白质的种属特异性或抗原性，便于吸收和用于合成机体自身特有的蛋白质。如果机体吸收了未降解的异种蛋白质，就会引起过敏、毒性反应，如蛇毒。蛋白质消化的实质是一系列的酶促水解反应。唾液不含蛋白水解酶，蛋白质的消化从胃开始，主要在小肠中进行。

（1）胃中的消化

胃中消化蛋白质的酶是胃蛋白酶，它由胃蛋白酶原经胃酸激活，胃蛋白酶也能激活胃蛋白酶原变成胃蛋白酶，称为自身激活作用。胃蛋白酶的最适 pH 为 1.5～2.5，对蛋白质肽键的特异性较差。蛋白质经胃蛋白酶作用后，主要分解成多肽及少量氨基酸。胃蛋白酶对乳中的酪蛋白有凝乳作用，这对哺乳婴儿较为重要，因为乳液凝成乳块后在胃中停留时间延长，有利于消化。

（2）小肠中的消化

食物在胃中停留时间较短，因此蛋白质在胃中消化很不完全，在小肠中，蛋白质的消化产物及未被消化的蛋白质再受胰液及肠黏膜细胞分泌的多种蛋白水解酶及肽酶的共同作用，进一步水解成氨基酸。因此，小肠是蛋白质消化的主要部位。

胃和小肠中的蛋白酶一般均由无活性的酶原经激活而成。各种蛋白水解酶对肽键作用的专一性不同，通过各种蛋白酶的协同作用，生成氨基酸及二肽后方可被吸收，各种蛋白酶对肽键作用的专一性见表 7-1。

2. 氨基酸的吸收

氨基酸的吸收主要在小肠中进行，一般认为它主要是一个耗能的主动吸收过程。主要有两种方式：一是小肠黏膜上有氨基酸的载体蛋白，载体将氨基酸、Na^+ 运入细胞内，钠泵消耗 ATP 将 Na^+ 排出。第二种方式是 γ-谷氨酰基循环，在此循环中，待吸收的氨基酸与谷胱甘肽的谷氨酰基生成 γ-谷氨酰基-氨基酸而被转入肠黏膜细胞内，在细胞中其他酶作用下，释放出氨基酸和谷氨酰胺，并重新生成谷胱甘肽，每次循环吸收一个氨基酸，消耗 3 分子 ATP。

表 7-1 蛋白水解酶的专一性

蛋白酶	专一性
胃蛋白酶	Ala、Leu、Phe、Trp、Met、Tyr 的羧基形成的肽键
胰蛋白酶	Lys、Arg 的羧基形成的肽键
糜蛋白酶	Phe、Tyr、Trp 的羧基形成的肽键
弹性蛋白酶	脂肪族氨基酸的羧基形成的肽键
氨基肽酶	除了 Pro 外，任何氨基酸的氨基形成的肽键
羧基肽酶 A	除了 Lys、Arg、Pro 外，任何氨基酸的氨基形成的肽键
羧基肽酶 B	Lys、Arg 的氨基形成的肽键

3. 蛋白质的腐败作用

在肠道中没有经过彻底消化的蛋白质、多肽、氨基酸在肠道中被细菌消化，发生变质，称为腐败作用。腐败产物有多种：胺类、酚类、醇类、氨、甲烷、吲哚、甲基吲哚，还可以产生少量的脂肪酸、维生素 K 等。有些物质对人体有害。

第二节 氨基酸的一般代谢

食物蛋白经过消化吸收后，以氨基酸的形式通过血液循环运到全身的各组织中。这种来源的氨基酸称为外源性氨基酸。机体各组织的蛋白质在组织酶的作用下，也不断地分解成为氨基酸；机体还能合成部分氨基酸（非必需氨基酸），这两种来源的氨基酸称为内源性氨基酸。外源性氨基酸和内源性氨基酸彼此之间没有区别，共同构成了机体的氨基酸代谢库。氨基酸代谢库通常以游离氨基酸总量计算，机体没有专一的组织器官储存氨基酸，氨基酸代谢库实际上包括细胞内液、细胞间液和血液中的氨基酸。

氨基酸的主要功能是合成多肽、蛋白质，也合成其他含氮的生理活性物质。除了维生素之外（维生素 PP 是个例外），体内的各种含氮物质几乎都可由氨基酸转变而成，包括蛋白质、肽类激素、氨基酸衍生物、黑色素、嘌呤碱、嘧啶碱、肌酸、胺类、辅酶或辅基等。

从氨基酸的结构上看，除了侧链 R 基团不同外，均有 α-氨基和 α-羧基。氨基酸在体内的分解代谢实际上就是氨基、羧基和 R 基团的代谢。氨基酸分解代谢的主要途径是脱氨基生成氨和相应的 α-酮酸，氨基酸的另一条分解途径是脱羧基生成 CO_2 和胺。胺在体内可经胺氧化酶作用，进一步分解生成氨和相应的醛和酸。氨对人体来说是有毒的物质，氨在体内主要合成尿素排出体外，还可以合成其他含氮物质（包括非必需氨基酸、谷氨酰胺等），少量的氨可直接经尿排出。R 基团部分生成的酮酸可进一步氧化分解生成 CO_2 和水，并提供能量，也可经一定的代谢反应转变生成糖或脂在体内储存。由于不同的氨基酸结构不同，因此它们的代谢也有各自的特点。图 7-1 表示体内氨基酸的代谢概况。

各组织器官在氨基酸代谢上的作用有所不同，其中以肝脏最为重要。肝脏蛋白质的更新速度比较快，氨基酸代谢活跃，大部分氨基酸在肝脏进行分解代谢，同时氨的解毒过程主要也在肝脏中进行。

一、氨基酸脱氨基作用

脱氨基作用是指氨基酸在酶的催化下脱去氨基生成 α-酮酸的过程。这是氨基酸在体内分解的主要方式。参与人体蛋白质合成的氨基酸共有 20 种，它们的结构不同，脱氨基的方式

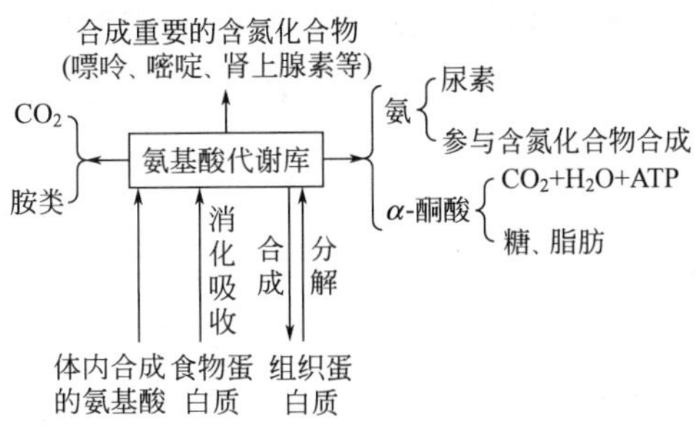

图 7-1　氨基酸代谢概况

也不同，主要有氧化脱氨基、转氨基、联合脱氨基，以联合脱氨基最为重要。

1. 氧化脱氨基作用

氧化脱氨基作用是指在酶的催化下，氨基酸在氧化脱氢的同时脱去氨基的过程。由不需氧脱氢酶催化的氧化脱氨基作用。

L-谷氨酸在线粒体中由 L-谷氨酸脱氢酶催化氧化脱氨。L-谷氨酸脱氢酶为不需氧脱氢酶，以 NAD^+ 或 $NADP^+$ 作为辅酶。氧化反应通过谷氨酸脱氢转给 $NAD(P)^+$ 形成 α-亚氨基戊二酸，再水解生成 α-酮戊二酸和氨。

$$\begin{array}{c} COOH \\ | \\ CH_2 \\ | \\ CH_2 \\ | \\ CHNH_2 \\ | \\ COOH \\ \text{L-谷氨酸} \end{array} \xrightleftharpoons[\text{L-谷氨酸脱氢酶}]{NAD^+ \text{或} NADP^+ \;\to\; NADH+H^+ \text{或} NADPH+H^+} \begin{array}{c} COOH \\ | \\ CH_2 \\ | \\ CH_2 \\ | \\ C{=}NH \\ | \\ COOH \\ \alpha\text{-亚氨基戊二酸} \end{array} \xrightleftharpoons[-H_2O]{+H_2O} \begin{array}{c} COOH \\ | \\ CH_2 \\ | \\ CH_2 \\ | \\ C{=}O \\ | \\ COOH \\ \alpha\text{-酮戊二酸} \end{array} + NH_3$$

L-谷氨酸脱氢酶为变构酶，GDP 和 ADP 为变构激活剂，ATP 和 GTP 为变构抑制剂。

在体内，L-谷氨酸脱氢酶催化可逆反应。一般情况下偏向于谷氨酸的合成，因为高浓度氨对机体有害，此反应平衡点有助于保持较低的氨浓度。但当谷氨酸浓度高而 NH_3 浓度低时，则有利于脱氨和 α-酮戊二酸的生成。

2. 转氨基作用

(1) 转氨基作用

转氨基作用指在转氨酶催化下，将 α-氨基酸的氨基转给另一个 α-酮酸，生成相应的 α-酮酸和一种新的 α-氨基酸的过程。

$$\begin{array}{c} COOH \\ | \\ CHNH_2 \\ | \\ R \end{array} + \begin{array}{c} COOH \\ | \\ C{=}O \\ | \\ R^1 \end{array} \xrightleftharpoons{\text{转氨酶}} \begin{array}{c} COOH \\ | \\ CHNH_2 \\ | \\ R^1 \end{array} + \begin{array}{c} COOH \\ | \\ C{=}O \\ | \\ R \end{array}$$

体内绝大多数氨基酸通过转氨基作用脱氨。参与蛋白质合成的 20 种 α-氨基酸中，除赖氨酸、苏氨酸不参加转氨基作用外，其余均可由特异的转氨酶催化参加转氨基作用。

转氨基作用最重要的氨基受体是 α-酮戊二酸，产生谷氨酸作为新生成氨基酸；进一步将谷氨酸中的氨基转给草酰乙酸，生成 α-酮戊二酸和天冬氨酸；或转给丙酮酸，生成 α-酮戊二酸和丙氨酸，通过第二次转氨反应，再生出 α-酮戊二酸。正常时，转氨酶主要存在于细胞内，血清中的活性相当低，各组织器官中以肝和心脏的活性最高，如肝细胞中含量最高的是谷丙转氨酶（GDT），又称丙氨酸氨基转移酶（ALT）；心肌细胞中含量最高的是谷草转氨酶（GOT），又称天冬氨酸氨基转移酶（AST）。如某种原因使细胞膜通透性增高或细胞破坏时，则转氨酶可以大量释放进入血液，引起血清中转氨酶活性明显升高。例如：心肌梗死患者血清中GOT明显升高，急性肝炎患者血清GTP活性明显升高，临床上可以作为疾病诊断和预防的指标之一。

转氨基作用是可逆的，平衡常数约为1。反应的方向取决于四种反应物的相对浓度。因而，转氨基作用也是体内某些氨基酸（非必需氨基酸）合成的重要途径。

（2）转氨基作用的生理意义

转氨基作用起着十分重要的作用。通过转氨基作用可以调节体内非必需氨基酸的种类和数量，以满足体内蛋白质合成时对非必需氨基酸的需求。转氨基作用还是联合脱氨基作用的重要组成部分，从而加速了体内氨的转变和运输，勾通了机体的糖代谢、脂代谢和氨基酸代谢的互相联系。

3. 联合脱氨基作用

联合脱氨基作用是体内主要的脱氨方式。主要有两种反应途径。

（1）由L-谷氨酸脱氢酶和转氨酶联合催化的联合脱氨基作用

先在转氨酶催化下，将某种氨基酸的α-氨基转移到α-酮戊二酸上生成谷氨酸，然后，在L-谷氨酸脱氢酶作用下将谷氨酸氧化脱氨生成α-酮戊二酸，而α-酮戊二酸再继续参加转氨基作用。

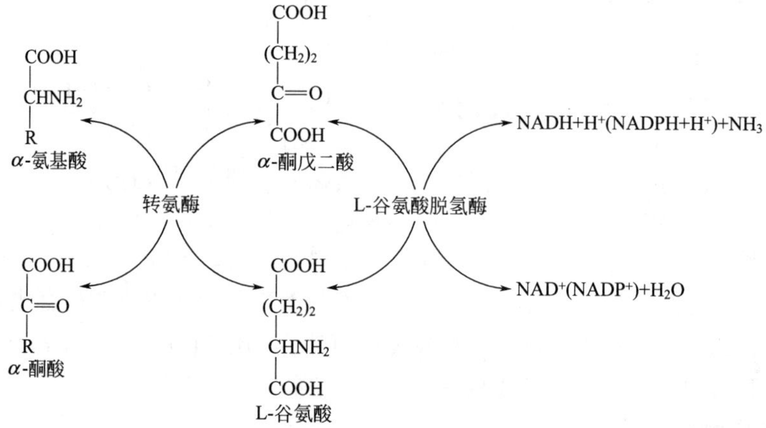

L-谷氨酸脱氢酶主要分布于肝、肾、脑等组织中，而α-酮戊二酸参加的转氨基作用普遍存在于各组织中，所以此种联合脱氨主要在肝、肾、脑等组织中进行，反应可逆。

（2）嘌呤核苷酸循环

骨骼肌和心肌组织中L-谷氨酸脱氢酶的活性很低，因而不能通过上述形式的联合脱氨反应脱氨基。但骨骼肌和心肌中含丰富的腺苷酸脱氨酶，能催化腺苷酸加水、脱氨生成次黄嘌呤核苷酸（IMP），见图7-2。

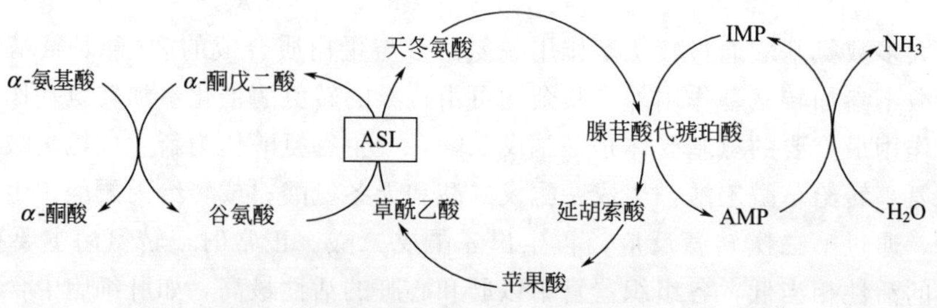

图7-2 转氨基作用与嘌呤核苷酸循环的联合

一种氨基酸经过两次转氨基作用可将α-氨基转移至草酰乙酸生成天冬氨酸。天冬氨酸又可将此氨基转移到次黄嘌呤核苷酸上生成腺嘌呤核苷酸（通过中间化合物腺苷酸代琥珀酸）。

目前认为嘌呤核苷酸循环是骨骼肌和心肌中氨基酸脱氨的主要方式。肌肉活动增加时需要三羧酸循环增强以供能。而此过程需三羧酸循环中间产物增加，肌肉组织中缺乏能催化这种补偿反应的酶。肌肉组织则依赖此嘌呤核苷酸循环补充中间产物——草酰乙酸。研究表明肌肉组织中催化嘌呤核苷酸循环反应的酶的活性均比其他组织中高几倍。AMP 脱氨酶遗传缺陷患者（肌腺嘌呤脱氨酶缺乏症）易疲劳，而且转运后常出现痛性痉挛。

这种形式的联合脱氨是不可逆的，因而不能通过其逆过程合成非必需氨基酸。这一代谢途径不仅把氨基酸代谢与糖代谢、脂代谢联系起来，而且也把氨基酸代谢与核苷酸代谢联系起来。

二、氨的代谢

1. 氨的来源

（1）组织中氨基酸分解生成的氨

组织中的氨基酸经过联合脱氨作用脱氨或经其他方式脱氨，这是组织中氨的主要来源。组织中氨基酸经脱羧基反应生成胺，再经单胺氧化酶或二胺氧化酶作用生成游离氨和相应的醛，这是组织中氨的次要来源，组织中氨基酸分解生成的氨是体内氨的主要来源。

（2）肾脏来源的氨

血液中的谷氨酰胺流经肾脏时，可被肾小管上皮细胞中的谷氨酰胺酶分解生成谷氨酸和 NH_3。这一部分 NH_3 约占肾脏产氨量的 60%。其他各种氨基酸在肾小管上皮细胞中分解也产生氨，约占肾脏产氨量的 40%。

肾小管上皮细胞中的氨有两条去路：排入原尿中，随尿液排出体外；或者被重吸收入血成为血氨。氨容易透过生物膜，而 NH_4^+ 不易透过生物膜。所以肾脏产氨的去路决定于血液与原尿的相对 pH 值。血液的 pH 值是恒定的，因此实际上决定于原尿的 pH 值。原尿 pH 值偏酸时，排入原尿中的 NH_3 与 H^+ 结合成为 NH_4^+，随尿排出体外。若原尿的 pH 值较高，则 NH_3 易被重吸收入血。

（3）肠道来源的氨

这是血氨的主要来源。正常情况下肝脏合成的尿素有 15%～40%经肠黏膜分泌入肠腔。肠道细菌有尿素酶，可将尿素水解成为 CO_2 和 NH_3，这一部分氨约占肠道产氨总量的 90%（成人每日约为 4g）。肠道中的氨可被吸收入血，其中 3/4 的吸收部位在结肠，其余部分在空肠和回肠。氨入血后可经门脉入肝，重新合成尿素。这个过程称为尿素的肠肝循环。

肠道中的一小部分氨来自腐败作用。这是指未被消化吸收的食物蛋白质或其水解产物氨基酸在肠道细菌作用下分解的过程。肠道中 NH_3 重吸收入血的程度决定于肠道内容物的 pH 值，肠道内 pH 值低于 6 时，肠道内氨生成 NH_4^+，随粪便排出体外；肠道内 pH 值高于 6 时，肠道内氨吸收入血。

2. 氨的去路

氨是有毒的物质，机体必须及时将氨转变成无毒或毒性小的物质，然后排出体外。主要去路是在肝脏合成尿素、随尿排出；一部分氨可以合成谷氨酰胺和天冬酰胺，也可合成其他非必需氨基酸；少量的氨可直接经尿排出体外。

氨的来源及去路的概括见图 7-3。

3. 氨的转运

（1）葡萄糖-丙氨酸循环

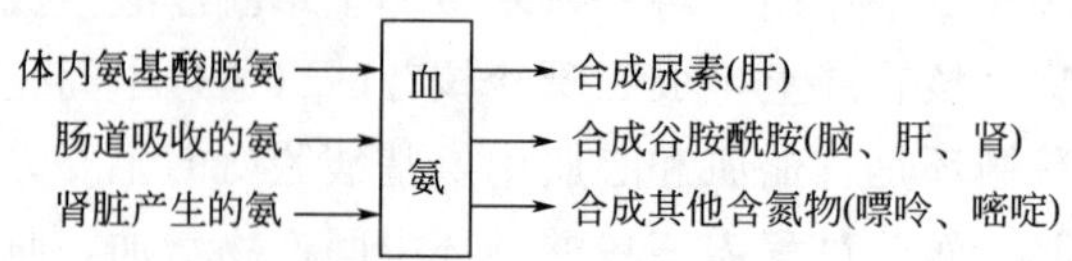

图 7-3 氨的来源及去路

肌肉组织中以丙酮酸作为转移的氨基受体，生成丙氨酸经血液运输到肝脏。在肝脏中，经转氨基作用生成丙酮酸，可经糖异生作用生成葡萄糖，葡萄糖由血液运输到肌肉组织中，分解代谢再产生丙酮酸，后者再接受氨基生成丙氨酸。这一循环途径称为“葡萄糖-丙氨酸循环”。通过此途径，肌肉氨基酸的氨基，运输到肝脏以 NH_3 或天冬氨酸合成尿素，见图 7-4。

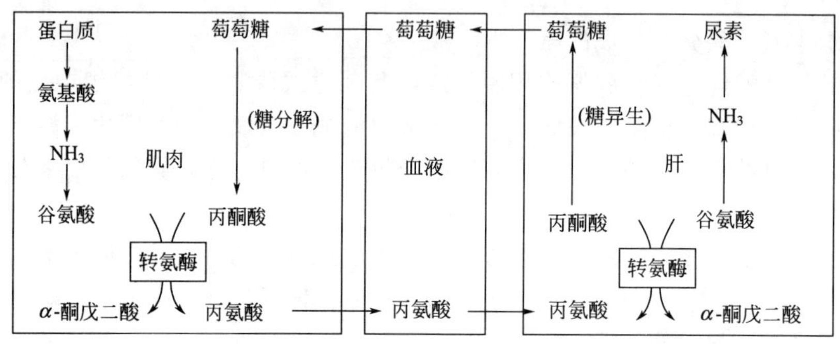

图 7-4 葡萄糖-丙氨酸循环

饥饿时通过此循环将肌肉组织中氨基酸分解生成的氨及葡萄糖的不完全分解产物丙酮酸，以无毒性的丙氨酸形式转运到肝脏作为糖异生的原料。肝脏异生成的葡萄糖可被肌肉或其他外周组织利用。

(2) 谷氨酰胺生成

氨与谷氨酸在谷氨酰胺合成酶的催化下生成谷氨酰胺，并由血液运输至肝或肾，再经谷氨酰胺酶水解成谷氨酸和氨。谷氨酰胺主要从脑、肌肉等组织向肝或肾运氨。

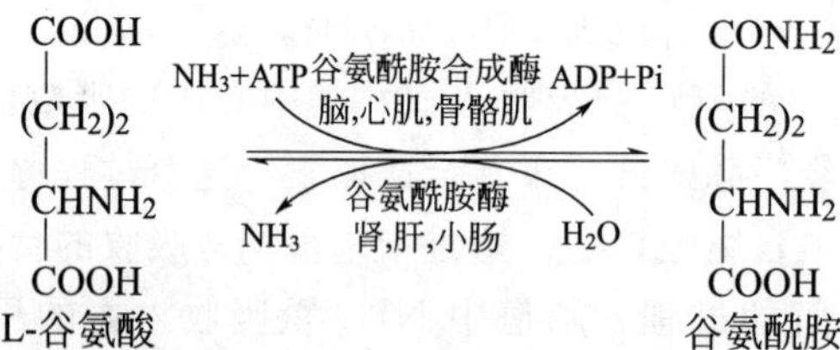

谷氨酰胺合成酶催化合成谷氨酰胺，主要分布于脑、心肌和骨骼肌等组织细胞中，谷氨酰胺分解由谷氨酰胺酶催化，此酶主要存在于肾脏、肝脏及小肠中。

谷氨酰胺的合成，对于防止组织中氨浓度过高有重要意义，当谷氨酰胺生成后，经血液主要转运至肾脏、肝脏及小肠等组织中被利用。故谷氨酰胺既是体内氨的解毒产物，又是氨的储存和运输形式。临床上常给氨中毒的患者服用或输入谷氨酸钠，以降低血氨浓度。

4. 尿素合成

根据动物实验，人们很早就确定了肝脏是尿素合成的主要器官，肾脏是尿素排泄的主要器官。1932 年，Krebs 等利用大鼠肝切片做体外实验，发现在供能的条件下，可由 CO_2 和氨合成尿素。若在反应体系中加入少量的精氨酸、鸟氨酸或瓜氨酸可加速尿素的合成，而这种氨基酸的含量并不减少。为此，Krebs 等提出了鸟氨酸循环学说。

尿素中的两个氮原子分别由氨和天冬氨酸提供，而碳原子来自 HCO_3^-，五步酶促反应，二步在线粒体中，三步在胞液中进行。其详细过程可分为以下五步。

（1）氨基甲酰磷酸的合成

氨基甲酰磷酸是在 Mg^{2+}、ATP 及 *N*-乙酰谷氨酸存在的情况下，由氨基甲酰磷酸合成酶-Ⅰ催化 NH_3 和 HCO_3^- 在肝细胞线粒体中合成。

$$H_2O+CO_2+NH_3+2ATP \xrightarrow[N\text{-乙酰谷氨酸},Mg^{2+}]{\text{氨基甲酰磷酸合成酶-Ⅰ}} H_2N{-}\overset{\overset{\displaystyle O}{\|}}{C}{-}O{-}\overset{\overset{\displaystyle OH}{|}}{\underset{\underset{\displaystyle OH}{|}}{P}}{=}O+ADP+H_3PO_4$$

氨基甲酰磷酸

肝细胞线粒体中谷氨酸脱氢酶和氨基甲酰磷酸合成酶-Ⅰ催化的反应是紧密偶联的。谷氨酸脱氢酶催化谷氨酸氧化脱氨，生成的产物为 NH_3 和 $NADH+H^+$。NADH 经 NADH 氧化呼吸链传递氧化生成 H_2O，释放出来的能量用于 ADP 磷酸化生成 ATP。因此谷氨酸脱氢酶催化反应不仅为氨基甲酰磷酸的合成提供了底物 NH_3，同时也提供了该反应所需要的能量 ATP。氨基甲酰磷酸合成酶-Ⅰ将有毒的氨转变成氨基甲酰磷酸，反应中生成的 ADP 又是谷氨酸脱氢酶的变构激活剂，促进谷氨酸进一步氧化脱氨。这种紧密偶联有利于迅速将氨固定在肝细胞线粒体内，防止氨逸出线粒体进入细胞质，进而透过细胞膜进入血液，引起血氨升高。

（2）瓜氨酸的生成

鸟氨酸氨基甲酰转移酶存在于线粒体中，通常与氨基甲酰磷酸合成酶-Ⅰ形成酶的复合物，催化氨基甲酰磷酸转甲酰基给鸟氨酸生成瓜氨酸（注意：鸟氨酸、瓜氨酸不出现在蛋白质中）。此反应在线粒体内进行，而鸟氨酸在胞液中生成，所以必须通过一特异的穿梭系统进入线粒体内。

$$H_2N{-}\overset{\overset{\displaystyle O}{\|}}{C}{-}O{-}\overset{\overset{\displaystyle OH}{|}}{\underset{\underset{\displaystyle OH}{|}}{P}}{=}O+\begin{array}{l}NH_2\\|\\(CH_2)_3\\|\\CHNH_2\\|\\COOH\end{array}\xrightarrow{\text{鸟氨酸氨基甲酰转移酶}}\begin{array}{l}NH{-}\overset{\overset{\displaystyle O}{\|}}{C}{-}NH_2\\|\\(CH_2)_3\\|\\CHNH_2\\|\\COOH\end{array}+H_3PO_4$$

氨基甲酰磷酸　　鸟氨酸　　瓜氨酸

（3）精氨酸代琥珀酸的合成

瓜氨酸穿过线粒体膜进入胞浆中，在胞浆中由精氨酸代琥珀酸合成酶催化瓜氨酸的脲基与天冬氨酸的氨基缩合生成精氨酸代琥珀酸，获得尿素分子中的第二个氮原子。此反应由 ATP 供能。

$$\begin{array}{l}NH{-}\overset{\overset{\displaystyle O}{\|}}{C}{-}NH_2\\|\\(CH_2)_3\\|\\CHNH_2\\|\\COOH\end{array}+\begin{array}{l}COOH\\|\\CHNH_2\\|\\CH_2\\|\\COOH\end{array}\xrightarrow[\text{精氨酸代琥珀酸合成酶}]{ATP\ \ Mg^{2+}\ \ ADP,Pi}\begin{array}{l}NH_2\qquad COOH\\|\qquad\quad\ |\\C{=}N{-}CH\\|\qquad\quad\ |\\NH\qquad CH_2\\|\qquad\quad\ |\\(CH_2)_3\quad COOH\\|\\CHNH_2\\|\\COOH\end{array}+H_2O$$

瓜氨酸　　天冬氨酸　　精氨酸代琥珀酸

(4) 精氨酸的生成

精氨酸代琥珀酸裂解酶催化精氨酸代琥珀酸裂解成精氨酸和延胡索酸。该反应中生成的延胡索酸可经三羧酸循环的中间步骤生成草酰乙酸，再经谷草转氨酶催化转氨作用重新生成天冬氨酸。由此，通过延胡索酸和天冬氨酸，使三羧酸循环与尿素循环联系起来。

$$\underset{\text{精氨酸代琥珀酸}}{\begin{array}{l} NH_2 \quad\quad COOH \\ | \quad\quad\quad\quad | \\ C{=}N{-}CH \\ | \quad\quad\quad\quad | \\ NH \quad\quad CH_2 \\ | \quad\quad\quad\quad | \\ (CH_2)_3 \quad COOH \\ | \\ CHNH_2 \\ | \\ COOH \end{array}} \xrightarrow{\text{精氨酸代琥珀酸裂解酶}} \underset{\text{精氨酸}}{\begin{array}{l} NH_2 \\ | \\ C{=}NH \\ | \\ NH \\ | \\ (CH_2)_3 \\ | \\ CHNH_2 \\ | \\ COOH \end{array}} + \underset{\text{延胡索酸}}{\begin{array}{l} COOH \\ | \\ CH \\ \| \\ CH \\ | \\ COOH \end{array}}$$

(5) 尿素的生成

尿素循环的最后一步反应是由精氨酸酶催化精氨酸水解生成尿素并再生成鸟氨酸，鸟氨酸再进入线粒体参与另一轮循环。

$$\underset{\text{精氨酸}}{\begin{array}{l} NH_2 \\ | \\ C{=}NH \\ | \\ NH \\ | \\ (CH_2)_3 \\ | \\ CHNH_2 \\ | \\ COOH \end{array}} + H_2O \xrightarrow{\text{精氨酸酶}} \underset{\text{尿素}}{\begin{array}{l} NH_2 \\ | \\ C{=}O \\ | \\ NH_2 \end{array}} + \underset{\text{鸟氨酸}}{\begin{array}{l} NH_2 \\ | \\ (CH_2)_3 \\ | \\ CHNH_2 \\ | \\ COOH \end{array}}$$

尿素合成的循环是一个耗能的过程，合成 1 分子尿素需要消耗 4 个高能磷酸键。3 个 ATP 水解生成 2 个 ADP、2 个 Pi、1 个 AMP 和 PPi。尿素合成的循环总结如图 7-5 所示。

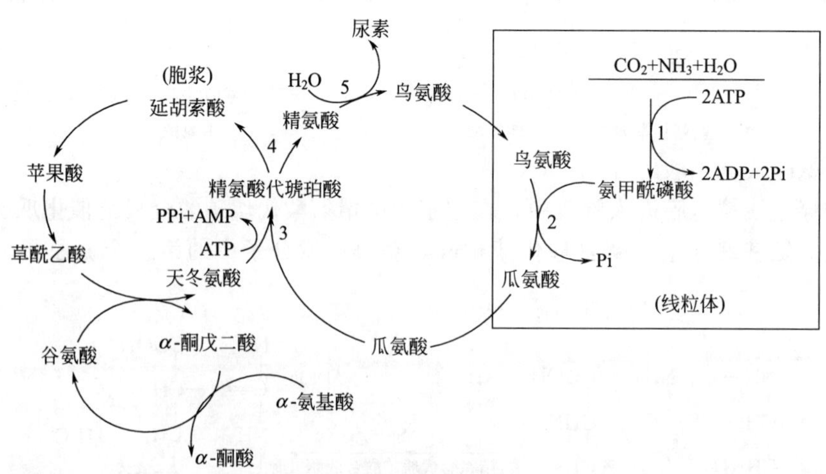

图 7-5 尿素合成过程

1—氨基甲酰磷酸合成酶；2—鸟氨酸氨基甲酰转移酶；3—精氨酸代琥珀酸合成酶；4—精氨酸代琥珀酸裂解酶；5—精氨酸酶

（6）尿素循环的调节

正常情况下，肝细胞以合适的速率合成尿素，以保证及时解除氨的毒性。尿素合成的速率可受多种因素的调节。

① 食物蛋白质的影响　高蛋白膳食者，尿素排出量增多；低蛋白质膳食者，尿素的排出量相对减少。饥饿时，肌肉蛋白质分解代谢加强，尿素的排出量也增加。

② 氨基甲酰磷酸合成酶-Ⅰ对尿素合成的影响　尿素合成过程中，氨基甲酰磷酸的生成是重要的调节步骤，而 *N*-乙酰谷氨酸是氨基甲酰磷酸合成酶-Ⅰ的别构激活剂，而精氨酸则是 *N*-乙酰谷氨酸合成酶的激活剂，精氨酸浓度高时，尿素合成加快。临床上常用静脉注射精氨酸降低血氨浓度。

5. 高血氨症及氨中毒

氨的毒性很强，在正常情况下，血氨的来源及去路保持动态的平衡，使得血液中氨的浓度很低，不致引起中毒。氨在肝脏中合成尿素是血氨的主要去路，所以是维持这种动态平衡的关键。当肝功能严重损伤时，尿素合成障碍，血氨浓度升高，即为高氨血症。大脑对氨非常敏感，氨进入脑组织中，与 α-酮戊二酸结合生成谷氨酸，谷氨酸再与氨结合生成谷氨酰胺，因此脑中氨的增加使脑细胞的 α-酮戊二酸减少，三羧酸循环减弱，ATP 生成减少，引起大脑功能障碍，严重时可昏迷。对高血氨患者应采取的降低血氨的常用方法有：给予谷氨酸以促进谷氨酰胺的合成，从而降低脑组织中 α-酮戊二酸的消耗；给予精氨酸或者鸟氨酸，以促进尿素合成；给予抑制肠道细菌的药物，限制摄入蛋白质，酸化肠道，以减少肠道氨的生成和吸收。

三、α-酮酸的代谢

氨基酸经联合脱氨或其他方式脱氨所生成的 α-酮酸有下述去路。

1. 生成非必需氨基酸

α-酮酸经 L-谷氨酸脱氢酶和转氨酶联合催化的联合脱氨基作用的逆过程可生成相应的氨基酸。八种必需氨基酸中，除赖氨酸和苏氨酸外，其余六种亦可由相应的 α-酮酸加氨生成。但和必需氨基酸相对应的 α-酮酸不能在体内合成，所以必需氨基酸依赖于食物供应。

2. 氧化供能

这是 α-酮酸的重要去路之一。α-酮酸通过一定的反应途径先转变成丙酮酸、乙酰 CoA 或三羧酸循环的中间产物，再经过三羧酸循环彻底氧化分解。三羧酸循环将氨基酸代谢与糖代谢、脂肪代谢紧密联系起来。

3. 生成糖和酮体

与氨基酸相对应的 α-酮酸，在机体蛋白质、氨基酸供应充足，并且能量供应又不足时，α-酮酸可以转变成糖或者脂肪。用各种氨基酸饲养人工糖尿病犬，发现大多数氨基酸可以使犬尿中葡萄糖的含量增多，称此氨基酸为生糖氨基酸；若尿中酮体含量增多，则称为生酮氨基酸；尿中二者都增多者称为生糖兼生酮氨基酸。凡能生成丙酮酸或三羧酸循环的中间产物的氨基酸均为生糖氨基酸；凡能生成乙酰 CoA 或乙酰乙酸的氨基酸均为生酮氨基酸；凡能生成丙酮酸或三羧酸循环中间产物同时能生成乙酰 CoA 或乙酰乙酸者为生糖兼生酮氨基酸。

亮氨酸和赖氨酸为生酮氨基酸；异亮氨酸、色氨酸、苏氨酸、苯丙氨酸和酪氨酸为生糖兼生酮氨基酸；其余氨基酸均为生糖氨基酸。

四、氨基酸、糖、脂肪之间的联系

糖、脂肪和氨基酸代谢相互联系、变化和转变，其代谢之间的联系见图 7-6。

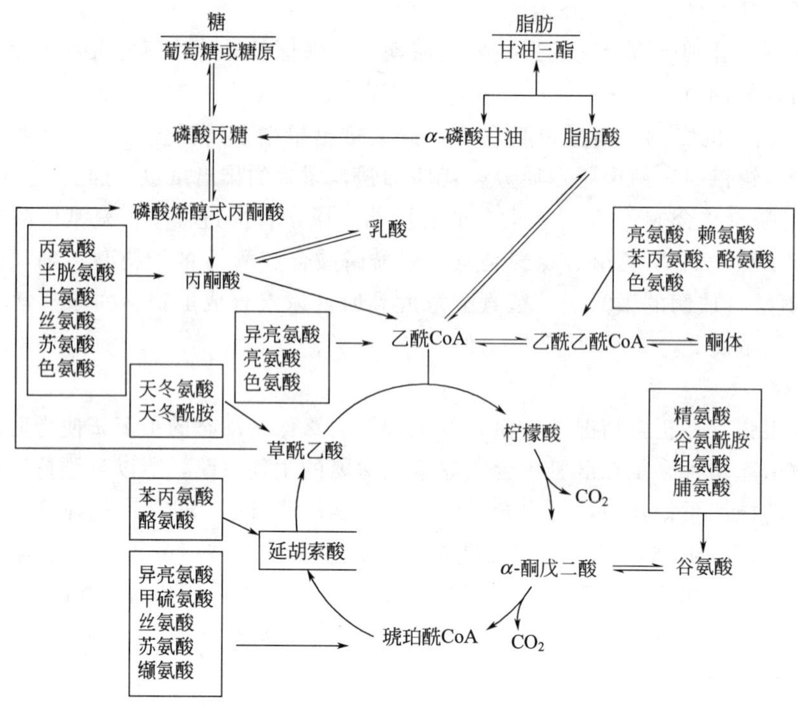

图 7-6 氨基酸、糖及脂肪代谢的联系

第三节 个别氨基酸的代谢

一、氨基酸的脱羧成胺

部分氨基酸可在氨基酸脱羧酶催化下进行脱羧基作用，生成相应的胺，脱羧酶的辅酶为磷酸吡哆醛。从量上讲，脱羧基作用不是体内氨基酸分解的主要方式，但可生成有重要生理功能的胺。下面列举几种氨基酸脱羧产生的重要胺类物质。

1. γ-氨基丁酸（GABA）

GABA 由 L-谷氨酸脱羧基生成，催化此反应的酶是 L-谷氨酸脱羧酶。此酶在脑、肾组织中活性很高，所以脑中 GABA 含量较高。GABA 是一种仅见于中枢神经系统的抑制性神经递质，对中枢神经元有普遍性抑制作用。在脊髓，作用于突触前神经末梢，减少兴奋性递质的释放，从而引起突触前抑制，在脑则引起突触后抑制。

$$\begin{matrix} COOH \\ | \\ (CH_2)_2 \\ | \\ CHNH_2 \\ | \\ COOH \end{matrix} \xrightarrow[\quad\searrow CO_2]{\text{L-谷氨酸脱羧酶}} \begin{matrix} COOH \\ | \\ (CH_2)_2 \\ | \\ CH_2NH_2 \end{matrix}$$

L-谷氨酸　　　　γ-氨基丁酸

2. 组胺

由组氨酸脱羧生成。组胺主要由肥大细胞产生并储存，在乳腺、肺、肝、肌肉及胃黏膜中含量较高。组胺是一种强烈的血管舒张剂，并能增加毛细血管的通透性。可引起血压下降和局部水肿。组胺的释放与过敏反应症状密切相关。组胺可刺激胃蛋白酶和胃酸的分泌，所以常用它作胃分泌功能的研究。

组氨酸 $\xrightarrow[-CO_2]{\text{组氨酸脱羧酶}}$ 组胺

3. 5-羟色胺

色氨酸在脑中首先由色氨酸羟化酶催化生成5-羟色氨酸，再经脱羧酶作用生成5-羟色胺。5-羟色胺在神经组织中有重要的功能，目前已肯定中枢神经系统有5-羟色胺能神经元。5-羟色胺可使大部分交感神经节前神经元兴奋，而使副交感节前神经元抑制。其他组织，如小肠、血小板、乳腺细胞中也有5-羟色胺，具有强烈的血管收缩作用。

色氨酸 $\xrightarrow{\text{色氨酸羟化酶}}$ 5-羟色氨酸 $\xrightarrow[-CO_2]{\text{5-羟色氨酸脱羧酶}}$ 5-羟色胺

4. 牛磺酸

体内牛磺酸主要由半胱氨酸脱羧生成。半胱氨酸先氧化生成磺酸丙氨酸，再由磺酸丙氨酸脱羧酶催化脱去羧基，生成牛磺酸。牛磺酸是结合胆汁酸的重要组成成分。

$$\underset{\text{L-半胱氨酸}}{\begin{array}{c}CH_2SH\\|\\CHNH_2\\|\\COOH\end{array}} \xrightarrow{[O]} \underset{\text{磺酸丙氨酸}}{\begin{array}{c}CH_2SO_2H\\|\\CHNH_2\\|\\COOH\end{array}} \xrightarrow[-CO_2]{\text{磺酸丙氨酸脱羧酶}} \underset{\text{牛磺酸}}{\begin{array}{c}CH_2SO_2H\\|\\CH_2NH_2\end{array}}$$

5. 多胺

某些氨基酸的脱羧作用可以产生多胺类物质，如鸟氨酸在鸟氨酸脱羧酶催化下可生成腐胺，然后转变成精脒和精胺。腐胺、精脒和精胺为多胺。

多胺存在于精液及细胞核糖体中，是调节细胞生长的重要物质，多胺分子带有较多正电荷，能与带负电荷的DNA及RNA结合，稳定其结构，促进核酸及蛋白质合成的某些环节。在生长旺盛的组织如胚胎、再生肝及癌组织中，多胺含量升高。所以可将利用血或尿中多胺含量作为肿瘤诊断的辅助指标。另外研究发现，维生素A对鸟氨酸脱羧酶有抑制作用，从而减少多胺的合成，阻止癌细胞的生长和分裂，具有一定的抗癌作用。

二、一碳单位代谢

某些氨基酸在代谢过程中能生成含一个碳原子的基团，经过转移参与生物合成过程。这些含一个碳原子的基团称为一碳单位。有关一碳单位生成和转移的代谢称为一碳单位代谢。

体内的一碳单位有：甲基（$—CH_3$）、亚甲基（$>CH_2$）、次甲基（$\equiv CH$）、甲酰基（—CHO）及亚氨甲基（—CH＝NH）等。它们可分别来自甘氨酸、组氨酸、丝氨酸、色氨酸等。

1. 一碳单位代谢的辅酶

一碳单位不能游离存在，通常与四氢叶酸（FH_4）结合而转运或参加生物代谢，FH_4是一碳单位代谢的辅酶。其结构如下：

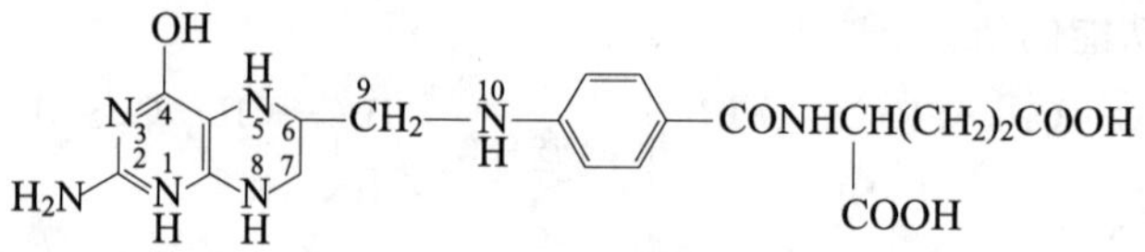

四氢叶酸

一碳单位共价连接于 FH_4 分子的 N^5、N^{10} 位上。

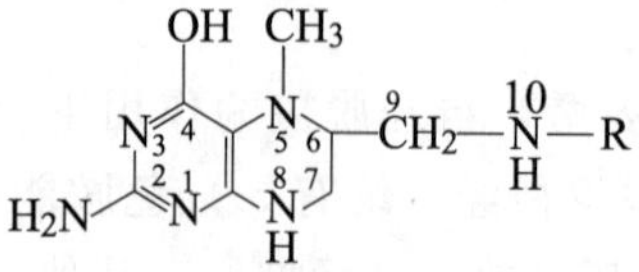

N^5-甲基-FH_4 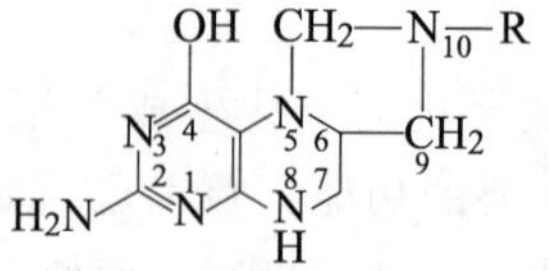　　N^5,N^{10}-亚甲基-FH_4 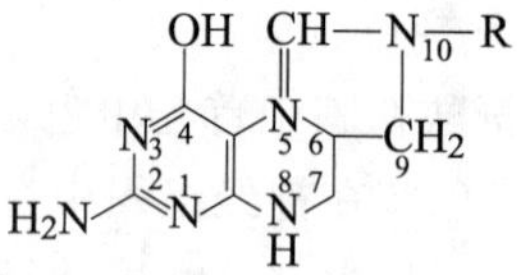　　N^5,N^{10}-次甲基-FH_4

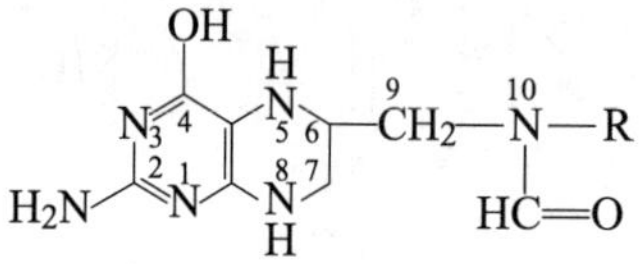

N^{10}-甲酰-FH_4 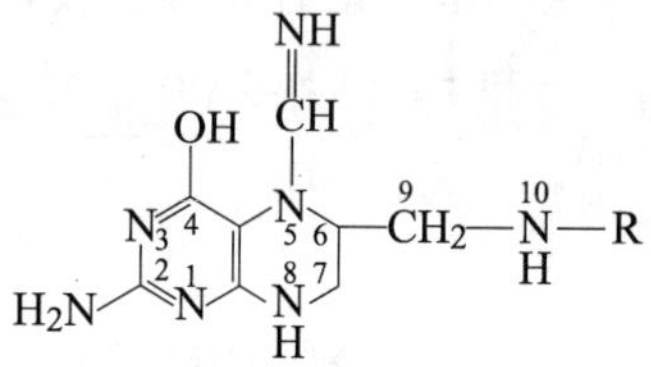　　N^5-亚氨甲基-FH_4

2. 一碳单位的来源及转换

丝氨酸在丝氨酸羟甲基转移酶催化转变为甘氨酸的过程中产生的 N^5，N^{10}-亚甲基-FH_4。

甘氨酸在甘氨酸裂解酶催化下可分解为 CO_2、NH_4^+ 和 N^5,N^{10}-次甲基-FH_4。

在组氨酸转变为谷氨酸过程中由亚胺甲基谷氨酸提供了 N^5-亚氨甲基-FH_4。

色氨酸分解代谢能产生甲酸，甲酸可与 FH_4 结合产生 N^{10}-甲酰-FH_4。

体内一碳单位分别处于不同的氧化水平，在相应的酶促氧化还原反应下可相互转换（见图 7-7）。

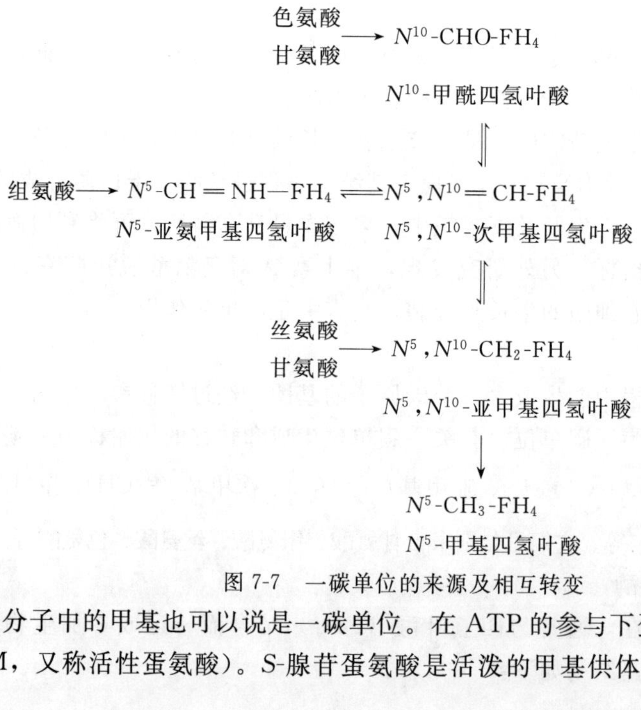

色氨酸、甘氨酸 → N^{10}-CHO-FH_4（N^{10}-甲酰四氢叶酸）

⇅

组氨酸 → N^5-CH＝NH—FH_4（N^5-亚氨甲基四氢叶酸）⇌ N^5,N^{10}＝CH-FH_4（N^5,N^{10}-次甲基四氢叶酸）

⇅

丝氨酸、甘氨酸 → N^5,N^{10}-CH_2-FH_4（N^5,N^{10}-亚甲基四氢叶酸）

↓

N^5-CH_3-FH_4（N^5-甲基四氢叶酸）

图 7-7　一碳单位的来源及相互转变

蛋氨酸分子中的甲基也可以说是一碳单位。在 ATP 的参与下蛋氨酸转变生成 *S*-腺苷蛋氨酸（SAM，又称活性蛋氨酸）。*S*-腺苷蛋氨酸是活泼的甲基供体。因此四氢叶酸并不是一碳单位的唯一载体。

3. 一碳单位的功能

（1）一碳单位是合成嘌呤和嘧啶的原料

在核酸生物合成中有重要作用。如 N^5,N^{10}＝CH-FH_4 直接提供甲基用去脱氧核苷酸 dUMP 向 dTMP 的转化。N^{10}-CHO-FH_4 和 N^5,N^{10}＝CH-FH_4 分别参与嘌呤碱中 C^2，C^3 原子的生成。

（2）SAM 提供甲基可参与体内多种物质合成

例如合成肾上腺素、胆碱、胆酸等。

一碳单位代谢将氨基酸代谢与核苷酸及一些重要物质的生物合成联系起来。一碳单位代谢的障碍可造成某些病理情况，如巨幼红细胞贫血等。磺胺药及某抗癌药（甲氨蝶呤等）正是分别通过干扰细菌及瘤细胞的叶酸、四氢叶酸合成，进而影响核酸合成而发挥药理作用的。

三、含硫氨基酸的代谢

含硫氨基酸共有蛋氨酸、半胱氨酸和胱氨酸三种，蛋氨酸可转变为半胱氨酸和胱氨酸，后两者也可以互变，但后者不能变成蛋氨酸，所以蛋氨酸是必需氨基酸。

1. 蛋氨酸的代谢

（1）转甲基作用与蛋氨酸循环

蛋氨酸中含有 *S*-甲基，可参与多种转甲基的反应，生成多种含甲基的生理活性物质。在腺苷转移酶催化下与 ATP 反应生成 *S*-腺苷蛋氨酸（SAM）。SAM 中的甲基是高度活化的，称活性甲基，SAM 称为活性蛋氨酸。

SAM 可在不同甲基转移酶的催化下，将甲基转移给各种接受体而形成许多甲基化合物，如肾上腺素、胆碱、甜菜碱、肉毒碱、肌酸等都是从 SAM 中获得甲基的。SAM 是体内最主要的甲基供体。

SAM 转出甲基后形成 *S*-腺苷同型半胱氨酸（SAH），SAH 水解释出腺苷变为同型半胱氨酸。同型半胱氨酸可以接受 N^5-CH_3-FH_4 提供的甲基再生成蛋氨酸，形成一个循环过程，称为蛋氨酸循环（见图 7-8）。此循环的生理意义在于蛋氨酸分子中甲基可间接通过 N^5-CH_3-FH_4 由其他非必需氨基酸提供，以防蛋氨酸的大量消耗。

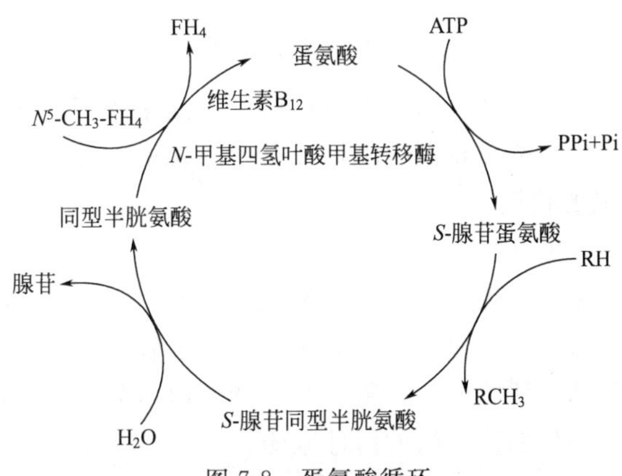

图 7-8　蛋氨酸循环

N^5-CH_3-FH_4 同型半胱氨酸甲基转移酶的辅酶是甲基 B_{12}。维生素 B_{12} 缺乏会引起蛋氨酸循环受阻。临床上可以见到维生素 B_{12} 缺乏引起的巨幼细胞性贫血。由于维生素 B_{12} 缺乏，引起甲基 B_{12} 缺乏，使甲基转移酶活性低下，甲基转移反应受阻导致叶酸以 N^5-CH_3-FH_4 形式在体内堆积。这样，其他形式的叶酸大量消耗，以这些叶酸作辅酶的酶活力降低，影响了嘌呤碱和胸腺嘧啶的合成，因而影响核酸的合成，引起巨幼细胞性贫血。也就是说，维生素 B_{12} 对核酸合成的影响是间接地通过影响叶酸代谢而实现的。

虽蛋氨酸循环可生成蛋氨酸，但体内不能合成同型半胱氨酸，只能由蛋氨酸转变而来，所以体内实际上不能合成蛋氨酸，必须由食物供给。

(2) 肌酸的合成

肌酸和磷酸肌酸在能量储存及利用中起重要作用。二者互变使体内 ATP 供应具有后备潜力。肌酸在肝和肾中合成，广泛分布于骨骼肌、心肌、大脑等组织中。肌酸以甘氨酸为骨架，精氨酸提供脒基、SAM 供给甲基、在脒基转移酶和甲基转移酶的催化下合成。在肌酸激酶催化下将 ATP 中 Pi 转移到肌酸分子中形成磷酸肌酸（CP）储备起来（见图 7-9）。

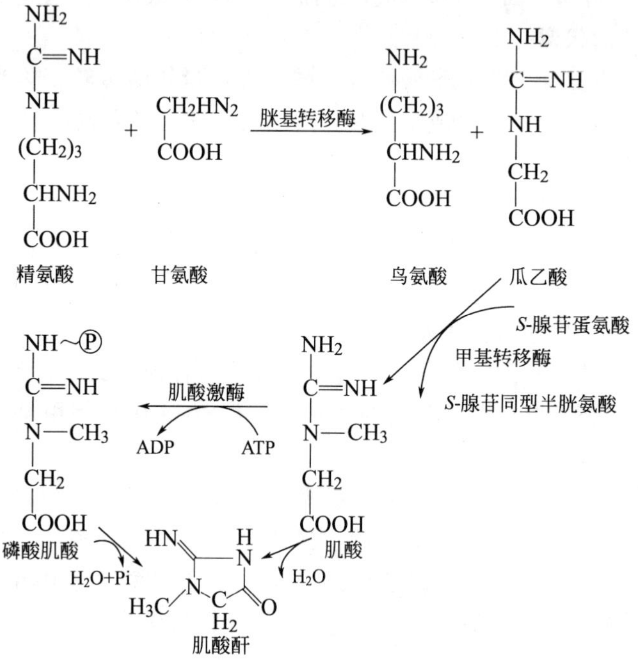

$$\underset{\text{精氨酸}}{H_2N{-}C({=}NH){-}NH{-}(CH_2)_3{-}CHNH_2{-}COOH} + \underset{\text{甘氨酸}}{CH_2HN_2{-}COOH} \xrightarrow{\text{脒基转移酶}} \underset{\text{鸟氨酸}}{H_2N{-}(CH_2)_3{-}CHNH_2{-}COOH} + \underset{\text{瓜乙酸}}{H_2N{-}C({=}NH){-}NH{-}CH_2{-}COOH}$$

$$\text{瓜乙酸} \xrightarrow[\text{甲基转移酶}]{S\text{-腺苷蛋氨酸} \rightarrow S\text{-腺苷同型半胱氨酸}} \underset{\text{肌酸}}{H_2N{-}C({=}NH){-}N(CH_3){-}CH_2{-}COOH}$$

$$\text{肌酸} \xrightarrow[\text{ATP} \rightarrow \text{ADP}]{\text{肌酸激酶}} \underset{\text{磷酸肌酸}}{Ⓟ{\sim}HN{-}C({=}NH){-}N(CH_3){-}CH_2{-}COOH}$$

$$\text{磷酸肌酸} \xrightarrow{-H_2O+Pi} \text{肌酸酐} \xleftarrow{-H_2O} \text{肌酸}$$

图 7-9 肌酸的代谢

肌酸和磷酸肌酸代谢的终产物是肌酸酐简称肌酐。健康成年人每天尿中肌酸酐的排泄量很恒定，当肾功能不全时，肌酸酐排泄受阻，在血中的含量可升高。

2. 半胱氨酸和胱氨酸的代谢

(1) 半胱氨酸和胱氨酸的互变

半胱氨酸含巯基（—SH），胱氨酸含有二硫键（—S—S—），二者可通过氧化还原而互变。胱氨酸不参与蛋白质的合成，蛋白质中的胱氨酸由半胱氨酸残基氧化脱氢而来。在蛋白质分子中两个半胱氨酸残基间所形成的二硫键对维持蛋白质分子构象起重要作用。而蛋白分子中半胱氨酸的巯基是许多蛋白质或酶的活性基团。

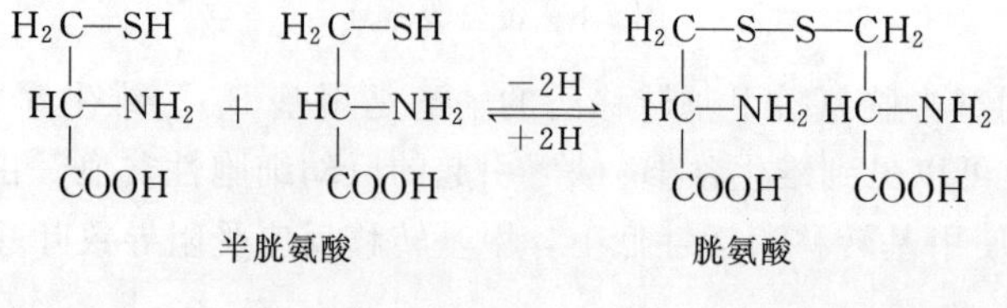

$$\underset{\text{半胱氨酸}}{H_2C{-}SH \atop |\atop HC{-}NH_2\atop |\atop COOH} + {H_2C{-}SH \atop |\atop HC{-}NH_2\atop |\atop COOH} \underset{+2H}{\overset{-2H}{\rightleftharpoons}} \underset{\text{胱氨酸}}{H_2C{-}S{-}S{-}CH_2 \atop HC{-}NH_2 \quad HC{-}NH_2 \atop COOH \quad COOH}$$

(2) 半胱氨酸分解代谢

机体中半胱氨酸主要通过两条途径降解为丙酮酸。一是加双氧酶催化的直接氧化途径，或称半胱亚磺酸途径，另一是通过转氨的3-巯基丙酮酸途径。

(3) 活性硫酸根代谢

含硫氨基酸经分解代谢可生成 H_2S，H_2S 氧化成为硫酸。半胱氨酸巯基亦可先氧化生成亚磺基，然后再生成硫酸。其中一部分以无机盐形式从尿中排出，一部分经活化生成3′-磷酸腺苷-5′-磷酸硫酸（PAPS），即活性硫酸根。

PAPS的性质活泼，在肝脏的生物转化中有重要作用。例如类固醇激素可与PAPS结合成硫酸酯而被灭活，一些外源性酚类亦可形成硫酸酯而增加其溶解性，以利于从尿中排出。此外，PAPS也可参与硫酸角质素及硫酸软骨素等分子中硫酸化氨基多糖的合成。

(4) 谷胱甘肽的合成

谷胱甘肽（GSH）是一种含 γ-肽键的三肽，由谷氨酸、半胱氨酸及甘氨酸组成。谷胱甘肽有还原型（GSH）和氧化型（GSSG）两种形式，在生理条件下以还原型谷胱甘肽占绝大多数。谷胱甘肽还原酶催化两型间的互变。该酶的辅酶为磷酸糖旁路代谢提供的NADPH。

谷胱甘肽的主要生理作用是作为体内一种重要的抗氧化剂，它能够清除掉人体内的自由基，清洁和净化人体内环境污染，从而增进人的身心健康。由于还原型谷胱甘肽本身易受某些物质氧化，所以它在体内能够保护许多蛋白质和酶等分子中的巯基不被如自由基等有害物质氧化，从而让蛋白质和酶等分子发挥其生理功能。人体红细胞中谷胱甘肽的含量很多，这对保护红细胞膜上蛋白质的巯基处于还原状态，防止溶血具有重要意义，而且还可以保护血红蛋白不受过氧化氢氧化、自由基等氧化，从而使它持续正常地发挥运输氧的能力。红细胞中部分血红蛋白在过氧化氢等氧化剂的作用下，其中二价铁氧化为三价铁，使血红蛋白转变为高铁血红蛋白，从而失去了带氧能力。还原型谷胱甘肽既能直接与过氧化氢等氧化剂结合，生成水和氧化型谷胱甘肽，也能够将高铁血红蛋白还原为血红蛋白。

四、苯丙氨酸和酪氨酸的代谢

1. 苯丙氨酸在体内一般先转变为酪氨酸

由苯丙氨酸羟化酶催化引入羟基生成酪氨酸，苯丙氨酸羟化酶所催化反应不可逆，体内酪氨酸不能转变为苯丙氨酸。

2. 儿茶酚胺与黑色素的合成

酪氨酸经酪氨酸羟化酶催化生成3,4-二羟苯丙氨酸（多巴）。多巴经多巴脱羧酶催化生成多巴胺。多巴胺在多巴胺 β-氧化酶催化下使 β-碳原子羟化，生成去甲肾上腺素。而后由SAM提供甲基，使去甲肾上腺素甲基化生成肾上腺素。多巴胺、去甲肾上腺素、肾上腺素统称为儿茶酚胺。酪氨酸羟化酶是儿茶酚胺合成的限速酶，受终产物的反馈调节。

在黑色素细胞中，酪氨酸在酪氨酸酶催化下羟化生成多巴，多巴再经氧化生成多巴醌而进入合成黑色素的途径。所形成的多巴醌进一步环化和脱羧生成吲哚醌。黑色素即是吲哚醌的聚合物。人体若缺乏酪氨酸酶，黑色素合成障碍，皮肤、毛发发“白”，称为白化病。

苯丙氨酸和酪氨酸的代谢途径见图7-10。

3. 酪氨酸是生糖兼生酮氨基酸

酪氨酸经转氨基作用生成对羟基苯丙酮酸，进一步分解则生成乙酰乙酸和延胡索酸，所以是生糖兼生酮氨基酸。先天性氨基酸代谢缺陷见表7-2。

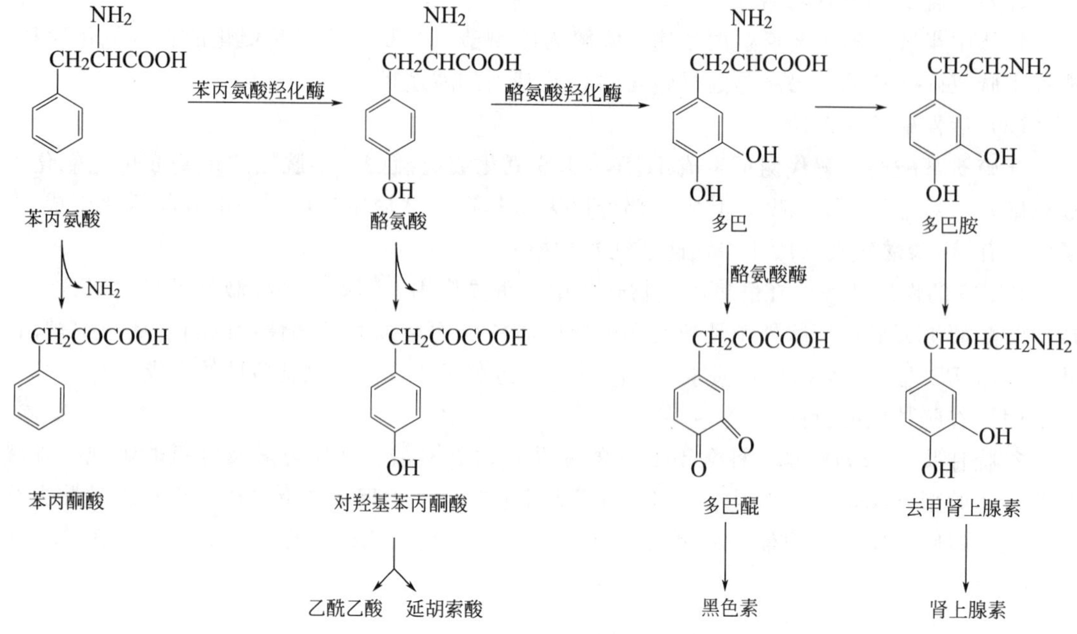

图 7-10 苯丙氨酸和酪氨酸的代谢

表 7-2 先天性氨基酸代谢缺陷

病 名	缺陷的酶	病 名	缺陷的酶
苯丙酮尿症	苯丙氨酸羟化酶	Ⅰ型高氨血症	氨基甲酰磷酸合成酶Ⅰ
尿黑酸尿症	尿黑酸氧化酶	Ⅱ型高氨血症	鸟氨酸氨基甲酰转移酶
白化病	黑色素细胞的酪氨酸酶	精氨酸代琥珀酸尿症	精氨酸代琥珀酸裂解酶
瓜氨酸血症	精氨酸代琥珀酸合成酶	高精氨酸血症	精氨酸酶

本章小结

氨基酸具有重要的生理功能，除主要作为合成蛋白质的原料外，还可以转变成核苷酸、某些激素、神经递质等含氮物质。人体内的氨基酸主要来自于食物蛋白质的消化吸收。人体不能自身合成八种必需氨基酸，各种食物蛋白质由于所含氨基酸种类和数量不同，其营养价值也不同。食物蛋白质的消化主要在小肠中进行，由各种蛋白水解酶的协同作用完成。水解生成的氨基酸及二肽即可被吸收。未被消化的蛋白质和氨基酸在大肠下段还可以发生腐败作用。

外源性与内源性氨基酸共同构成“氨基酸代谢库”，参与体内氨基酸代谢。

氨基酸的脱氨基作用，生成氨及相应的 α-酮酸，这是氨基酸的主要分解途径。转氨基与 L-谷氨酸氧化脱氨基的联合脱氨基作用，是体内大多数氨基酸脱氨基的主要方式。由于这个过程可逆，因此也是体内合成非必需氨基酸的重要途径。骨骼肌等组织中，氨基酸主要通过“嘌呤核苷酸循环”脱去氨基。

氨基酸脱氨基作用生成的氨、含氮化合物分解产生的氨、肠道吸收的氨、肾小管上皮产生的氨构成氨的来源，血液当中的氨主要以丙氨酸或谷氨酰胺两种无毒物质的形式转运。氨转变成尿素排出体外，生成谷胺酰胺，重新生成氨基酸为氨的主要去路。

氨基酸脱氨基生成相应的α-酮酸，可以经过脱氨基的逆过程重新生成氨基酸，也可以转变成糖以及脂肪，还可以进入三羧酸循环氧化供能。

由于体内各种氨基酸的R侧链不同，某些氨基酸还具有特殊的代谢途径。

氨基酸的脱羧作用：谷氨酸脱羧生成γ-氨基丁酸，为一种抑制性的神经递质；组氨酸脱氨基生成组胺；色氨酸在脑中首先由色氨酸羟化酶催化生成5-羟色氨酸，再经脱羧酶作用生成5-羟色胺；半胱氨酸先氧化生成磺酸丙氨酸，再脱去羧基生成牛磺酸等。

某些氨基酸（甘氨酸、组氨酸、丝氨酸、色氨酸、蛋氨酸）在代谢过程中能生成含一个碳原子的基团，经过转移参与生物合成过程。这些含一个碳原子的基团称为一碳单位，一碳单位不能游离存在，通常与四氢叶酸结合而转运或参加生物代谢，FH_4是一碳单位代谢的辅酶。一碳单位是合成嘌呤和嘧啶的原料，在核酸生物合成中有重要作用，SAM提供甲基可参与体内多种物质合成。

含硫氨基酸共有蛋氨酸、半胱氨酸和胱氨酸三种，蛋氨酸循环提供甲基，可参与体内多种物质合成；半胱氨酸可以与谷氨酸及甘氨酸生成谷胱甘肽，谷胱甘肽为体内重要的抗氧化物质。

芳香族氨基酸包括苯丙氨酸、酪氨酸和色氨酸，苯丙氨酸在体内一般先转变为酪氨酸，酪氨酸经酪氨酸羟化酶生成儿茶酚胺类物质；在黑色素细胞中，酪氨酸可转变成黑色素。

知识链接

氨基酸代谢紊乱

食物中的蛋白质须在消化道内经多种消化酶，如胃蛋白酶、胰蛋白酶、氨基肽酶、羧基肽酶、二肽酶的作用降解为二肽、三肽和游离氨基酸才能被肠黏膜吸收，经肝门脉系统进入血液循环。人体内经常含有一定量的游离氨基酸（氨基酸代谢库），消化道吸收的氨基酸随血流进入氨基酸代谢库。氨基酸代谢库内的氨基酸处于不断生成和不断被利用的动态平衡之中。骨骼肌及肝脏是氨基酸代谢库的主要场所。

氨基酸的主要生理功能是合成蛋白质（包括酶）或某些重要的含氮化合物（如核苷酸、儿茶酚胺激素、某些神经递质等），也可以转变成糖或脂肪。有些氨基酸本身就是神经递质，有些能参与某些代谢活动。

先天性氨基酸代谢病总发病率约为1∶(5000～10000)。病种已知70余种，如苯丙酮酸尿症、尿黑酸尿症、枫糖尿症等。多为常染色体隐性遗传。主要侵犯神经系统，临床上多表现进行性脑损害症状，是引起小儿智能低下的重要原因。病情严重者可发生惊厥、瘫痪或严重代谢紊乱。这类疾病早期诊断十分重要，很多病种可经限制蛋白质或某种氨基酸的摄入而避免严重脑损害，有些则用维生素治疗有效。但也有迄今无法治疗的病例。有些营养性疾病（如蛋白质能量营养不良、肥胖症）、长期饥饿及肝炎等也可引起某些氨基酸的血浓度异常。

氨基酸分解代谢的第一步是脱氨基作用，这在大多数组织中进行。氨基酸脱氨基后生成氨及相应的α-酮酸。氨被运到肝脏转变成尿素排出体外。α-酮酸可以经转氨基作用再合成氨基酸，也可以经三羧酸循环氧化产能，或被用于葡萄糖糖原和脂类的合成。另有一小部分氨基酸尚可经脱羧基作用形成有特殊生理作用的胺，如谷氨酸脱羧生成神经递质γ-氨基丁酸；组氨酸脱羧生成的组胺可致平滑肌痉挛、毛细血管扩张及刺激胃酶分泌。有些氨基酸经若干步代谢后再脱羧，如色氨酸生成5-羟色胺即是如此。苯丙氨酸主要经氧化生成酪氨酸。

氨基酸代谢的调节物是激素、辅酶和代谢物。胰岛素、生长激素和睾酮是促进氨基酸合成代谢的激素，使氨基酸储存于骨骼肌，可降低血浆氨基酸水平。肾上腺皮质类固醇激素和甲状腺激素促使蛋白质分解，致骨骼肌组织蛋白质含量减少。此外，激素还可通过调节细胞内酶的活性，调节氨基酸代谢。如肾上腺皮质类固醇激素增加肝酪氨酸转氨酶活性，能促使酪氨酸氧化。酶蛋白与辅酶结合成为全酶，才有催化作用。最重要的辅酶包括许多维生素。

一、氨基酸代谢紊乱的主要原因

氨基酸代谢紊乱的主要原因包括先天因素和后天因素。

先天因素可分两类：①酶的缺陷，使某种或某些氨基酸体内正常分解代谢受阻，该氨基酸的血液浓度显著升高，造成高氨基酸血症。血浆氨基酸水平过高，使滤入肾小管的氨基酸超过肾小管的重吸收能力，尿中氨基酸水平过高，形成高氨基酸尿症。用化学法、微生物法、电泳法及色谱法可测定血或尿中氨基酸的性质和含量。②氨基酸转运系统缺陷，较少见。遗传性氨基酸转运系统缺陷可造成某些氨基酸转运异常的疾病。肾小管氨基酸重吸收功能障碍者，在血氨基酸水平正常情况下可出现高氨基酸尿。

后天因素包括蛋白质热能营养不良可致血中色氨酸、亮氨酸、异亮氨酸、缬氨酸浓度下降，酪氨酸、甘氨酸、脯氨酸浓度上升。长期饥饿可致血中丙氨酸浓度下降，苏氨酸、甘氨酸浓度上升。肥胖症者血中亮氨酸、异亮氨酸、缬氨酸、苯丙氨酸、酪氨酸浓度上升。物理化学因素也可影响氨基酸的膜转运，如新霉素可阻碍小肠吸收氨基酸，X射线照射、重金属中毒、过期四环素等所致肾损害均可抑制肾小管对氨基酸的吸收。

二、氨基酸代谢紊乱的临床特点

氨基酸代谢紊乱时，某些氨基酸在组织内异常积聚，妨碍脑中的蛋白质合成，影响脑的细胞呼吸、髓鞘生成及神经递质的合成，多引起进行性脑损害，表现为智力发育障碍，亦可见惊厥、瘫痪等。患儿初生时可以无异常，开始哺乳后，摄入乳汁中的氨基酸便出现症状。受累氨基酸在血中的浓度增高，其血浓度超过肾阈，便出现氨基酸尿。受累氨基酸的正常代谢途径受阻，便经其他途径分解，这些分解产物对脑组织常有毒性，在血中的浓度也升高，尿中也出现这些产物。如苯丙酮酸尿症时，缺乏苯丙氨酸羟化酶，苯丙氨酸变为酪氨酸的主要代谢途径受阻，血、尿中苯丙氨酸增加，苯丙氨酸经转氨作用生成苯丙酮酸及羟苯乙酸，这些异常产物在血、尿中的浓度增高。

三、氨基酸代谢紊乱的诊断

早期诊断可根据家族史及生物化学检查在典型症状出现前作出，这样可以避免不可逆的脑损伤。晚期病例可以根据病史，特殊体征，血、尿中氨基酸及其代谢产物测定，血细胞及皮肤成纤维母细胞的酶活性测定等作出诊断。

用羊水穿刺、羊水细胞培养、酶活性测定等方法可对某些氨基酸代谢紊乱作产前诊断，以决定是否中止妊娠。

对新生儿作普遍筛查，可防止智力低下的发生，此方法主要用于苯丙酮酸尿症。

四、氨基酸代谢紊乱的治疗

有些氨基酸代谢紊乱（如枫糖尿症、丙酸血症等）可用低蛋白质饮食治疗，但治疗中要防止蛋白质缺乏及热量不足；有些必须限制有关氨基酸摄入量，如苯丙酮酸尿症要限制苯丙氨酸摄入量，枫糖尿症要限制分支氨基酸摄入量；有的可用大量维生素治疗。还有一些无有效的病因疗法，只能对症治疗。

习　题

一、名词解释

必需氨基酸　蛋白质的互补作用　联合脱氨基作用　一碳单位　鸟氨酸循环

二、填空题

1. 氮平衡有三种，分别是氮的总平衡、________、________，当摄入氮<排出氮时称________。
2. 营养充足的婴儿、孕妇、恢复期病人常保持__________。
3. 正常成人每日最低分解蛋白质__________g，营养学会推荐成人每日蛋白质需要量为__________g。
4. 必需氨基酸有8种，分别是苏氨酸、亮氨酸、赖氨酸、__________、__________、__________、__________、__________。
5. 氨基酸脱氨基主要方式是__________，它包括__________和__________两种作用。

6. ____________（哪种氨基酸）转氨基后生成 α-酮戊二酸。
7. 参与转氨基作用的维生素是____________。
8. 肝脏中活性最高的转氨酶是____________，心肌中活性最高的转氨酶是____________。
9. 血清 ALT 活性明显升高，可能为急性____________。
10. 氨的来源有____________、____________、____________，其中____________是氨的主要来源。
11. 体内氨的储存及运输形式是____________________。
12. 血氨的主要去路是____________________，血氨升高的最主要原因是____________功能严重受损。
13. γ-氨基丁酸是由____________脱羧基生成，其作用是____________。
14. 一碳单位的载体是____________________。
15. ____________、____________、____________统称为儿茶酚胺。
16. 下列缩写分别代表什么物质？

A LT ____________ SAM ____________ GABA ____________

GSH ____________ 5-HT ____________

17. 组胺是____________经____________________作用的产物，是一种强烈的血管____________。
18. 鸟氨酸循环的意义是____

三、选择题

1. 下列氨基酸中________不是必需氨基酸？

A. 蛋氨酸 B. 丝氨酸 C. 组氨酸 D. 赖氨酸

2. 苯酮酸尿症是由于先天缺乏________。

A. 酪氨酸酶 B. 酪氨酸羟化酶 C. 酪氨酸转氨酶 D. 苯丙氨酸羟化酶

3. 不参与构成蛋白质的氨基酸是________。

A. 谷氨酸 B. 谷氨酰胺 C. 鸟氨酸 D. 精氨酸

4. 体内氨基酸脱氨基的主要方式是________。

A. 转氨基 B. 联合脱氨基 C. 氧化脱氨基 D. 非氧化脱氨基

5. 肌肉组织中氨基酸脱氨基的主要方式是________。

A. 转氨基 B. 嘌呤核苷酸循环 C. 氧化脱氨基 D. 转氨基与谷氨酸氧化脱氨基联合

6. 体内氨的主要代谢去路是________。

A. 合成尿素 B. 生成谷氨酰胺 C. 合成非必需氨基酸 D. 肾泌氨排出

7. 脑组织中氨的主要代谢去路是________。

A. 合成非必需氨基酸 B. 合成谷氨酰胺 C. 合成尿素 D. 合成嘧啶

8. 下列物质中，________是氨的运输形式。

A. 谷氨酰胺 B. 天冬酰胺 C. 谷胱甘肽 D. 精氨酸

9. 属于 S-腺苷甲硫氨酸的功能的是________。

A. 合成嘌呤 B. 合成嘧啶 C. 合成四氢叶酸 D. 甲基供体

10. ALT 活性最高的组织是________。

A. 血清 B. 心肌 C. 脾脏 D. 肝脏

11. 催化 α-酮戊二酸和氨生成谷氨酸的酶是________。

A. 谷丙转氨酶 B. 谷草转氨酶 C. 谷氨酸脱羧酶 D. 谷氨酸脱氢酶

12. 对 PAPS 描述不正确的是________。

A. 参与某些物质的生物转化 B. 参与硫酸软骨素的合成

C. 又称活性硫酸根 D. 主要由色氨酸分解产生

13. 下列维生素组中，________参与联合脱氨基作用。

A. 维生素 B_1、维生素 B_2 B. 维生素 B_1、维生素 B_6

C. 泛酸、维生素 B_6 D. 维生素 B_6、维生素 PP

14. 关于一碳单位代谢描述错误的是________。

A. 一碳单位不能游离存在　　B. 四氢叶酸是一碳单位代谢辅酶

C. N^5-CH_3-FH_4 是直接的甲基供体　　D. 组氨酸代谢可产生亚氨甲基

15. 氨基酸脱羧的产物是________。

A. 胺和二氧化碳　　B. 氨和二氧化碳　　C. α-酮酸和胺　　D. α-酮酸和氨

16. 对巯基酶有保护作用的是________。

A. 活性硫酸根　　B. 生物素　　C. 泛酸　　D. GSH

17. 缺乏________，可引起白化病。

A. 苯丙氨酸羟化酶　　B. 酪氨酸转氨酶　　C. 氨酸酶　　D. 酪氨酸脱羧酶

18. ________不是由酪氨酸代谢生成。

A. 苯丙氨酸　　B. 多巴胺　　C. 去甲肾上腺素　　D. 黑色素

19. 血氨升高的主要原因是________。

A. 体内氨基酸分解增加　　B. 食物蛋白质摄入过多

C. 肠道氨吸收增加　　D. 肝功能障碍

20. 氨基酸彻底分解的产物是________。

A. 胺，二氧化碳　　B. 二氧化碳，水，尿素

C. 尿酸　　D. 氨，二氧化碳

21. 甲基的直接提供体是________。

A. S-腺苷甲硫氨酸　　B. 甲硫氨酸　　C. 同型半胱氨酸　　D. N^5-CH_3-FH_4

22. 先天缺乏________，可产生尿黑酸尿症。

A. 酪氨酸酶　　B. 尿黑酸氧化酶　　C. 酪氨酸转氨酶　　D. 酪氨酸羟化酶

四、简答题

1. 蛋白质的生理功能有哪些？

2. 什么是必需氨基酸，有哪些是必需氨基酸？

3. α-酮酸的代谢去路有哪些？

4. 简述体内氨的来源与去路。

第八章　核苷酸代谢

【主要学习目标】

了解核苷酸从头合成的过程及补救合成途径的意义；掌握核苷酸分解代谢过程及产物；初步认识痛风症。

生物体内重要的遗传物质是核酸，它包括核糖核酸（RNA）和脱氧核糖核酸（DNA）两类。核酸（DNA 和 RNA）为生物大分子，是一种线型多聚核苷酸，它的基本结构单元是核苷酸。核苷酸本身由核苷和磷酸组成，而核苷则由戊糖和碱基形成。体内核苷酸主要存在于大分子核酸中，除此之外，核苷酸在体内也有以游离状态存在的，这些游离存在的核苷酸含量虽然不多，但却往往具有一些独特的生理功能。因此，研究核苷酸代谢具有较为重要的生物学意义。

（1）核苷酸是合成核酸的原料，包括 DNA 和 RNA，这是核苷酸最重要的功能。

（2）可作为机体的能源物质，如 ATP、GTP，直接供给机体生命活动所需要的能量。

（3）环化核苷酸 cAMP 和 cGMP 是细胞内信息传递的第二信使，参加物质代谢和生理过程的调节。

（4）腺嘌呤核苷酸是构成某些辅酶，如 NAD^+、FAD 的重要成分。

（5）某些核苷酸的衍生物，如 UDP-葡萄糖是生物合成（糖原合成）过程中的活性中间物质。

第一节　核酸的消化与吸收

核酸是重要的遗传物质，同时也是难以被生物体直接利用的生物大分子，因此外源核酸进入机体后，首先会被有机体消化后才可被其进一步吸收利用。

一、核酸的消化

动物和异氧型微生物可以分泌消化酶类来分解外源的核蛋白（食物中的核酸多与蛋白质结合为核蛋白）和核酸类物质，以获得各种核苷酸。

核酸是由许多核苷酸以 3′,5′-磷酸二酯键连接而成的大分子化合物。核酸被消化进行分解代谢的第一步是水解连接核苷酸之间的磷酸二酯键，生成低级多核苷酸或单核苷酸。在生物体内有许多磷酸二酯酶可以催化这一解聚作用。作用于核酸链内部磷酸二酯键的酶称为核酸酶（nucleases），也叫做核酸内切酶（endonuceases），包括作用于 DNA 的脱氧核糖核酸酶和作用于 RNA 的核糖核酸酶。另有一些专一性较低的磷酸二酯酶，对 DNA 和 RNA 的水解都能起作用。这些酶能从 DNA 和 RNA（或其低级多核苷酸）链的一端逐个水解下单核苷酸，所以也叫做核酸外切酶（exonucleases）。

核酸内切酶是在 DNA 或 RNA 分子内部切断磷酸二酯键，使核酸水解为小片段的寡核苷酸链；核酸外切酶则是从多核苷酸链的一端逐个地将核苷酸切断。根据核酸外切酶作用的方向性，又有 5′→3′核酸外切酶和 3′→5′核酸外切酶之分。

大多数核酸内切酶具有相对特异性，能识别某一种或多种核苷酸残基，并在识别位点或其周围切断核苷酸链。在细菌内存在着一类能识别并水解外源双链 DNA 的核酸内切酶，由于其严格的碱基特异性，被称为限制性核酸内切酶，其中包括一些已广泛应用于基因工程的工具酶，如 E. coli(大肠杆菌）的 pMB4(EcoRI 酶）和 H. aegyptius(Hal III 酶)。

核酸通过上述内切酶、外切酶的作用，可分解成各种嘌呤或嘧啶核苷酸，单核苷酸则可进一步分解。

在人体中，核酸的消化作用主要是在小肠中进行。核酸的消化作用可简单表示为下式：

$$\text{核酸}\xrightarrow[\text{(磷酸二酯酶)}]{\text{核酸酶}}\text{核苷酸}$$

二、核酸消化后的吸收作用

食物中的核酸多与蛋白质结合为核蛋白，在胃中受胃酸的作用，或在小肠中受蛋白酶作用，分解为核酸和蛋白质。

食物中的 DNA 和 RNA 在小肠内分别被胰脱氧核糖核酸酶（DNase）和核糖核酸酶(RNase) 水解为寡核苷酸（低级多核苷酸）和部分单核苷酸。

小肠黏膜可分泌二酯酶和核苷酶，这些酶对底物都有一定的特异性，二酯酶将寡核苷酸水解成单核苷酸，核苷酸酶则可以进一步将核苷酸水解为核苷和磷酸。

核苷可以通过被动扩散方式吸收，但嘧啶核苷也可以被肠黏膜细胞生成的嘧啶核苷酶所水解，进而生成嘧啶碱基，再经扩散方式或特殊的运输方式吸收。次黄嘌呤和黄嘌呤则能被黏膜细胞的黄嘌呤氧化酶氧化为尿酸，尿酸通过扩散或经载体转运后被吸收。嘌呤分解的终产物是尿酸，经肾脏而随尿液排出。

第二节 核苷酸的合成代谢

核苷酸代谢包括合成代谢与分解代谢。核苷酸的合成又可以通过完全不同的两条途径来完成，即从头合成途径和补救合成途径。机体中核苷酸的合成主要是利用小分子化合物按从头合成途径进行合成；当从头合成途径受到阻碍时或在机体的某些组织中，核苷酸合成可以通过补救合成途径来完成。嘌呤核苷酸与嘧啶核苷酸的合成代谢有所不同，分别叙述如下。

一、嘌呤核苷酸的合成

生物体内嘌呤核苷酸的合成有两条途径，一是从头合成途径，另一是补救合成途径，其中从头合成途径是主要途径。

1. 从头合成途径

生物体利用某些氨基酸、一碳单位、CO_2 及磷酸核糖等简单物质为原料，经过一系列酶促反应，合成嘌呤核苷酸的过程称为“从头合成途径”（denovo synthesis)，此途径也被形象地称为“从无到有”途径。从头合成途径是体内嘌呤核苷酸合成的主要途径，肝脏是体内从头合成嘌呤核苷酸的主要器官，其次是小肠黏膜和胸腺细胞，合成部位在细胞的胞液。

合成嘌呤核苷酸的原料很简单，其中用于合成嘌呤环的原料有天冬氨酸、甘氨酸、谷氨酰胺、一碳单位及 CO_2。根据同位素示踪实验证明，嘌呤环各元素来源如下：N_1 由天冬氨酸提供，C_2 由 N^5-甲酰四氢叶酸提供，N_3、N_9 由谷氨酰胺提供，C_4、C_5、N_7 由甘氨酸提供，C_6 由 CO_2 提供，C_8 由 N^5,N^{10}-次甲基四氢叶酸提供（见图 8-1)。

嘌呤核苷酸的合成反应主要分为两个部分：首先，生物体利用一些小分子化合物合成次黄嘌呤核苷酸（IMP），然后次黄嘌呤核苷酸（IMP）再转变成腺嘌呤核苷酸（AMP）与鸟嘌呤核苷酸（GMP）。嘌呤核苷酸的合成反应步骤较为复杂，反应过程可分 3 个阶段进行描述。

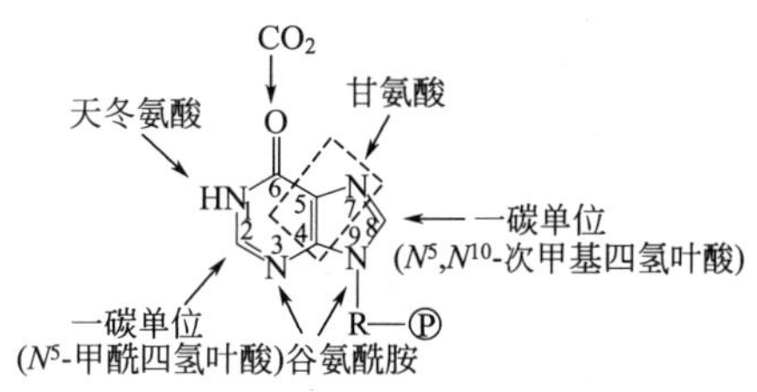

图 8-1　嘌呤环合成的元素来源

第一阶段，利用 5′-磷酸核糖生成 5′-磷酸核糖-1-焦磷酸（PRPP）。PRPP 是磷酸核糖的活化形式，可参加各种核苷酸的合成，故该步反应是核苷酸合成代谢中的关键步骤。

第二阶段，在 PRPP 的基础上，经多步反应合成次黄嘌呤核苷酸（IMP）。此反应过程极为复杂，不作为学习重点。

第三阶段，腺嘌呤核苷酸（AMP）和鸟嘌呤核苷酸（GMP）的生成。IMP 虽然不是核酸分子的主要组成部分，但它是嘌呤核苷酸合成的重要中间产物，是 AMP 和 GMP 生成的前体。从 IMP 出发沿两条途径可以分别转变为 AMP 和 GMP。一条途径是 IMP 由天冬氨酸提供氨基，GTP 提供能量，首先合成腺苷酸代琥珀酸，然后再裂解脱去延胡索酸，生成 AMP。另一条途径是 IMP 首先氧化成黄嘌呤核苷酸（XMP），然后再由谷氨酰胺提供氨基，生成 GMP。

初步生成的一磷酸核苷可以在核苷酸激酶的催化下与 ATP 作用生成二磷酸核苷，二磷酸核苷又可以在二磷酸核苷激酶的催化下生成三磷酸核苷。

$$\text{AMP}+\text{ATP}\xrightarrow{\text{腺苷酸激酶}}2\text{ADP}$$

$$\text{GMP}+\text{ATP}\xrightarrow{\text{鸟苷酸激酶}}\text{GDP}+\text{ADP}$$

$$\text{GDP}+\text{ATP}\xrightarrow{\text{二磷酸核苷激酶}}\text{GTP}+\text{ADP}$$

从以上反应过程可以看出，生物体内嘌呤核苷酸的合成一开始就是沿着合成核苷酸的途径进行，即在磷酸核糖的基础上逐步合成嘌呤环，环的合成与核苷酸的合成同步进行，而不是首先单独合成嘌呤环，然后再与 5′-磷酸核糖结合。这是嘌呤核苷酸从头合成途径的一个重要特点。

2. 补救合成途径

大多数细胞更新其核酸（尤其是 RNA）过程中，要分解核酸产生核苷和游离碱基。组织细胞利用游离碱基或核苷重新合成相应核苷酸的过程称为补救合成。前面已经介绍的从头合成途径是嘌呤核苷酸的主要合成途径，催化它的全部酶系主要存在于肝脏、小肠、黏膜和胸腺等组织中，而一些不具备这一酶系的组织中，如脑、脊髓和脾等，只能通过补救合成途径合成嘌呤核苷酸。与从头合成不同，补救合成过程较简单，消耗能量亦较少。补救合成途径是嘌呤核苷酸合成的一种次要途径。

由两种特异性不同的酶参与嘌呤核苷酸的补救合成。腺嘌呤磷酸核糖转移酶催化 PRPP 与腺嘌呤合成 AMP。

人体由嘌呤核苷的补救合成只能通过腺苷激酶催化，使腺嘌呤核苷生成腺嘌呤核苷酸。反应中的主要酶包括腺嘌呤磷酸核糖转移酶（APRT）及次黄嘌呤-鸟嘌呤磷酸核糖转移酶（HGPRT）。嘌呤核苷酸补救合成的生理意义：节省从头合成时能量和一些氨基酸的消耗；体内某些组织器官，例如脑、骨髓等由于缺乏从头合成嘌呤核苷酸的酶体系，而只能进行嘌呤核苷酸的补救合成。

二、嘧啶核苷酸的合成

与嘌呤核苷酸的合成相类似，嘧啶核苷酸的合成也有两条途径，即从头合成途径和补救合成途径。

1. 从头合成途径

肝是体内从头合成嘧啶核苷酸的主要器官。嘧啶核苷酸从头合成的原料是天冬氨酸、谷氨酰胺、CO_2 等。根据同位素示踪实验证明，嘧啶环各元素来源如下：N_1、C_4、C_5、C_6 由天冬氨酸提供，N_3 由谷氨酰胺提供，C_2 由 CO_2 提供（见图 8-2）。

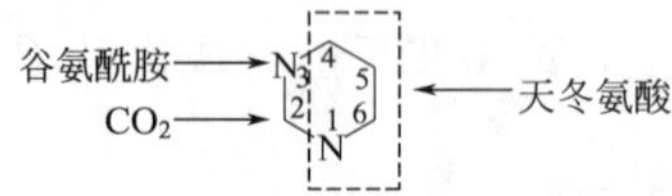

图 8-2　嘧啶环合成的元素来源

与嘌呤核苷酸的从头合成途径不同，嘧啶核苷酸的合成是先形成嘧啶环，然后再与活化的磷酸核糖（PRPP）相连而成的。整个合成反应过程可分为 3 个阶段进行。

第一阶段，氨基甲酰磷酸的生成。由谷氨酰胺提供氨基，在 ATP 的参与下，与 CO_2 通过氨基甲酰磷酸合成酶Ⅱ的催化作用，生成氨基甲酰磷酸。

该反应过程中的关键酶在不同生物体内有所不同，在细菌中，天冬氨酸氨基甲酰转移酶是嘧啶核苷酸从头合成的主要调节酶；而在哺乳动物细胞中，嘧啶核苷酸合成的调节酶主要是氨基甲酰磷酸合成酶Ⅱ。

第二阶段，尿嘧啶核苷酸的生成。氨基甲酰磷酸与天冬氨酸缩合，经一系列酶促反应，生成乳清酸，乳清酸在细胞液中与 PRPP 作用，生成乳清酸核苷酸（OMP），后者再经脱羧基作用生成尿嘧啶核苷酸（UMP）。

第三阶段，胞嘧啶核苷酸的生成。尿嘧啶核苷酸（UMP）在磷酸激酶的催化下，由 ATP 提供磷酸基团，生成相应的 UDP 和 UTP。其中的三磷酸尿苷（UTP）再接受谷氨酰胺的氨基，转变成胞嘧啶三磷酸核苷（CTP）。由此可见，嘧啶核苷酸可在三磷酸水平上相互转变，具体转变过程如下：

$$\mathrm{UMP+ATP} \xrightarrow{\text{尿苷酸激酶}} \mathrm{UDP+ADP}$$

$$\mathrm{UDP+ATP} \xrightarrow{\text{二磷酸核苷激酶}} \mathrm{UTP+ADP}$$

$$\mathrm{UTP+ATP} \xrightarrow[\text{CTP合成酶}]{\text{谷氨酰胺}\ \curvearrowright\ \text{谷氨酸}} \mathrm{CTP+ADP}$$

总之，在嘧啶核苷酸的从头合成过程中，首先合成尿嘧啶核苷酸（UMP），且尿嘧啶、尿嘧啶核苷和尿嘧啶核苷酸均不能氨基化形成相应的胞嘧啶及其衍生物，只有尿嘧啶核苷酸在三磷酸水平上（UTP）才能够氨基化生成胞嘧啶核苷酸（CTP）。

2. 补救合成途径

体内嘧啶核苷酸的补救合成途径主要存在于脑等组织。与嘌呤核苷酸不同之处在于，嘧啶核苷酸的补救合成途径主要有两种方式：一种方式是在磷酸核糖转移酶的催化下，由 PRPP 提供磷酸核糖，直接由嘧啶碱生成核苷酸，但此酶对胞嘧啶不起作用；另一种方式是由嘧啶核苷在嘧啶核苷激酶的作用下磷酸化生成嘧啶核苷酸，而游离的嘧啶碱则很少被利用。

嘧啶核苷酸补救合成途径的反应式如下：

$$\text{尿嘧啶}+\text{PRPP}\xrightarrow{\text{尿嘧啶磷酸核糖转移酶}}\text{UMP}+\text{PPi}$$

$$\text{尿苷}+\text{ATP}\xrightarrow{\text{尿苷激酶}}\text{UMP}+\text{ADP}$$

三、脱氧核苷酸的合成

1. 嘌呤脱氧核苷酸的合成

嘌呤脱氧核苷酸中所含有的脱氧核糖并非先合成后再与其他原料合成嘌呤脱氧核苷酸，而是在二磷酸核苷还原酶（NDP 还原酶）的催化下，通过相应脱氧核苷酸的直接还原作用生成的，核苷酸的这种还原作用是在二磷酸核苷水平上进行的，反应式如下：

$$\text{ADP(或 GDP)}\xrightarrow{\text{二磷酸核苷还原酶}}\text{dADP(或 dGDP)}$$

生成的二磷酸脱氧核苷酸可以再进行磷酸化，生成三磷酸脱氧核苷，反应式如下：

$$\text{dADP(或 dGDP)}+\text{ATP}\longrightarrow\text{dATP(或 dGTP)}+\text{ADP}$$

2. 嘧啶脱氧核苷酸的合成

与嘌呤脱氧核苷酸的合成相似，尿嘧啶脱氧核苷酸和胞嘧啶脱氧核苷酸也是在二磷酸核苷（NDP）水平上进行的，具体是由 NDP 还原酶催化脱氧而来，反应式如下：

$$\text{UDP(或 CDP)}+\text{NADPH}+\text{H}^+\xrightarrow{\text{核糖核苷酸还原酶}}\text{dUDP(或 dCDP)}+\text{NADP}^++H_2O$$

还原生成的 dUDP 和 dCDP 在激酶作用下，可再磷酸化生成 dUTP 和 dCTP，反应式如下：

$$\text{ATP}+\text{dUDP(或 dCDP)}\xrightarrow{\text{激酶}}\text{ADP}+\text{dUTP(或 dCTP)}$$

胸腺嘧啶脱氧核苷酸（dTMP）的合成与尿嘧啶脱氧核苷酸和胞嘧啶脱氧核苷酸的合成方式不同。首先，经还原生成的 dUDP 脱去 1 分子磷酸生成 dUMP(也可以由 dCMP 脱氨基生成)，然后再经胸腺嘧啶核苷酸合成酶的作用由尿嘧啶脱氧核苷酸（dUMP）经甲基化生成 dTMP，其中的甲基由 N^5,N^{10}-亚甲基四氢叶酸（N^5,N^{10}-CH_2-FH_4）提供。由此可见，胸腺嘧啶脱氧核苷酸是尿嘧啶脱氧核苷酸在一磷酸水平上生成的，生成的 dTMP 可经激酶作用进一步生成 dTDP 和 dTTP。反应式可表示如下：

$$\text{CDP}\longrightarrow\text{dCDP}\longrightarrow\text{dCTP}$$

$$\text{dCTP}\xrightarrow{\text{脱氨酶}}\text{dUTP}$$

$$\text{UDP}\xrightarrow{\text{核糖核苷酸还原酶}}\text{dUDP}\xrightarrow{\text{激酶}}\text{dUTP}\longrightarrow\text{dUMP}\xrightarrow{\text{胸腺嘧啶核苷酸合成酶}}\text{dTMP}\xrightarrow{\text{激酶}}\text{dTDP}\xrightarrow{\text{激酶}}\text{dTTP}$$

为防止尿苷酸掺入 DNA 分子中，细胞内尿嘧啶脱氧核苷三磷酸一生成即被相应的酶转变成尿嘧啶脱氧核苷一磷酸，故而尿嘧啶脱氧核苷三磷酸被保持在一个较低的水平。

四、核苷酸合成的抑制剂

一些物质的化学结构与核苷酸合成代谢的中间产物相似，可通过竞争性抑制等方式干扰或阻断核苷酸的正常合成代谢，从而抑制核酸、蛋白质合成及细胞增殖，把这一类物质称为核苷酸的抑制剂，也称为核苷酸的抗代谢物，临床上常用它们作为抗肿瘤药物。核苷酸的抑制剂主要有嘌呤类似物和嘧啶类似物、叶酸类似物和某些氨基酸类似物。

1. 嘌呤类似物和嘧啶类似物

嘌呤类似物主要有6-巯基嘌呤（6-MP）、2,6-二氨基嘌呤、8-氮鸟嘌呤等。嘧啶类似物主要有5-氟尿嘧啶（5-FU）、6-氮尿嘧啶（6-AU）等，其结构式如图8-3所示。

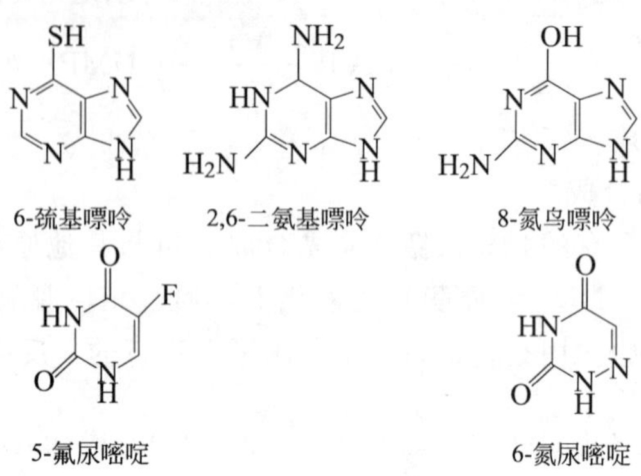

图8-3 常见嘌呤类似物与嘧啶类似物

其中最常用的是5-氟尿嘧啶和6-巯基嘌呤。

5-氟尿嘧啶（5-FU）的结构与胸腺嘧啶类似（以氟代替甲基），它在体内首先转变成5-氟尿嘧啶核苷酸（5-FUMP），然后再转变成5-氟尿嘧啶脱氧核苷酸（5-FdUMP），后者可抑制胸腺嘧啶核苷酸合成酶，从而阻断胸腺嘧啶核苷酸的合成，最终抑制DNA的合成。此外，5-氟尿嘧啶核苷酸（5-FUMP）还可以转变为5-氟尿嘧啶核苷三磷酸（5-FUTP），在RNA合成时以5-氟尿嘧啶核苷三磷酸（5-FUTP）的形式掺入到RNA分子中，从而破坏RNA的结构与功能。

6-巯基嘌呤（6-MP）的结构与次黄嘌呤类似（C_6上巯基取代了羟基），它可进入体内竞争性地抑制次黄嘌呤（IMP）-鸟嘌呤（GMP）磷酸核糖转移酶，从而抑制次黄嘌呤（IMP）和鸟嘌呤（GMP）的补救合成。6-巯基嘌呤还可经磷酸核糖化而转变为6-巯基嘌呤核苷酸，从而抑制IMP转变成AMP和GMP。此外，6-巯基嘌呤核苷酸还可反馈抑制嘌呤核苷酸从头合成的调节酶——磷酸核糖酰胺转移酶，使5-磷酸核糖胺（PRA）的合成受阻，从而干扰IMP、AMP和GMP的合成。

除上述物质外，某些改变了戊糖结构的核苷类似物也是重要的抗癌药物。例如，阿糖胞苷（AraC）能抑制胞嘧啶核苷二磷酸（CDP）还原为胞嘧啶脱氧核苷二磷酸（dCDP），从而抑制DNA的合成。

2. 叶酸类似物

四氢叶酸（FH_4）是一碳单位的载体，它在嘌呤及嘧啶核苷酸的生物合成中起着重要作用。某些叶酸的类似物，如氨基蝶呤和甲氨蝶呤等可作为二氢叶酸还原酶的竞争性抑制剂，阻断二氢叶酸（FH_2）还原为四氢叶酸（FH_4），使嘌呤和嘧啶核苷酸的合成受到抑制，从而影响DNA的合成。其中，甲氨蝶呤在临床上常用于白血病等恶性肿瘤的治疗。

3. 氨基酸类似物

谷氨酰胺是合成嘌呤核苷酸的重要原料，而重氮乙酰丝氨酸、重氮酮基正亮氨酸的化学结构与谷氨酰胺相似，可干扰谷氨酰胺参与嘌呤环的形成。

第三节　核苷酸的分解代谢

本章第一节内容中已经介绍：核酸，这种重要的遗传物质在生物体内经过核酸酶的作用会被水解形成各种核苷酸。核苷酸在生物体内经相关酶的作用还可以进一步进行分解代谢。

一、核苷酸的降解

作为核酸的基本结构单位，核酸水解后得到的各种核苷酸在生物体内经水解脱去磷酸可生成核苷，而核苷又可再分解生成嘌呤碱或嘧啶碱和戊糖。核苷酸及其水解产物均可被细胞吸收和利用。植物一般不能消化体外的有机物质。但所有生物的细胞都含有与核酸代谢有关的酶类，它们能够分解细胞内各种核苷酸，从而促使核酸不断得以分解更新。核苷酸的分解过程如下：

$$\text{核苷酸}\xrightarrow[\text{（磷酸二酯酶）}]{\text{核苷酸酶}}\text{核苷}+\text{磷酸}\xleftrightarrow{\text{核苷磷酸化酶}}\begin{cases}\text{嘌呤碱}\\\text{嘧啶碱}\end{cases}+\text{戊糖-1-磷酸}$$

可分解核苷的酶类除上面反应式中介绍的核苷磷酸化酶外，还有一类是核苷水解酶，它可以分解核苷生成嘌呤碱或嘧啶碱和戊糖，分解反应式如下：

$$\text{核苷}+H_2O\xrightarrow{\text{核苷水解酶}}\begin{cases}\text{嘌呤碱}\\\text{嘧啶碱}\end{cases}+\text{戊糖}$$

核苷磷酸化酶的存在比较广泛，其所催化的反应是可逆的。核苷水解酶主要存在于植物和微生物体内，并且只能对核糖核苷作用，对脱氧核糖核苷没有作用，反应是不可逆的。它们对作用底物常具有一定的特异性。

核苷酸的降解产物中，磷酸戊糖和戊糖可参与磷酸戊糖途径继续进行代谢，而嘌呤碱和嘧啶碱可参加核苷酸的补救合成或进一步分解。

二、嘌呤碱的分解代谢

1. 腺嘌呤的分解

在腺嘌呤的分解过程中，由于人和动物组织中腺嘌呤脱氨酶的活性很低，不能使其脱氨生成黄嘌呤，因此腺嘌呤的分解通常是在腺苷和腺苷酸的水平上进行的。腺苷脱氨酶和腺苷酸脱氨酶的活性很高，它们分别催化腺苷和腺苷酸脱氨、水解，依次生成次黄苷和次黄嘌呤，次黄嘌呤在黄嘌呤氧化酶的作用下进一步氧化为黄嘌呤，后者最终再进一步生成尿酸。

2. 鸟嘌呤的分解

鸟嘌呤在鸟嘌呤氧化酶的作用下，加水脱氨也可生成黄嘌呤，黄嘌呤经黄嘌呤氧化酶的作用再进一步生成尿酸。

由以上所述可见，尿酸是人体内嘌呤碱分解代谢的最终产物。醇式尿酸呈酸性，常以钾盐或钠盐的形式从肾脏排出。

体内嘌呤核苷酸的分解代谢主要在肝脏、小肠及肾脏中进行。正常成人尿中尿酸的排出量为0.3～1.2g/24h，血浆尿酸含量为2～6mg/dL。尿酸的溶解度很低，当由于某些疾病引起嘌呤合成过多，分解加速或排泄障碍时血中的尿酸含量增高，当超过8mg/dL时，尿酸就可在关节、软骨及软组织等处形成结晶并沉积下来，形成通风症，或可在肾脏中沉积形成肾结石。

目前，临床上对于血中尿酸过高所引起的通风症主要采取两种方法治疗。一种是服用排尿酸的药物，如水杨酸、辛可芬等，它们可使肾小管对尿酸的重吸收减小，从而促进尿酸的排出；另外一种是使用别嘌呤醇治疗痛风症，其作用原理是别嘌呤醇的化学结构与次黄嘌呤类似，是黄嘌呤氧化酶的竞争性抑制剂，可竞争性抑制黄嘌呤氧化酶的活性，从而减少尿酸的生成（见图 8-4）。

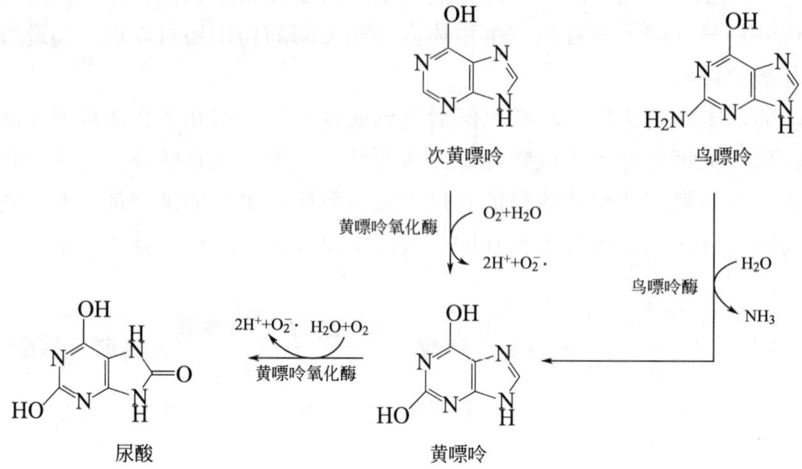

图 8-4　嘌呤碱的分解代谢

三、嘧啶碱的分解代谢

嘧啶碱的分解代谢与嘌呤碱相比有所不同。

1. 胞嘧啶与尿嘧啶的分解

胞嘧啶经脱氨基作用转变成尿嘧啶，尿嘧啶再经加氢还原反应生成二氢尿嘧啶，然后水解开环，最终生成氨、CO_2 和 β-丙氨酸（见图 8-5）。

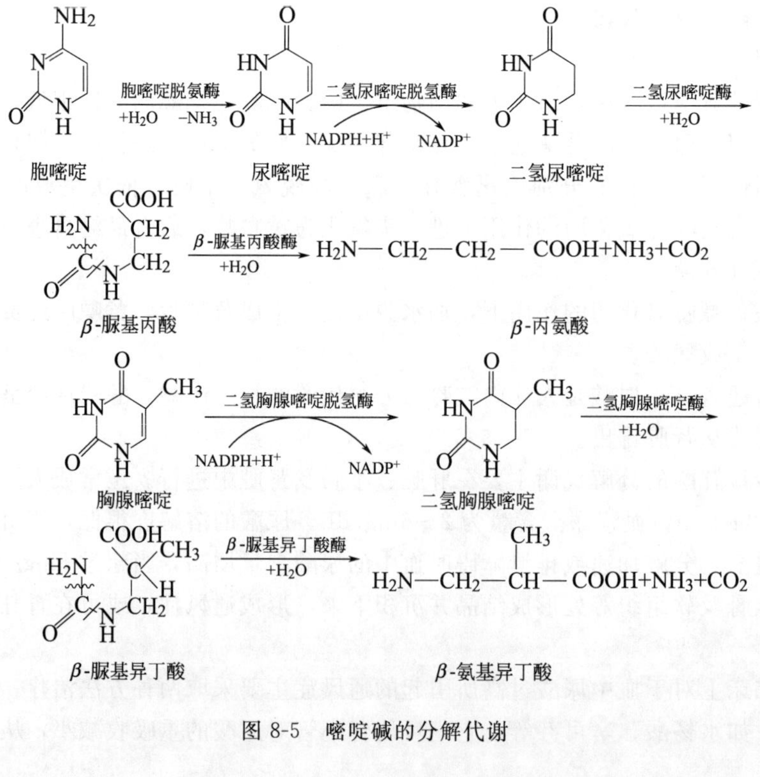

图 8-5　嘧啶碱的分解代谢

2. 胸腺嘧啶的分解

胸腺嘧啶的分解代谢过程与尿嘧啶十分相似，但最终生成物为氨、CO_2 和 β-氨基异丁酸。

嘧啶碱分解产生的氨在肝脏合成尿素，经肾脏排泄；产生的 β-丙氨酸经转氨、氧化及脱羧等反应生成乙酰辅酶 A；产生的 β-氨基异丁酸经转氨、氧化等反应生成琥珀酰辅酶 A。乙酰辅酶 A 和琥珀酰辅酶 A 则进入三羧酸循环继续代谢，部分 β-氨基异丁酸也可以从尿液中排出。

与嘌呤碱分解代谢的最终产物尿酸相比，嘧啶碱分解代谢的终产物均易溶于水。

第四节　核苷酸代谢的临床生化问题

一、痛风症

痛风症是由于尿酸生成量过多或尿酸排泄不充分造成体内堆积而引起的一种临床疾病。正常人血浆中尿酸含量约为 0.12～0.36mmol/L。尿酸的水溶性差，当血中尿酸含量超过 0.48mmol/L 时，尿酸盐沉积于关节、软组织、软骨和肾等处，首先引起急性关节炎（痛风性关节炎），最终导致慢性痛风性关节炎、尿路结石和肾脏疾病。痛风症多见于成年男性，其原因尚不完全清楚，可能与嘌呤核苷酸代谢酶缺陷有关。原发性痛风症主要系 HGPRT 活性减少，限制了嘌呤核苷酸的补救合成而有利于尿酸的生成所致。此外，当进食高嘌呤食物，体内核酸大量分解（如白血病、恶性肿瘤）或肾脏疾病引起尿酸排泄障碍时，均或导致血中尿酸增高。

临床上常用别嘌呤醇治疗痛风症。别嘌呤醇与次黄嘌呤结构非常类似，可通过竞争性抑制作用抑制黄嘌呤氧化酶，故可抑制尿酸的生成。

二、抗代谢药物

核苷酸的抗代谢药物是一些嘌呤、嘧啶、氨基酸或叶酸的类似物，它们主要以竞争性抑制作用干扰或阻断嘌呤核苷酸和嘧啶核苷酸的合成代谢，从而进一步阻断核酸和蛋白质的生物合成。肿瘤细胞的核酸和蛋白质的合成十分旺盛，因此可用抗代谢药物治疗恶性肿瘤。

1. 6-巯基嘌呤

临床上，嘌呤类似物有 6-巯基嘌呤（6-MP)、6-巯基鸟嘌呤（6-TG)、8-氮杂鸟嘌呤（8-AG）等，其中以 6-MP 应用较多，常用于白血病、淋巴肉瘤的治疗。6-MP 结构 与次黄嘌呤相似。6-MP 在体内可转变成 6-MP 核苷酸，6-MP 核苷酸由于结构与 IMP 相似，故可通过竞争性抑制作用，抑制 IMP 转变为 AMP 和 GMP，抑制 HGPRT 从而阻断嘌呤核苷酸的补救合成途径，还可通过反馈抑制作用，阻断嘌呤核苷酸的从头合成。

2. 5-氟尿嘧啶

常用的嘧啶类似物有 5-氟尿嘧啶（5-FU)、三氟胸苷等，其中以 5-FU 应用最多，常用于肝癌、胃癌、结肠癌、直肠癌及乳腺癌的治疗。在体内，5-FU 可转化为脱氧核糖一磷酸氟尿嘧啶核苷（FdUMP)，FdUMP 与 dUMP 结构相似，能竞争性抑制胸苷酸合成酶的活性，使 dTMP 的合成受阻，进一步阻断 DNA 的合成，最终影响细胞蛋白质的合成过程而达到治疗目的。

3. 氨基酸类似物和叶酸的类似物

氮杂丝氨酸、6-重氮-5-氧正亮氨酸等的化学结构与谷氨酰胺类似，可抑制嘌呤核苷酸的从头合成途径。氨蝶呤、甲氨蝶呤的结构与叶酸相似，能抑制二氢叶酸还原酶，降低 FH_4

的合成量，影响一碳单位的转移，从而可抑制核苷酸的合成。

本章小结

核苷酸最主要的功能是作为核酸合成的原料，体内核苷酸的合成有两条途径，一条是从头合成途径，一条是补救合成途径。肝组织进行从头合成途径，脑、骨髓等则只能进行补救合成，前者是合成的主要途径。从头合成途径体内嘌呤核苷酸的合成代谢中，利用磷酸核糖、氨基酸、一碳单位及 CO_2 等简单物质为原料，经过一系列酶促反应，合成嘌呤核苷酸称为从头合成途径。补救合成途径（salvage pathway）：利用体内游离的嘌呤或嘌呤核苷，经过简单的反应过程，合成嘌呤核苷酸，称为补救合成途径。嘌呤核苷酸、嘧啶核苷酸从头合成的原料及关键步骤、关键酶，嘌呤核苷酸和嘧啶核苷酸的从头合成代谢调节机制。体内的脱氧核糖核苷酸是由各自相应的核糖核苷酸在二磷酸水平上还原而成。核苷酸合成代谢中有一些嘌呤、嘧啶、氨基酸或叶酸等的类似物，可以干扰或阻断核苷酸的合成过程，故可作为核苷酸的抗代谢物。嘌呤的分解代谢终产物是尿酸，黄嘌呤氧化酶是这个代谢过程的重要酶，痛风症是由于嘌呤代谢异常，尿酸生成过多引起的。

知识链接

一起来认识痛风症

一、痛风的定义

痛风是由于嘌呤代谢紊乱所致的一组慢性疾病，因先后几个国家的帝王都得过痛风，故民间又称此病为“帝王病”。痛风症的临床表现特点为高尿酸症及由此而引起的反复发作性的痛风性急性关节炎、痛风石沉积、痛风石性慢性关节炎和关节畸形，常累及肾脏引起慢性间质性肾炎、尿酸肾结石症，本病可以发生于任何年龄，中年以上居多，有家族史，后天因素有酗酒、饮食过多、疲劳、感染、局部受伤等。痛风常伴有肥胖、高脂血症、高血压、动脉硬化、冠心病。

二、痛风的诊断

中老年男性突发碍趾跖关节、踝关节、膝关节的单关节红肿热痛，血尿酸增高，服用秋水仙碱有特效就可确诊；此外，在关节滑囊部位可找到痛风石也可确诊。

三、痛风的症状

通风症常具有以下几个特点。

(1) 男多女少（20∶1）。

(2) 病程长（不累及肾脏，不危及生命）。

(3) 症状分四期：①无症状期（有时出汗，尿酸增高）；②急性关节炎发作期（急性骤然发作），一般大脚拇趾根部非常疼痛，踝、膝关节受累水肿，多秋春发病，四季都有，1～2个月自然缓解，关节完全正常，皮肤发青紫，诱因是：吃饱、疲劳、感染、外伤、喝酒，有的终生发作一次；③痛风发作间歇期（慢性关节炎），脚大拇趾（痛风石）形成赘生物；④慢性痛风石性关节炎期。

四、痛风的发病病因

痛风是先天遗传基因（体质）及后天饮食环境两个因素共同造成，若无遗传痛风体质，则不容易因饮食过度而引起痛风，但若有尿酸过高体质，则可通过饮食控制来减少或预防痛风的发病。痛风任何年龄都可能发生，但大部分（占85%～90%）在30～40岁以上发病，近十几年来有年轻化的倾向，许多十几二十几岁的年轻人就得了痛风，可能与饮食过盛有关。痛风好发于成年男性，男性占95%。女性多于更年期停经之后发病（占5%），这个年纪也是退化性关节炎及假性痛风的好发年龄，应特别细心留意，以免造成误诊。原发性痛风常有家族遗传史，由特异酶缺陷所致者可在青少年发病。

五、痛风的营养治疗

痛风常并发肥胖、糖尿病、高血压及高脂血症，患者应遵守饮食如下原则。

① 保持理想体重，超重或肥胖就应该减轻体重。不过，减轻体重应循序渐进，否则容易导致酮症或痛风急性发作。

② 碳水化合物可促进尿酸排出，患者可食用富含碳水化合物的米饭、馒头、面食等。

③ 蛋白质可根据体重，按照比例来摄取，1千克体重应摄取0.8～1g的蛋白质，并以牛奶、鸡蛋为主。如果是瘦肉、鸡鸭肉等，应该煮沸后去汤食用，避免吃炖肉或卤肉。

④ 少吃脂肪，因脂肪可减少尿酸排出。痛风并发高脂血症者，脂肪摄取应控制在总热量的20%～25%以内。

⑤ 大量喝水，每日应该喝水2000～3000mL，促进尿酸排除。

⑥ 少吃盐，每天应该限制在2～5g以内。

⑦ 禁酒！酒精容易使体内乳酸堆积，对尿酸排出有抑制作用，易诱发痛风。

⑧ 少用强烈刺激的调味品或香料。

⑨ 限制嘌呤摄入。嘌呤是细胞核中的一种成分，只要含有细胞的食物就含有嘌呤，动物性食品中嘌呤含量较多。患者禁食内脏、骨髓、海味、发酵食物、豆类等。

⑩ 不宜使用抑制尿酸排出的药物。

六、日常食品嘌呤含量概要

根据食物嘌呤含量将食物（未经烹调）分为四类。

一类，含嘌呤最多的食物（每100g含嘌呤150～1000mg）

肝、脑、肾、牛羊肚、沙丁鱼、凤尾鱼、鱼子、浓肉汤、肉精、浓肉汁。

二类，含嘌呤较多的食物（每100g含嘌呤75～150mg）

扁豆、干豆类、干豌豆、鲤鱼、大比目鱼、鲈鱼、贝壳类水产、熏火腿、猪肉、牛肉、牛舌、小牛肉、野鸡、鸽子、鸭、野鸭、鹌鹑、鹅、绵羊肉、兔、鹿肉、火鸡、鳗鱼、鳝鱼、淡鸡汤、淡肝汤。

三类、含嘌呤较少的食物（每100g含嘌呤<75mg）

芦笋、菜花、龙须菜、四季豆、青豆、鲜豌豆、菜豆、菠菜、蘑菇、麦片、青鱼、鲜鱼、鲑鱼、金枪鱼、白鱼、龙虾、鳝鱼、鸡肉、火腿、羊肉、淡牛肉汤、花生、麦麸面包。

四类，含嘌呤很少的食物（每100g含嘌呤<30mg）

奶类、奶酪、蛋类、水果类、可可、咖啡、茶、海参、果汁饮料、豆浆、糖果、蜂蜜、精制谷类，如富强粉、精磨稻米、玉米，蔬菜类如紫菜头、卷心菜、胡萝卜、芹菜、黄瓜、茄子、冬瓜、土豆、山芋、莴笋、西红柿、葱头、白菜、南瓜、果酱。

习　题

一、名词解释

DNA的变性　退火　Tm　从头合成途径　分子杂交

二、填空题

1. 核酸的基本组成单位是________，基本组成成分是________、________、________。
2. 生物体内游离存在的多是________核苷酸。
3. 核酸是由许多__________通过__________连接而形成的多聚__________链。
4. 脱氧核苷酸是在核糖核苷__________水平上直接还原生成的。
5. 痛风是因为体内________________产生过多造成的，临床上常用__________治疗痛风症，可竞争性抑制黄嘌呤氧化酶活性，从而抑制__________的生成，达到治疗目的。

6. DNA的二级结构是__________，三级结构是__________；tRNA的二级结构是__________，三级结构是__________。
7. 人类嘌呤代谢的终产物是________________。
8. 核苷酸的合成包括________________和________________两条途径。

三、选择题

1. 关于核酸的说法，下列_______是正确的。
   A. 核酸是酸性电解质　B. 核酸是碱性电解质　C. 核酸是两性电解质　D. 核酸是中性物质
2. tRNA的二级结构为_______。
   A. 双螺旋结构　B. 三叶草形结构　C. 倒“L”形结构　D. 超螺旋结构
3. 人体内嘌呤碱基分解代谢的主要产物为_______。
   A. 磷酸盐　B. 尿酸　C. 肌酐　D. 尿素
4. 在体内分解为β-丙氨酸的核苷酸是_______。
   A. GMP　B. AMP　C. TMP　D. UMP
5. 别嘌呤醇治疗痛风症可抑制_______的活性。
   A. 黄嘌呤氧化酶　B. 腺苷脱氢酶　C. 尿酸氧化酶　D. 鸟嘌呤脱氢酶
6. 合成嘌呤环的氨基酸为_______。
   A. 甘氨酸、天冬氨酸、谷氨酸　B. 甘氨酸、天冬氨酸、谷氨酰胺
   C. 甘氨酸、天冬酰胺、谷氨酰胺　D. 甲硫氨酸、天冬氨酸、谷氨酰胺
7. _______不是嘧啶核苷酸从头合成的原料。
   A. 磷酸核酸　B. 天冬氨酸　C. 谷氨酰胺　D. 甘氨酸

四、简答题

1. 列举体内合成核苷酸的两条途径的原料。
2. Tm的影响因素有哪些？

第九章　肝 胆 化 学

【主要学习目标】

了解肝脏在各物质代谢中的作用；熟悉胆汁酸的代谢过程及生理意义；掌握生物转化作用的概念、反应类型及代谢意义；掌握胆红素的代谢过程及黄疸产生的原因、类型和各种黄疸类型的血、尿、粪的指标特征。

肝脏是人体内最大的腺体，成人肝组织重约 1500g，占体重的 2.5%，具有重要而复杂的代谢功能。它在体内糖、脂、蛋白质、维生素和激素等物质的代谢中均起着重要作用。同时，肝脏还具有分泌、排泄、生物转化等方面的功能。

表 9-1　肝细胞物质代谢的区域化

Ⅰ带	Ⅲ带	Ⅰ带	Ⅲ带
葡萄糖的释放 　糖原分解 　糖异生作用 氧化供能代谢 　脂肪酸的氧化 三羧酸循环 氧化呼吸链	葡萄糖的摄取 　糖原生成 　糖酵解 　脂类生成	氨基酸的利用 　氨基酸转化为糖 　氨基酸分解 　氨基酸氮生成尿素 氧化保护作用 胆汁酸排泄 胆红素排泄	解氨毒作用 从氨氮生成尿素 生物转化作用

肝脏具有“物质代谢中枢”之称。人肝约含 2.5×10^{11} 个肝细胞，组成 50 万～100 万个肝小叶。小叶间血管在相邻的两个肝小叶间形成相应的终末门微静脉和终末肝微动脉，其营养物质逐渐被肝细胞吸收，形成浓度梯度。不同部位的肝细胞由于获得的氧和营养物质的差

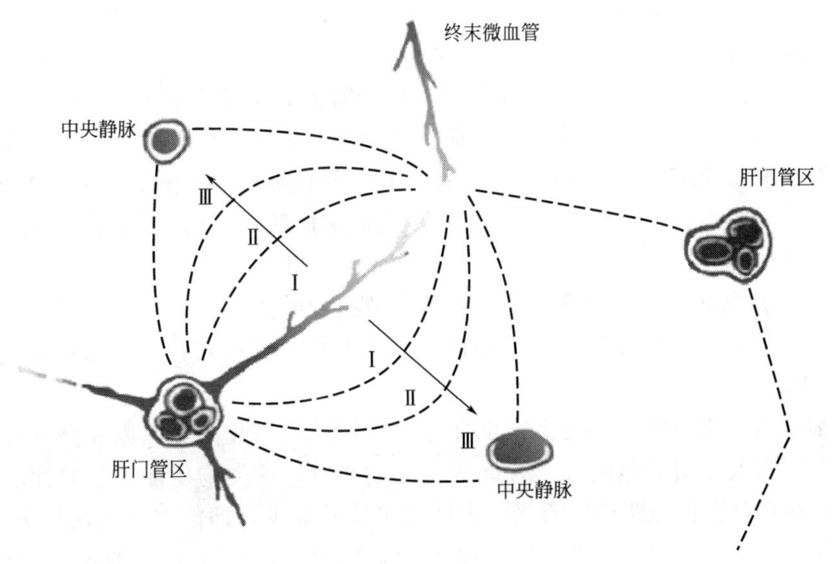

图 9-1　肝细胞分带示意图（箭头表示血流方向）

异，形成肝细胞结构与功能的异质性（见表 9-1）。

肝细胞所在的区域因此可分为三条带（见图 9-1）：Ⅰ带（门管周带，periportal zone）是终末微血管周围的肝细胞，这些肝细胞首先从血液中获取充足的氧和营养物质；Ⅲ带（小叶中心带，centrolobular zone）是接近中央静脉的肝细胞，其营养条件最差；Ⅱ带介于两者之间。电镜观察发现，Ⅰ带肝细胞含有成倍的高尔基体，后者是胆固醇合成的部位和胆汁酸合成的限速步骤所在地，也是生物转化的主要场所。

第一节 胆汁酸的代谢

一、胆汁

胆汁（bile）是由肝细胞分泌储存于胆囊中的一种液体，它是脂类物质消化吸收所必需的一类物质。正常成人每天分泌 300～700mL。肝细胞分泌的胆汁呈金黄色，清澈透明，微苦，称为肝胆汁。进入胆囊后的胆汁，有部分水分、无机盐和其他一些成分被胆囊壁吸收而变得浓缩，同时胆囊壁分泌黏液掺入胆汁，使其呈棕色，称为胆囊胆汁。胆汁中的胆汁酸以钾盐或钠盐形式存在，称为胆汁酸盐，是胆汁中的主要固体成分，约占固体成分的 50%，其次是无机盐、黏蛋白、磷脂、胆色素、胆固醇等，还含有一些消化酶、脂肪酶、磷脂酶、淀粉酶、磷酸酶等。胆盐和酶类与消化吸收有关，磷脂与胆固醇溶解有关，其他成分多属排泄物。进入人体的药物、毒物、重金属盐等异源物，经肝脏生物转化后也随胆汁排出体外。

二、胆汁酸的代谢

正常人每天合成的胆固醇总量约有 40%（0.4～0.6g）在肝内转变为胆汁酸，并随胆汁排入肠道。胆汁酸均为 24 碳胆烷酸的衍生物，按其来源不同可分为初级胆汁酸和次级胆汁酸两大类。由肝细胞合成的胆汁酸称为初级胆汁酸；初级胆汁酸在肠道中受细菌作用生成的脱氧胆酸和石胆酸及其在肝中生成的结合产物称为次级胆汁酸。其代谢包括合成、排泄及肠肝循环三个主要环节。

1. 初级胆汁酸的生成

肝细胞以胆固醇为原料，在一系列酶的催化下合成胆汁酸，这是肝清除胆固醇的主要方式。在肝细胞的微粒体和胞液中，胆固醇经胆固醇 7α-羟化酶（7α-hydroxylase）的催化下，生成 7α-羟胆固醇，然后再经氧化、还原、羟化、侧链氧化及断裂等多步酶促反应生成游离胆汁酸（free bile acid）。(见图 9-2)。人胆汁中含量最多的初级胆汁酸是胆酸和鹅脱氧胆酸，它们即为游离型初级胆汁酸。这两种胆汁酸可在酶催化下，与甘氨酸或牛磺酸分别结合形成甘氨胆酸、牛磺胆酸、甘氨鹅脱氧胆酸和牛磺鹅脱氧胆酸，它们即为结合型初级胆汁酸。一般结合型胆汁酸水溶性较游离型大，pK 值降低，这种结合使胆汁酸盐更稳定，在酸或 Ca^{2+} 存在时不易沉淀出来，健康人胆汁以结合型胆汁酸为主，其中甘氨胆汁酸与牛磺胆汁酸的比例为 3∶1，胆汁酸多以钠盐或钾盐（胆汁酸盐）的形式存在。几种初级胆汁酸的结构如图 9-2 所示。

在肝细胞内，胆固醇合成胆汁酸的酶促反应中，7α-羟化酶为其限速酶，此酶受胆汁酸的反馈抑制。当人服用消胆胺或富含纤维素的食物时，这类物质能吸收胆汁酸而促进其排泄，从而减少胆汁酸的重吸收，重吸收入肝的胆汁酸减少，即能解除它在肝中对 7α-羟化酶的抑制作用，因而促进胆汁酸的合成，就可收到降低血清胆固醇浓度的效果。此外，甲状腺素能增加 7α-羟化酶的活性，加速胆固醇转化为胆汁酸。故甲亢时，血清胆固醇浓度降低，

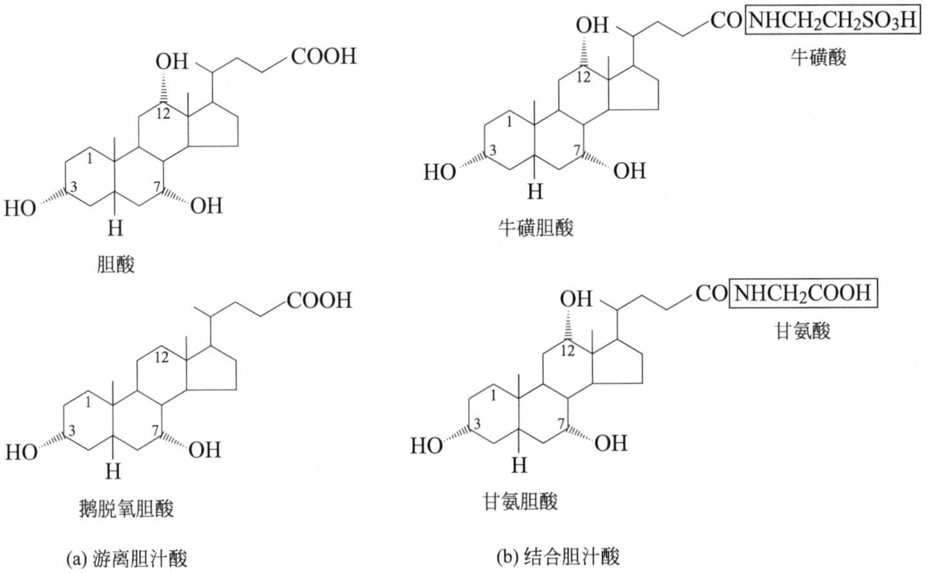

胆酸

牛磺胆酸

牛磺酸 $CONHCH_2CH_2SO_3H$

鹅脱氧胆酸

甘氨胆酸

甘氨酸 $CONHCH_2COOH$

(a) 游离胆汁酸　　(b) 结合胆汁酸

图 9-2　几种初级胆汁酸的结构

反之亦然。

2. 次级胆汁酸的生成

胆汁酸随胆汁分泌入肠道并在脂类的消化、吸收过程中起作用后，在小肠下段及大肠中，一部分结合型初级胆汁酸受细菌的作用可水解成游离型胆汁酸，后者可在肠菌的作用下，一部分被水解脱去 7 位羟基，由此胆酸可转变为脱氧胆酸，鹅脱氧胆酸转变为石胆酸，此类由初级胆汁酸在肠菌作用下形成的胆汁酸称为次级胆汁酸，包括脱氧胆酸和石胆酸。它们可被重吸收回肝，再分泌入胆汁中。人胆汁中的次级胆汁酸含量较多的为图 9-3 所示的两种。

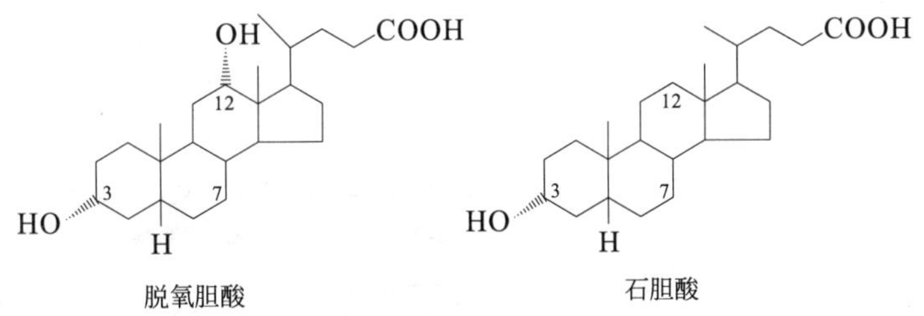

脱氧胆酸　　石胆酸

图 9-3　几种次级胆汁酸结构图

3. 胆汁酸的肠肝循环

胆汁酸盐排入肠道后在脂类的消化、吸收中发挥作用的同时，肠道中的各种胆汁酸平均有 95%被肠壁重吸收，仅小部分胆汁酸随粪便排泄。胆汁酸的重吸收主要有两种方式：①结合型胆汁酸在回肠部位主动重吸收，经门静脉又回到肝；②游离型胆汁酸在小肠各部及大肠被动重吸收，经门静脉回到肝，被肝细胞摄取利用。胆汁酸的重吸收主要依靠主动重吸收方式。石胆酸主要以游离型存在，故大部分不被吸收而排出。正常人每天从粪便排出的胆汁酸为 0.4～0.6g。由肠道重吸收的胆汁酸（包括初级和次级胆汁酸；结合型和游离型胆汁酸）均由门静脉进入肝脏，在肝脏中游离型胆汁酸再转变为结合型胆汁酸，再随胆汁排入肠腔。此过程称为“胆汁酸的肠肝循环”（见图 9-4）。胆汁酸肠肝循环的生理意义在于使有限的胆汁酸重复利用，促进脂类的消化与吸收。正常人体肝脏内胆汁酸池为 3～5g，而维持脂类物质消化吸收，需要肝脏每天合成 16～32g，依靠胆汁酸的肠肝循环可弥补胆汁酸的合成不足。每次饭后可以进行 2～4 次肠肝循环，使有限的胆汁酸能够发挥最大限度的乳化作用，以维持脂类食物消化吸收的正常进行。若肠肝循环被破坏，如腹泻或回肠大部切除，则胆汁酸不能重复利用。此时，一方面影响脂类的消化吸收，另一方面胆汁中胆固醇含量相对增高，处于饱和状态，极易形成胆固醇结石。

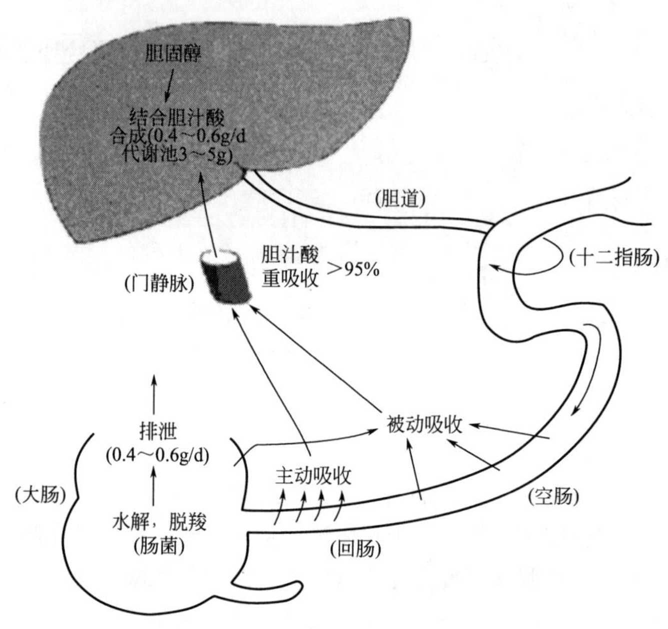

图 9-4 胆汁酸的肠肝循环

胆汁酸合成总过程见图 9-5。

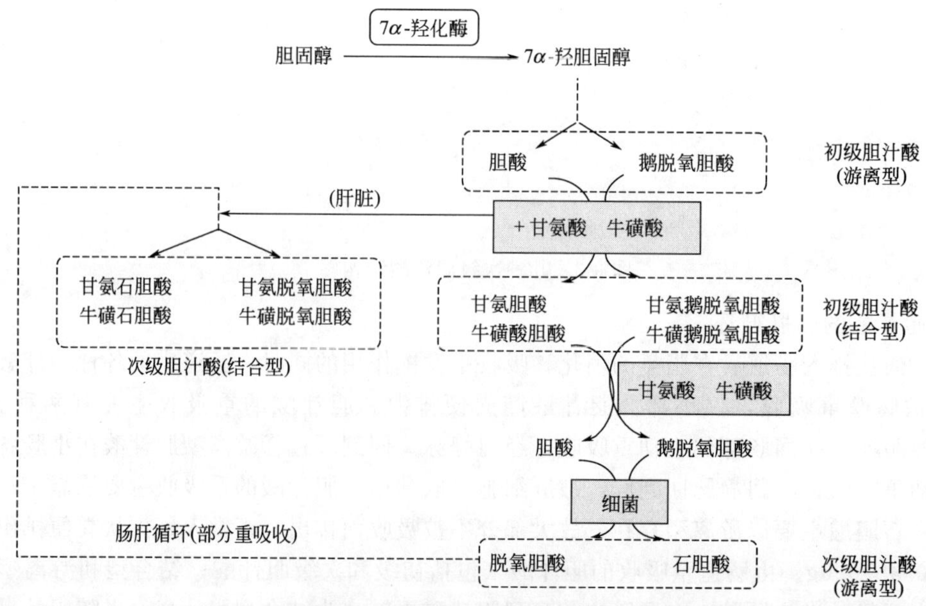

图 9-5 胆汁酸的生成及转化

三、胆汁酸的生理作用

1. 促进脂类物质的消化吸收

胆汁酸分子既含亲水性的羟基和羧基，又含疏水性的甲基和烃核，它的立体构型具有亲水和疏水两个侧面，从而能够降低油/水两相之间的表面张力，成为较强的乳化剂。胆汁酸能和卵磷脂、胆固醇、脂肪或脂溶性维生素等物质在水中乳化成直径只有 3～10μm 的细小微团，使这些物质能稳定地分散在水溶液中，既有利于消化酶的作用，又有利于脂类物质通过肠黏膜表面水层，促进脂类物质的吸收。

2. 排泄胆固醇

人体内约 99%的胆固醇随胆汁从肠道排出体外，其中 2/3 以直接形式、1/3 以胆汁酸形式排出体外。胆汁中的胆汁酸盐和磷脂酰胆碱可与胆固醇形成微团而使胆固醇在胆汁中以溶解状态存在，可避免胆固醇析出沉淀。若肝合成胆汁酸的能力下降，消化道丢失胆汁酸过多或肠肝循环中肝摄取胆汁酸过少，以及排入胆汁中的胆固醇过多，使胆汁中胆汁酸盐、磷脂酰胆碱与胆固醇的比值下降（小于 10：1）时，可使胆固醇析出沉淀，引起胆道结石。

3. 对胆固醇代谢的调控作用

胆汁酸浓度对胆汁酸生成的限速酶—7α-羟化酶和胆固醇合成的限速酶—HMG-CoA 还原酶均有抑制作用，进入肝的胆汁酸可同时抑制这两种酶的活性。肝合成胆固醇的速度，可影响胆汁酸的生成。胆汁酸代谢过程对体内胆固醇的代谢有重要的调控作用。

第二节　非营养物质的代谢

人体内经常存在一些非营养物质，这些物质既不能构成组织细胞的结构成分，又不能氧化供能，其中一些对人体有一定的生物学效应或毒性作用，机体在排出这些物质以前将其进行各种代谢转变，这一过程称为生物转化（biotransformation）。

机体内需要进行生物转化的非营养物质可分为内源性和外源性两类。内源性物质包括激素、神经递质和其他胺类等一些对机体具有强烈生物学活性的物质，以及氨、胆红素等对机体有毒性的物质。在日常生活中，人体接触到的外来化学物质多达几万种，其中可被人类摄取的食品添加剂、色素和药物等有 1 万余种。此外，还有肠道经细菌作用产生的腐败产物（如胺、酚、吲哚和硫化氢等）。这些外源性物质均需经生物转化从体内排出。肝是机体内生物转化的主要器官。

生物转化的生理意义在于它对体内的非营养物质进行转化，使其生物学活性降低或消除（灭活作用），或使毒性物质减低或消除（解毒作用，detoxification）。更为重要的是生物转化作用可将这些物质的溶解性增高，变为易于从胆汁或尿液中排出体外的物质。应该指出的是，也有少数物质本身并没有毒性或直接致癌作用，当通过生物转化后才显示其毒性或致癌作用，例如二甲基硝胺进入体内经转化生成重氮甲烷和甲基自由基后，才称为致癌物质。因此也不能把生物转化作用简单地看作是解毒作用。

一、生物转化的反应类型

生物转化过程所包括的化学反应可归纳为两相。第一相反应包括氧化、还原、水解反应；第二相反应称为结合反应。少数物质只经过第一相反应即可排出体外，但多数非营养物质经过第一相反应后，其极性变化不明显，还需进一步进行第二相反应，以得到更大的溶解度，才能排出体外。有些则不经过第一相反应，直接进行第二相反应。每一相反应又各自包括多种不同的反应，分别在不同的部位进行（见表 9-2）。

表 9-2 生物转化反应的类型

反应类型	反应酶类	作用	部位
氧化反应	加单氧酶系	最重要，占总反应的 50%	微粒体
	单胺氧化酶系	胺类物质→醛类→酸	线粒体
	醇、醛脱氢酶系	醇类→醛→酸	肝细胞
还原反应	硝基还原酶类	硝基化合物→胺类	肝细胞
	偶氮还原酶类	偶氮化合物→胺类	肝细胞
水解反应	多种水解酶类	脂类、酰胺类和糖苷类→水解	微粒体、胞质
结合反应（第二相反应）	葡萄糖醛酸基转移酶	极性基团化合物→与 UDPGA 结合	微粒体
	硫酸基转移酶（PAPS 供体）	醇、酚和芳胺→硫酸酯类	胞质
	乙酰基转移酶	芳胺类与乙酰 CoA 的乙酰基结合	胞质
	甲基转移酶（SMA 供体）	胺类→甲基化后灭活	微粒体、胞质

1. 第一相反应——氧化、还原及水解反应

大多数毒物、药物等进入肝细胞后，常先进行氧化反应，有些可被水解，少数物质被还原。经过氧化、还原和水解作用，一般能使非极性的化合物产生带氧的极性基团，从而使其水溶性增加，以便于排泄，同时也改变了药物或毒物分子原有的功能基团，或产生新的功能基团使毒物解毒或活化，某些药物的药理活性发生变化。

（1）氧化反应

在肝细胞的微粒体、线粒体及胞液中含有参与生物转化的不同的氧化酶系，包括加单氧酶系、单胺氧化酶系及脱氢酶系。

① 细胞色素 P_{450} 加单氧酶系　该酶存在肝细胞微粒体中，是氧化异源物的最重要酶系，又称混合功能氧化酶，催化脂溶性物质从分子氧中接受一个氧原子，生成羟基化合物或环氧化合物。反应式如下：

$$RH + NADPH + H^{+} + O_2 \longrightarrow ROH + NADP^{+} + H_2O$$

进入人体的外来化合物约一半以上经此系统氧化。加单氧酶的羟化作用不仅增加药物或毒物的水溶性，有利于排泄，而且是许多物质代谢不可缺少的步骤。有些致癌物质经氧化后丧失其活性，而有些本来无活性的物质经氧化后生成有毒或致癌物质。例如，多环芳烃经加单氧酶作用生成的环氧化合物是致癌物质，需经进一步的生物转化，如可待因在体内转化可生成吗啡。

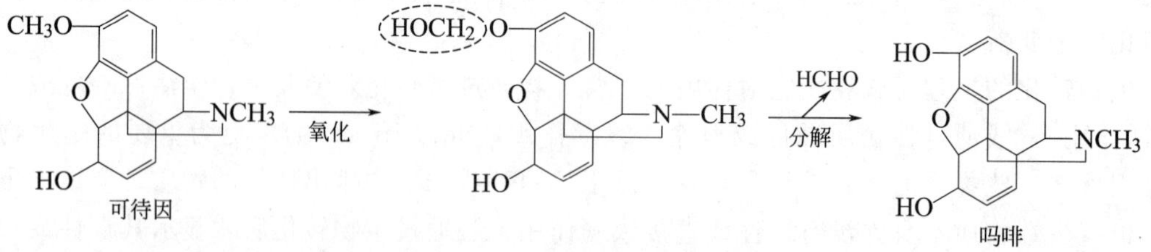

CH_3O—　O　NCH_3　HO　可待因　—氧化→　$HOCH_2$O—　O　N—CH_3　HO　—分解（HCHO）→　HO—　O　NCH_3　HO　吗啡

② 单胺氧化酶系　存在于线粒体外膜的单胺氧化酶（MAO）是另一类参与生物转化的氧化酶类。它是一种黄素蛋白，可催化内源性胺类（如组胺、酪胺、5-羟色胺和腐胺等）和外源性胺类（如苯胺、苯乙醇胺、伯胺喹啉等）氧化脱氨基生成相应的酸，后者进一步在胞液中醛脱氢酶催化下氧化成酸。反应式如下：

$$RCH_2NH_2 + O_2 + H_2O \longrightarrow RCHO + NH_3 + H_2O_2$$

③ 醇脱氢与醛脱氢酶系　肝细胞内含有非常活跃的醇脱氢酶（ADH），可催化醇类（如乙醇）氧化成醛，后者再经醛脱氢酶（SALDH）作用可进一步氧化成酸。大量饮酒会

经 ADH 和微粒体乙醇氧化系统（乙醇 P_{450} 加单氧酶）将乙醇氧化为乙醛，有 90％以上在 ALDH 催化进行进一步氧化成乙酸。反应式如下：

$$CH_3CH_2OH \xrightarrow[NAD^+ \quad NADH+H^+]{醇脱氢酶} CH_3CHO \xrightarrow[H_2O+NAD^+ \quad NADH+H^+]{醛脱氢酶} CH_3COOH$$

（2）还原反应

肝细胞微粒体中主要有偶氮还原酶类和硝基还原酶类，均为黄素蛋白酶类，可分别催化硝基化合物（多见于工业试剂、杀虫剂、食品防腐剂等）和偶氮化合物（常见于食品色素、化妆品、药物、纺织品与印刷工业）生成相应的胺类。如硝基苯经还原反应生成苯胺，苯胺再在单胺氧化酶的作用下，生成相应的酸：

$$C_6H_5\text{—}NO_2 \longrightarrow C_6H_5\text{—}NO \longrightarrow C_6H_5\text{—}NHOH \longrightarrow C_6H_5\text{—}NH_2$$

硝基苯　亚硝基苯　*N*-羟基苯胺　苯胺

（3）水解反应

肝细胞的胞液与微粒体中含有多种水解酶类，可将脂类（普鲁卡因）、酰胺类（异丙异菸肼）和糖苷类化合物（洋地黄毒苷）水解，以减低或消除其生物活性，这些水解产物通常还需要进一步经其他反应才能排出体外。如普鲁卡因和乙酰水杨酸的水解：

$$H_2N\text{—}C_6H_4\text{—}C(=O)\text{—}OCH_2CH_2N(C_2H_5)_2 \xrightarrow[H_2O]{脂解} H_2N\text{—}C_6H_4\text{—}C(=O)\text{—}OH + HOCH_2CH_2N(C_2H_5)_2$$

普鲁卡因　对氨基苯甲酸　二乙氨乙醇

$$C_6H_4(OCOCH_2CH_3)(COOH) \xrightarrow{水解} C_6H_4(OH)(COOH) \xrightarrow{氧化} C_6H_3(OH)_2(COOH) \xrightarrow{结合反应} 排出体外$$

乙酰水杨酸　水杨酸　羟基水杨酸

2. 第二相反应——结合反应

有机毒物或药物，特别是具有极性基团的物质，不论是否经过氧化、还原及水解反应，大多要与体内其他化合物或基团相结合，从而遮盖药物或毒物分子中的某些功能基团，使它们的生物活性、分子大小以及溶解度等发生改变，这就是生物转化中的结合反应。肝细胞内含有许多催化结合反应的酶类。凡含有羟基、羧基或氨基的药物、毒物或激素均可与葡萄糖醛酸、硫酸、谷胱甘肽、甘氨酸等发生结合反应，或进行酰基化和甲基化等反应。结合反应往往属于耗能反应，它在保护有机体不受外来异物侵害、维持内环境稳定方面具有重要意义。结合反应可在肝细胞的微粒体、胞液和线粒体内进行，不同形式的结合反应由肝内特异的酶系所催化。常见的结合反应有葡萄糖醛酸结合、硫酸结合、乙酰基结合、甘氨酰基结合、甲基结合、谷胱甘肽结合及水化等。与葡萄糖醛酸、硫酸和酰基的结合反应最为重要，尤以葡萄糖醛酸的结合反应最为普遍。

（1）葡萄糖醛酸结合

葡萄糖醛酸结合是体内最重要和最普遍的结合反应。据研究统计，有数千种亲脂的内源物和外源物可与葡萄糖醛酸结合。葡萄糖醛酸的供体是 UDP 葡萄糖醛酸（UDPGA），在肝细胞的内质网有葡萄糖醛酸基转移酶（UGT），催化 UDPGA 中的葡萄糖醛酸基转移到底物—OH、—COOH、—SH 或—NH_2 上，生成 β-D-葡萄糖醛酸苷，使其水溶性增加，便于从胆汁和尿中排出。有的底物分子可以结合 2 分子葡萄糖醛酸，如胆红素。苯酚的反应如下：

$$C_6H_5-OH + UDPGA \xrightarrow{\text{葡萄糖醛酸基转移酶}} C_6H_5-O-GA + UDP$$

苯酚　　　　苯-β-葡萄糖醛酸苷

（2）硫酸结合

很多含有—OH 的异源物，如醇类、胆汁酸和各种酚类（甲状腺素、异丙肾上腺素、酪胺、甲基多巴等）都可通过与硫酸结合而生成硫酸酯，增加其水溶性，易于从肝、肾排出。3′-磷酸腺苷 5′-磷酸硫酸（PAPS）是硫酸的供体。肝细胞有硫酸转移酶催化。如雌酮经此反应而灭活，反应如下：

$$\text{雌酮(HO—)} \xrightarrow[\text{PAPS} \rightarrow \text{PAP}]{\text{硫酸转移酶}} \text{雌酮硫酸酯}(HO_3SO—)$$

雌酮　　　　雌酮硫酸酯（灭活的雌酮）

（3）乙酰基结合

乙酰辅酶 A 是乙酰基的直接供体，肝细胞含有乙酰转移酶，催化乙酰辅酶 A 分子中的乙酰基与芳香胺类的氨基结合，形成相应的乙酰化合物。如磺胺药在体内的转化，反应如下：

$$H_2N-C_6H_4-SO_2-NHR + H_3C-\overset{O}{\overset{\|}{C}}-SCoA \longrightarrow H_3C-\overset{O}{\overset{\|}{C}}-NH-C_6H_4-SO_2-NHR + CoASI$$

磺胺　　　　*N*-乙酰磺胺

（4）甲基结合

肝细胞含有各种甲基转移酶，以 *S*-腺苷蛋氨酸（SAM）为甲基供体，催化含有氧、氮、硫等亲核基团的化合物的甲基化反应而被代谢。

二、生物转化作用的特点

（1）反应的连续性

非营养物质在体内的转化，少数非营养物质只需一步反应就可以被排出体外，大多数非营养物质往往需要经过几步反应，才能被排出体外。如解热药乙酰水杨酸，先经过水解生成水杨酸和乙酸，水杨酸再经过氧化和结合反应，然后被排出体外。

（2）反应类型的多样性

同一种非营养物质可进行多种不同的生物转化反应，生成不同的产物而排出体外。如乙酰水杨酸水解生成水杨酸，水杨酸可与甘氨酸结合生成水杨酰甘氨酸，也可与葡萄糖醛酸结合生成 β-葡萄糖酸苷，还可羟化生成羟基化合物。

（3）解毒与致毒的双重性

有些非营养物质经生物转化后其毒性降低（解毒），但也可能增强（致毒）。黄曲霉毒素 B_1 经加单氧酶作用生成的黄曲霉毒素 $B_{2,3}$-环化物，可与 DNA 分子中鸟嘌呤结合，引起 DNA 突变。所以黄曲霉毒素是致癌的重要危险因子。

三、影响生物转化作用的因素

生物转化作用受年龄、性别、肝脏疾病及药物等体内外各种因素的影响。

新生儿肝中生物转化酶发育不全，对药物及毒物的转化能力不足，易发生药物及毒素中毒，新生儿高胆红素血症与缺乏 UDPGA 转移酶有关，此酶活性在出生 5～6 天后才开始升高，1～3 个月后接近成人水平。老年人因器官退化，对氨基吡啉等的药物转化能力降低，用药后药效较强，副作用较大。此外，某些药物或毒物可诱导转化酶的合成，使肝脏的生物转化能力增强，称为药物代谢酶的诱导。例如，长期服用苯巴比妥，可诱导肝微粒体加单氧酶系的合成，从而使机体对苯巴比妥类催眠药产生耐药性。同时，由于加单氧酶特异性较差，可利用诱导作用增强药物代谢和解毒，如用苯巴比妥治疗地高辛中毒。苯巴比妥还可诱导肝微粒体 UDP-葡萄糖醛酸转移酶的合成，故临床上用来治疗新生儿黄疸。另一方面由于多种物质在体内转化代谢常由同一酶系催化，同时服用多种药物时，可出现竞争同一酶系而相互抑制其生物转化作用。临床用药时应加以注意，如保泰松可抑制双香豆素的代谢，同时服用时双香豆素的抗凝作用加强，易发生出血现象。

肝实质性病变时，微粒体中加单氧酶系和 UDP-葡萄糖醛酸转移酶活性显著降低，加上肝血流量的减少，病人对许多药物及毒物的摄取、转化发生障碍，易积蓄中毒，故在肝病患者用药时要特别慎重。

第三节　胆色素代谢

体内含铁卟啉的化合物主要是血红蛋白，此外还有肌红蛋白、过氧化氢酶、过氧化物酶和细胞色素。胆色素（bile pigment）是体内铁卟啉化合物的主要分解代谢产物，包括胆红素（bilirubin）、胆绿素（biliverdin）、胆素原（bilinogen）和胆素（bilin）。这些化合物主要随胆汁排出体外。胆红素是人胆汁的主要色素，呈橙黄色。胆红素的毒性作用可引起大脑不可逆的损害。胆红素的代谢是临床上颇感兴趣的课题，肝是胆红素代谢的主要器官，有关胆红素的知识对于认识肝病具有重要意义。

胆红素主要来自血红蛋白的分解。衰老的红细胞在单核吞噬细胞系统被破坏，释放出血红蛋白。血红蛋白分解为珠蛋白和血红素。血红素在一系列酶的催化作用下，还原生成胆红素。所以本节先从血红素的化学开始。

一、血红素的化学

1. 血红素的合成

血红素（heme）是一种铁卟啉化合物，它是血红蛋白、肌红蛋白、细胞色素、过氧化物酶等的辅基。体内各种细胞均可合成血红素，且合成通路相同，但合成的主要器官是肝和骨髓。参与血红蛋白组成的血红素主要在骨髓的幼红细胞和网织红细胞中合成。成熟红细胞因不含线粒体，所以不能合成血红素。

（1）合成原料及部位

血红素合成的基本原料是甘氨酸、琥珀酰辅酶 A 及 Fe^{2+}。合成的开始和终产物的生成阶段在线粒体内进行，中间阶段则在胞液中进行。成熟红细胞因不含线粒体，故不能合成血红素。

（2）合成过程

血红素的合成过程分为如下四个步骤。

① δ-氨基-γ-酮戊酸（δ-aminplevulinic acid，ALA）的生成　在线粒体内，首先由甘氨酸和琥珀酰辅酶 A 在 ALA 合酶的催化下缩合生成 ALA。ALA 合酶由两个亚基组成，每个亚基相对分子质量为 60000。其辅酶为磷酸吡哆醛。此酶是血红素合成的限速酶，受血红素的反馈调节。

$$\underset{\text{琥珀酰CoA}}{HOOC-CH_2-CH_2-\overset{\overset{\displaystyle O}{\|}}{C}\sim CoA} + \underset{\text{甘氨酸}}{H_2N-CH_2-COOH} \xrightarrow[\text{ALA合成酶（磷酸吡哆醛）}]{\text{辅酶A}+CO_2} \underset{\text{ALA}}{HOOC-CH_2-CH_2-\overset{\overset{\displaystyle O}{\|}}{C}-CH_2-NH_2}$$

② 胆色素原的生成　ALA 生成后从线粒体进入胞液，在 ALA 脱水酶的催化下，2 分子 ALA 脱水缩合成 1 分子胆色素原。

$$\underset{\text{2ALA}}{2\ HOOC-CH_2-CH_2-CO-CH_2-NH_2} \xrightarrow[2H_2O]{\text{ALA脱水酶}} \text{胆色素原}$$

③ 尿卟啉原Ⅲ和粪卟啉原Ⅲ的生成　在胞液中，4 分子胆色素原由尿卟啉原Ⅰ同合酶、尿卟啉原Ⅲ同合酶、尿卟啉原Ⅲ脱羧酶催化，经线状四吡咯、尿卟啉原Ⅲ，最终生成粪卟啉原Ⅲ。

$$4\times\text{胆色素原}\xrightarrow{\text{尿卟啉原Ⅰ同合酶}}\text{线状四吡咯}\xrightarrow{\text{尿卟啉原Ⅲ同合酶}}\text{尿卟啉原Ⅲ}\xrightarrow{\text{尿卟啉原Ⅲ脱羧酶}}\text{粪卟啉原Ⅲ}$$

④ 血红素的生成　胞液中生成的粪卟啉原Ⅲ再进入线粒体中，在粪卟啉原Ⅲ氧化脱羧酶作用下，生成原卟啉原Ⅸ，再经原卟啉原Ⅸ氧化酶催化生成原卟啉Ⅸ，最后在亚铁螯合酶催化下和 Fe^{2+} 结合生成血红素。血红素生成后从线粒体转运到胞液，在骨髓有核红细胞及网织红细胞中，与珠蛋白结合成为血红蛋白。

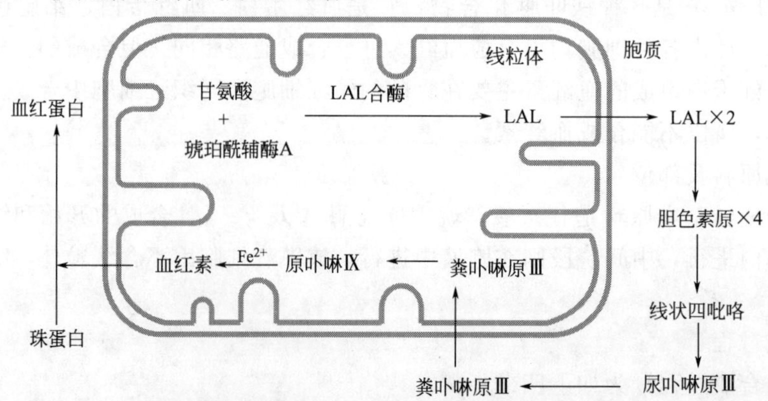

（3）血红素生物合成的调节

血红素的合成受多种因素的调节，其中最主要的调节步骤是 ALA 的生成。

① ALA 合酶　它是血红素合成体系的限速酶，受血红素的反馈抑制调节。如果血红素的合成速度大于珠蛋白的合成速度，过多的血红素可以氧化成高铁血红素，后者对 ALA 合酶也具有强烈抑制作用。

② 红细胞生成素　红细胞生成素（EPO）主要由肾合成，能刺激有丝分裂，促进红系祖细胞的增殖，并可促进网织红细胞的释放，提高红细胞的抗氧化功能。EPO 在某些生理或病理条件下，其体内含量会有变化，在输入过量红细胞时，EPO 会下降，在再生障碍性贫血患者血中，EPO 的浓度较正常人要高许多。

③ 性激素的影响　雄性激素刺激 EPO 的产生，如睾酮能刺激 EPO、ALA 合酶的合成，所以能促进血红素的合成；睾酮还能刺激骨髓，促进红细胞的生成。故临床常用丙酸睾丸酮及衍生物治疗再生障碍性贫血。雌激素抑制红细胞的生成，小剂量的雌激素能降低红系祖细胞对 EPO 的反应。

④ 叶酸和维生素 B_{12} 的影响　叶酸和维生素 B_{12} 缺乏时一碳单位代谢和核苷酸代谢障碍，引起红细胞 DNA 合成受阻，红细胞体积变大，核内染色质疏松，引起巨幼细胞贫血。

⑤ 杀虫剂、致癌物及药物　这些物质均可诱导肝 ALA 合酶的合成。因这些物质在肝细胞内进行生物转化时，需要细胞色素 P_{450}，该酶含有血红素辅基，通过增加肝 ALA 合酶以适应生物转化的要求。

2. 血红素的分解代谢

血红素在体内分解代谢的主要产物是胆色素。胆色素是铁卟啉化合物在体内分解代谢的产物，它包括胆红素、胆绿素、胆素原和胆素等化合物。其中，除胆素原族化合物无色外，其余均有一定颜色，故统称胆色素。胆色素的主要成分是胆红素，胆红素是胆汁中的主要色素，呈橙黄色，有毒性，可引起脑组织不可逆性损害。所以胆色素代谢以胆红素代谢为中心，肝脏在胆色素代谢中起着重要作用。

（1）胆红素的来源与生成

体内含卟啉的化合物有血红蛋白、肌红蛋白、过氧化物酶、过氧化氢酶及细胞色素等。成人每日产生 250～350mg 胆红素。其中 80％是衰老红细胞中血红蛋白的辅基血红素降解而产生；小部分来自血红素蛋白质（如细胞色素 P_{450}、细胞色素 b_5、过氧化氢酶等）的酶类分解；极小部分由造血过程中，骨髓内作为造血原料的血红蛋白或血红素，在未成为成熟红细胞成分之前有少量分解，即无效造血所产生的胆红素。

体内红细胞的寿命 120 天，衰老的红细胞由于细胞膜的变化被网状内皮细胞识别并吞噬，在肝、脾及骨髓等网状内皮细胞中，血红蛋白被分解为珠蛋白和血红素。血红素在微粒体中血红素加氧酶催化下，血红素原卟啉Ⅸ环上的 α-次甲基桥（═CH—）的碳原子两侧断裂，使原卟啉Ⅸ环打开，并释出 CO、Fe^{3+} 和胆绿素Ⅸ。Fe^{3+} 可被重新利用，CO 可排出体外。线性四吡咯的胆绿素进一步在胞液中胆绿素还原酶（辅酶为 NADPH）的催化下，迅速被还原为胆红素。血红素加氧酶是胆红素生成的限速酶，需要 O_2 和 NADPH 参加，受底物血红素的诱导，而同时血红素又可作为酶的辅基起活化分子氧的作用（见图 9-6）。

（2）胆红素在血液中的运输

在生理 pH 条件下，胆红素是难溶于水的脂溶性物质，在网状内皮细胞中生成的胆红素能自由透过细胞膜进入血液，在血液中主要与血浆清蛋白结合成“胆红素-清蛋白”复合物

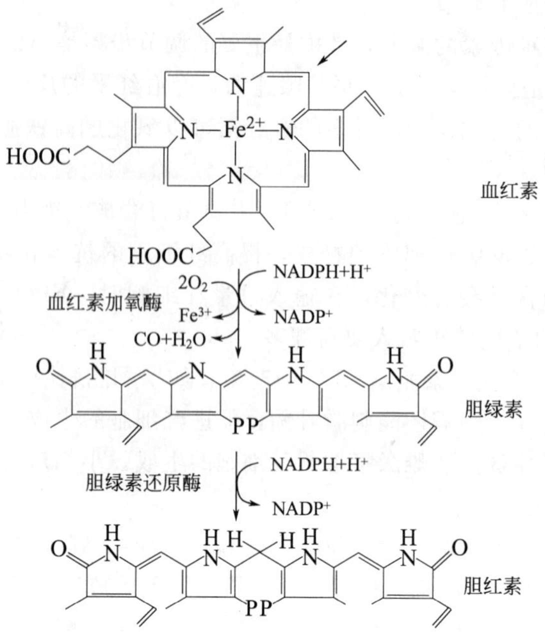

血红素

血红素加氧酶

胆绿素

胆绿素还原酶

胆红素

图 9-6 胆红素的生成过程

进行运输。这种结合增加了胆红素在血浆中的溶解度，便于运输，同时又限制胆红素自由透过各种生物膜，使其不致对组织细胞产生毒性作用，每个清蛋白分子上有一个高亲和力结合部位和一个低亲和力结合部位。每分子清蛋白可结合两分子胆红素。在正常人每 100mL 血浆的血浆清蛋白能与 20～25mg 胆红素结合，而正常人血浆胆红素浓度仅为 0.1～1.0 mg/dL，所以正常情况下，血浆中的清蛋白足以结合全部胆红素。但某些有机阴离子如磺胺类、脂肪酸、胆汁酸、水杨酸等可与胆红素竞争与清蛋白的结合，从而使胆红素游离出来，增加其透入细胞的概率。过多的游离胆红素可与脑部基底核的脂类结合，并干扰脑的正常功能，称胆红素脑病或核黄疸。因此，在新生儿高胆红素血症时，对多种有机阴离子药物必需慎用。

(3) 肝脏对胆红素的摄取、转化及排泄

① 肝细胞对胆红素的摄取　与清蛋白结合的胆红素在肝细胞膜血窦域分解出游离的胆红素，并被肝细胞摄取。肝细胞摄取血中胆红素的能力很强。实验证明，注射具有放射性的胆红素后，大约只需 18min 就可从血浆中清除 50%。肝脏能迅速从血浆中摄取胆红素，是由于肝细胞浆中两种载体蛋白（Y 蛋白和 Z 蛋白）所起的重要作用。主要是与 Y 蛋白结合，当 Y 蛋白结合饱和时，Z 蛋白的结合才增多。这种结合使胆红素不能返流入血，从而使胆红素不断进入肝细胞内。胆红素被载体蛋白结合后，即以“胆红素-Y 蛋白”（胆红素-Z 蛋白）形式送至内质网。这是一个耗能的过程，而且是可逆的。如果肝细胞处理胆红素的能力下降，或者生成胆红素过多，超过了肝细胞处理胆红素的能力，则已进入肝细胞的胆红素还可返流入血，使血中胆红素水平增高。

Y 蛋白是一种碱性蛋白，由相对分子质量为 22000 和 27000 的两个亚基组成，约占肝细胞胞液蛋白质总量的 5%。它也是一种诱导蛋白，苯巴比妥可诱导 Y 蛋白的合成。甲状腺素、溴酚磺酸钠（BSP）和靛青绿（ICG）等可竞争结合 Y 蛋白，影响胆红素的转运。Y 蛋白能与上述多种物质结合，故又称“配体结合蛋白”。由于新生儿在出生 7 周后 Y 蛋白才达到成人正常水平，故易产生生理性的新生儿非溶血性黄疸，临床上可用苯巴比妥治疗。Z蛋白是一种酸性蛋白，相对分子质量为12000，与胆红素亲和力小于Y蛋白。当胆红素浓度较低时，胆红素优先与Y蛋白结合。在胆红素浓度高时，则Z蛋白与胆红素的结合量增加。

非脂型胆红素与清蛋白结合后分子量变大，不能经肾小球滤过而随尿液排出，故尿中无此胆红素。由于此胆红素必须加入乙醇后才能与重氮试剂反应，所以称为间接胆红素，又因该胆红素未进入肝进行生物转化的结合反应，故又称未结合胆红素。

② 肝细胞对胆红素的转化作用　肝细胞对胆红素的转化在滑面内质网上进行。肝细胞内质网中有胆红素-尿苷二磷酸-葡萄糖醛酸基转移酶（UGT），它可催化胆红素与葡萄糖醛酸结合，生成葡萄糖醛酸胆红素，称脂型（结合）胆红素。因其能与重氮试剂直接迅速起反应，所以又称为直接胆红素。由于胆红素分子中有两个羧基，可结合两分子葡萄糖醛酸或单葡萄糖醛酸，故可形成胆红素葡萄糖醛酸一酯和胆红素葡萄糖醛酸二酯。在人胆汁中主要以胆红素葡萄糖醛酸二酯（占70%～80%）为主，其次为胆红素葡萄糖醛酸一酯，也有小部分与硫酸根、甲基、乙酰基、甘氨酸等结合。

结合胆红素较未结合胆红素脂溶性弱而水溶性增强，与血浆白蛋白亲和力减小，故易从胆道排出，也易透过肾小球从尿排出。但不易通过细胞膜和血脑屏障，因此不易造成组织中毒，是胆红素解毒的重要方式，又有利于从胆道排泄。两种胆红素的区别见表9-3。

表9-3　两种胆红素性质的比较

性　质	游离(未结合)胆红素	结合胆红素
别名	间接胆红素、血胆红素	直接胆红素、肝胆红素
水溶性	小	大
脂溶性	大	小
与清蛋白亲和力	大	小
能否透过肾小球	不能	能
经肾随尿排出	不能	能
对细胞膜的透过及毒性	大	小
与重氮试剂反应	间接反应	直接反应
与葡萄糖醛酸结合	未结合	结合

③ 肝脏对胆红素的排泄作用　胆红素在内质网经结合转化后，在细胞质内经过高尔基复合体、溶酶体等作用，运输并排入毛细胆管随胆汁排出。毛细胆管内结合胆红素的浓度远高于细胞内浓度，故胆红素由肝内排出是一个逆浓度梯度的耗能过程，也是肝脏处理胆红素的一个薄弱环节，容易受损。当肝细胞损伤时，可由于结合型胆红素的排泄障碍而造成肝细胞淤滞性黄疸。由于肝细胞内有亲和力强的胆红素载体蛋白及葡萄糖醛酸基转移酶，因而不断地将胆红素摄取、结合、转化及排泄，保证了血浆中的胆红素不断地经肝细胞而被清除。

（4）胆红素在肠管中的变化及其肠肝循环

结合胆红素随胆汁排入肠道后，自回肠下段至结肠，在肠道细菌作用下，由β-葡萄糖醛酸酶催化水解脱去葡萄糖醛酸，生成未结合胆红素，后者再逐步还原成为无色的胆素原族化合物，即中胆素原、粪胆素原及尿胆素原。粪胆素原在肠道下段或随粪便排出后经空气氧化，可氧化为棕黄色的粪胆素，它是正常粪便中的主要色素。正常人每日从粪便排出的胆素原为40～80mg。当胆道完全梗阻时，因结合胆红素不能排入肠道，不能形成粪胆素原及粪胆素，粪便则呈灰白色，临床上称之为白陶土样便。

生理情况下，肠道中有10%～20%的胆素原可被重吸收入血，经门静脉进入肝脏。其中大部分（约90%）由肝脏摄取并以原形经胆汁分泌排入肠腔。此过程称为胆素原的肠肝循环（bilinogen enterohepatic circulation）。少量（10%）胆素原可进入体循环，可通过肾小球滤出，由尿排出，即为尿胆素原。正常成人每天从尿排出的尿胆素原为0.5～4.0mg，尿胆素原在空气中被氧化成尿胆素，是尿液中的主要色素，尿胆素原、尿胆素及尿胆红素临床上称为尿三胆（见图9-7）。

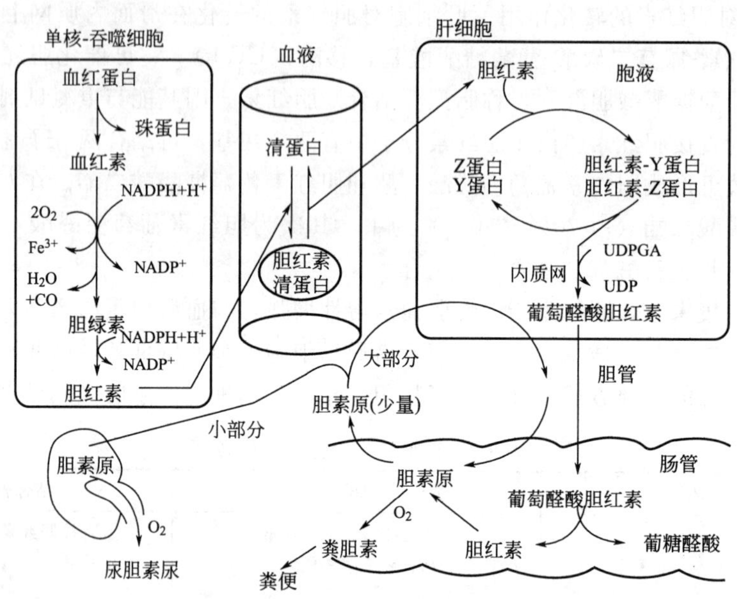

图9-7 胆红素的生成及代谢示意图

二、胆红素与黄疸

正常人血清中胆红素的总量3.4～17μmol/L(0.2～1mg/dL)，其中未结合型约占4/5，其余为结合胆红素。凡能引起胆红素的生成过多，或使肝细胞对胆红素处理能力下降的因素，均可使血中胆红素浓度增高，称高胆红素血症（hyperbilirubinemia）。胆红素是金黄色，当血清中浓度高时，则可扩散入组织，组织被染黄，称为黄疸（jaundice）。特别是巩膜或皮肤，因含有较多弹性蛋白，后者与胆红素有较强亲和力，故易被染黄。黏膜中含有能与胆红素结合的血浆清蛋白，因此也能被染黄。黄疸程度与血清胆红素的浓度密切相关。一般血清中胆红素浓度超过34μmol/L时，肉眼可见组织黄染，称为显性黄疸；血清胆红素浓度在34μmol/L以内时，肉眼尚观察不到巩膜或皮肤黄染，称为隐性黄疸。凡能引起胆红素代谢障碍的各种因素均可形成黄疸。根据其成因大致可分三类。

(1) 溶血性黄疸（肝前性黄疸）

因红细胞大量破坏，网状内皮系统产生的胆红素过多，超过肝细胞的处理能力，因而引起血中未结合胆红素浓度异常增高所致。其特征为：血清非脂型胆红素浓度异常增高，脂型胆红素浓度改变不大，与重氮试剂间接反应阳性，尿胆素原升高，尿胆红素阴性。见于恶性疟疾、某些药物及输血不当等均可造成溶血性黄疸。

(2) 肝细胞性黄疸（肝原性黄疸）

因肝细胞功能障碍，对胆红素的摄取、结合、转化及排泄能力下降所引起的高胆红素血症。其特征为：临床检验血清与重氮试剂呈双相反应阳性，尿胆素原升高，尿胆红素阳性。

肝细胞性黄疸常见于肝实质性疾病，如各肝炎、肝肿瘤等。

（3）梗阻性黄疸（肝后性黄疸）

因胆红素排泄的通道受阻，使胆小管或毛细胆管压力增高而破裂，胆汁中胆红素返流入血而引起的黄疸。其特征为：血清脂型胆红素浓度升高，非脂型胆红素浓度无明显改变，与重氮试剂直接反应阳性，尿胆素原减少，尿胆红素强阳性，小便颜色加深。常见于胆管炎症、肿瘤、结石或先天性胆道闭塞等疾病。各种黄疸类型血、尿、粪的变化（见表 9-4）。

表 9-4 各种黄疸类型血、尿、粪中某些指标的改变

指标	正常值	溶血性黄疸	肝细胞性黄疸	阻塞性黄疸
血清胆红素				
总量	<1mg/dL	>1mg/dL	>1mg/dL	>1mg/dL
结合胆红素	0～0.8mg/dL	不变或微增	增加	显著增加
游离胆红素	<1mg/dL	显著增加	增加	不变或微增
尿液				
尿胆红素	无	无	有	有
尿胆素原	少量	显著增加	不定	减少或无
粪便颜色	黄色	加深	变浅或正常	变浅，完全阻塞时陶土色

第四节 肝病的临床生化

一、肝硬化

1. 临床表现

肝硬化是慢性肝病的晚期表现，主要由病毒性肝炎和慢性酒精中毒等疾病演变而来，其病理特点烛肝细胞坏死、弥漫性纤维组织增生，导致肝结构破坏，形成纤维包绕的异常肝细胞结节（假小叶）。肝硬化病人因正常肝细胞明显减少，导致肝的多种生物化学功能紊乱而出现一系列临床表现。肝硬化时糖原合成减少，糖异生作用减弱，对血糖浓度的调节作用降低，容易出现低血糖；肝线粒体减少，生物氧化功能减弱，可导致乳酸、丙酮酸等酸性物质在体内聚集；脂类代谢紊乱主要表现为胆固醇合成减少，引起血胆固醇尤其是胆固醇酯降低；肝合成血浆蛋白质减少，引起血浆胶体渗透压下降而导致水肿和腹水；多种凝血因子合成减少引起出血倾向；各种酶生成减少，鸟氨酸循环减弱，尿酸合成减少引起血氨升高，血氨明显升高时可发展肝性脑病；对激素的灭活功能降低引起血液激素水平升高，雌激素增高引起性功能降低和男性女性化或女性男性化的表现，雌激素引起毛细血管扩张导致蜘蛛痣；血醛固酮浓度增加引起血容量增加可加重水肿；对维生素的合成和转化能力下降，导致多种维生素缺乏症；对胆红素的摄取、转化和排泄能力降低可引起血清胆红素浓度增高甚至出现黄疸。如肝硬化进一步发展，上述各种症状和体征可明显加重，最后发展为肝性脑病等。

2. 生物化学指标异常

肝硬化病人常见的生化检测异常有：①血清白蛋白降低而球蛋白升高，A/G 比值降低或倒置；②血清结合型及未结合型胆红素升高；③血 ALT 轻至中度升高；④多种凝血因子减少，凝血时间延长；⑤碱性磷酸酶、5-核苷酸酶、亮氨酸氨肽酶可因胆汁淤积而上升；⑥血氨升高；⑦BUN 降低；⑧红细胞和血红蛋白减少。此外，肝硬化病人还有其他的多种检查异常。

二、酒精性肝病

酒精性肝病是由于长期大量饮酒导致的中毒性肝损伤。最初为肝细胞脂肪变性，进而发展为肝炎、肝纤维化，最终导致肝硬化。孕妇长期饮酒可造成胎儿乙醇综合征，影响胎儿的生长发育。

1. 乙醇的代谢途径

饮酒后，乙醇可被胃（吸收30%）和小肠上段（吸收70%）迅速吸收。进入体内的乙醇有90%～98%在肝内进行生物转化，有2%～10%随尿及呼气排出。乙醇在肝内主要通过乙醇/乙醛脱氢酶（ADH/ALDH）催化的乙醇氧化体系和微粒体乙醇氧化体系两条途径进行代谢。

（1）乙醇氧化体系

先后在胞液和线粒体进行。乙醇首先在胞液内由ADH催化生成乙醛，然后进入线粒体经ALDH作用生成乙酸，乙酸可进一步代谢。

$$CH_3CH_2OH + NAD^+ \xrightarrow{ADH} CH_3CHO + NADH + H^+$$

$$CH_3CHO + NAD^+ + H_2O \xrightarrow{ALDH} CH_3COOH + NADH + H^+$$

（2）微粒体乙醇氧化体系

微粒体乙醇氧化体系（MEOS）是乙醇-P_{450}单加氧酶，产物是乙醛，仅在血中乙醇浓度高时起作用。

$$CH_3CH_2OH + NADPH + H^+ + O_2 \xrightarrow{MEOS} CH_3CHO + NADP^+ + 2H_2O$$

2. 乙醇对肝细胞的毒性作用

（1）导致代谢紊乱

乙醇可造成蛋白质、糖、脂肪、维生素及药物等代谢障碍。催化乙醇氧化的醇脱氢酶和醛脱氢酶，其辅酶均为NAD^+，在乙醇氧化过程中被还原为NADH。因此，乙醇氧化会造成$NADH/NAD^+$比值增大，过多的NADH可使胞液中的丙酮酸还原成乳酸，长期而严重的酒精中毒导致乳酸和乙酸堆积，可引起酸中毒和电解质紊乱。酸中毒不利于尿酸的排泄，因而可继发高尿酸血症。丙酮酸减少使糖异生原料减少，同时由于肝糖原储存不足，因而容易发生乙醇性低血糖。由于乙醇作用于肠道使维生素吸收减少，乙醇性肝损伤后，肝对维生素的摄取、转化能力下降，因而可引起维生素缺乏症。乙醇可抑制蛋白质的合成及氨基酸的氧化。乙醇还可竞争性抑制药物代谢酶，容易引起药物中毒。

体内过量的乙醇可引起脂肪合成增加和氧化减少。一次大量摄取乙醇，通过儿茶酚胺的作用可引起周围组织脂肪动员加强，大量游离脂肪酸入肝用于脂肪的合成。过多的NADH，一方面有利于磷酸二羟丙酮还原为α-磷酸甘油，另一方面抑制三羧酸循环和氧化磷酸化，使乙酰COA过剩，脂肪合成的原料增加，肝细胞内脂肪合成增多。过多的NADH可抑制脂肪酸的氧化，使脂肪在肝内堆积。

（2）造成营养缺乏

长期饮酒者对胆碱、B族维生素及维生素A的需求量增加，且由于正常饮食结构发生改变，因此常有蛋白质、维生素和其他营养物质的缺乏。

（3）引起脂肪肝、肝炎和肝硬化

如上所述，肝内脂肪堆积过多即引起脂肪肝。乙醇对肝的损害首先引起肝细胞脂肪变性，在饮酒数日后即可发生，但戒酒后可完全恢复。

酒精性肝炎主要表现为肝细胞损伤和坏死，是由乙醇和乙醛直接或间接引起。乙醇在肝内代谢的中间物质是乙醛，其性质活泼具有毒性效应：①乙醇可引起肝细胞线粒体损伤和肝细胞坏死，使肝三羧酸循环、脂肪酸β-氧化和氧化磷酸化作用减弱；②乙醛与蛋白质结合形成乙醛-蛋白质复合物，可干扰不同酶的活性，影响肝细胞物质代谢和细胞膜的完整性，损伤肝细胞；③乙醇可催化脂质过氧化产生羟乙基自由基，后者可进一步促进脂质过氧化，引起肝损伤；④乙醇引起肝的代谢率增加，导致耗氧量增加，缺氧则促进肝细胞坏死；⑤营养缺乏使肝细胞耐受酒精毒性能力下降，易于出现肝损害。

乙醇内含铁较多，铁质可刺激纤维增生，因此长期大量饮酒可引起肝硬化。

值得提及的是，在东方人群中，大约有30％～40％的人的ALDH活性低下，饮酒后乙醛转变为乙酸的速度较慢而在体内堆积，此为酒后血管扩张、面部潮红、心动过速、脉搏加快等反应的重要原因。

(4) 引起胎儿乙醇综合征

胎儿乙醇综合征是由于妊娠时母亲饮酒造成的胎儿发育异常，主要表现为中枢神经系统和心脏发育异常。出生后具有特征性容貌及畸形，最常见的是小颅症，伴智力低下、精神障碍、共济失调、癫痫发作。心脏发育异常主要有室间隔缺损、法氏四联征等。异常程度与母亲饮酒量有关。

三、肝性脑病

肝性脑病又称肝昏迷，是由严重肝病（如各种病因引起的肝硬化、急性重症肝损害和原发性肝癌等）引起的代谢为基础的中枢神经系统功能紊乱，临床上以意识障碍、行为失常和昏迷为主要表现。肝性脑病的发病机制一般认为是毒物积聚和机体代谢严重紊乱协同作用所致。

1. 氨中毒学说

认为血氨浓度增高导致肝性脑病。正常人氨的来源和去路保持动态平衡，血氨含量甚微。当氨的生成增多而清除不足时，可使血氨水平升高。过量的氨通过血脑屏障进入脑内，作为神经毒素诱发肝性脑病。

(1) 氨清除减少，生成增多

正常情况下，体内氨的主要去路是在肝脏经鸟氨酸循环合成尿素而排泄。肝功能严重障碍时，肝鸟氨酸循环反应的酶明显减少，导致鸟氨酸循环障碍，尿素合成减少而引起血氨升高。

肝功能障碍时，有许多导致氨产生过多的因素：①肝硬化病人常出现上消化道出血，血液蛋白质在肠道细菌作用下产生大量氨。②肝硬化门脉高压造成胃肠黏膜淤血、水肿，对蛋白质的消化、吸收能力减弱，肠道内蛋白质腐败作用加强产氨增多。③严重肝病常合并肾功能不全而发生氮质血症，尿素排入肠腔增多，在细菌作用下分解产氨增多。氨容易吸收入血，使血氨升高。④肝昏迷前，腺苷酸分解增强，肌肉产氨增多。

(2) 干扰大脑能量代谢

大脑皮质是人类精神和意识活动的高级中枢，皮质细胞本身的代谢和功能正常是保持意识清醒和精神正常的基本条件。血氨增多时，氨透过血脑屏障进入脑组织干扰能量代谢，使大脑ATP生成减少和消耗过多，导致大脑能量不足引起中枢神经系统功能紊乱，最终导致昏迷。氨大量进入脑组织可引起一系列生物化学紊乱：①氨抑制丙酮酸脱氢酶活性，致丙酮酸氧化脱羧转变为乙酰 COA 和 NADH（H^+）的量减少，使三羧酸循环发生障碍，ATP 产生减少；②大脑在解毒过程中，氨与 α-酮戊二酸结合形成谷氨酸，然后谷氨酸再与氨结合生成谷氨酰胺，反应过程中大量消耗 α-酮戊二酸和 ATP。

（3）改变大脑兴奋性和抑制性神经递质的平衡

正常状态下，脑内兴奋性神经递质与抑制性神经递质保持平衡。氨大量进入脑内，可造成兴奋性神经递质减少而抑制性神经递质增多，从而对大脑的抑制作用加强，引起肝昏迷。①谷氨酸和乙酰胆碱是大脑的兴奋性神经递质。氨进入大脑与谷氨酸结合形成谷氨酰胺时，使谷氨酸减少；氨可抑制丙酮酸氧化脱羧，使乙酰 COA 生成减少，结果乙酰 COA 与胆碱结合生成的乙酰胆碱减少。②GABA 是大脑的抑制性神经递质。氨抑制 GABA 转氨酶，使 GABA 不能转化为琥珀酸而进入三羧酸循环，结果使 GABA 在脑内蓄积。

（4）引起神经细胞电活动异常

脑细胞氨增多可干扰神经细胞膜 Na^+，K^+-ATP 酶活性，同时与 K^+ 有竞争性抑制作用，以致影响 Na^+、K^+ 在神经细胞膜内外的正常分布，从而不能维持正常的膜电位和细胞的兴奋性及传导等功能。

总之，氨中毒学说认为血氨升高从上述各环节干扰细胞的代谢，引起脑功能障碍，诱发肝性脑病。但是血氨水平升高并不能完全解释肝性脑病，因为部分病例血氨并没有升高，有些病情也不与血氨浓度变化相平行。因此，氨中毒不是肝性脑病的唯一发病机制，可能还有其他因素在起作用。

2. 假性神经递质学说

这一学说认为，肝性脑病的发生与某些生物胺中毒有关。严重肝病病人体内产生过多的生物胺，其化学结构与神经递质儿茶酚胺类似，但其生理效应极低，不能正常地传递冲动，故称其为假性神经递质。

（1）血中假性神经递质生成增多

正常情况下，食物中未消化的蛋白质经肠道细菌的腐败作用生成胺类，如苯丙氨酸脱羧生成的苯乙胺和酪氨酸脱羧生成的酪胺。正常情况下，这些胺类经门静脉吸收入肝后，经肝细胞单胺氧化酶分解而被清除。但严重肝功能不全时，肝单胺氧化酶合成减少，不能有效清除胺类物质，导致血中胺类增加。肝硬化病人存在门-体分流，这些胺类可绕过肝细胞的代谢而直接进入体循环。血中蓄积的胺类通过血脑屏障进入大脑后，苯乙胺和酪胺经 β-羟化酶作用，分别转变为苯乙醇胺和 β-羟酪胺。

（2）假性神经递质诱发肝性脑病

严重肝病时，脑内假性神经递质苯乙醇胺和 β-羟酪胺生成过多，可竞争性取代正常神经递质，抑制神经递质冲动的传递，引起中枢神经功能紊乱而诱发肝性脑病。另外，脑内过多的苯丙氨酸与酪氨酸对酪氨酸羟化酶有抑制作用，使酪氨酸转变减弱，兴奋性神经递质多巴胺和去甲肾上腺素生成减少，使抑制性神经递质的相对性作用增强而诱发肝性脑病。

3. 支链氨基酸与芳香族氨基酸比例失衡

正常血浆及脑内各种氨基酸的含量存在适当的比例。近年来证实，肝严重受损时，许多氨基酸的含量发生变化，其中主要是芳香族氨基酸（AAA）增多，支链氨基酸（BCAA）减少，二者比值可由正常的 3～3.5 下降至 0.6～1.2。

（1）严重肝病患者 BCAA/AAA 比值降低

生理情况下，芳香族氨基酸主要在肝降解。肝功能严重障碍时，肝细胞对胰岛素和胰高血糖素的灭活能力降低，使两者浓度增高，但以胰高血糖素的增多更显著，最终血中胰岛素/胰高血糖素比值下降。其中胰高血糖素增多使组织蛋白质分解代谢增强，导致大量芳香族氨基酸释放入血。肝功能严重障碍时，肝对芳香族氨基酸的降解能力下降，同时芳香族氨基酸异生为糖的能力下降。这样，血中芳香族氨基酸来源增多而去路减少使其含量增加。

支链氨基酸的代谢主要在骨骼肌进行。胰岛素可促进肌肉组织摄取和利用支链氨基酸。肝功能严重障碍时，血中胰岛素水平升高，支链氨基酸进入肌肉增多，因而使其血中含量减少。此外，血氨升高可直接使支链氨基酸转氨基作用增强，使其氨基与α-酮戊二酸结合形成谷氨酸，谷氨酸增多可与氨结合生成谷氨酰胺而有助于减少血氨。在这一解毒过程中，大量支链氨基酸脱氨基转化为相应的酮酸，造成支链氨基酸水平降低。

因此，支链氨基酸减少而芳香族氨基酸增多，二者的比例可明显降低。

(2) BCAA/AAA 比值降低引起肝性脑病

生理情况下，芳香族氨基酸和支链氨基酸借助同一转运载体通过血脑屏障并被脑细胞摄取，因此它们之间有竞争作用。严重肝病时，血中支链氨基酸浓度降低，使芳香族氨基酸（主要是苯丙氨酸、酪氨酸）进入脑细胞增多。增多的苯丙氨酸可抑制酪氨酸羟化酶，使正常神经递质儿茶酚胺生成减少。增多的苯丙氨酸和酪氨酸可分别转变为苯乙醇胺和β-羟酪胺。可见，血中支链氨基酸与芳香族氨基酸比例降低可通过生成假性神经递质而诱发肝性脑病。

5-HT 是去甲肾上腺素的拮抗物。脑内色氨酸增多可引起 5-HT 增加。5-HT 主要集中于与睡眠有关的脑干中缝核，引起睡眠，故认为 5-HT 增加可能也是引起肝性脑病的重要原因之一。

简而言之，严重肝病时，血浆 BCAA/AAA 比值下降，酪氨酸、苯丙氨酸和色氨酸大量进入脑细胞，使脑内假性神经递质和抑制性神经递质增多，正常神经递质减少，从而诱发肝性脑病。

本章小结

肝是人体中最大的腺体，具有多种代谢功能。同时，肝脏还有分泌、排泄、生物转化等方面的功能。

肝通过生物转化作用对内源性和外源性非营养物质进行改造通常增高其溶解度，降低其毒性，促使其排出体外。肝生物转化作用分两相反应，第一相反应包括氧化、还原和水解反应；第二相反应是结合反应，主要与葡萄糖醛酸、硫酸和酰基等结合。

胆汁是肝细胞分泌的液体，除含胆汁酸和一些酶有助消化作用外，其他多属排泄物。胆汁酸在肝细胞内由胆固醇转化而来，是肝清除体内胆固醇的主要形式。胆固醇 7α-羟化酶是胆汁酸生成的限速酶，与胆固醇合成的关键酶 HMG-CoA 还原酶一同受胆汁酸和胆固醇的调节。肝细胞合成的胆汁酸称为初级胆汁酸，包括胆酸和鹅脱氧胆酸。脱氧胆酸和石胆酸是初级胆汁酸在肠道中受细菌作用生成的次级胆汁酸。胆汁酸包括游离型胆汁酸和结合型胆汁酸两型，结合型胆汁酸是胆汁酸在甘氨酸或牛磺酸在肝内结合的产物。大部分初级胆汁酸与次级胆汁酸经肠肝循环而再被利用，以补充体内合成的不足，满足对脂类消化吸收的生理需要。

胆色素是铁卟啉化合物在体内的主要分解代谢产物，包括胆红素、胆绿素、胆素原和胆素。胆红素主要来自单核-吞噬细胞系统对红细胞的破坏，在血红素加氧酶的催化下由血红素生成。在肝细胞内，胆红素主要与配体蛋白结合并转运到内质网，在此被转化成葡萄糖醛酸胆红素（结合胆红素）。后者经胆管排入小肠。在肠道中，胆红素被还原成胆素原。少部分胆素原被肠黏膜重吸收入肝，其中大部分又被排入肠道，形成胆素原的肠肝循环；小部分胆素原经肾排入尿中。肠道中的胆素原在肠道下段接触空气被氧化为黄褐色的胆素。胆素原和胆素分别是几种胆素原和胆素的总称。

血红素加氧酶是诱导酶，许多刺激均可诱导其生物合成。反应生成的CO作为细胞间和细胞内信号分子，具有调节血管舒缩的作用和神经递质作用；胆红素是强有力的抗氧化剂，可有效地清除体内的氧自由基。另一方面，胆红素由于其特殊的空间构想，呈脂溶性，对神经细胞有毒性作用。与清蛋白结合的游离胆红素不能通透细胞膜，从而限制其细胞毒性作用。正常时由于肝对胆红素的强大摄取、结合、转化与排泄作用，血浆中胆红素的含量甚微。凡使血浆胆红素浓度升高的因素均可引起黄疸。临床上常见有溶血性黄疸、肝细胞性黄疸和阻塞性黄疸。各种黄疸均有其独特的生化检查指标。

知识链接

肝功能常见检查项目及意义

临床上检查肝功能的目的在于探测肝脏有无疾病、肝脏损害程度以及查明肝病原因、并判断预后和鉴别发生黄疸的病因等。目前，能够在临床上开展的肝功能试验种类繁多，但是每一种试验只能探查肝脏的某一方面的某一种功能，仍然没有一种试验能反映肝脏的全部功能。因此，为了获得比较客观的结论，应当选择多种试验组合，必要时要多次复查。同时在对肝功能试验的结果进行评价时，必须结合临床症状全面考虑，避免片面性及主观性。

由于每家医院的实验室条件、操作人员、检测方法的不同，不同医院提供的肝功能检验正常值参考范围一般也不相同。

一、反映肝细胞损伤的项目

以血清酶检测较为常用，包括丙氨酸氨基转移酶（俗称谷丙转氨酶 ALT）、门冬氨酸氨基转移酶（俗称谷草转氨酶 AST）、碱性磷酸酶（ALP）、γ-谷氨酰转肽酶（γ-GT 或 GGT）等。在各种酶试验中，ALT 和 AST 能敏感地反映肝细胞损伤与否及损伤程度。各种急性病毒性肝炎、药物或酒精引起急性肝细胞损伤时，血清 ALT 最敏感，在临床症状如黄疸出现之前 ALT 就急剧升高，同时 AST 也升高，但是 AST 升高程度不如 ALT。而在慢性肝炎和肝硬化时，AST 升高程度超过 ALT，因此 AST 主要反映的是肝脏损伤程度。在重症肝炎时，由于大量肝细胞坏死，血中 ALT 逐渐下降，而此时胆红素却进行性升高，即出现“胆酶分离”现象，这常常是肝坏死的前兆。在急性肝炎恢复期，如果出现 ALT 正常而 γ-GT 持续升高，常常提示肝炎慢性化。患慢性肝炎时如果 γ-GT 持续超过正常参考值，提示慢性肝炎处于活动期。

二、反映肝脏分泌和排泄功能的项目

包括总胆红素（Tbil）、直接胆红素（Dbil）、总胆汁酸（TBA）等的测定。当患有病毒性肝炎、药物或酒精引起的中毒性肝炎、溶血性黄疸、恶性贫血、阵发性血红蛋白尿症及新生儿黄疸、内出血等时，都可以出现总胆红素升高。直接胆红素是指经过肝脏处理后，总胆红素中与葡萄糖醛酸基结合的部分。直接胆红素升高说明肝细胞处理胆红素后的排出发生障碍，即发生胆道梗阻。如果同时测定 Tbil 和 Dbil，可以鉴别诊断溶血性、肝细胞性和梗阻性黄疸。溶血性黄疸：一般 Tbil＜85μmol/L，直接胆红素/总胆红素＜

20%；肝细胞性黄疸：一般 Tbil＜200μmol/L，直接胆红素/总胆红素＞35%；阻塞性黄疸：一般 Tbil＞340μmol/L，直接胆红素/总胆红素＞60%。

另外，γ-GT、ALP、5′-核苷酸（5′-NT）也是很敏感的反映胆汁淤积的酶类，它们的升高主要提示可能出现了胆道阻塞方面的疾病。

三、反映肝脏合成储备功能的项目

包括前白蛋白（PA）、白蛋白（Alb）、胆碱酯酶（CHE）和凝血酶原时间（PT）等。它们是通过检测肝脏合成功能来反映其储备能力的常规试验。前白蛋白、白蛋白下降提示肝脏合成蛋白质的能力减弱。当患各种肝病时，病情越重，血清胆碱酯酶活性越低。如果胆碱酯酶活性持续降低且无回升迹象，多提示预后不良。肝胆疾病时 ALT 和 GGT 均升高，如果同时 CHE 降低者为肝脏疾患，而正常者多为胆道疾病。另外 CHE 增高可见于甲亢、糖尿病、肾病综合征及脂肪肝。凝血酶原时间（PT）延长揭示肝脏合成各种凝血因子的能力降低。

四、反映肝脏纤维化和肝硬化的项目

包括白蛋白（Alb）、总胆红素（Tbil）、单胺氧化酶（MAO）、血清蛋白电泳等。当病人患有肝脏纤维化或肝硬化时，会出现血清白蛋白和总胆红素降低，同时伴有单胺氧化酶升高。血清蛋白电泳中 γ 球蛋白增高的程度可评价慢性肝病的演变和预后，提示枯否氏细胞功能减退，不能清除血循环中内源性或肠源性抗原物质。

此外，近几年在临床上应用较多的是透明质酸（HA）、层黏蛋白（LN）、Ⅲ型前胶原肽和Ⅳ型胶原。测定它们的血清含量，可反映肝脏内皮细胞、储脂细胞和成纤维细胞的变化，如果它们的血清水平升高常常提示患者可能存在肝纤维化和肝硬化。

五、反映肝脏肿瘤的血清标志物

目前，可以用于诊断原发性肝癌的生化检验指标只有甲胎蛋白（AFP）。甲胎蛋白最初用于肝癌的早期诊断，它在肝癌患者出现症状之前 8 个月就已经升高，此时大多数肝癌病人仍无明显症状，这些患者经过手术治疗后，预后得到明显改善。现在甲胎蛋白还广泛地用于肝癌手术疗效的监测、术后的随访以及高危人群的随访。不过正常怀孕的妇女、少数肝炎和肝硬化、生殖腺恶性肿瘤等情况下甲胎蛋白也会升高，但升高的幅度不如原发性肝癌那样高。另外，有些肝癌患者甲胎蛋白值可以正常，故应同时进行影像学检查如 B 超、CT、磁共振（MRI）和肝血管造影等，以此增加诊断的可靠性。

值得提出的是 α-岩藻糖苷酶（AFU），血清 AFU 测定对原发性肝癌诊断的阳性率在 64%～84%之间，特异性在 90%左右。AFU 以其对检出小肝癌的高敏感性，对预报肝硬变并发肝癌的高特异性，和与 AFP 测定的良好互补性，而越来越被公认为是肝癌诊断、随访和肝硬变监护的不可或缺的手段。另外血清 AFU 活性测定在某些转移性肝癌、肺癌、乳腺癌、卵巢或子宫癌之间有一些重叠，甚至在某些非肿瘤性疾患如肝硬化、慢性肝炎和消化道出血等也有轻度升高，因此要注意鉴别。

另外在患有肝脏肿瘤时，γ-GT、ALP、亮氨酸氨基转肽酶（LAP）、5′-NT 等也常常出现升高。

肝功能是多方面的，同时也是非常复杂的。由于肝脏代偿能力很强，加上目前尚无特异性强、敏感度高、包括范围广的肝功能检测方法，因而即使肝功能正常也不能排除肝脏病变。特别是在肝脏损害早期，许多患者肝功能试验结果正常，只有当肝脏损害达到一定的程度时，才会出现肝功能试验结果的异常。同时肝功能试验结果也会受试验技术、试验条件、试剂质量以及操作人员等多种因素影响，因此肝功能试验结果应当由临床医生结合临床症状等因素进行综合分析，然后再确定是否存在疾病，是否需要进行治疗和监测。

习　题

一、名词解释

激素的灭活　生物转化　胆汁酸的肠肝循环　胆色素　黄疸

二、填空题

1. 如血氨浓度明显升高，而血中尿素浓度明显下降，则可能为________功能障碍。

2. 胆汁酸是由__________转化而来的。

3. 阻塞性黄疸时，血中__________胆红素增加，粪便颜色__________，尿胆红素__________。

4. 黄疸依据其产生的原因可分为__________、__________、__________。

5. 胆红素由__________代谢产生。

6. 溶血性黄疸时，血中__________胆红素增加，粪便颜色__________，尿胆红素__________。

三、选择题

1. 下列________不是初级胆汁酸。

A. 甘氨胆酸　B. 牛磺胆酸　C. 甘氨鹅脱氧胆酸　D. 脱氧胆酸

2. 肝细胞严重损伤时，血中蛋白质的主要改变是________。

A. 清蛋白含量升高　B. 球蛋白含量下降

C. 清蛋白含量升高，球蛋白含量下降　D. 清蛋白含量下降，球蛋白含量升高或相对升高

3. 肝内胆固醇的主要代谢去路是转变成________。

A. 7α-胆固醇　B. 胆酰 CoA　C. 结合胆汁酸　D. 维生素 D_3

4. 肝脏在脂类代谢中所特有的作用是________。

A. 将糖转变为脂肪　B. 合成胆固醇　C. 生成酮体并在肝外作用　D. 合成磷脂

5. 下列________是肝细胞特异合成的。

A. ATP　B. 糖原　C. 尿素　D. 脂肪

6. 饥饿时，肝中________代谢途径的活性增强。

A. 磷酸戊糖途径　B. 糖酵解　C. 糖有氧氧化　D. 糖异生

7. 血浆游离胆红素主要是与血浆中________结合进行运输的。

A. 清蛋白　B. 球蛋白　C. 载脂蛋白　D. 配体蛋白

8. 参与胆红素生成的有关酶是________。

A. 过氧化物酶　B. 过氧化氢酶　C. 乙酰转移酶　D. 血红素加氧酶

9. 下列________是次级胆汁酸。

A. 甘氨鹅脱氧胆酸　B. 甘氨胆酸　C. 牛磺鹅脱氧胆酸　D. 脱氧胆酸

10. 正常人在肝合成的血浆蛋白质中量最多的是________。

A. 纤维蛋白原　B. 凝血酶原　C. 清蛋白　D. 球蛋白

11. 下列________属于初级胆汁酸。

A. 胆酸、脱氧胆酸　B. 甘氨胆酸、石胆酸

C. 牛磺胆酸、脱氧胆酸　D. 甘氨鹅脱氧胆酸、牛磺鹅脱氧胆酸

12. 生物转化第二相反应最常见的结合物是________。

A. 乙酰基　B. 葡萄醛酸　C. 谷胱甘肽　D. 硫酸

13. 关于胆汁酸盐的叙述错误的是________。

A. 它在肝由胆固醇合成　B. 它为脂类消化吸收中的乳化剂

C. 它能抑制胆固醇结石的形成　D. 它是胆色素的代谢产物

14. 胆汁酸合成的限速酶是________。

A. 7α-羟化酶　B. 12α-羟化酶　C. 胆酰 CoA 合成酶　D. HMGCoA 合酶

15. 结合胆红素是指________。

A. 胆红素与血浆清蛋白结合　B. 胆红素与血浆球蛋白结合

C. 胆红素与肝细胞内 Y 蛋白结合　D. 胆红素与葡萄糖醛酸结合

16. 肝脏进行生物转化时葡萄糖醛酸的活性供体是________。

A. UDPGA　B. UDPG　C. ADPG　D. CDPG

17. 胆固醇结石与________因素有关。

A. 胆盐浓度　B. 卵磷脂浓度　C. 胆盐和卵磷脂的比例　D. 胆固醇难溶于水

18. 胆汁中含量最多的有机成分是________。
A. 胆色素　B. 胆汁酸　C. 胆固醇　D. 磷脂

19. 正常人在肝合成血浆蛋白质，量最多的是________。
A. 纤维蛋白原　B. 凝血酶原　C. 清蛋白　D. 球蛋白

20. 最普遍进行的生物转化第二相反应是代谢物与________。
A. 乙酰基结合　B. 葡萄糖醛酸结合　C. 硫酸结合　D. 谷胱甘肽结合

21. 胆红素主要来源于________。
A. 血红蛋白分解　B. 肌红蛋白分解　C. 过氧化物酶分解　D. 过氧化氢酶分解

22. 下列对结合胆红素的叙述________是错误的。
A. 主要是双葡萄糖醛酸胆红素　B. 与重氮试剂呈阳性反应
C. 水溶性大　D. 随正常人尿液排出

23. 下列________不和胆红素竞争性地与清蛋白结合。
A. 磺胺类　B. NH_4^+　C. 胆汁酸　D. 脂肪酸

24. 苯巴比妥治疗婴儿先天性黄疸的机理主要是__________。
A. 诱导葡萄糖醛酸转移酶的生成　B. 使肝重量增加，体积增大
C. 肝血流量增多　D. 肝细胞摄取胆红素能力加强

25. __________代谢过程主要在肝脏进行。
A. 生物转化　B. 酮体的利用　C. 脂蛋白合成　D. 血清球蛋白合成

26. 关于胆汁酸盐的叙述，下列________是错误的。
A. 为脂肪消化必需的乳化剂　B. 由胆固醇转变来的
C. 石胆酸主要以结合形式存在　D. 缺乏可导致机体脂溶性维生素缺乏

四、简答题

1. 简述肝脏在物质代谢中的作用。
2. 试简述胆色素的代谢过程。
3. 胆汁酸的主要生理功能有哪些？
4. 三种黄疸各有何生化特征？
5. 未结合胆红素与结合胆红素有哪些异同？

第十章　维　生　素

【主要学习目标】

了解维生素的概念、分类及命名；了解脂溶性维生素的生理功能；掌握主要水溶性维生素的生理作用和它们的辅酶形式。

第一节　维生素概况

一、维生素的概念

维生素是参与生物生长发育和代谢所必需的一类微量有机物质，这类物质由于在体内不能合成或者合成量不足，所以虽然需要量很少，但必须由食物供给。

维生素在生物体内的作用不同于糖类、脂肪和蛋白质，它不是作为碳源、氮源或能源物质，不是用来供能或构成生物体的组成部分，但却是代谢过程中所必需的。已知的大多数维生素作为酶的辅酶或辅基的组成部分，在物质代谢中起重要作用。

机体缺乏维生素时，物质代谢将发生障碍。因为各种维生素的生理功能不同，缺乏不同维生素导致不同的疾病，这种由于缺乏维生素而引起的疾病称为维生素缺乏症。

生物对维生素的需求量是非常少的，例如正常人每天所需的维生素 A 0.8～1.6mg，维生素 B_1 1～2mg，维生素 B_2 1～2mg，泛酸 3～5mg，维生素 B_6 2～3mg，生物素 0.2mg，叶酸 0.4mg，维生素 B_{12} 2～6μg，维生素 D 2～6μg，维生素 C 60～100mg。当然对维生素的需要量不是绝对的，在某些特殊情况下需要量也会发生相应变化。

二、维生素的命名与分类

维生素是由 vitamin 一词翻译而来的，其名称一直是按发现的先后次序，在“维生素”（可用 V 表示）之后加上 A、B、C、D 等英文字母来命名。此外，初发现时以为只是一种，后来证明其实是多种维生素混合存在，便又在英文字母右下方标注 1，2，3…数字加以区别，例如维生素 B_1、维生素 B_2、维生素 B_6 及维生素 B_{12} 等。也有按临床作用给予命名的，如抗坏血酸、抗佝偻病维生素等。所以，通常同一种维生素有不同的名字。

维生素都是小分子化合物，它们分属脂肪族、芳香族、脂环族、杂环和甾类化合物等类型，在化学结构上没有共同性。通常根据其溶解性质分为脂溶性维生素和水溶性维生素两大类。

脂溶性维生素有维生素 A、维生素 D、维生素 E、维生素 K 等，水溶性维生素有维生素 B_1、维生素 B_2、维生素 B_6、维生素 B_{12}、维生素 PP（烟酸和烟酰胺）、泛酸、生物素、叶酸和维生素 C 等。两类维生素的比较见表 10-1。

表 10-1　两类维生素的比较

项　　目	脂溶性维生素	水溶性维生素
主要维生素	维生素 A、维生素 D、维生素 E、维生素 K	B 族维生素
溶解性质	溶于脂肪和脂溶剂	溶于水
吸收方式	脂类、胆汁酸盐协助吸收入淋巴系统	容易吸收，入血液
存留量	储存量大，肝中多；过量积蓄可引起中毒	多余量经肾排出
缺乏	症状发展缓慢	症状较明显

三、维生素缺乏的主要原因

造成维生素缺乏的主要原因有以下几种。

(1) 膳食中含量不足

主要原因在于经济条件差、膳食结构单调、偏食，从而使得摄入膳食中维生素的量无法满足机体需求。有的地区食物单调，则很容易发生由于缺少某种维生素而引起的疾病。如以玉米为主要食物的地区，由于玉米中所含的烟酸为结合型，不能被人体吸收利用，同时含色氨酸量很少，因此，很容易发生因维生素 PP 的缺乏而导致的癞皮病。

(2) 体内吸收障碍

多见于消化系统疾病患者，如肠蠕动加快、消化道或胆道梗阻、吸收面积减少、长期腹泻等因素，都可能使维生素的吸收、储存减少。

(3) 肠道细菌生长抑制

某些维生素（如维生素 K、维生素 B_6、维生素 B_{12}）除了可以由食物供给外，还可以由自身肠道菌合成。如果使用杀菌药物而使肠道中的细菌受到抑制，就会减少维生素的合成量，从而引起这些维生素的缺乏。

(4) 排出增多

主要原因在于因哺乳、大量出汗、长期大量使用利尿剂等药物，从而使得排出增多。

(5) 破坏加速

主要原因可能在于因药物等作用，从而使得维生素在体内加速而受到破坏。

(6) 需要量增加

由于生理和病理的需要，需要量增多而摄入量不足，也会导致维生素缺乏。例如，生长期儿童、妊娠和哺乳期妇女、重体力劳动及特殊工种工人、长期高热和患慢性消耗病疾患的病人等，维生素的需要量都会比一般人高。

第二节 脂溶性维生素

维生素 A、维生素 D、维生素 E、维生素 K 等不溶于水，而溶于脂肪和脂溶剂（如苯、乙醚及氯仿等）中，故称为脂溶性维生素。在食物中，它们常和脂质共同存在，在肠道吸收时也与脂质的吸收密切相关。当脂质吸收不良时，脂溶性维生素的吸收也大为减少，甚至会引起缺乏症。吸收后的脂溶性维生素可以在体内（主要是肝脏）储存。

一、维生素 A（视黄醇）

维生素 A 又名视黄醇，是一个具有酯环的不饱和一元醇，通常以视黄醇的形式存在于生物体中。另外，维生素 A 还可以醛的形式存在于体内，称为视黄醛。这两种形式的维生素 A 都是由其母体物质 β-胡萝卜素合成的，所以 β-胡萝卜素又称为维生素 A 原。人体获得维生素 A 的途径主要有两种：一是摄取绿色蔬菜中的 β-胡萝卜素，而后在体内合成维生素 A；二是取食动物性食品，直接将食物中储存的维生素 A 加以利用，以肝脏、乳制品及蛋黄中含量最丰富。

维生素 A 是构成视觉细胞内感光物质的成分。眼球视网膜上有两种感觉细胞，即圆锥细胞，对强光和颜色敏感；另一类为杆细胞，对弱光敏感，对颜色不敏感，与暗视觉有关。这是因为在杆细胞内含有一种被称为视紫红质的感光物质，视紫红质在光亮中分解，在黑暗中再合成。视紫红质是由视黄醛和视觉蛋白内的赖氨酸缩合而成的一种结合蛋白质，眼睛对弱光的感光性取决于视紫红质的合成。当维生素 A 缺乏时，视黄醛得不到足够的补充，视紫红质合成受阻，使视紫红质的合成不能很好地感受弱光，在暗处不能辨别物体，暗适应能力降低，严重时可出现夜盲症。

二、维生素 D（钙化醇）

维生素 D 为类甾醇衍生物，具有抗佝偻病作用，故称抗佝偻病维生素。维生素 D 族中最重要的成员是麦角钙化醇（维生素 D_2）和胆钙化醇（维生素 D_3）。麦角钙化醇的前体物是麦角甾醇，它分布在植物体内；胆钙化醇的前体物是 7-脱氢胆固醇，存在于动物皮肤表层中。通过紫外线照射，可分别转化为麦角钙化醇（维生素 D_2）和胆钙化醇（维生素 D_3）。

维生素 D_3 的主要生理功能是增加肠黏膜细胞对钙的渗透性，促进钙在肠内的吸收。实验证明维生素 D_3 能诱导许多动物的肠黏膜细胞产生一种专一的钙结合蛋白（CaBP）。这种蛋白已被分离提纯，相对分子质量为 24000，1 分子 CaBP 可与 1 原子钙结合。它是钙质的载体，钙与这种蛋白结合后，才能通过肠黏膜进入血液。

维生素 D 主要含于肝、奶及蛋黄中，而以鱼肝油含量最丰。维生素 D 可防治佝偻病、软骨病和手足抽搐症等。但在使用维生素 D 时应先补充钙。

三、维生素 E（生育酚）

维生素 E 与动物生育有关，故称生育酚，主要存在于植物油中，尤以麦胚油、大豆油、玉米油和葵花籽油中含量最丰富。豆类和蔬菜中含量也较多。天然生育酚共有 8 种，在化学结构上，均系苯并二氢吡喃的衍生物。根据其化学结构分为生育酚和生育三烯酚两类，每类又根据甲基的数目和位置不同，分为 α-、β-、γ-和 δ-四种。

维生素 E 中以 α-生育酚生理活性最高，若以它为基准，则 β-及 γ-生育酚和 α-生育三烯酚的活性分别为 40%、8%及 20%，其余活性甚微。

维生素 E 极易氧化而保护其他物质不被氧化，是动物体内最有效的抗氧化剂；维生素 E 与动物生殖功能有关，动物缺乏维生素 E 时，其生殖器官受损而不育。雄鼠缺乏时，睾丸萎缩，不产生精子；雌鼠缺乏时，胚胎及胎盘萎缩，引起流产。临床上常用维生素 E 治疗先兆流产和习惯性流产。维生素 E 还可以提高血红素合成过程中一些关键酶的活性，从而促进血红素的合成。

维生素 E 一般不易缺乏，正常血浆维生素 E 质量浓度为 0.9～1.6mg/100mL，若低于 0.5mg/100mL 则可出现缺乏症。主要表现为红细胞数量减少，寿命缩短，体外实验见到红细胞脆性增加，常表现为贫血或血小板增多症。

四、维生素 K（凝血维生素）

维生素 K 具有促进凝血的功能，故又称凝血维生素。天然的维生素 K 有两种：维生素 K_1 和维生素 K_2。维生素 K_1 在绿叶植物和动物肝中含量丰富；K_2 是人体肠道细菌的代谢产物。它们都是 2-甲基萘醌的衍生物。目前，临床上使用的维生素 K_3 及维生素 K_4 均为人工合成品，它们的凝血活性比维生素 K_1 高 3～4 倍。

维生素 K 的生理功能是促进肝脏合成凝血酶原（凝血因子Ⅱ），可调节另外 3 种凝血因子Ⅶ、凝血因子Ⅸ和凝血因子Ⅹ的合成。缺乏维生素 K 时，血中这几种凝血因子均减少，因而凝血时间延长，常发生肌肉及胃肠道出血。

一般情况下，人体不会缺乏维生素 K，因为维生素 K 在自然界绿色植物中含量丰富，而且人体肠道中的大肠杆菌可以合成维生素 K。只有在严重偏食、长期服用抗生素、胆汁闭塞或脂类在肠道吸收降低时才会发生维生素 K 缺乏症。

五、鱼肝油与深海鱼油

（1）鱼肝油

是从鱼的肝脏提取的，微带鱼腥味的油状液体，是一种常用的婴儿辅食，也是一种维生素类药物，富含维生素 A 和维生素 D。

由于海鱼肝的自然资源缺乏，现在市场上销售的鱼肝油大多是将植物油作载体加入人工合成的维生素 A、维生素 D 而成，从严格意义上说，不能称为“鱼肝油”，而是“人工合成的维生素 AD 油”。人工合成的剂量很高，食用时要注意。维生素 AD 是脂溶性的，长期过量摄入会有副作用或者中毒，尤其不能让儿童作为糖果随意吃。

（2）深海鱼油

深海鱼油则是深海鱼类脂肪的萃取物。含有一种特殊功效成分 Omega-3 脂肪酸。Omega-3 脂肪酸是种多元不饱和脂肪酸，包括二十碳五烯酸（EPA）、二十二碳六烯酸（DHA），这些物质能降低人体血液中胆固醇、甘油三酯含量，升高高密度脂蛋白胆固醇，防止血液中粥样硬块形成，并且通过影响体内其他物质新陈代谢阻止血小板凝聚，以防止血栓形成致病。DHA 还可以通过血脑屏蔽，对神经传导有重要作用，是脑功能不可缺少的物质。

深海鱼油在化学成分上与其他区域的鱼油没有很大的差别，之所以用“深海”的目的只是为了想说明它环保、无污染。众所周知，水是流动的，污染并不可能仅局限于一处；鱼也是游动的，深海中的鱼也并不是只待在深海，因此，所有的鱼油都必须经过适当的处理后，才能制成鱼油制品。

虽然说鱼油中的 Omega-3 脂肪酸可以预防心血管疾病，但是市售的鱼油制剂，目前都是以食品添加剂（或称保健品）的方式获许上市，它们不是药物，不能治病。脂溶性维生素的主要功用及缺乏症见表 10-2。

表 10-2 脂溶性维生素的主要功用及缺乏症

名称	主 要 生 化 功 用	缺乏病
维生素 A	维持正常视觉、上皮组织、生长等功能	夜盲症、干眼病
维生素 B	促进小肠对钙磷的吸收等，利骨钙化	佝偻病、骨软化症
维生素 E	抗氧化。促进血红素合成、保持红细胞膜完整，与动物生殖功能有关，延缓衰老	溶血性贫血
维生素 K	谷氨酰 γ-羧化酶的辅酶，促进肝合成凝血因子Ⅱ、Ⅶ、Ⅸ、Ⅴ	凝血障碍

第三节 水溶性维生素

水溶性维生素包括维生素 B 族、硫辛酸和维生素 C。属于维生素 B 族的主要有维生素 B_1、维生素 B_2、维生素 PP(B_5)、维生素 B_6、泛酸、生物素、叶酸及维生素 B_{12} 等。维生素 B 族在生物体内通过构成辅酶而发挥对物质代谢的影响，在肝脏内含量最丰富。与脂溶性维生素不同的是，进入体内的多余水溶性维生素及其代谢产物均自尿中排出，体内不能多储存。当机体饱和后，摄入的维生素越多，尿中的排出量也越大。

一、维生素 B_1（硫胺素）

维生素 B_1 为抗神经炎维生素（又名抗脚气病维生素），因其化学结构是由含硫的噻唑环和含氨基的嘧啶环组成，又被称为硫胺素。在生物体内常以焦磷酸硫胺素（TPP）的辅酶形式存在。焦磷酸硫胺素（TPP）是涉及糖代谢中羰基碳（醛和酮）合成与裂解反应的辅酶，特别是 α-酮酸的脱羧和 α-羟酮的合成、裂解都依赖于焦磷酸硫胺素。维生素 B_1 在体内经硫胺素激酶催化，与ATP作用转变成焦磷酸硫胺素（TPP）的辅酶形式。

硫胺素 ＋ ATP ⟶ 焦磷酸硫胺素 ＋ AMP

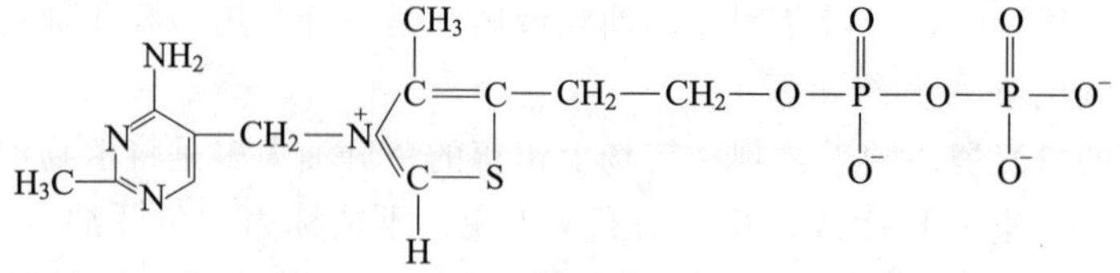

焦磷酸硫胺素(TPP)

TPP是糖代谢过程中α-酮酸脱氢酶系的辅酶，参与丙酮酸或α-酮戊二酸的氧化脱羧反应和醛基转移作用，所以又称为羧化辅酶，并对维持正常糖代谢有重要作用。TPP的功能部位在噻唑环的2位碳原子上。由于3位上N^+的正电荷有助于C_2失去质子而具电负性，故C_2很易和α-酮酸形成加成物而有利于脱羧反应。

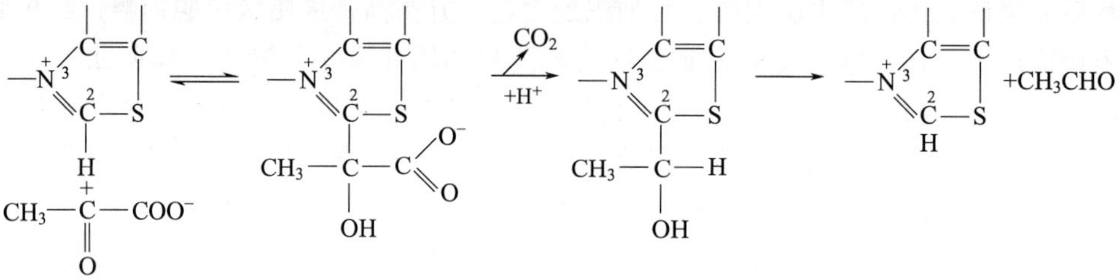

二、**维生素B_2（核黄素）**

维生素B_2为橘黄色针状结晶，溶于水中呈黄绿色荧光，可作为定量分析的依据。它是核醇与6,7-二甲基异咯嗪的缩合物，故又名核黄素。在酸性溶液中稳定，在碱性溶液中受光照射极易破坏。维生素B_2分布很广，青菜、黄豆、小麦及动物的肝、肾、心、乳中含量较多，酵母中也丰富。

在体内核黄素是以黄素单核苷酸（FMN）和黄素腺嘌呤二核苷酸（FAD）形式存在，是生物体内一些氧化还原酶（黄素蛋白）的辅基，与酶蛋白结合牢固。其结构如下。

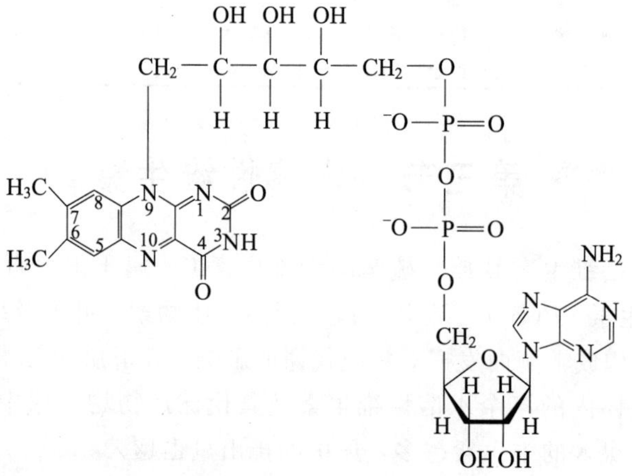

黄素腺嘌呤二核苷酸（FAD）

在生物氧化中，FMN和FAD通过分子中异咯嗪环上的1位和10位氮原子的加氢和脱氢，把氢从底物传递给受体。

三、**泛酸（遍多酸）**

泛酸又称遍多酸，由于在生物界中分布广泛而得名。它是各种动物、植物、细菌、酵母和人类生长所必需的，但植物和不少微生物能合成泛酸。许多动物缺乏泛酸时常出现肠胃炎症和皮肤角质化、脱皮、脱毛等症状。人类由于肠道中的细菌可以合成泛酸，故临床一般很少有缺乏症。

泛酸是由α,γ-二羟基-β-,β-二甲基丁酸与β-丙氨酸通过酰胺键缩合成的酸性物质。

辅酶 A(CoA) 是含泛酸的复合核苷酸。在生物体内，辅酶 A 是泛酸的主要活性形式，是由等分子的泛酸、巯基乙胺、焦磷酸和 3′-AMP 组成的。泛酸的另一种活性形式是酰基载体蛋白（ACP）。辅酶 A 主要起传递酰基的作用，是各种酰化反应中的辅酶。由于携带酰基的部位在—SH 基上，故通常以 CoASH 表示。当携带乙酰时形成 CH_3CO-CoASH，称为乙酰辅酶 A。当失去乙酰基恢复为 CoASH。辅酶 A 在糖代谢、脂质分解代谢、氨基酸代谢及体内一些重要物质如乙酰胆碱、胆甾醇、卟啉和肝糖原等的合成中均起重要作用。酰基载体蛋白（ACP）与脂肪酸的合成关系密切。

泛酸在酵母、肝、肾、蛋、小麦、米糠、花生和豌豆中含量丰富，在蜂王浆中含量最多。辅酶 A 被广泛用作各种疾病的重要辅助药物。

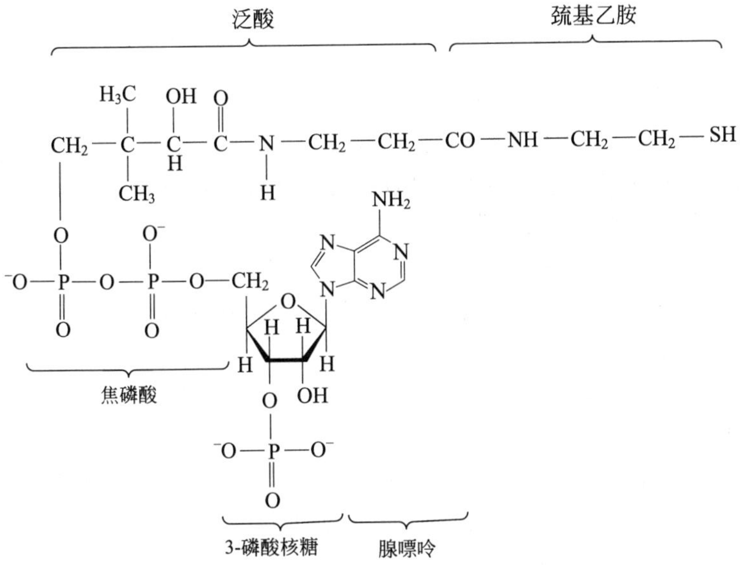

泛酸　巯基乙胺

焦磷酸　3-磷酸核糖　腺嘌呤

辅酶A(HSCoA)

四、维生素 PP（烟酸和烟酰胺）

维生素 PP 即抗癞皮病维生素，在肉类、谷物、花生及酵母中含量丰富。它包括烟酸和烟酰胺两种物质，两者都是吡啶的衍生物，在体内主要以烟酰胺形式存在，烟酸是烟酰胺的前体。

烟酸和烟酰胺都为无色晶体，两者对光、热、酸、碱及在空气中都较稳定，是维生素中性质最稳定的一种。其辅酶形式是烟酰胺腺嘌呤二核苷酸（NDA^+）和烟酰胺腺嘌呤二核苷酸磷酸（$NADP^+$）。

NDA^+ 也称为辅酶Ⅰ（缩写 CoⅠ），$NADP^+$ 也称辅酶Ⅱ(CoⅡ)。两者都是脱氢酶的辅酶，都起着传递氢的作用，区别在于 NADPH,H 一般用于生物合成代谢中的还原作用，提供生物合成作用所需的还原力，如脂肪酸合成，而 NADH,H 则常用于生物分解代谢过程，如氧化磷酸化作用，通过偶联形成 ATP 而提供生命活动所需的能量。氢的传递在其辅酶分子中的烟酰胺部位进行。例如在醇脱氢酶的催化下，醇（RCH_2OH）脱去两个氢原子，转化为醛（RCHO），所脱去的两个氢原子，由尼克酰胺部分来传递。氧化态的尼克酰胺接受两个电子和一个质子而转变成还原态，从底物分子脱下的两个氢原子之一就以质子形态剥离到环境中而形成生物细胞内的质子浓度差。经典的物理发电机剥离电子产生电位差，生物细胞则是剥离质子产生质子浓差，这是生命最为奥妙之处，是细胞力能和信息的基础。

烟酸和烟酰胺的分布很广，动植物组织中都有，肉产品中较多。缺乏这种维生素会引起人患癞皮病。成人每日需 12～21mg 尼克酸。

五、维生素 B_6（吡哆醛）

维生素 B_6 是吡啶的衍生物，包括三种结构类似的物质，即吡哆醇、吡哆醛、吡哆胺。在体内这三种物质可以相互转化。一般食物中均含有这三种物质，例如蛋黄、肉类、鱼、乳汁及谷物、种子外皮、卷心菜等食物中均含有丰富的维生素 B_6。维生素 B_6 易溶于水和酒精，稍溶于脂溶剂，对光和碱均敏感，高温下迅速被破坏。

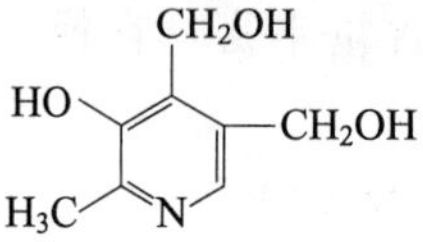

吡哆醇 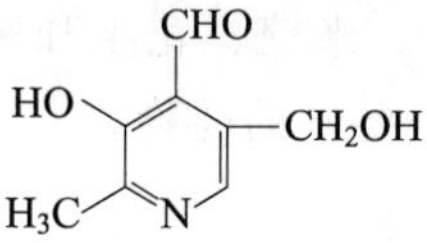　　吡哆醛 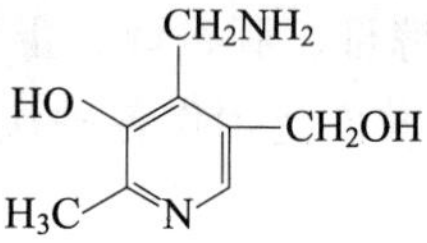　　吡哆胺

维生素 B_6 在体内都是以磷酸酯的形式存在，即 5 位的醇基上接上 1 分子磷酸。参加代谢作用的是磷酸吡哆醛（PLP）和磷酸吡哆胺。PLP 参加催化涉及氨基酸的各种反应，包括转氨作用、α-和 β-脱羧作用、β-和 γ-消除作用、消旋作用和羟醛反应。这些反应包括断裂氨基酸 α-碳的任一键以及侧链的几种键。

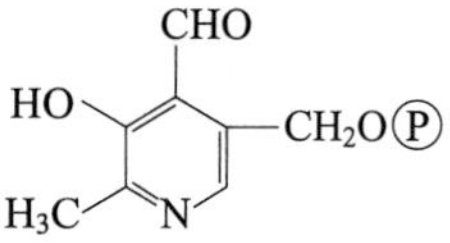

（Ⓟ$=-PO_3^{2-}$）

磷酸吡哆醛 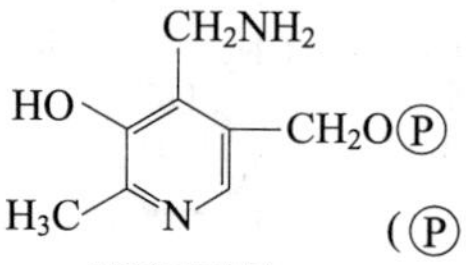　　磷酸吡哆胺

六、生物素

维生素 H 又称生物素。生物素是由噻吩环和尿素结合而成的一个双环化合物，并带有戊酸侧链。溶于热水而不溶于乙醚、乙醇，在室温下相当稳定，但高温和氧化剂可使其丧失生理活性。

生物素与细胞内 CO_2 的固定以及羧化反应有关，是很多需要 ATP 的羧化酶的辅基，与酶蛋白紧密结合，如丙酮酸羧化酶。生物素的羧基与其专一的酶蛋白中的赖氨酸的 ε-氨基以酰胺键相连构成全酶。首先 CO_2 与尿素环上的一个氮原子结合，此过程需 ATP 供能，然后再将生物素上结合的 CO_2 转给适当的受体。因此，生物素在代谢过程中起 CO_2 载体的作用。

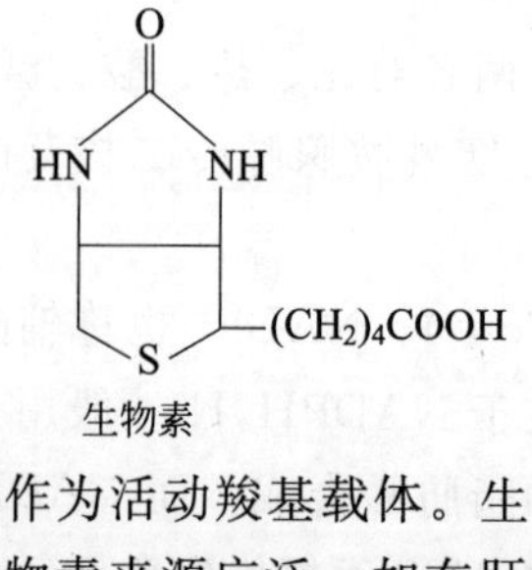

生物素

生物素在种种酶促羧化反应中作为活动羧基载体。生物素作为辅基通过蛋白质上赖氨酸残基的 ε-氨基共价结合到酶上。生物素来源广泛，如在肝、肾、蛋黄、酵母、蔬菜和谷类中都含有。肠道细菌也能合成供人体需要，故一般很少出现缺乏症。但大量食用生鸡蛋清可引

起生物素缺乏。因为在新鲜鸡蛋白中含有抗生物素蛋白能与生物素结合成无活性又不易消化吸收的物质，鸡蛋加热后这种蛋白质即被破坏。另外，长期服用抗生素治疗可抑制肠道正常菌丛，也可造成生物素缺乏。

七、叶酸

叶酸最初是由肝脏中分离出来的，后来发现绿叶中含量十分丰富，因此命名为叶酸。叶酸是人类和某些微生物生长所必需的，哺乳类动物缺乏叶酸时表现出生长不良和各种贫血症。人体虽然自己不能合成叶酸，但因肠道菌可以合成供人体需要，加上叶酸在植物的绿叶中大量存在，故一般不易患缺乏症。

叶酸分子是由 2-氨基-4-羟基-6-甲基蝶啶、对氨基苯甲酸与 L-谷氨酸连接而成的，又称蝶酰谷氨酸。其结构如下：

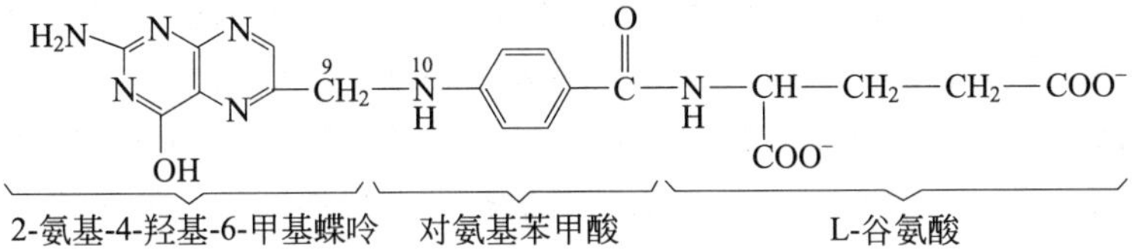

2-氨基-4-羟基-6-甲基蝶呤　对氨基苯甲酸　L-谷氨酸

叶酸的结构

体内叶酸在叶酸还原酶催化下，以 NADPH 为供氢体，经过两步加氢还原作用，先后形成 7,8-二氢叶酸和 5,6,7,8-四氢叶酸（THF）。四氢叶酸是叶酸的活性辅酶形式，又称为辅酶 F，简写作（CoF）。它在各种生物合成反应中，起转移和利用一碳基团的作用。四氢叶酸典型的含有 1～7 个（甚至更多）以 γ-羧酰胺连接的谷氨酸。3 种不同氧化态的一碳单位可以连接到四氢叶酸的 N^5 或 N^{10} 氮上。

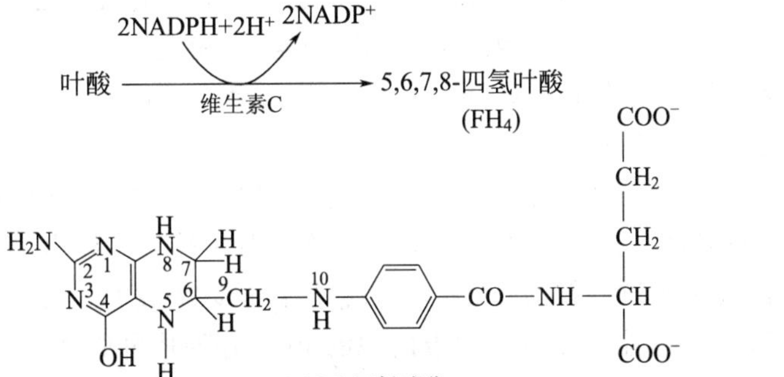

$$\text{叶酸} \xrightarrow[\text{维生素C}]{2NADPH+2H^+ \to 2NADP^+} \text{5,6,7,8-四氢叶酸}\ (FH_4)$$

5,6,7,8-四氢叶酸

四氢叶酸携带一碳单位的部分结构

由于叶酸与核酸的合成有关，当叶酸缺乏时，DNA 合成受到抑制，骨髓巨红细胞中 DNA 合成减少，细胞分裂速度降低，细胞体积较大，细胞核内染色质疏松，称巨红细胞，这种红细胞大部分在骨髓内成熟前就被破坏造成贫血，称巨红细胞性贫血。因此叶酸在临床上可用于治疗巨红细胞性贫血；叶酸广泛存在于肝、酵母及蔬菜中，人类肠道细菌也能合成叶酸，故一般不易发生缺乏症。

八、维生素 B_{12}（氰钴胺素）

维生素 B_{12} 或称作氰钴胺素，在体内可转变成 2 种辅酶形式。主要辅酶形式是 5′-脱腺苷钴胺素，而另一种数量较少的则称为甲基钴胺素。这两种辅酶主要参与 3 种类型的反应：分子内重排、核苷酸还原成脱氧核苷酸（某些细菌中）、甲基转移。前 2 种反应类型是由 5′-脱腺苷钴胺素调节的，而甲基转移是通过甲基钴胺素来实现的。

维生素 B_{12} 还参与 DNA 的合成，对红细胞的成熟很重要，当缺少维生素 B_{12} 时，巨红细胞中 DNA 合成受到阻碍，影响了细胞分裂而无法分化成红细胞，从而易引起恶性贫血，维生素 B_{12} 广泛来源于动物性食品，特别是肉类和肝中含量丰富。人和动物的肠道细菌也都能合成维生素 B_{12}，一般情况下，不会缺少。

九、维生素 C（抗坏血酸）

维生素 C 具有防治坏血病的功能，故又称为抗坏血酸。它是一个含有六个碳原子的不饱和多羟基化合物，以内酯形式存在。在 C_2 位与 C_3 位上两个相邻的烯醇式羟基易解离而释放出 H^+，故而维生素 C 虽无自由羧基，但仍具有有机酸的性质。

维生素 C 广泛分布于动物界和植物界，仅几种脊椎动物——人类和其他灵长类、豚鼠、一些鸟类和某些鱼类不能合成，必须从食物中获得维生素 C。

抗坏血酸是一种强的还原剂。抗坏血酸的生物化学和生理功能是由它的还原性质——作为一种电子载体所驱动的。由于同氧或者金属离子相互反应失去一个电子成为半脱氢-L-抗坏血酸，一种活性自由基，可被动物和植物中各种酶还原回 L-抗坏血酸。抗坏血酸独特的反应是氧化成脱氢-L-抗坏血酸。抗坏血酸和脱氢抗坏血酸形式是一种有效的氧化还原系统。氧化型的抗坏血酸，仍具有维生素 C 的活力。但氧化型的抗坏血酸易水解，内酯环破坏而生成二酮基古洛糖酸，则失去维生素 C 的活性，如果继续氧化则生成草酸和 L-苏阿糖酸。

维生素 C 的生理功能是多方面的，主要如下。

1. 维生素 C 参与体内的氧化还原反应

由于维生素 C 既可以氧化型，又可以还原型存在于体内，所以它既可以作为氢供体又可作为氢受体，在体内极其重要的氧化还原反应中发挥作用。

① 保持巯基酶的活性和谷胱甘肽的还原状态，起解毒作用。已知许多含巯基的酶当存在自由巯基（—SH）时才发挥催化作用，而维生素 C 能使酶分子中的 SH 维持在还原状态，从而使巯基酶保持活性。维生素 C 还与谷胱甘肽的氧化还原有密切联系，它们在体内往往共同发挥抗氧化及解毒等作用。

② 维生素 C 与红细胞内的氧化还原过程有密切联系。红细胞中的维生素 C 可直接还原高铁血红蛋白（HbM）成为血红蛋白（Hb），恢复其运输氧的能力。

③ 维生素能促进肠道内铁的吸收，因为它能使难以吸收的三价铁（Fe^{3+}），还原成易于吸收的二价铁 Fe^{3+}；还能使血浆运铁蛋白中的 Fe^{3+} 还原成肝脏铁蛋白的 Fe^{2+}。

④ 维生素 C 能保护维生素 A、维生素 E 及维生素 B 免遭氧化。还能促进叶酸转变为有生理活性的四氢叶酸。

2. 维生素 C 参与体内多种羟化反应

代谢物的羟基化是生物氧化的一种方式，而维生素 C 在羟化反应中起着必不可少的辅助因子的作用。

① 促进胶原蛋白的合成　当胶原蛋白合成时，多肽链中的脯氨酸及赖氨酸等残基分别在胶原脯氨酸羟化酶及胶原赖氨酸羟化酶催化下羟化成羟脯氨酸及羟赖氨酸残基。维生素 C 是羟化酶维持活性所必需的辅因子之一。羟脯氨酸在维持胶原蛋白三级结构上十分重要。维生素 C 与胶原合成中的羟化步骤有关，因而在缺乏时对胶原合成有一定的影响，胶原是结缔组织、骨及毛细血管等的重要组成成分，而结缔组织是伤口愈合的第一步。这说明维生素 C 缺乏将导致毛细血管破裂，牙齿易松动、骨骼脆弱而易折断及创伤时伤口不易愈合。

② 维生素 C 与胆固醇代谢的关系　正常情况下体内胆固醇约有 80%转变为胆酸后排出，胆固醇转变为胆酸先将环状部分羟基化，而后侧链分解。缺乏维生素 C 可能影响胆固醇羟基化，使其不能变成胆酸而排出体外。

③ 维生素 C 参与芳香族氨基酸的代谢　维生素 C 在脑和中枢神经系统组织中起着重要的作用。在脑中 L-酪氨酸的代谢涉及两种不同的依赖维生素 C 的混合功能氧化酶。酪氨酸转变成儿茶酚胺也是依赖维生素 C 的过程。

3. 维生素 C 的其他功能

① 维生素 C 有防止贫血的作用，也可防止若干转运金属离子毒性的影响。离子从脾脏的转移（不是肝脏）是一种依赖维生素 C 的过程。

② 维生素 C 可改善变态反应。维生素 C 另外一个重要作用是涉及组胺代谢和变态反应。在铜离子存在下，维生素 C 防止组胺的积累，有助于组胺的降解和清除。也有证据表明，维生素 C 可调节前列腺素的合成，以便调节组胺敏感性和影响舒张。

③ 维生素 C 刺激免疫系统。因为维生素 C 影响刺激免疫系统，可防止和治疗感染。单核白细胞对免疫系统是重要的，维生素 C 抑制白血细胞的氧化破坏，增加它们的流动性。免疫球蛋白的血清水平在维生素 C 存在下增加。通过维生素 C 刺激免疫系统，因此 Pauling 曾提出维生素 C 可以有效地防止感冒，但随后的研究尚无定论。

十、硫辛酸

硫辛酸是某些细菌和原生动物生长所必需的因子，它的化学结构为一含硫的八碳酸，在 6,8-位上有二硫键相连，故又称为 6,8-二硫辛酸，硫辛酸以闭环二硫化物形式和开链还原形式两种结构混合物存在，这两种形式通过氧化还原循环相互转换，像生物素一样，硫辛酸事实上常常不游离存在，而是同酶分子中赖氨酸残基的 ε-NH_2 以酰胺键共价结合。催化形成硫辛酰胺键的酶需要 ATP，并且作为反应产物产生硫辛酰胺-酶偶联物，AMP 和焦磷酸。

硫辛酸是一种酰基载体。存在于丙酮酸脱氢酶和 α-酮戊二酸脱氢酶中，是涉及糖代谢的两种多酶复合体。硫辛酸在 α-酮酸氧化作用和脱羧作用时行使偶联酰基转移和电子转移的功能。硫辛酸在自然界分布广泛，肝和酵母中含量尤为丰富，在食物中硫辛酸常和维生素 B_1 同时存在。生物体内 B 族维生素与酶的关系见表 10-3。

$$\text{(S—S 环)}-(CH_2)_4-COOH \underset{-2H}{\overset{+2H}{\rightleftharpoons}} H_2C(SH)-CH_2-CH(SH)-(CH_2)_4-COOH$$

氧化型硫辛酸　　还原型硫辛酸

表 10-3　B 族维生素与酶的关系

B 族	名　称	辅酶形式	酶	缺乏病
维生素 B_1	硫胺素	TPP	α-酮酸脱氢酶	脚气病
维生素 B_2	核黄素	FMN、FAD	黄素酶	口角炎、舌炎
维生素 B_3	泛酸	HSCoA	丙酮酸脱氢酶系	
维生素 B_5	尼克酰胺	NAD^+、$NADP^+$	脱氢酶	癞皮病
维生素 B_6	吡哆醛	磷酸吡哆醛	转氨酶	婴儿惊厥
		磷酸吡哆胺	脱羧酸	小细胞性贫血
维生素 B_7	生物素	生物素	羧化酶	皮炎
维生素 B_{11}	叶酸	N^5-CH_3FH_4	一碳单位转移酶	巨红细胞贫血
维生素 B_{12}	钴胺素	甲基钴胺素	转甲基酶	巨红细胞贫血

本章小结

维生素是维持生物体正常生长发育和代谢所必需的一类微量有机物质，能由机体合成，合成量不足，须靠食物供给。由于维生素缺乏而引起的疾病称为维生素缺乏症。维生素都是小分子有机化合物，在结构上无共同性。通常根据其溶解性质分为脂溶性维生素和水溶性维生素两大类。脂溶性维生素有维生素 A、维生素 D、维生素 E、维生素 K 等，水溶性维生素有维生素 B_1、维生素 B_2、维生素 B_6、维生素 B_{12}、维生素 PP（烟酸和烟酰胺）、泛酸、生物素、叶酸和维生素 C 等。现已知绝大多数维生素作为酶的辅酶或辅基的组成部分，在物质代谢中起重要作用。

维生素 A 的活性形式是 11-顺视黄醛，参与视紫红质的合成，与暗视觉有关。维生素 D 为类甾醇衍生物，1,25-二氢维生素 D_3 是其活性形式，用以调节钙磷代谢，促进新骨的形成和钙化。维生素 E 是体内最重要的抗氧化剂，可保护生物膜的结构和功能，还可促进血红素的合成。维生素 K 与肝脏合成凝血因子Ⅱ、凝血因子Ⅶ、凝血因子Ⅸ、凝血因子Ⅹ有关，作为谷氨酰羧化酶的辅助因子参与凝血因子前体转变为活性凝血因子的过程。除维生素 C 外，水溶性维生素主要为 B 族维生素，它们以辅酶或辅基的形式参与物质代谢。维生素 B_1 的辅酶形式为焦磷酸硫胺素（TPP），是 α-酮酸脱羧酶、转酮酶及磷酸酮酶的辅酶，在 α-裂解反应、α-缩合反应及 α-酮转移反应中起重要作用。维生素 B_2（核黄素）和烟酰胺是氧化还原酶类的重要辅酶，核黄素以 FMN 和 FAD 的形式作为黄素蛋白酶的辅基；而烟酰胺以 NAD^+ 和 $NADP^+$ 形式作为许多脱氢酶的辅酶，至少催化六种不同类型的反应。泛酸是构成 CoA 和 ACP 的成分，CoA 起传递酰基的作用，是各种酰化反应的辅酶，而 ACP 与脂肪酸的合成关系密切。磷酸吡哆醛是氨基酸代谢中多种酶的辅酶，参加催化涉及氨基酸的转氨作用、α-和 β-脱羧作用、β-和 γ-消除作用和醛醇裂解反应。生物素是几种羧化酶的辅酶，包括乙酰 CoA 羧化酶和丙酮酸羧化酶，参与 CO_2 的固定作用。维生素 B_{12} 存在 5′-脱氧腺苷钴胺素和甲基钴胺素两种活性形式，它们参与分子内重排、核苷酸还原成脱氧核苷酸及甲基转移反应。叶酸的辅酶是四氢叶酸（THF），进行一碳单位的传递，参与甲硫氨酸和核苷酸的合成。硫辛酸是一种酰基载体，作为丙酮酸脱氢酶和 α-酮戊二酸脱氢酶的辅酶参与糖代谢。抗坏血酸是一种水溶性抗氧化剂，参与体内羟化反应、氧化还原反应，有解毒和提高免疫力的作用。

知识链接

维生素在食品储存和加工过程中的变化

植物性食品中维生素含量受土壤、季节、品种、栽培条件、成熟度和新鲜度的影响，动物性食品也可因饲料等不同而使其中维生素含量有季节性差异。维生素类多含有不饱和双键和还原性基团，因此，维生素是所有营养素中受加工和储存条件影响最大的一类营养素。

一、储存过程中维生素的损失

收获的水果和蔬菜在储存过程中会产生维生素的损失，其损失量的大小与储存时间、温度、湿度、气体组成、机械损伤及种类、品种等因素有关。在储存过程中，维生素会产生酶促降解、光促分解及氧化降解等。一般情况下，储存温度愈高，水含量愈多，则维生素的损失也愈大。采用低温气调储存，可有效减少维生素的损失。易被氧化分解的维生素有维生素 C、维生素 B_1、维生素 B_6、维生素 A、维生素 D、维生素 E 等，对光、射线敏感的维生素有维生素 A、维生素 K、维生素 B_1、维生素 C、维生素 D 等。

二、加工过程中维生素的损失

食品原料每经过一次加工，维生素都要受到一次损失。因此，一般情况下，成品中的维生素含量要低于食物原料中的含量。

1. 热加工过程中维生素的损失

食品的加热处理可分为热烫、巴氏杀菌和其他加热杀菌、烹调热加工、焙烤及油炸等热处理，热敏性的维生素易在热加工中损失。热烫过程中由于热的作用，沥滤和氧化作用而引起维生素损失。在水中热烫时，水溶性维生素的损失随接触时间的延长而增加，但脂溶性维生素受影响的程度较轻，蒸汽热烫对水溶性维生素的损失率相对低于水热烫，微波热烫对维生素的保存率至少可以达到蒸汽热烫的维生素保存率。热烫过程损失最多的是维生素 C、维生素 B_1、维生素 B_2、维生素 B_5，损失大小取决于热烫方法及温度、时间等条件。轻度的加热处理（包括巴氏杀菌在内）过程中维生素的热损失不大，但是氧化损失会比较高。为了减轻氧化作用，果汁、啤酒、葡萄酒之类液体巴氏杀菌都在间接式热交换器而不是开口式薄膜杀菌器中进行，而且在巴氏杀菌前往往经脱气处理。一般情况下，高温短时巴氏杀菌更有利于保存维生素，轻度加热处理过程中除维生素 C、维生素 B_1、维生素 B_2、维生素 B_{12} 等热敏性及易被氧化破坏的维生素有不同程度的损失外，其他维生素损失很少或无损失；但强热处理或长时间加热处理会导致大量维生素损失，例如罐头杀菌，就有大量维生素损失，尤其是水果蔬菜罐头维生素损失更大，有 50%左右的维生素损失；油炸、烘烤中也有大量维生素损失，其损失大小取决于热处理时间、温度及热处理方式。因此，在食品加工中应尽量避免高温及长时间热处理。

2. 脱水过程中维生素的损失

水果、蔬菜、肉类、鱼类、牛乳和蛋类都是常见的采用脱水方法加工的食品。食品在脱水加工时，维生素的损失量也较大，如牛奶在干燥过程中维生素的损失大约与灭菌处理的损失相当。蔬菜经热空气干燥，维生素 C 约损失 10%～15%，在 B 族维生素中，维生素 B_1 对温度最为敏感。冷冻干燥可以很好地保存维生素。牛肉、猪肉和鸡肉经冷冻干燥，维生素 B_1 保存率达 95%；蔬菜冷冻干燥时 B_1 保存率在 90%以上。而较高温度干燥会有较大的损失，如鼓式干燥，维生素 B_1、维生素 B_6、叶酸保存率仅为 80%。脂溶性维生素在脱水过程中几乎不损失或损失很少，如牛乳在喷雾干燥、鼓式干燥或真空浓缩过程中维生素 A、维生素 D、维生素 E 几乎无损失。

3. 粮谷精加工过程中维生素的损失

粮谷类通常要经去壳、研磨、磨粉等精加工工序，除去了大量胚芽和谷物表皮，胚芽和谷物表皮富含维生素，因此，会造成维生素损失。例如糙米和精白米相比，精白米损失维生素 E 85%左右，维生素 B_1、维生素 B_2、维生素 B_5 分别损失 80%、40%、65%。小麦经精加工后维生素损失更大。

4. 食品加工过程中化学因素对维生素损失的影响

食品加工过程中的酸、碱处理均可导致维生素类不同程度的损失。泛酸、叶酸、维生素 K 等在酸性条件下易分解；维生素 B_1、维生素 B_2、维生素 B_{12}、胡萝卜素等在碱性条件下易降解。采用 SO_2、Na_2SO_3 等处理食品原料时，维生素 B_1 易破坏。添加氧化剂或进行漂白处理时，维生素 A、维生素 B_1、维生素 B_6、维生素 C、维生素 D、维生素 E 等因氧化而损失。一些金属离子的存在也可使某些维生素破坏，如 Cu^{2+} 可促进维生素 B_1 和维生素 C 的分解，Fe^{3+} 促进维生素 B_2 的降解。脂质过氧化物能促进维生素 A、维生素 D、维生素 E 的分解。

习　题

一、名词解释

维生素　维生素缺乏症　水溶性维生素

二、填空题

1. 维生素是维持生物体正常生长所必需的一类________。主要作用是作为________的组分参与及调节体内代谢。

2. 维生素的结构差异较大，一般按溶解性分为________和________两大类。

3. 脂溶性维生素缺乏时，产生的相应症状________；水溶性维生素缺乏时，产生的相应症状________。

4. 维生素 C，又名________。缺乏时，表现为皮下和黏膜下出血，牙龈出血、肿胀、牙齿松动等症状（又叫________）。

5. ________的主要作用是促进钙、磷吸收，促进钙、磷沉着，使牙齿和骨骼正常发育。

三、选择题

1. 构成视紫红质的维生素 A 活性形式是________。

A. 9-顺视黄醛　　B. 11-顺视黄醛　　C. 13-顺视黄醛　　D. 15-顺视黄醛

2. 维生素 K 与凝血________合成有关。

A. 因子Ⅻ　　B. 因子Ⅺ　　C. 因子Ⅱ　　D. 因子Ⅷ

3. 维生素 B_2 是酶辅基________的组成成分

A. NAD^+　　B. $NADP^+$　　C. FAD　　D. TPP

4. 维生素 PP 是酶辅酶________的组成成分。

A. 乙酰辅酶 A　　B. 吡哆醛　　C. NAD^+　　D. TPP

5. 泛酸是酶辅酶________的组成成分。

A. NAD^+　　B. $NADP^+$　　C. FAD　　D. CoASH

6. CoASH 的生化作用是________。

A. 递氢体　　B. 递电子体　　C. 转移酮基　　D. 转移酰基

7. 生物素的生化作用是________。

A. 转移酰基　　B. 转移 CO_2　　C. 转移 CO　　D. 转移氨基

8. 维生素 C 的生化作用是________。

A. 只作供氢体　　B. 只作受氢体

C. 既作供氢体又作受氢体　　D. 是呼吸链中的递氢体

9. 人类缺乏维生素 C 时可引起________。

A. 坏血病　　B. 佝偻病　　C. 脚气病　　D. 癞皮病

10. 日光或紫外线照射可使________。

A. 7-脱氢胆固醇转变成维生素 D_3　　B. A_1 生成

C. 7-脱氢胆固醇转变成维生素 D_2　　D. A_2 生成

11. 维生素 D 的活性形式是________。

A. $1,24\text{-}(OH)_2\text{-}D_3$　　B. $1\text{-}(OH)\text{-}D_3$

C. $1,25\text{-}(OH)_2\text{-}D_3$　　D. $1,26\text{-}(OH)_2\text{-}D_3$

12. 维生素 B_6 是在________中发挥作用。

A. 脂肪代谢　　B. 糖代谢　　C. 氨基酸代谢　　D. 无机盐代谢

13. 典型的坏血病是由于缺乏________所引起的。

A. 硫胺素　　B. 核黄素　　C. 泛酸　　D. 抗坏血酸

14. 泛酸是________中酶所需辅酶成分。

A. 脱羧作用　　B. 乙酰化作用　　C. 脱氢作用　　D. 还原作用

15. 转氨酶的作用活性，同时需要的维生素是________。

A. 烟酸　　B. 泛酸　　C. 硫胺素　　D. 磷酸吡哆醛

16. 下列化合物中，________是辅酶 A 的前体。

A. 核黄素　　B. 泛酸　　C. 硫胺素　　D. 钴胺素

17. 维生素 E 是________。

A. 脂肪酸　　B. 丙基硫尿嘧啶类似物　　C. 生育酚　　D. 苯醌

18. 下列物质中________是脂溶性维生素。

A. 遍多酸　B. 尼克酸　C. 胆钙化醇　D. 叶酸

19. 脚气病是由于缺乏________所致。

A. 胆碱　B. 乙醇胺　C. 硫胺素　D. 丝氨酸

20. 在 NAD^+ 或 $NADP^+$ 中，含有的维生素为________。

A. 尼克酸　B. 尼克酰胺　C. 吡哆醇　D. 吡哆醛

21. 磷酸吡哆醛参与________。

A. 脱氨基作用　B. 羧化作用　C. 酰胺化作用　D. 转氨基作用

22. 某些氨基酸脱羧的辅酶是________。

A. 焦磷酸硫胺素　B. 磷酸吡哆醛

C. 黄素腺嘌呤二核苷酸　D. 尼克酰胺腺嘌呤二核苷酸

23. 下列有关维生素的叙述中，________是错误的。

A. 维生素可分为脂溶性水溶性两大类　B. 脂溶性维生素可在肝中储存

C. B族维生素通过构成辅酶而发挥作用　D. 摄入维生素C越多，在体内储存也越多

24. 与红细胞分化成熟有关的维生素是________。

A. 维生素 B_1 和叶酸　B. 维生素 B_1 和遍多酸

C. 维生素 B_{12} 和叶酸　D. 维生素 B_{12} 和遍多酸

25. 下列酶的辅基中________含有核黄素？

A. 乳酸脱氢酶　B. 琥珀酸脱氢酶

C. 6-磷酸葡萄糖酸脱氢酶　D. α-酮戊二酸脱氢酶体系

四、简答题

1. 导致人体缺乏维生素的原因有哪些？

2. 说明各种脂溶性维生素在人体内的生物学功能有哪些？

第十一章　水、无机盐代谢

【主要学习目标】

了解体液的含量、分布；了解微量元素生理功能；掌握水的生理功能。

第一节　体　　液

水是人体最重要的组成成分之一，约占体重的 60％ 。体内的水分称为体液，体液由水及溶解在其中的电解质、低分子有机化合物和蛋白质等组成。细胞内外各种生命活动都是在体液中进行的。机体体液容量、各种离子浓度、渗透压和酸碱度的相对恒定，是维持细胞新陈代谢和生理功能的基本保证。水和电解质平衡是通过神经-内分泌系统及相关脏器的调节得以实现的。当体内水、电解质的变化超出机体的调节能力和（或）调节系统本身功能障碍时，都可导致水、电解质代谢紊乱。临床上，水、电解质代谢紊乱十分常见，它往往是疾病的一种后果或疾病伴随的病理变化，有时也可以由医疗不当引起。严重的水、电解质代谢紊乱又是使疾病复杂化的重要原因，甚至可对生命造成严重的威胁。

一、体液的含量与分布

1. 体液的分布

以细胞膜为界，体液可分为两大部分，即细胞内液与细胞外液。由上皮细胞耗能分泌至体内某些腔隙（第三间隙）的液体，如淋巴液、消化液、脑脊液以及胸腔、腹腔、滑膜腔和眼内的液体等，统称为透细胞液，也属于细胞外液。以血管壁为界细胞外液又可分为血浆和细胞间液（又称组织液）。细胞内液是细胞进行生命活动的基质。而细胞外液是细胞进行生命活动必须依赖的外环境或称机体的内环境。

2. 体液的含量

正常成人的体液总量约为体重的 60％，其中细胞内液约占体重的 40％，细胞外液占体重的 20％。细胞外液中血浆占体重的 5％，细胞间液占体重的 15％，透细胞液占体重1％～2％。

体液含量存在着个体差异，受性别、年龄和体脂含量的影响。同等体重情况下，一般成年男性比女性多；年龄越小含量越多；瘦者比胖者多。不同年龄、性别体内各部分体液的含量见表 11-1。婴幼儿的生理特性决定其具有体液总量大、细胞外液比例高、体内外水的交换率高、对水代谢的调节与代偿能力较弱的特点。老年人体液总量减少，以细胞内液减少为主。机体肌肉组织含水量高（75％～80％），脂肪组织含水量低（10％～30％），故肥胖者体液量较少。因此，婴幼儿、老年人或肥胖者若丧失体液，容易发生脱水。

表 11-1　正常人体液的分布和容量（占体重的百分比/％）

项　　目	成年人(男)	成年人(女)	儿童	婴儿	新生儿	老年人
体液总量	60	55	65	70	80	52
细胞内液	40	35	40	40	35	27
细胞外液	20	20	25	30	45	25
细胞间液	15	15	20	25	40	20
血浆	5	5	5	5	5	5

二、体液中电解质含量及特点

1. 体液中的电解质

体液中的无机盐一般以离子形式存在，又称电解质，它们在细胞内液与细胞外液的分布与含量见表 11-2。

表 11-2　各种体液中的电解质含量

电解质	血浆/(mmol/L)		细胞间液/(mmol/L)		细胞内液/(mmol/L)	
	离子	电荷	离子	电荷	离子	电荷
阳离子						
Na^+	145	145	139	139	10	10
K^+	4.5	4.5	4	4	158	158
Mg^{2+}	0.8	1.6	0.5	1	15.5	31
Ca^{2+}	2.5	5	2	4	3	6
合计	152.8	156	145.5	148	186.5	205
阴离子						
Cl^-	103	103	112	112	1	1
HCO_3^-	27	27	25	25	10	10
HPO_4^{2-}	1	2	1	2	12	24
SO_4^{2-}	0.5	1	0.5	1	9.5	19
蛋白质	2.25	18	0.25	2	8.1	65
有机酸	5	5	6	6	16	16
有机磷酸	—			—	23.3	70
合计	138.75	156	144.75	148	79.9	205

2. 体液的电解质分布与含量特点

从表 11-2 中可看出，体液中电解质分布与含量具有以下特点。

① 各部分体液的阳离子与阴离子摩尔电荷总量相等，呈电中性。

② 细胞内、外液电解质的分布差异很大，细胞外液的重要阳离子是 Na^+，主要阴离子是 Cl^- 和 HCO_3^-，而细胞内液重要阳离子是 K^+。主要阴离子是有机磷酸和蛋白质离子。这种差异的存在与维持是完成人体生命活动不可缺少的条件。

③ 细胞内液电解质总量多于细胞外液，但两者渗透压相等。

④ 血浆的蛋白质含量比组织间液高，这对于维持血浆与组织间液之间体液的交换具有重要作用。

三、体液的交换

体内各部分体液之间在不断地相互交换，随着体液交换，营养物质运至细胞内，代谢废物运出细胞，并通过肾、肠及肺排出体外，确保生命活动正常进行。

1. 血浆与组织液之间的交换

血浆与组织液之间的交换在毛细血管壁上进行，毛细血管壁为一半透膜，血浆与组织间液中的水分和小分子溶质，如葡萄糖、氨基酸、尿素及无机盐等可以自由透过，而大分子的蛋白质则不能自由透过。其影响因素主要取决于有效滤过压。

有效滤过压＝(毛细血管血压＋组织液胶体渗透压)－(血浆胶体渗透压＋组织液静水压)

在毛细血管动脉端，有效滤过压为正值，水和可透过性物质自血浆流向组织液；在毛细血管静脉端，有效滤过压为负值，水和可透过性物质自组织液流回血浆。如此循环往复，保持血管内的血浆与组织间液之间的动态平衡。

任何原因使有效滤过压过高致细胞间液生成过多且超过淋巴回流量，或淋巴回流受阻，可导致血液与细胞间液之间体液交换失去平衡。这是局部和全身性水肿发生的基本机制。

2. 组织液与细胞内液之间的交换

组织液与细胞内液间的交换是通过细胞膜进行的。细胞膜是半透膜，但和毛细血管壁有所不同，它对物质的透过有高度的选择性，水和葡萄糖、氨基酸、尿素、尿酸、肌酐、O_2、CO_2 等一些小分子物质可以通过，蛋白质和 Na^+、K^+、Ca^{2+}、Mg^{2+} 等不能自由透过，须选择性地经某种转运方式在细胞内外进行交换。例如，细胞膜上有“钠泵”（sodium pump），即 Na^+-K^+-ATP 酶，在消耗 ATP 条件下，该酶把 Na^+ 泵出细胞外，同时把 K^+ 泵入细胞内，以维持细胞内外 Na^+、K^+ 的浓度差。细胞内外体液的交换动力主要是晶体渗透压。Na^+ 对细胞外、K^+ 对细胞内晶体渗透压起主要作用。血浆 Na^+ 浓度过高或过低，可明显影响细胞外晶体渗透压，从而影响细胞内外水的流向。细胞膜功能异常，如果使 Na^+ 在细胞内潴留，可引起细胞肿胀和细胞损伤。

第二节　水 代 谢

一、水的功用

水的生理功能主要概括为以下几个方面。

（1）促进和参与物质代谢

水是良好的溶剂，体内许多营养物质和代谢产物溶于水，可通过血液循环被输送至全身各个部位。水还直接参与代谢反应，如水解、加水、加水脱氢等。

（2）调节体温

水的比热大，能吸收或放出较多的热而本身温度变化不大。水的蒸发热大，只需蒸发少量水就能散发较多的热。水的流动性大，能随血液循环迅速分布至全身，使机体各处体温一致。由于水具有这些特性，所以水是良好的体温调节剂。

（3）润滑作用

水具有润滑作用。如唾液有利于吞咽；泪液防止眼球干燥，有利于眼球的活动；关节液可减少运动时关节面之间的摩擦，有利于关节活动。

（4）维持组织的形态和功能

体内存在的结合水参与构成细胞的特殊形态，以保证一些组织具有独特的生理功能。如心肌含水约 79%，血液含水约 83%，两者相差无几，但心肌主要含结合水，可使心脏具有坚实的形态，保证心脏有力地推动循环。

二、水的来源与去路

1. 水的来源

体内水的来源有如下途径。

① 饮水　饮水量随气候、活动和生活习惯而不同。

② 食物水　指食物中含的水分。

③ 代谢水　糖、脂肪和蛋白质等营养物质在体内氧化时所产生的水称代谢水。

2. 水的去路

水的排出途径如下。

① 肺排出　即呼吸时以蒸汽形式丢失的水。

② 皮肤排出　以非显性出汗和显性出汗的方式排出。

③ 肠道排出。

④ 肾排出　肾是人体排水的主要器官，除排出体内过多的水，还用于排泄代谢终产物。为使这些代谢终产物保持溶解状态，1g 溶质至少需 15mL 水，每日约排出 35g 代谢产物，因此，每天的最低尿量为 500mL。

当成人不能进水时，每天仍不断地由肺、皮肤蒸发、肾及肠道排出水约 1500mL，这是人体每天必然丢失的水量。每日水的出入量见表 11-3。

表 11-3　正常成人每日水的出入量

水的摄入量/mL		水的排出量/mL	
饮水	1200	肾排出	1500
食物水	1000	皮肤排出	500
代谢水	300	粪便排出	150
		呼吸蒸发	350
总量	2500	总量	2500

三、婴幼儿水代谢的特点

① 小儿体液代谢旺盛，水交换率高，细胞外液参与水代谢的速度较成人快 10 倍左右。

② 体液调节能力差。

③ 体液紊乱发生率高，且紊乱的情况非常复杂。

四、激素的调节

人体每日水的摄入量和排出量，常受饮食、气候、活动等多种因素的影响而有所变化，但人体能在神经体液因素的调节下，保持动态平衡。

调节水平衡最重要的因素是抗利尿激素（ADH），其主要作用是促进肾小管对水的重吸收。当血浆渗透压升高、血容量减少或血压下降时，ADH 分泌释放增加，作用于肾小管，加速对水的重吸收，使尿素减少，有利于机体保留水分，使血浆渗透压、血容量及血压趋于正常。反之，ADH 分泌减少，尿量增多。此外，醛固酮通过保钠排钾，也可调节水代谢。当水、电解质平衡破坏时，可出现脱水、水肿、水中毒等。

第三节　无机盐代谢

一、无机盐功用

无机盐种类多，功能各异，综合起来有以下几个方面。

1. 维持体液的容量、渗透压平衡

Na^+、Cl^- 是维持细胞外液容量和渗透压的主要因素，K^+、HPO_4^{2-} 在维持细胞内液的容量和渗透压方面起重要作用。

2. 维持体液的酸碱平衡

体液中的电解质可组成许多缓冲体系，如碳酸氢盐缓冲体系、磷酸氢盐缓冲体系等，参与体内酸碱平衡的调节。另外，通过细胞膜，K^+ 可与细胞外液的 H^+、Na^+ 进行交换，以维持和调节体液的酸碱平衡。

3. 维持组织的正常应激性

人体组织的正常应激性需要体液中各种离子维持一定的比例。如 Na^+ 、K^+ 可提高神经肌肉的应激性，Ca^{2+} 、Mg^{2+} 等的作用则相反，如小儿缺钙时，神经肌肉应激性升高，常出现手足搐。神经肌肉组织的应激性与各种离子浓度的关系可用下式表示：

神经肌肉应激性 $\propto [Na^+]+[K^+]/[Ca^{2+}]+[Mg^{2+}]+[H^+]$

离子对心肌和对骨骼肌的影响不同，K^+ 对心肌有抑制作用，而 Na^+ 、Ca^{2+} 有拮抗 K^+ 的作用。

4. 维持细胞正常的新陈代谢

许多酶、激素中都含有钾、锌、铁、铜等元素，它们在代谢中发挥重要作用。如碳酸酐酶中含锌，甲状腺素中含碘等。钾参与糖原及蛋白质的合成。

二、钠、氯、钾、镁的代谢

1. 钠和氯的代谢

(1) 钠和氯的含量与分布

正常成人体内钠的含量为 45～50mmol/kg(体重)，其中约 45%存在于细胞外液，45%存在于骨骼，其余在细胞内液。血浆钠浓度为 135～145mmol/L。

氯主要分布于细胞外液，是细胞外液的主要阴离子。血浆氯浓度为 98～106mmol/L。

(2) 钠和氯的吸收与排泄

人体每日摄入的钠和氯主要来自食盐即 NaCl，约 7～15g，摄入的 Na^+ 和 Cl^- 几乎全部被消化道吸收。通常成人每日 NaCl 的需要量为 5～9g。Na^+ 、Cl^- 主要由肾随尿排出，少量由汗液及粪便排处。肾调节血钠浓度的能力很强，氯随钠一起重吸收。当血钠浓度降低时，肾小管重吸收增强，机体完全停止摄入钠时，肾排钠趋向于零，可用“多进多排、少进少排、不进不排”来概括肾对钠排泄的高效控制能力。

2. 钾代谢

(1) 钾的含量与分布

正常成人钾含量约为 45mmol/kg(体重)，K^+ 主要存在于细胞内。红细胞内钾浓度约为 105mmol/L，血浆（清）钾浓度为 3.5～5.4mmol/L。因此，确定血浆钾时一定要防止溶血。

钾透过细胞膜的速度比水慢得多，用放射性核素钾做静脉注射，大约需 15h 才能使细胞内外的钾达到平衡，心脏病患者则需 45h 左右才能达到平衡。因此，在进行补钾时为防止高血钾的发生，应遵循补钾的浓度不过高、量不过多、速度不过快、时间不过早（注意观察尿量）、首选口服补钾等原则。

物质代谢对钾在细胞内外的分布有一定影响。实验证明，糖原合成时，钾进入细胞内；糖原分解时，钾又释放到细胞外，所以临床上可同时注射葡萄糖和胰岛素以纠正高血钾。蛋白质代谢也需要钾，蛋白质合成时，钾进入细胞内，分解时又转出到细胞外。因此，当组织生长或创伤修复时，蛋白质合成增强，可使血钾降低。

(2) 钾的吸收与排泄

正常人每天需钾 2～3g，主要来自食物，日常膳食即可满足机体需要。食物中的钾约有 90%在消化道被吸收。严重腹泻时经排泄丢失的钾可达正常时的 10～20 倍。

钾主要经肾排出，但是肾对钾排泄的控制能力远不如对钠的控制能力那么强，在机体停止摄入钾或者钾大量丢失时，仍会有一定量的钾从尿中排出。因此，长期不能进食者应该适当补钾。肾对钾的排泄特点是：“多进多排，少进少排，不进也排”。此外，小部分钾还可经粪便和汗液排出。

（3）钾钠代谢的调节

调节钾钠代谢的主要因素是醛固酮，它是肾上腺皮质球状带分泌的一种类固醇激素，其作用是促进肾小管上皮细胞分泌 K^+ 和重吸收 Na^+，随 Na^+ 的吸收，Cl^- 和 H_2O 也被重吸收。总的作用是排 K^+、保 Na^+ 和 H_2O。醛固酮的分泌主要受血溶量、血浆 Na^+、K^+ 浓度的影响，通过肾素-血管紧张素系统来实现其调节作用。

3. 镁的代谢

（1）镁的含量与分布

镁是人体不可缺少的重要因素，其含量在阳离子中仅次于钠、钾和钙，细胞内仅次于钾而居第二位。镁具有较多的生理作用，其代谢错乱常导致疾病发生。成年人体内镁总量约为1mol(20～28g)；骨骼占60%～65%，骨骼肌占27%，其他细胞占6%～7%(以肝脏为最高)，细胞外液<1%；红细胞内浓度2.5mmol/L，血清0.75～1.25mmol/L。细胞内镁约90%是结合型（主要结合到核酸、ATP、负电荷的磷脂和蛋白)，游离部分仅为10%。

血浆中镁有离子型（游离)、复合型（与磷酸、柠檬酸等结合）和蛋白结合型（主要是白蛋白）三种形式，比例为55∶13∶12。

（2）镁的吸收和排泄

镁摄入后主要由小肠吸收。膳食中磷酸盐、乳糖含量、肠腔内镁浓度及肠道功能状态，均影响镁的吸收。镁在肠道吸收是主动过程，与钙相互竞争。氨基酸可增加难溶性镁盐的溶解度而促进吸收，纤维则降低镁的吸收。

健康成年人食物供应的镁约为200～250mg/d，其中60%～70%从粪便排出；血浆中可扩散镁从肾小球滤出后，大部分被肾小管重吸收，正常时仅2%～10%随尿排出；此外还有少量镁经汗液排出。

（3）镁代谢的调节

主要由消化道吸收和肾脏排泄来完成。镁摄入量少、食物含钙少、含蛋白质多、活性维生素D等，可使肠道吸收镁增加；反之，则吸收减少。肾小管镁重吸收的主要部位是皮质亨利髓袢升支粗段，可达滤过量的65%。顶膜的 Na^+-K^+-Cl^- 联合转运体和 K^+ 通道开放产生的腔内跨上皮细胞正电位，是镁吸收的主要驱动力。其中血镁浓度影响最大。低镁血症时，刺激甲状旁腺激素，使肾小管对镁的重吸收增加；高镁血症时，重吸收明显减低。多肽激素，例如，PTH、胰高血糖素、降钙素和血管压素，可增强重吸收。维生素D可加强肽类激素的作用。

三、钙磷代谢

1. 钙磷的含量和分布

钙和磷是体内含量最多的无机盐，钙约占体重的1.5%～2%，总量约为700～1400g。磷约占体重的0.8%～1.2%，总量约为400～800g。体内99%以上的钙存在于骨骼中，其余不足1%存在于体液及其他组织。磷约86%存在于骨骼，其余14%存在于全身各组织及体液中。

2. 钙磷的生理功能

（1）钙的生理功能

① 构成骨盐。

② Ca^{2+} 是凝血因子之一，参与血液凝固过程。

③ Ca^{2+}增强心肌的收缩，降低神经骨骼肌的兴奋性。

④ Ca^{2+}降低毛细血管壁及细胞膜的通透性。

⑤ Ca^{2+}是许多酶的激活剂或抑制剂，广泛参与细胞代谢的调节作用。

⑥ Ca^{2+}是激素的第二信使，参与一系列的生理反应。

（2）磷的生理功能

① 与钙一起构成骨盐。

② 组成血液缓冲体系，维持血液酸碱平衡。

③ 磷脂中含磷酸，是生物膜、神经鞘及脂蛋白的基本组分。

④ 是DNA、RNA的基本成分之一，在生物遗传、基因表达等方面发挥着重要作用。

⑤ 在物质代谢及调节中的重要作用：在糖类、脂类、蛋白质等物质代谢中必须有磷酸基参与；磷酸基是许多辅酶，如NAD^+、$NADP^+$、FAD、TPP、CoA等以及CAMP、CGMP、IP3等第二信使组成成分；通过磷酸化和去磷酸化修饰调节酶的活性；参与能量的生成、储存及利用等。

3. 钙、磷的吸收与排泄

（1）钙的吸收与排泄

正常成人钙的需要量约0.5～1.0g/d，生长发育期儿童、妊娠和哺乳期妇女需要量增加。

钙主要在小肠中吸收，其中十二指肠和空肠吸收能力最强。影响钙吸收的因素如下。

① 维生素D3　它的活性形式是1,25-二羟维生素D_3［1,25-(OH)2D_3］，是影响钙吸收的主要因素，它可促进小肠对钙的吸收。

② 食物成分及肠道pH的影响　钙盐在酸性环境中容易溶解，故凡能使消化道pH降低的食物，如乳酸、某些氨基酸等均可促进钙的吸收；胃酸缺乏，钙的吸收率降低；食物中的草酸、植酸及磷酸等能与钙结合成难溶性的盐，而影响钙的吸收。

③ 年龄的影响　钙的吸收与年龄成反比，婴儿可吸收食物钙的50%以上，儿童为40%，成人为20%左右，40岁以后，钙的吸收率直线下降，平均每10年减少5%～10%。

正常成人摄入的钙80%由粪便排出，20%由肾排出。每日通过肾小球滤过的钙约10g，其中大约99%以上被肾小管重吸收，随尿排出的钙仅约1.5%（约150mg）。肾小管的重吸收受甲状旁腺激素的严格控制。

（2）磷的吸收与排泄

正常成人每日需磷量约1.0～1.5g，食物中普遍含磷，以无机磷酸盐和有机磷酸酯形式存在，主要以无机磷酸盐形式吸收。磷易于吸收，吸收率为70%，低磷时可达90%，因此，临床上缺磷极为罕见。磷吸收的主要部位是空肠，凡能影响钙吸收的因素也能影响磷的吸收。

磷的排泄途径也是经肠道和肾，但与钙相反，粪排磷占总排出量的20%～40%，而肾则占总排出量的60%～80%。

4. 血钙与血磷

（1）血钙

红细胞内钙含量甚微，绝大部分的钙存在于血浆中，故血钙通常指血浆钙。测定时一般用血清，正常成人血清钙的平均含量为2.45mmol/L。血钙约有50%以游离Ca^{2+}形式存在，45%与血浆蛋白（主要是白蛋白）结合，其余5%与柠檬酸、磷酸盐等阴离子结合。与蛋白质结合的钙不能自由通过毛细血管壁，称非扩散钙；Ca^{2+} 及阴离子结合的钙能通过毛细血管壁，称可扩散钙。血浆中只有 Ca^{2+} 直接起生理作用。Ca^{2+} 与结合钙之间处于动态平衡，并受血浆 pH 等多种因素的影响。

当血浆 pH 下降时，$[Ca^{2+}]$ 升高；反之，血浆 pH 升高时，$[Ca^{2+}]$ 降低。

(2) 血磷

血磷一般指血浆无机磷酸盐中的磷，正常成人为 1.2mmol/L 左右，婴幼儿较高，约为 1.3～2.3mmol/L。血磷主要以 HPO_4^{2-} 及 $H_2PO_4^-$ 形式存在。

(3) 血钙与血磷的关系

血浆中钙磷含量之间关系密切，二者浓度以 mmol/L 表示，其乘积相当恒定，即 $[Ca]\times[P]=2.5\sim3.5$。当乘积大于 3.5 时，促进钙磷在骨骼中沉积；当乘积小于 2.5 时，骨的钙化将发生障碍，甚至可促进骨骼中骨盐再溶解。

5. 成骨作用与溶骨作用

骨由骨细胞、骨盐和骨基质三部分组成。骨盐是骨中的无机盐，有两种形式，即无定形骨盐（磷酸氢钙）和羟磷灰石结晶。前者是骨盐沉积的初级形式，它进一步钙化、结晶即形成羟磷灰石；后者非常坚硬，从而使骨具坚硬性。骨基质中 95% 为胶原，其余为少量的蛋白多糖。胶原以胶原纤维形式存在，胶原纤维之间有无数间隙，骨盐就沉积在这些间隙中。骨基质使骨具有韧性。

骨的细胞有破骨细胞、成骨细胞和骨细胞。它们都起源于未分化的间充质细胞，间充质细胞转化为破骨细胞，后者再转化为成骨细胞。成骨细胞也可直接来自间充质细胞。成骨细胞逐渐从活跃状态变为静止状态，最后转变为骨细胞。

(1) 成骨作用

骨的生长、修复或重建过程称为成骨作用。在骨形成的开始阶段，成骨细胞合成分泌骨基质，构成骨盐沉积的骨架，成骨细胞被埋在骨基质内成为骨细胞。然后无定形盐如磷酸氢钙等沉积在胶原纤维表面，进而转变为羟磷灰石结晶，此即骨盐的沉积。最终形成坚硬的骨组织。

(2) 溶骨的作用

溶骨作用由破骨细胞活动引起，包括骨基质的水解及骨盐的溶解。骨盐的溶解又称脱钙。破骨细胞可释放溶酶体中的水解酶，使骨基质的胶原等分解；同时破骨细胞活动时产生一些有机酸（乳酸、柠檬酸等），使局部酸性增加，促进骨盐溶解。

成骨作用与溶骨作用是对立统一的，不断地交替进行，使骨组织更新。在生长发育期的小儿，成骨的作用大于溶骨作用；老年人则溶骨作用明显增强。

6. 钙、磷代谢的调节

体内调节钙磷代谢的激素主要有三种，即甲状旁腺素、降钙素和 1,25-二羟维生素 D_3。

(1) 甲状旁腺素（PTH）的作用

① 对骨的作用　PTH 一方面能促进间叶细胞转化为破骨细胞，加强破骨细胞的活动，使骨盐溶解；另一方面又能抑制破骨细胞向成骨细胞的转化，抑制成骨作用。

② 对肾的作用　PTH 可促进肾小管对钙的重吸收，抑制对磷的重吸收。

PTH 总的作用是使血钙升高、血磷降低。PTH 的分泌主要受血钙浓度的调节，当血钙浓度升高时，PTH 分泌减少，血钙浓度降低时，则 PTH 分泌增加。

(2) 降钙素的作用

① 对骨的作用　降钙素（calcitonin，CT）抑制间充质细胞转变为破骨细胞，抑制破骨细胞的活动，组织骨盐的溶解和骨基质的分解，同时促进破骨细胞转化为成骨细胞，并加强其活性，使钙磷在骨中沉积。

② 对肾的作用　CT 抑制肾小管对钙、磷的重吸收。

CT 总的作用使血钙、血磷浓度均降低。

(3) 1,25-二羟维生素 D_3[1,25-$(OH)_2D_3$] 的作用

① 对小肠的作用　1,25-$(OH)_2D_3$ 促进小肠对钙、磷的吸收。它能促进小肠上皮细胞内无活性的钙结合蛋白转变为有活性钙结合蛋白，同时加强细胞刷状缘上钙泵的活性，增强肠道钙的主动吸收。

② 对骨的作用　1,25-$(OH)_2D_3$ 一方面加速破骨细胞的形成，促进溶骨作用，使骨质中的钙和磷释放入血；另一方面由于小肠对钙磷的吸收增强，又促进成骨作用。整体而言，它促进了溶骨和成骨两个对立的过程，总的结果是促进骨的代谢，有利于骨骼的生长和钙化。

③ 对肾的作用　1,25-$(OH)_2D_3$ 促进肾小管对钙和磷的重吸收。

因此，1,25-$(OH)_2D_3$ 的作用是使血钙、血磷浓度均升高。

在正常人体内，PTH、CT、1,25-$(OH)_2D_3$ 三者相互联系、相互制约、相辅相成，共同维持血钙和血磷浓度的动态平衡，促进骨的代谢。

第四节　微量元素

微量元素是指含量占体重 0.01%以下的元素。从动物体内发现的微量元素有 50 多种，其中有些微量元素具有特殊生理功能，如铁、锌、铜、硒、碘、钴、钼、氟、钒、铬、镍、锶、硅等。微量元素在量上虽然微不足道，但却具有十分重要的生理功能和生化作用，越来越引起人们的重视。下面仅就其中的几种微量元素进行简介。

一、铁

1. 铁的代谢概况

正常成人含铁 3～5g，女性稍低。成年男性和绝经期妇女每日需要量约 1mg，青春期妇女每日约需要 2mg，妊娠妇女约为 2.5mg，儿童约需 1mg。

铁的吸收部位主要在十二指肠和空肠上段。只有溶解状态的铁才被吸收。胃酸可促进铁的吸收，血红素中的铁可直接被吸收，Fe^{2+} 比 Fe^{3+} 易于吸收，食物中的维生素 C、半胱氨酸等还原性成分有利于铁的吸收，食物中的植酸、鞣酸、草酸等妨碍铁的吸收。从小肠黏膜吸收入血的 Fe^{2+} 在铁氧化酶（又称铜蓝蛋白）的催化下氧化成 Fe^{3+} 后与转铁蛋白结合，大部分运至骨髓用于合成血红蛋白，小部分运至肝、脾等器官中储存。铁的主要储存形式是铁蛋白。铁大部分随粪便排出，小部分从尿中排出；皮肤出汗也可排出。

2. 铁的生理功能

铁是血红蛋白和肌红蛋白的组成成分，参与 O_2 和 CO_2 的运输，也是细胞色素体系、铁硫蛋白、过氧化物酶及过氧化氢酶的组成成分，在生物氧化和氧的代谢中起重要作用。

二、体内微量元素的代谢概况

1. 锌的代谢概况

成人体内锌的总量约 40mmol。锌广泛分布于所有组织，尤以视网膜、胰岛及前列腺等

组织含锌量最高。血浆锌浓度为 80～110μg/dL，头发锌含量为 125～250μg/dL，发锌可作为含锌总量是否正常的重要指标之一。正常成人需锌量为 10～15mg/dL，月经期妇女为 25mg/d，孕妇或哺乳期妇女为 30～10mg/d，儿童为 5～10mg/d。

锌主要在小肠吸收。从小肠吸收的锌进入血液后，与金属蛋白载体结合，将锌运至门静脉，再输送到全身各组织中利用。人体中的锌约 25％～30％储存在皮肤和骨骼内。

体内锌的作用如下。

① 锌参与酶的组成　锌的作用主要是通过含锌酶的功能来表达，目前已知的含锌酶达 200 多种，例如，碳酸酐酶、DNA 聚合酶、乳酸脱氢酶、谷氨酸脱氢酶等都含锌。补锌可加速学龄前儿童的生长发育，缺锌则发育停滞，智力下降。

② 锌对激素的作用　锌有加强胰岛素活性的作用。

③ 锌对大脑功能的影响　锌是脑组织中含量最多的微量元素。妊娠妇女缺锌会使后代的学习、记忆能力下降。

④ 锌与味觉、嗅觉有关。

2. 铜的代谢概况

正常成人总含铜约 2mmol，分布于各组织细胞中，其中肝、脑和心含量较多，成人血清铜含量约 0.02mmol/L。成人每日需要量约 1.5～2.0mg。铜主要在十二指肠吸收。

体内的铜 80％以上随胆汁排出，约 5％由肾排出，10％由肠道排出。胆道阻塞时，肾和肠排铜增多。

铜的生理功能有：①参与生物氧化和能量代谢。铜是细胞色素氧化酶的组成成分，起传递电子的作用；②形成血浆铜蓝蛋白，参与铁代谢；③参与胺氧化酶、维生素 C（抗坏血酸）氧化酶、超氧化物歧化酶等的组成；④参与毛发和皮肤的色素代谢。

3. 碘的代谢概况

正常人体内总含碘量为 25～40mg，约有 15mg 集中在甲状腺内，其余分布在其他组织中。按国际上的推荐，人体每日需碘量为：成人 100～300μg，儿童 50～75μg，在地方性甲状腺肿流行地区，应额外补充碘。

小肠是碘吸收的主要部位，吸收后的碘，在血浆内与蛋白质结合，有 70％～80％被甲状腺滤泡上皮细胞摄取和浓聚。在甲状腺细胞内，I-被过氧化物酶催化转变为 I_2（活性碘）。I_2 随后参加甲状腺激素的合成。

碘的主要生理功能是参与合成甲状腺激素，即甲状腺素和三碘甲腺原氨酸，以调节物质代谢，并促进儿童生长发育。

人体中度缺碘会引起地方性甲状腺肿；严重缺碘会导致发育停滞，智力低下，生殖力丧失，甚至痴呆、聋哑，形成克汀病（或称呆小症）。防治的有效措施是供应碘化食盐或海产食品。

4. 硒的代谢概况

成人体内硒含量约 4～10mg，广泛分布于除脂肪组织以外的所有组织。人体每日硒的需要量为 50～200μg。食物硒主要在肠道吸收，维生素 E 可促成硒的吸收。体内硒主要经肠道排泄，小部分由肾、肺及汗排出。

硒主要作为谷胱甘肽过氧化酶的组成部分。硒还可加强维生素 E 的抗氧化作用，参与辅酶 Q 和辅酶 A 的组成；参与眼的感光过程；硒拮抗和降低许多重金属的毒性作用。

已发现硒缺乏与多种疾病有关，如克山病、心肌炎、大骨节病等。硒已被认为具有抗癌作用。硒能抑制淋巴肉瘤的生长，使肿瘤缩小；硒胱氨酸对人的急性与慢性白血病有治疗作用。低硒地区及血硒低的人群中癌的发病率高，尤以消化道癌和乳腺癌为甚。硒过多也会引起中毒症状。

5. 锰的代谢概况

成人体内含锰量约 10～20mg，广泛分布于各组织。正常成人每日锰需要量为 2.5～7.0mg。食物中的锰主要在小肠吸收，体内锰由胆汁和尿排泄。

体内锰主要为多种酶的组成成分或某些酶的激活剂。如 RNA 聚合酶、超氧化物歧化酶等。锰还参与骨骼的生长发育和造血过程，维持正常的生殖功能。缺锰时生长发育会受到影响，但摄入过多，可产生中毒。

6. 氟的代谢概况

成人体内含氟约 2.6g，分布于骨、牙、指甲、毛发及神经肌肉中。氟的生理需要量为每日 0.5～1.0mg。氟主要经胃肠道和呼吸道吸收，从尿中排泄。

氟与骨、牙的形成与钙磷代谢密切相关。缺氟可致骨质疏松，易发生骨折。氟过多也可引起中毒。适量的氟能被牙釉质中的羟磷灰石吸附，形成坚硬质密的氟磷灰石表面保护层，它能抵抗酸性副食，抑制嗜酸细菌的活性，拮抗某些低氟酶对牙齿的不利影响，发挥防龋作用。因此，氟缺乏时较易发生龋齿。氟中毒也出现牙齿损害，表现为斑釉齿。

本章小结

体液分为细胞内液与细胞外液。细胞内液占体重的 40%，细胞外液占 20%，后者又包括血浆（占体重的 5%）和组织间液（占体重的 15%）。体液中的电解质分布不均匀，细胞外液 Na^+ 多，K^+ 少；细胞内液 K^+ 多，Na^+ 少，两者渗透压相等。体液间不断地进行交换，血浆与组织液间通过毛细血管壁进行，组织间液与细胞内液间通过细胞膜进行。

水是体内含量最多的物质，具有促进物质代谢、调节体温、润滑及维持组织形态和功能等生理作用。水的来源和去路保持动态平衡。水的来源有饮水、食物、代谢水；去路有肾、粪便的排出及皮肤、肺的蒸发。肾是排水的主要器官，每日尿量不少于 500mL。抗利尿激素是调节水平衡的重要因素，它的作用是促进肾小管对水的重吸收。

无机盐的主要功能是维持体液的容量、渗透压及酸碱平衡，维持神经肌肉的应激性，维持细胞的正常代谢。钠和氯主要分布于细胞外液，来源于食盐，吸收完全，主要由肾排出。肾对钠的排泄具有高效控制能力，“多进多排、少进少排、不进不排”。钾主要分布于细胞内，肾对钾的排泄特点是“多进多排、少进少排、不进也排”，醛固酮具有保钠排钾的作用。

钙磷主要分布于骨骼中。钙磷的主要生理功能有构成骨盐，参与体内的多种物质代谢。钙磷的吸收与食物中钙的解离状态及活性维生素 D 有关，钙主要由粪便排出，磷主要随尿排出。正常人血钙含量为 2.45mmol/L。只有离子钙才直接发挥作用。三大激素通过骨骼、肾、小肠而发挥其调节作用，PTH 使血钙升高，血磷降低；CT 使血钙、血磷均降低；1,25-二羟维生素 D_3 使血钙、血磷浓度均升高。

微量元素是指含量占体重 0.01%以下的元素，种类多，具有重要的正理功能。铁是构成血红蛋白 Hb 的成分，参与氧和二氧化碳的运输；锌是多种酶的组成成分；铜构成铜蓝蛋白参与铁代谢；碘在体内合成甲状腺激素以调节基础代谢，并促进儿童正常生长发育；硒、锰参与某些酶的组成；钴构成维生素 B_{12}；氟参与骨骼和牙齿的形成。

知识链接

水 肿

组织间隙或体腔内过量的体液潴留称为水肿，然而通常所说的水肿指组织间隙内的体液增多，体腔内体液增多则称积水。

水肿分类：局部性、全身性；肾性、心性、肝性、营养不良性、过敏性；皮下水肿、肺水肿、脑水肿；显性水肿、隐性水肿。

一、水肿发生的机制

1. 血管内外液体交换失衡——组织液的生成大于回流

（1）影响因素

① 平均有效流体静压＝毛细血管平均血压－组织间液的流体静压，促使毛细血管内的液体向组织间滤出。

② 有效胶体渗透压＝血浆胶体渗透压－组织间液的胶体渗透压，促使组织间液向毛细血管回流。

③ 平均实际滤过压＝有效流体静压－有效胶体渗透压，生理情况下，此值约为 20mmHg，但不引起水肿，因为淋巴回流起着非常重要的作用。

（2）原因

① 毛细血管内流体静力压升高：右心衰的全身性水肿、左心衰的肺水肿、静脉血栓的局部水肿等。

② 血浆胶体渗透压降低：血浆胶体渗透压主要取决于血浆白蛋白，低蛋白血症，如肝硬化、恶性肿瘤等。

③ 微血管壁通透性增高：感染、烧伤、冻伤、变态反应等，血管内蛋白滤出，有效胶体渗透压下降。

④ 淋巴液回流受阻：如丝虫病引起的下肢和阴囊的慢性水肿，称为象皮肿。

2. 机体内外液体交换失衡——钠水潴留

正常人体水和钠的摄入与排出的动态平衡主要是在神经-体液的调节下通过肾的滤过和重吸收功能来调节的。当肾功能紊乱时，水钠在体内潴留，造成细胞外液总量增多。过多的组织间液不能清除而积聚到一定程度时，就出现水肿。

（1）肾小球滤过率下降

① 广泛肾小球病变　如急性和慢性肾小球肾炎，有效滤过面积减少，滤过率下降。

② 肾血流量减少　如充血性心力衰竭、肝硬变腹水形成和肾病综合征等，由于有效循环血量减少，肾血流量亦随之减少，使肾小球滤过率降低。

（2）肾小管重吸收增强

① 醛固酮增多　醛固酮能促进肾远曲小管对钠的重吸收。当有效循环血量减少时，常引起醛固酮增多，同时激活了肾素-血管紧张素系统，使血管紧张素Ⅰ和血管紧张素Ⅱ增多，后两者刺激肾上腺皮质球状带，使之分泌醛固酮增多。

② 抗利尿激素增多　抗利尿激素（ADH）有促进远曲小管和集合管重吸收水的作用。当有效循环血量或心排血量下降时，加上激活了肾素-血管紧张素系统，均可导致下丘脑-神经垂体分泌和释放 ADH 增多。

③ 利钠激素（心房肽）分泌减少　当血容量或有效循环血量下降时，可引起利钠激素减少。此激素有抑制近曲小管重吸收钠的作用，故当利钠激素分泌减少时就有利于醛固酮发挥潴钠作用，而致水肿发生。

④ 肾内血流重新分布　如心力衰竭时有效循环血量下降，则皮质肾单位的血管收缩，较大量的血液流向重吸收钠水较强的髓旁肾单位。当出现这种肾血流重新分布时，就可能有较多的钠水被重吸收，造成水钠潴留。

⑤ 滤过分数增高　肾小球滤过率与肾血浆流量比值的百分数称为滤过分数。当有效循环血量减少时

（如充血性心力衰竭、肾病综合征等），可反射性地引起肾血管收缩，而出球小动脉收缩更明显，使肾小球滤过压增高，滤过率相对增加，则滤过分数增高，使无蛋白滤液由肾小球滤出相对增多。因此，近曲小管周围毛细血管内血液中的血浆蛋白浓度相对增高，而管周毛细血管内因血流量减少而使流体静压下降，从而促进了近曲小管重吸收钠水增多而致水钠潴留。

二、水肿的病变特点及对机体的影响

1. 水肿的病变特点

脏器体积增大，重量增加，肿胀发亮，颜色苍白，弹性下降。

① 凹陷性水肿　皮下水肿时，用手指按压后凹陷不能立即恢复。

② 隐性水肿　发生在凹陷性水肿之前，水肿液与胶体网状物呈凝胶态结合，指压呈非凹陷性水肿。

2. 水肿对机体的影响

① 有利　防御意义（稀释毒素等）；安全阀。

② 不利　影响组织细胞代谢，引起重要器官功能障碍（急性喉头水肿、脑水肿）。

三、常见水肿及发生机制

1. 心性水肿

左心衰竭主要引起肺水肿，右心衰竭则引起全身水肿，习惯上又称心性水肿。心性水肿最早出现在身体的下垂部位。

心性水肿发生的机制如下。

（1）心输出量减少

① 肾血流量减少，肾小球滤过率下降使原尿生成减少。

② 肾血流减少通过肾素-血管紧张素系统作用使醛固酮分泌增多，肾远曲小管对钠的重吸收加强。

③ 通过血容量感受器反射性地引起抗利尿激素分泌增多。

④ 利钠激素和心房肽分泌减少。

⑤ 肾血流重新分布和滤过分数增加，使肾小管对钠水重吸收增加。上述原因均引起水钠潴留。

（2）静脉回流障碍

心力衰竭时，心收缩力减弱致排血量减少，静脉回流受阻，再加之钠水潴留使血容量增多等作用，均使静脉压升高，后者又引起毛细血管流体静压升高和淋巴回流受阻，引起组织水肿。心力衰竭患者由于胃肠道淤血和肝淤血，使蛋白质摄入减少、消化吸收障碍和血浆白蛋白合成减少，引起血浆胶体渗透压降低，进一步加重水肿。

2. 肾性水肿

最早出现在组织疏松的部位。

① 肾炎性水肿　主要为血浆蛋白丢失和钠水潴留。

② 肾病性水肿　肾小球滤过率降低。

3. 肺水肿

肺间质有过量液体积聚和（或）溢入肺泡腔内，称为肺水肿。

① 肺毛细血管流体静压增高；

② 肺泡壁毛细血管通透性增高；

③ 血浆胶体渗透压降低。

4. 肝性水肿

肝性水肿表现为腹水。

肝静脉回流受阻使肝淋巴液生成增多。

门静脉高压使肠淋巴液生成增多。

肝硬化：合成白蛋白减少；肝灭活 ALD、ADH 降低。

5. 脑水肿

脑组织含水量过多引起脑体积增大、重量增加，称为脑水肿。脑水肿可分为三类。

(1) 血管源性脑水肿

见于脑外伤、肿瘤、出血、梗死、化脓性脑膜炎及铅中毒性脑病等。发病机制是脑毛细血管通透性增高，含蛋白的液体进入脑组织间隙所致。特点是脑白质的细胞间隙有大量液体积聚，灰质无此变化，主要出现血管和神经元周围胶质成分的肿胀。

(2) 细胞中毒性脑水肿

主要原因有脑严重缺氧、中毒、感染、急性低钠血症（水中毒）等。其发病机制是由于上述原因使ATP生成减少，使细胞膜钠泵功能障碍，细胞内钠离子增多，水分进入细胞，造成过量钠水在脑细胞内积聚。这类脑水肿特点是脑神经细胞、神经胶质细胞、毛细血管内皮细胞的细胞内液含量增多。

脑水肿时，脑体积和重量增大，脑回宽而扁平，脑沟变窄。由于脑体积增大，而颅腔又不能扩张，因此临床上常有颅内压增高综合征出现，如剧烈头痛、呕吐、血压升高、视神经乳头水肿、意识障碍等，严重时可出现脑疝。

(3) 脑积水

脑脊液循环障碍可引起脑室积水。当肿瘤、炎症或胶质细胞增生堵塞了导水管或脑室孔道时，脑脊液在脑室内积聚，可引起脑室扩张和相应脑室周围白质的间质性水肿，脑组织可受压而萎缩变薄。

习　　题

一、名词解释

体液　水肿　微量元素

二、填空题

1. 正常成人体液总量约占体重的____________。
2. 细胞外液的主要阳离子是____________。
3. 人体内每天由代谢产生的水量为____________。
4. 肾脏要排出体内代谢废物，尿量至少要____________。
5. 正常成人每天最低需水量为____________。
6. 肾脏排钾的特点是____。
7. 体内水的存在形式有____________、____________。
8. 当给病人注射胰岛素和葡萄糖后，体内钾将会从细胞____________，使血钾____________。

三、选择题

1. 有关体液的正确描述为________。

A. 电解质在细胞内、外的分布不均匀　B. 电解质在组织间液与血浆的分布不均匀

C. 血浆比细胞内的蛋白质浓度高　D. 钠是细胞内液中含量最多的离子

2. 血浆约占体重的________。

A. 1%　B. 5%　C. 10%　D. 15%

3. 成人体内含水量60%，新生儿、婴儿含水量约为________。

A. 60%　B. 65%　C. 70%　D. 75%

4. 人体含水量随年龄的增加而逐渐减少，到成年趋于恒定按体重计，随年龄改变最大的是________。

A. 血浆　B. 组织间液　C. 细胞内液　D. 组织间液及细胞外液

5. 下列________不能自由进行细胞外液和细胞内液间的交换。

A. 尿素、尿酸　B. Cl^-、HCO_3^-　C. K^+、Na^+　D. 水

6. 细胞内液的主要阳离子是________。

A. K^+　B. Na^+　C. Mg^{2+}　D. Ca^{2+}

7. 血浆中含量最多的阳离子、阴离子是________。

A. K^+、Cl^-　B. Na^+、Cl^-　C. Na^+、HCO_3^-　D. K^+、HCO_3^-

8. 组织间液和血浆所含的溶质含量的主要区别是________。

A. Na^+　B. K^+　C. 尿素　D. 蛋白质

9. 下列________是维持细胞外液容量及渗透压的最主要的离子。

A. Na^+、HPO_4^{2-}　B. K^+、HPO_4^{2-}　C. K^+、Cl^-　D. Na^+、Cl^-

10. 成人每天最低需水量为________。

A. 2500mL　B. 500mL　C. 1500mL　D. 2000mL

I1. 给病人输葡萄糖后，会出现________。

A. 尿 K^+ 排泄增加　B. 肠吸收 K^+ 障碍　C. 细胞内 K^+ 逸出细胞外　D. 细胞外 K^+ 进入细胞内

12. 不同类型脱水的分型依据是________。

A. 体液丢失的总量　B. 电解质丢失的总量　C. 细胞外液的总量　D. 细胞外液的渗透压

I3. 体内体液中各部分间渗透压关系是________。

A. 细胞内低于细胞外　B. 细胞内高于细胞外　C. 细胞内外基本相等　D. 血浆低于组织间液

14. 正常机体内水、电解质的动态平衡主要通过________来调节。

A. 神经系统　B. 内分泌系统　C. 肾及肺　D. 神经-内分泌系统

15. Na^+ 和 K^+ 在细胞内外分布的显著差异，是因为细胞膜上有________。

A. 碱性磷酸酶　B. 酸性磷酸酶　C. 碳酸酐酶　D. K^+-Na^+-ATP 酶

16. 影响 ADH 分泌的因素中，________是错误的。

A. 体液渗透压下降，ADH 分泌增多　B. 体液渗透压上升，ADH 分泌增多

C. 动脉血压上升，ADH 分泌减少　D. 血容量增加，ADH 分泌减少

17. 下列关于肾脏排钾的叙述，________是错误的。

A. 少吃少排　B. 不吃不排　C. 多吃多排　D. 不吃也排

18. 下列________情况下血浆钾离子浓度会降低。

A. 创伤　B. 烫伤　C. 饱食后　D. 缺氧

19. 体液最多分布在________。

A. 血液　B. 淋巴液　C. 细胞内　D. 组织间液

20. 病人出现高血钾时应当________。

A. 输入 NaCl　B. 输入 $NaHCO_3$

C. 输入葡萄糖中加适量胰岛素　D. 输入 NaCl 葡萄糖

21. 钾、钠、氯的主要排泄途径是________。

A. 经肾排出　B. 经肠道排出　C. 由胆道排出　D. 随汗液排出

22. 钙、磷的主要排泄途径________。

A. 肠道、肠道　B. 肠道、肾脏　C. 肾脏、肾脏　D. 肠道、胆道

23. 血钙中直接发挥生理作用的物质为________。

A. 羟磷灰石　B. 氢氧化钙　C. 钙离子　D. 磷酸氢钙

24. 正常成人血浆中［Ca］×［P］乘积为________。

A. 5～10　B. 15～20　C. 25～30　D. 35～40

25. 骨盐的最主要成分是________。

A. 碳酸钙　B. 蛋白质结合钙　C. 有机钙　D. 羟磷灰石

26. 维生素 D 的 1 位和 25 位羟化主要在________中进行。

A. 肝 肾　B. 肝 肝　C. 肾 肝　D. 皮肤 肝

27. 下列对 Ca^{2+} 的生理功能的叙述，________是正确的。

A. 主要维持细胞内晶体渗透压　B. 增加神经肌肉的兴奋性，增加心肌兴奋性

C. 增加神经肌肉的兴奋性，降低心肌兴奋性　D. 降低神经肌肉的兴奋性，增加心肌兴奋性

28. 引起手足抽搐的原因是血浆中________。

A. 离子钙浓度升高　B. 离子钙浓度降低　C. 结合钙浓度降低　D. 结合钙浓度升高

29. 甲状旁腺素对钙、磷代谢的影响力________。

A. 使血钙↑，血磷↑　B. 使血钙↑，血磷↓　C. 使尿钙↑，尿磷↓　D. 使血钙↑，血磷↓

30. 可使血钙降低，血磷降低的激素是________。

A. 醛固酮　B. 甲状旁腺素　C. 1,25-$(OH)_2$-D_3　D. 降钙素

31. 1,25-$(OH)_2$-D_3 的生理作用是________。

A. 使血钙降低，血磷升高　B. 使血钙、血磷均升高

C. 使血钙、血磷均降低　D. 使血钙升高，血磷降低

四、简答题

1. 水的生理功能有哪些？有哪些来源和去路？
2. 简述人体内体液分布情况。
3. 无机盐的生理功能有哪些？
4. 影响钙吸收的因素有哪些？
5. 钙磷浓度乘积有什么生理意义？

第十二章　临床生物化学检验基础

【主要学习目标】

了解血液、尿液标本的采集和处理方法；掌握血清酶、肝功能及肾功能生化检验常用项目及临床意义。

第一节　标本的采集

生化检验常用的标本有血液、尿液、脑脊液、胸水和腹水等，其中以血液标本最为常用。

一、血液标本的采集

生化检验用的血液标本可来自于静脉、动脉或毛细血管。静脉血是最常用的标本，静脉穿刺是最常用的采血方法。毛细血管主要用于儿童，血气分析多使用动脉血。

静脉采血时，病人应取坐位或卧位，采血部位通常是前臂肘窝的正中静脉，肘部静脉不明显时可用手背静脉或内踝静脉，幼儿可用颈外静脉采血。采血时应保持采血用具的清洁和干燥，避免溶血。注射器内管只能向外抽，决不能向静脉内推，以免注入空气形成气栓。

动脉采血常用于血气分析，采血部位多选择肱动脉和桡动脉。在摸到明显搏动处，按常规消毒，左手固定搏动处，右手持注射器，针头成60°角刺入，血液将自动进入注射器内。

真空采血采用双向针，双向针的一端插入真空试管内，另一端在持针器的帮助下刺入静脉，血液在负压作用下自动流入试管内。由于在完全封闭状态下采血，避免了血液外溢引起的污染，并有利于标本的转运和保存。标准真空采血管采用国际通用的头盖和标签颜色显示采血管内添加剂种类和试验用途。可根据需要选择相应的盛血试管。

二、尿液标本的采集

尿液标本有随机新鲜尿、晨尿、餐后尿、定时尿及24h尿等，根据检查项目选择标本的采集类型。随机新鲜尿适用于门诊和急诊患者；晨尿适用于泌尿系统疾病的动态观察；定量生化分析，多收集24h尿液。

收集尿液标本的容器必须清洁干燥，最好使用一次性容器。尿液标本收集后应12h内送检，以免细菌作用和化学成分分解。若不能及时检验，应将标本置冰箱保存，若加入防腐剂，保存效果更佳。

三、特殊标本的采集

1. 脑脊液的采集

正常脑脊液为无色、清亮水样液体，当脑组织和脑膜有病变，如感染、外伤或肿瘤时，可使脑脊液发生变化，主要反映在颜色、透明度、细胞及各种化学成分的改变。

脑脊液标本的采集由临床医生进行。脑脊液的穿刺部位较多，有腰椎穿刺、小脑延髓池穿刺，婴儿时期的前囟门作侧脑室穿刺等。因腰椎穿刺简单易行且危险性小，最为常用。

将脑脊液标本收集于三支无菌试管中，第1管作细菌检查，第2管作生化检查，第3管作细胞计数。脑脊液标本应尽量避免凝固和混入血液，标本采集后要立即送检，以免因标本放置时间过长使其成分变化，如葡萄糖分解，葡萄糖含量降低；细胞发生破坏、变性而导致细胞数下降。

2. 浆膜腔积液的采集

正常情况下，人体胸腔、腹腔、心包膜等有少量液体，它们主要起着润滑浆膜的作用，一般不易采集到。当浆膜发生病变时，如炎症、循环障碍、恶性肿瘤浸润等，浆膜腔液产生增多并积聚在浆膜腔内，称为浆膜腔积液。检测浆膜腔积液的某些化学成分，如蛋白质、葡萄糖、酶及肿瘤标志物等，有助于了解浆膜积液的性质和病因。一般由临床医生用浆膜腔穿刺术获得标本。病人取坐位（胸水）或卧位（腹水）消毒后进针采集。采集时要防止混入血液，最好采集中段液体。标本加塞后要及时送检。

3. 羊水的采集

羊水是产前诊断的良好材料，从羊水成分的变化可了解胎儿的成熟度，有否先天性缺陷及宫内感染。羊水标本通常由临床医生经腹壁行羊膜穿刺取得。羊水膜穿刺有可能损伤胎儿及母体，应掌握好羊水分析的指征及穿刺技术，在妊娠 16 周羊水达到 200mL 以后才能进行。要注意无菌操作，取羊水速度不宜太快，标本量一般为 10～15mL。

第二节　标本的处理

标本处理不当将可能引起比分析更大的误差。因此，应根据分析目的选择合适的抗凝剂、防腐剂和处理分析。

一、抗凝剂

应用物理或化学方法或抑制血液中的某些凝血因子，阻止血液凝固，称为抗凝。阻止血液凝固的化学试剂称为抗凝剂。对抗凝剂的一般要求是用量少、溶解度大、不影响测定。生化检验常用的抗凝剂有以下几种。

1. 肝素

肝素是一种含有硫酸基团的黏多糖，其抗凝机理主要是对抗凝血活酶和凝血酶的形成和活性，阻止血小板聚集。肝素抗凝血常用于血气分析和部分生化项目的测定，使用 1.0g/L 的肝素溶液 0.5mL 可抗凝 5mL 血液。

2. 草酸钾-氟化钠

草酸钾可与血中钙离子生成草酸钙沉淀，从而阻止血液凝固。加入氟化钠，血糖浓度在 25℃可稳定 24h，4℃可稳定 48h。因此，草酸钾-氟化钠是血糖测定标本常使用的抗凝剂。

二、防腐剂

尿液检验最好留取新鲜标本及时检查，否则尿液生长细菌，使尿液中的化学成分发生变化。在留取 24h 或 12h 尿液时，尿液标本应置冰箱保存或加入防腐剂，常用的防腐剂如下。

1. 甲苯

甲苯可在尿液表面形成薄膜，防止细菌繁殖，适用于尿肌酐、尿糖、蛋白质、丙酮等生化项目的测定。

2. 麝香草酚

麝香草酚可抑制细菌生长，适用于尿钾、钠、钙、氨基酸、糖、尿胆原、胆红素等测定。

三、标本的分离储存和转运

血液标本采集后应及时分离血清和血浆，否则可发生红细胞与血清之间成分的相互转移，或细胞中的某些酶分解待测物等，而影响检验结果。血清钠、钾、钙测定时，需注意及时分离标本，若不能立刻分离血清或血浆，应将标本放置于室温或 37℃水浴箱内，不能交血液标本直接放入 4℃冰箱，以免发生溶血。

分离后的标本若不能及时检测或保留以备复查，一般应放于 4℃冰箱，某些检测项目的标本存放于－20℃冰箱更稳定。标本存放时需加塞，以免水分挥发而使标本浓缩。

标本采集后应尽快送实验室分析。若标本不能及时转运到实验室或标本送到上级部门或检测中心进行分析时，应将标本装入试管密封，再装入乙烯塑料袋，置冰瓶或冷藏箱内运输，运送过程中应避免剧烈振荡。

第三节　血液生化检验常用项目及意义

血液通过循环系统与全身各个组织器官密切联系，参与机体呼吸、运输、防御、调节体液渗透压和酸碱平衡等多种生理活动，维持机体正常新陈代谢和内外环境的平衡。它是连接机体外环境和内环境的重要通道。当组织细胞代谢异常时，可引起血液发生相应的变化。因此，对血液化学成分的检验，将有助于临床多种疾病的诊断和治疗。

一、常用的血清酶学检验

血清酶学的检验在临床疾病的诊断上一直占有重要地位，有极其广泛的应用，对临床上许多相应疾病的诊断具有重要的参考意义。

1. 乳酸脱氢酶及其同工酶

乳酸脱氢酶（LDH）在正常人体组织中有五种同工酶，该酶是临床检验的常用酶之一，急性心肌梗死、心肌炎、病毒性肝炎、肝硬化及某些恶性肿瘤，血清 LD 可升高，故在临床上可通过检验 LD 及其同工酶帮助上述疾病的诊断及鉴别诊断。

2. 肌酸激酶及其同工酶

肌酸激酶（CK）在正常人体组织中有四种同工酶，该酶主要分布于骨骼肌、心肌、组织中，此外还存在于子宫、肠道平滑肌中。骨骼肌、心肌和脑疾患时，CK 常明显升高，而长期卧床患者、甲状腺功能亢进者，CK 出现不同程度的下降。

CK 检验主要用于急性心肌梗死早期诊断和判断溶栓治疗的疗效以及判断疾病预后。在心肌损害后 3～8h 就开始升高，16～24h 达到高峰，最高可达正常上限的 10～12 倍，此酶在诊断心肌梗死方面特异性强，是急性心肌梗死早期诊断的良好指标。

3. 碱性磷酸酶

碱性磷酸酶（ALP）广泛存在于机体各种组织中，尤以肝、肾、骨组织含量较多。ALP 主要由成骨细胞合成，任何引起成骨细胞增生或活跃的疾病都可以使 ALP 活性增高。ALP 升高见于许多骨组织疾病，如佝偻病、软骨病、骨肿瘤、骨折、肢端肥大症等，特别是佝偻病和软骨病在发病的早期，即出现 ALP 升高，因此，测定 ALP 对早期诊断这两种疾病具有重要参考价值。骨软化症、畸形性骨炎、甲状腺功能亢进、成骨肉瘤等骨骼疾病时，血清 ALP 活性均增高。

测定 ALP 也可用于对黄疸的鉴别诊断。阻塞性黄疸时，血清 ALP 早期明显升高，可达正常上限的 10～15 倍。肝细胞性黄疸时 ALP 仅轻度增加，一般不超过正常上限的 2～3 倍。

约有半数原发性肝癌患者血中 ALP 明显升高，如发现无黄疸型肝病人血清 ALP 升高，就警惕肝癌发生的可能性。

4. 酸性磷酸酶

酸性磷酸酶（ACP）是一组作用类似于碱性磷酸酶的酶，不同点是最适 pH 偏酸。ACP 存在于体内所有细胞中。临床测定血清 ACP 主要用作前列腺癌的辅助诊断及疗效观察指标。前列腺癌特别是有转移时，血清 ACP 可明显升高，溶血性疾病、变形性骨炎及急性尿滞留等血清 ACP 也可轻度升高。

5. 淀粉酶

淀粉酶（AMY）主要由胰腺和唾液腺分泌，具有消化多糖化合物的功能。它主要分布于肠道内，少部分存在于卵巢、肺、睾丸、横纹肌和脂肪组织中。

临床上测定 AMY 主要用于诊断急性胰腺炎。急性胰腺炎发病后 8～12h 血清 AMY 开始升高，20～30h 达高峰，一般可达到上限值的 4～6 倍，最高可达 40 倍。

二、肝功能检验

肝脏是一个重要的组织器官，参与多种生物化学反应，其功能异常将直接影响物质代谢的速率及化学成分的含量。肝的生化检验是临床上重要的常规检验项目。

1. 清蛋白/球蛋白

正常情况下，清蛋白和部分球蛋白在肝合成，两者的比值为（1.5～2.5）∶1。当肝病变时，肝合成蛋白质的能力下降，血浆蛋白质减少。其中，尤以清蛋白下降明显，而球蛋白下降不明显，两者的比值明显降低。当两者的比值小于 1 时，称为“A/G 倒置”。A/G 倒置是肝重度病变的表现之一，因此，测定 A/G 比值对于判断肝病变的严重程度具有重要意义。

2. 血氨

正常人体内血氨的产生和清除保持动态平衡。当肝功能障碍时，清除氨的能力下降或因侧支循环，氨直接进入体循环，导致血氨增高，因此，血氨升高可作为判断肝性脑病的生化指标。

3. 丙氨酸氨基转移酶（ALT）

ALT 存在于细胞内的胞质中，以肝细胞内含量最多，在血清中含量较少。当肝细胞损伤时，细胞内酶可释放到血浆，使血浆 ALT 增加。

ALT 是急性黄疸性肝炎最早出现的异常指标，也是检验肝细胞损伤最敏感和判断预后的重要指标。在黄疸性肝炎时，ALT 增高可达 80%～100%，肝炎恢复期转入正常。如在 100IU 左右波动时再度上升，为慢性活动性肝炎。当重症肝炎或亚急性重症肝炎时，再度上升的 ALT 在病情恶化进其活性反而下降，表明肝细胞坏死后增生不良，预后不佳。

肝硬化、肝癌出现 ALT 轻度或中度增高时，提示可能并发肝细胞坏死，预后很差。

4. 血清总胆红素及结合胆红素

测定血清总胆红素可了解体内有无黄疸、黄疸的程度。同时测定血清结合胆红素，分析结合胆红素与未结合胆红素含量的变化，有利于鉴别黄疸的类型。在溶血性黄疸，总胆红素轻度增高，一般小于 85.5μmol/L，以非结合胆红素增高为主，结合胆红素不到总胆红素的 20%。肝细胞性及阻塞性黄疸，结合胆红素均明显升高，结合胆红素占总胆红素的 35%以上，特别是阻塞性黄疸时结合胆红素增高更明显。

5. 肝功能检验选择原则

肝功能检查项目多种多样，而某一项肝功能试验只能反映某一种肝功能或肝病改变的某一侧面，不能解释肝脏的全部功能或肝脏疾病的全貌，所以肝功能试验需要检测多项指标。

肝功能试验选择原则是根据患者的临床症状，结合肝功能试验类型来选择。

（1）反映肝细胞实质病变的检查项目

总胆红素、直接胆红素；丙氨酸氨基转移酶、醛缩酶、柠檬酸脱氢酶等肝细胞内酶；腺苷酸环化酶、钾钠ATP酶是维持肝细胞膜功能的酶。

（2）反映肝细胞合成功能的试验

白蛋白、胆碱酯酶、凝血酶原、纤维蛋白原、A/G比值等项目。肝功能异常时，血清中上述指标下降，提示肝功能有较严重的损伤。

（3）反映肝内外胆道阻塞病变检查项目

ALP、GGT、胆汁酸、总胆红素、直接胆红素等在肝内外胆道阻塞病变时，血中含量升高。

（4）反映肝纤维化病变检查项目

MAO、Ⅲ型前胶原肽、β-脯氨酸羟化酶等在血清中水平升高。

（5）其他

血氨试验反映肝性脑病；尿三胆、吲哚氰绿排泄试验反映肝细胞复合功能检查；AFP、GGT、ALP、血清铜与铁测定对原发性肝癌有辅助诊断价值。

三、肾功能检验

1. 肾脏功能试验的选择原则

肾脏具有强大的储备能力。在肾脏疾病早期或切除一侧肾脏后，剩余的正常部分可代偿性增生，仍能维持机体的正常功能，极少有症状和体征出现。因此，肾脏疾病的早期诊断很大程度上需要实验室检查作为依据。

选择肾功能实验的原则是：①根据临床需要选择必需的项目或项目组合，作为临床诊断、病情监测及疗效观察的依据；②结合临床症状、体征以及其他检查项目作综合分析，得出客观结论。由于多数肾功能指标受肾外因素的影响较大，因此，在分析这些指标的结果时，应首先排除肾外因素的干扰。

2. 肾脏功能试验

血尿素、血肌酐及血尿酸测定是临床了解肾小球功能的常用指标，联合测定血β_2-MG、尿α_1-MG及白蛋白含量，可提高肾小球功能检测的灵敏度。肾小球滤过功能一般以Ccr作为判断指标。肾清除试验的原理可了解肾小管重吸收功能，近端小管重吸收功能一般则以尿液小分子蛋白质水平作为评价指标。目前认为自由水清除率能较精确地反映远端小管的浓缩稀释功能。远端小管的分泌功能可用肾清除的原理来检查。

本章小结

临床生化检验常用的标本有血液、尿液、脑脊液、胸水和腹水等。静脉穿刺是采集血液标本常用的方法，肘正中静脉是血液标本采集的常用部位。尿液标本有随机新鲜尿、晨尿、餐后尿、3h尿、12h尿和24h尿等，根据检测的不同要求采集不同的尿标本。脑脊液的检测常用于中枢神经系统疾病的诊断，而胸、腹水的检测则有助于了解胸、腹水的性质和良恶性病变的区分。

血清酶的检验是生化检验的一项重要内容，较常检测的血清酶有肌酸激酶、乳酸脱氢酶、碱性磷酸酶、酸性磷酸酶及淀粉酶等，这些酶的检测可用于相应疾病的诊断。如检测肌酸激酶和乳酸脱氢酶可帮助诊断急性心肌梗死，检测碱性磷酸酶有助于佝偻病、软骨病及肝胆疾病的诊断，检测酸性磷酸酶有助于前列腺癌的诊断，检测淀粉酶则对急性胰腺炎诊断有重要意义。

血清总蛋白及清蛋白的测定是生化检验常用项目之一，肝肾疾病时常影响其含量。血浆中甲胎蛋白测定是诊断原发性肝癌的重要指标，胎儿甲胎蛋白的测定有助于了解胎儿有无畸形。血清尿素氮升高是肾功能衰竭的重要表现之一，各种疾病所致肾衰，血清尿素氮均增加。内生肌酐清除率的测定有助于判断肾小球滤过功能，可根据其降低的程度推测肾小球滤过功能的损害程度和指导临床用药。

肝脏疾病生化检验主要有血氨、丙氨酸氨基转移酶、天冬氨酸氨基转移酶、γ-谷氨酰基转移酶、血清总胆红素及结合胆红素等项目的检验，这些指标的异常对于各种肝脏疾患诊断具有指导意义。

知识链接

病例分析

本书列出几个典型病历，通过实例分析，加深对所学知识的理解和运用，并能对一些简单的病理状况作出判断，全面提高解决实际问题的能力。

病例一

【病史】51 岁，男性，因黄疸、腹水、意识不清被送入急诊室。检验申请单上的诊断为肝炎。

【实验室检查】

血　浆	结　果	参考范围
Cr/(μmol/L)	130	50 ～ 120
Urea/(mmol/L)	10.0	2.5 ～ 8.0
Na^+/(mmol/L)	120	135 ～ 145
K^+/(mmol/L)	4.6	3.5 ～ 5.5
TBil/(μmol/L)	156	＜ 21
ALT/(U/L)	95	5 ～ 40
TP/(g/L)	72	60 ～ 80
Alb/(g/L)	24	35 ～ 55
Glob/	48	15 ～ 32

【讨论题】

1. 解释生化检查结果。

2. 提出合理建议。

【解释和讨论】上述检查结果存在以下异常：血中代谢终产物 Cr 和 Urea 轻度增高；电解质测定 Na^+ 偏低；ALT 活性和胆红素浓度增高；总蛋白浓度在参考范围内，但血浆蛋白浓度明显降低，球蛋白浓度增加，A/G 为 1∶2。

根据病人有黄疸、腹水，结合 ALT 活性和胆红素浓度增高，可初步判断病变部位在肝脏。肝脏是合成白蛋白的器官，低白蛋白血症使肝脏合成减少，然而由于血管渗透性增加和稀释作用也可能是其中的因素。血浆球蛋白浓度增加很可能是由于肝脏疾病的多克隆 γ-球蛋白的增加所致。低白蛋白血症使血浆胶体渗透压下降，从而使水从组织间向血管内的回流减少。这种回流减少一方面在组织形成水肿和腹水，另一方面则使血管内容量降低，引起肾血流量减少，致血浆尿素和肌酐浓度轻度增高。电解质测定 Na^+ 偏低，血管内容量不足还直接刺激 ADH 分泌，以增强纯水的重吸收，因而引起稀释性低钠血症。

【建议】为明确诊断，建议作病源学检查（肝炎免疫学检查及肝脏肿瘤标志物等）、黄疸类型鉴别检查（AST 及 ALT 等）、肝病变的病程判断指标测定。

【实验室评价】慢性肝病。

病例二

【病史】50 岁，女性，因乏力，多尿入院。

【实验室检查】

血　浆	结　果	参考范围
Cr/(μmol/L)	478	50 ～ 120
Urea/(mmol/L)	34.6	2.5 ～ 8.0
Na^+/(mmol/L)	132	135 ～ 145
K^+/(mmol/L)	6.5	3.5 ～ 5.5
TCO_2/(mmol/L)	14	22～32

【解释与讨论】尽管有多尿症状，但血浆肌酐及尿素水平均升高四倍多，伴明显的氮质血症，同时伴高钾血症及代谢性酸中毒，提示肾功能严重损害。

【建议】慢性肾功能障碍可由多种疾病引起，肾组织呈不可逆的进行性损害，若不经透析或肾移植，其最终结果是相同的：肾脏的所有功能都会受影响，直至死亡。慢性肾功能障碍涉及的主要临床生化特征有体内代谢终产物排泄障碍、水盐代谢紊乱、钾代谢紊乱、酸碱平衡紊乱以及钙磷代谢紊乱和促红细胞生成素合成减少引起肾性贫血。在诊断和治疗期间，严密监测各项指标的变化十分重要。

【实验室评价】慢性肾功能障碍。

病例三

【病史】25 岁，男性，因昏迷急诊入院。检验申请单上的诊断为糖尿病。

【实验室检查】

血　浆	结　果	参考范围
Glu/(mmol/L)	67.2	3.9 ～ 5.9
Na^+/(mmol/L)	122	135 ～ 145
K^+/(mmol/L)	6.2	3.5 ～ 5.5
Cr/(μmol/L)	237	50 ～ 120
Urea/(mmol/L)	29.3	2.5 ～ 8.0
TCO_2/(mmol/L)	9.1	22～32
尿液		
Glu	4^+	
Ket	2^+	

【解释与讨论】检查结果显示有严重高血糖，超过了肾糖阈，尿糖引起渗透性利尿。TCO_2 浓度极低提示存在代谢性酸中毒，尿中出现酮体表明为酮症酸中毒。尿素和肌酐浓度增高，且前者增高幅度大于后者，考虑为血容量减少、肾小球滤过率降低所致的肾前性尿毒症。血钠浓度降低是对细胞外液晶体渗透压增高的相应反应，水从细胞内沿渗透梯度移出。同理，血钾浓度增高也主要是因为代谢性酸中毒的细胞内钾的移出所致。

【建议】糖尿病病人出现昏迷的原因主要有酮症酸中毒昏迷、非酮症高渗性昏迷和胰岛素使用中发生的低血糖昏迷三种。该男子为一青年糖尿病病人，多为胰岛素信赖型，伴有水盐代谢和酸碱平衡紊乱，在使用胰岛素等药物治疗后，血糖、血钾、血钠及碳酸氢盐浓度变化较大，应随时监测其血浓度。

【实验室评价】糖尿病症酸中毒昏迷。

病例四

【病史】63 岁，男性，因心前区向左臂呈放射状胸痛发作 9h 后入院，心电图证实为前壁心梗。其兄生前有高胆固醇血症，67 岁死于心肌梗死。其妹 45 岁，血浆总胆固醇为 11.5 mmol/L

【讨论题】

1. 建议做哪些急诊生化检查项目？可能的结果？
2. 进一步需做哪些生化检查？

【解释与讨论】急诊生化可进行心肌酶学检查和其他心肌损伤标志物检查，血 CK、CK-MB、LDH、cTnT、cTnI 可能升高。进一步可做血脂和血浆脂蛋白测定。家族性高胆固醇症病人有发生冠心病临床症状的高度危险。该病人以前壁心梗入院，结合家族史，应考虑Ⅱa 型高脂蛋白血症。

【建议】冠心病及心肌梗死的诊断主要依据冠状动脉造影和心电图检查结果，心肌酶学检测结果仅作为心肌损伤与恢复的参考指标。近年来开展的 cTnT、cTnI 检测提高了心肌梗死实验诊断的特异性和敏感性。血脂和血浆脂蛋白测定是高脂蛋白血症诊断的依据，但对冠心病诊断而言，主要用于危险度的估计。

【实验室评价】冠心病急性心肌梗死，Ⅱa 型高脂蛋白血症。

习　　题

一、名词解释

尿素氮　　A/G 比值

二、填空题

1. 血浆总蛋白下降的原因有__________、__________和__________。
2. AST 同工酶包括__________、__________，当肝细胞通透性增加时，__________增加，当肝细胞坏死或线粒体破裂时，__________增加。
3. 测定甲胎蛋白的方法随标本不同而不同，羊水标本可采用__________或__________，血浆标本可采用__________或__________。
4. 临床生化检验常用的标本有__________、__________、__________、__________和__________等。__________是采集血液标本的常用方法，__________是血液标本采集的常用部位。

三、简答题

1. 尿素氮测定有何临床意义？
2. 检测肌酸酶有何临床意义？
3. 血液标本采集后应如何保存？

生物化学实验

【主要学习目标】

了解生物化学实验室规则，熟悉生物化学实验的基本操作技能。掌握几个最常规生物化学项目。

第一部分 实验室规则与安全

一、生化实验课的目的

培养学生严肃认真、实事求是的科学作风，提高分析问题和解决问题的能力。通过实践验证某些理论，加深对基本理论的理解。培养学生动手能力和实际工作能力，训练学生掌握生化常用的实验基本技术，为今后学习、工作、研究打下基础，总之，实验课应该成为理论联系实际的桥梁。

二、实验报告书写要求

在保证实验质量提高的前提下，学生实验报告力求删繁就简，除要求熟悉掌握实验目的、原理、操作等过程外，还要求学生准确、及时、真实记录实验结果并根据要求作出恰当分析和回答提问。

三、实验室规则

1. 保持实验室肃静。

2. 爱护仪器，尽量避免破损，节约使用药品、蒸馏水、自来水和电。

3. 保护实验台，不要将高温试管直接放在台面上，切勿将强酸强碱洒在台面上。

4. 取完试剂应立即将瓶盖盖好，放回原处，千万不要乱拖乱放，以免影响他人做实验。

5. 废弃液体可倒入水池，并放水及时冲走，固体废物应倒入废物缸内，实验动物应放在指定地点。

6. 每个实验室选出负责人一名，负责实验室有关工作。于开学时排出保安卫生值日生，每次实验完毕，值日生打扫实验室，并检查门窗、水电保安工作。

第二部分 生化实验基本操作技能

一、玻璃仪器的洗涤

① 一般仪器的洗涤 例如烧杯、试管等可用洗衣粉或肥皂刷洗，再用自来水冲洗，倒置晾干。

② 容量分析仪器的洗涤 吸量管、量瓶、滴定管等用完后，即用自来水冲洗，直至不挂水珠，再用蒸馏水少量冲洗三次即可备用。若冲洗后仍挂水珠，则应将其控干，置于铬酸洗液中浸泡数小时。自洗液中取出时，应先使洗液尽量流尽，再用自来水冲洗几次，至洗涤水无色后再冲洗几次，然后用蒸馏水冲洗三次后烤干备用。

二、吸量管的使用和选择

① 奥氏吸量管　供准确量取 0.5mL、1mL、2mL、3mL、5mL 等液体之用。每支吸量管上只有一个刻度，放液时必须在液体流完后吹出最后残留在吸量管尖端的液体。

② 移液管　供准确量取 5mL、10mL、25mL 等液体之用。每根移液管只有一个刻度，放出液体后，将管尖端在容器内壁上继续停留 15s 后即可。

③ 刻度吸量管　供量取 10mL 以下的任意体积的液体之用。每根吸量管上都有许多等分刻度，一般刻度包括尖端部分，欲将所量取的液体全部放出时，须将残留管尖端的液体吹出。也有刻度不包括吸量管的最下部分，使用时绝不可放液至最低的刻度线以下。

三类吸量管除上述几点不同外，其他操作规程相同，一并介绍如下。

量取试剂时，首先认清试管标签，选好吸量管后，用右手拇指及中指靠住吸量管标线以上的部分，左手持洗耳球，将吸量管尖端插入所取试剂的液面下约 1cm 处。用洗耳球将液体轻轻吸上，眼睛注视正在上升的液面位置，当液体上升到刻度以上时，立即用右手拇指按紧管口。抽出吸量管，用小片滤纸擦干吸量管尖端外部溶液，然后将管尖端靠于试剂瓶颈内壁，右手食指稍做放松，使液面缓缓下降，使液体弯月面恰好与所要的刻度线相切，此时右手食指立即按紧，使液体不再流出。将吸量管移入准备放置所取溶液的容器，将吸管尖端靠容器内壁，抬右手食指，使液体自然流下，放液后的操作依各类吸管而不同，详见前述。

三、混匀法

欲使反应充分进行，必须使反应体系内各种物质分子充分接触。因此每加一种试剂后，必须充分混匀。在稀释溶液时，也必须充分混匀以使稀释后的溶液均匀一致。

混匀的方法通常有以下三种。

① 使装有液体的容器作离心旋转。

② 左手持试管上端，右手指轻弹试管下端，使管内液体旋转。

③ 不得已时，可用干燥清洁的玻璃棒搅匀。无论用哪一种方法混匀，都应防止容器内液体溅出或被污染。严禁用手指堵塞管口或瓶口的混匀动作。

四、离心机使用方法

取出离心机的全部套管，在无负荷条件下，开动离心机（3000r/min），检查离心机的转动是否平稳，以确定离心机的性能。检查套管与离心管大小是否相配、套管内是否铺好软垫。套管底部有无碎玻璃片或漏孔（有碎玻片必须取出，漏孔可用蜡封住）。检查合格后，将一对离心管放入一对套管中，然后在粗天平上进行平衡，对较轻的一侧可用滴管在离心管与套管间加水，直至两侧质量相等为止。将已平衡的各对套管（连同其内容物）按对角线位置插入离心机管孔内。开动离心机，逐步扭动转速旋钮回至零，待离心机自动停稳后（不可用手去按压），取出离心管。

五、分光光度计的应用

比色分析法是将待测物质在一定条件下经化学处理后形成有色透明溶液，再与已知浓度的标准物质经同样方法处理后显示的颜色相比，以测出待测物质的浓度。

比色分析法的基本原理是朗伯-比耳（Lambert-Beer）定律。

光线按照不同的波长可分为可见光（波长为 400～760nm），紫外线（波长小于 400nm）、红外线（波长大于 760nm）。当一束单色光通过有色溶液后，由于溶液对光能的吸收，所以通过溶液后射出光的强度必然减弱。设 I_0 为入射光强度，I 为透射光强度，c 为溶液浓度，L 为溶液厚度；则 I 必然小于 I_0。若用 T 表示透光度，则 $T=I/I_0$。显然透光度（T）的大小与溶液颜色的深度（由浓度 c 决定）和溶液的厚度 L 有关，溶液厚度愈厚或者溶液的颜色愈深，则透光度愈小；反之透光度愈大。三者关系可用下式表示：

$$\lg T=\lg I/I_0=-KCL$$

式中，K 为常数。令 $A=-\lg T$，则

$$A=-\lg T=\lg I/I_0=KCL$$

式中，A 为吸光度。

上两式即为 Lambert-Beer 定律的数学表达式。其含义是当一束单色光通过有色溶液时，光能被吸收的多少与溶液的浓度和厚度成正比。上两式亦为比色分析法的基本计算式，利用它可以求出待测物质的浓度。方法是以同样操作得到待测溶液和已知浓度的标准溶液，显色放在厚度相等的两个比色皿中进行。

设 c 测为待测物质的浓度，c 标为标准溶液的浓度。

则有：$A_{测}=Kc_{测}\ L_{测}$

$$A_{标}=Kc_{标}\ L_{标}$$

因为 $L_{测}=L_{标}$，故可得到

$$A_{测}/A_{测}=c_{测}/c_{标} \quad 即\ c_{测}=A_{测}\ c_{标}/A_{标}$$

721 型分光光度计的应用和简介如下。

1. 使用方法

① 使用前检查仪器各部件是否正常，检查电源电压是否符合仪器要求。

② 仪器的电源开关接通（接 220V 交流电），打开比色槽暗箱盖，指示灯位于透光度“T”处，调节“0%”电位钮．使显示屏显示“0”，预热 20min 后，再选择需要的单色光波长和相应的放大灵敏度挡。用调零按钮校正显示屏为“0”。

③ 取 3 支比色杯，分别装入空白液（蒸馏水）、标准液和测定液，依次放入比色槽内。将仪器的比色槽暗箱盖盖上，将空白管置于光路上，此时指示灯位于透光度“T”处，调节“100%”电位钮，使显示屏显示为 100。

④ 按上述方法连续几次调正“0”位和“100%”，仪器即可进行测定工作了。

⑤ 拉动比色杯拉杆，依次将标准液和测定液对准光路，分别读出吸光度值。

⑥ 使用完毕后，将仪器恢复原始状态，切断电源。

⑦ 清洗比色杯，倒置于滤纸上晾干，以供下次使用。

2. 简介

721 型分光光度计光谱范围为 360～800nm，所有的部件均在一部主机里面，操作方便，灵敏度较高。以 12V 25W 白灯钨丝灯泡为光源，经透镜聚光后射入单色光器后经棱镜色散，反射到准直镜，穿狭缝得到波长范围更窄的光作为入射光进入比色杯，透出的光波被受光器光电管接收，产生光电流，再经放大在微安表上反映出电流大小，并直接读出吸光度。

第三部分　实 验 项 目

实验一　血清蛋白醋酸纤维薄膜电泳

一、实验目的

了解电泳法分离血清蛋白质的原理、操作方法及临床意义。

二、实验原理

血清中各种蛋白质的等电点不同，但大都在 pH7 以下，将血清置于 pH8.6 的缓冲溶液中，这些蛋白质均带负电荷，但各种蛋白质所带电荷的多少不同。各种蛋白质的分子大小也不相同，所以在电场中泳动速度也不相同。清蛋白带的电荷最多，相对分子质量最小，泳动最快。球蛋白分子大、带电荷少，则泳动慢。电泳中各种蛋白质的移动距离不相同，而被分离开来。可将清蛋白分为清蛋白、α_1-、α_2-、β-和 λ-球蛋白五条区带。

三、仪器与试剂

试剂：巴比妥缓冲溶液（pH8.6，离子强度 0.06）、氨基黑 B_{10}、漂洗液、0.4mol/L 的氢氧化钠溶液。

器材：醋酸纤维薄膜（2cm×8cm）、培养皿、滤纸、镊子、点样器（1cm×4cm 的胶片）、直尺、铅笔、电泳仪和电泳槽。

四、实验步骤

1. 准备

先在薄膜无光泽面距一端约 1.5cm 处用铅笔画一直线，表示点样位置。将薄膜无光泽面朝下，浸入巴比妥缓冲溶液中，待充分浸透后，即膜条无白斑时，取出，用滤纸轻轻吸去多余的缓冲溶液。

2. 点样

取少量血清于普通玻璃板上，用点样器蘸取少量血清，然后平直“印”于点样线上，待血清渗入到膜上的斑块达 1.5cm×0.5cm 时，移开点样器。注意用力不可过猛，在正式点样前，可在滤纸上多练习几次，再正式在膜上点样。

3. 电泳

将已点样的薄膜端靠近阴极，无光泽面朝下，平整地紧贴在电泳槽支架的“滤纸桥”上。支架上事先放置好两端浸入缓冲溶液的四层滤纸（或脱脂纱布）做的“滤纸桥”，平衡 5min 后通电。

4. 通电

电压 130V，电流为 0.4～0.6mA/cm，通电 40～50min，待电泳区带展开约 3.5cm 时切断电源。

5. 染色

小心取出薄膜直接浸入染色液 5min，取出，再用漂洗液联系浸洗数次，使底色漂尽为止，即得五条蛋白质色带，从阳极端依次为清蛋白、α_1-、α_2-、β-和 λ-球蛋白。

6. 定量

（1）将薄膜水分吸干后，剪下各条色带，另与空白部分位置相当于清蛋白带宽度的膜条做空白。将各带分别浸入盛有 4mL 0.4mol/L 氢氧化钠溶液的试管中。振摇数次，使蓝色完全浸出。30min 后用 581-G 型光电比色计比色，用 650nm 波长的单色光。以空白膜条浸出液为空白对照，测出各种蛋白带的吸光度，登记在下表中。

蛋白质	清蛋白	α_1-球蛋白	α_2-球蛋白	β-球蛋白	λ-球蛋白	共计
A						
百分比						

（2）计算　计算公式是________________________________。再计算血清中各部分

蛋白质所占的百分比，分别填入上表中。

实验二　蛋白质的定量分析实验

一、实验目的

学习和掌握考马斯亮蓝 G-250(Coomassie brilliant blue G-250）测定蛋白质含量和原理。

二、实验原理

蛋白质的测定方法有如下几种。

1. 凯氏定氮法

蛋白质是含氮的有机化合物，食品与硫酸和催化剂一同加热消化，分解的氨与硫酸结合生成硫酸铵。然后碱化蒸馏使氨游离，用硼酸吸收后再以硫酸或盐酸标准溶液滴定。根据酸的消耗量乘以换算系数，即可得到蛋白质的含量。

2. 双缩脲法

双缩脲是 2 分子脲经 180℃左右放出 1 分子氨后得到的产物。在强碱性溶液中，双缩脲与硫酸铜形成紫色络合物，称为双缩脲反应。凡具有两个酰氨基或两个直接连接的肽键，或能通过一个中间碳原子相连的肽键，这类化合物都有双缩脲反应。紫色络合物的颜色深浅与蛋白质浓度呈正比，而与蛋白质的分子量及氨基酸成分无关，故可用来测定蛋白质的含量。测定范围为 1～10mg。干扰这一测定的物质主要有硫酸铵、Tris 缓冲溶液和某些氨基酸等。此法的优点是较快速，不同的蛋白质产生的颜色深浅相近，以及干扰物质少。主要的缺点是灵敏度较差。因此双缩脲法常用于需要快速，但不需要十分精确的蛋白质测定。

3. Folin-酚试剂法

这种蛋白质测定法是最灵敏的方法之一。过去此法是应用最广泛的一种方法，由于其试剂的配制较为困难，近年来逐渐被考马斯亮蓝法所取代。此法的显色原理与双缩脲方法是相同的，只是加入了第二种试剂，即 Folin-酚试剂，以增加显色量，从而提高了检测蛋白质的灵敏度。这两种显色反应产生深蓝色的原因是：在碱性条件下，蛋白质中的肽键与铜结合生成复合物。Folin-酚试剂中的磷钼酸盐-磷钨酸盐被蛋白质中的酪氨酸和苯丙氨酸残基还原，产生深蓝色（钼蓝和钨蓝的混合物）。在一定的条件下，蓝色深度与蛋白的量成正比。

Folin-酚试剂法最早由 Lowry 确定了蛋白质浓度测定的基本步骤。以后在生物化学领域得到广泛的应用。这个测定法的优点是灵敏度高，比双缩脲法灵敏得多，缺点是花费时间较长，要精确控制操作时间，标准曲线也不是严格的直线形式，且专一性较差，干扰物质较多。对双缩脲反应发生干扰的离子，同样容易干扰 Lowry 反应。而且对后者的影响还要大得多。酚类、柠檬酸、硫酸铵、Tris 缓冲溶液、甘氨酸、糖类、甘油等均有干扰作用。浓度较低的尿素（0.5%)、硫酸钠（1%)、硝酸钠（1%)、三氯乙酸（0.5%)、乙醇（5%)、乙醚（5%)、丙酮（0.5%）等溶液对显色无影响，但这些物质浓度高时，必须作校正曲线。含硫酸铵的溶液，只需加浓碳酸钠-氢氧化钠溶液，即可显色测定。若样品酸度较高，显色后会变浅，则必须提高碳酸钠-氢氧化钠溶液的浓度 1～2 倍。

进行测定时，加 Folin-酚试剂时要特别小心，因为该试剂仅在酸性 pH 条件下稳定，但上述还原反应只在 pH＝10 的情况下发生，故当 Folin-酚试剂加到碱性的铜-蛋白质溶液中时，必须立即混匀，以便在磷钼酸-磷钨酸试剂被破坏之前，还原反应即能发生。

此法也适用于酪氨酸和色氨酸的定量测定。

此法可检测的最低蛋白质量达 5mg。通常测定范围是 20～250mg。

4. 紫外吸收法

蛋白质分子中，酪氨酸、苯丙氨酸和色氨酸残基的苯环中含有共轭双键，使蛋白质具有吸收紫外光的特性。吸收高峰在 280nm 处，其吸光度与蛋白质含量呈正比。此外蛋白质溶液在 238nm 的光吸收值与肽键含量呈正比。利用一定波长下，蛋白质溶液的光吸收值与蛋白质浓度呈正比的关系，可以进行蛋白质含量的测定。

5. 考马斯亮蓝法

考马斯亮蓝 G-250(Coomassie brilliant blue G-250) 测定蛋白质含量属于染料结合法的一种。考马斯亮蓝 G-250 在游离状态下呈红色，最大光吸收在 488nm 处；它与蛋白质结合变成青色，蛋白质-色素结合物在 595nm 波长下有最大光吸收。其光吸收值与蛋白质含量成正比，因此可用于蛋白质的定量测定。蛋白质与考马斯亮蓝 G-250 结合在 2min 内达到平衡，完成反应十分迅速；其结合物在室温下 1h 内保持稳定。该法是 1976 年 Bradford 建立的，试剂配制简单，操作简便快捷，反应非常灵敏，灵敏度比 Lowry 法还高 4 倍，可测定微克级蛋白质含量，测定蛋白质浓度范围为 0～1000μg/mL，是一种常用的微量蛋白质快速测定方法。本实验主要考马斯亮蓝法测定蛋白质含量。

三、仪器与试剂

实验材料：新鲜绿豆芽。

主要仪器：分析天平、台式天平、刻度吸管、具塞试管、试管架、研钵、离心机、离心管、烧杯、量筒、微量取样器、分光光度计。

试剂

(1) 牛血清白蛋白标准溶液：准确称取 100mg 牛血清白蛋白，溶于 100mL 蒸馏水中，即为 1000μg/mL 的原液。

(2) 蛋白试剂考马斯亮蓝 G-250：称取 100mg 考马斯亮蓝 G-250，溶于 50mL 90%乙醇中，加入 85%的磷酸 100mL，最后用蒸馏水定容到 1000mL。此溶液在常温下可放置 1 个月。

(3) 乙醇。

(4) 磷酸 (85%)。

四、实验步骤

1. 标准曲线的制作

(1) 0～100μg/mg 标准曲线的制作

取 6 支 10mL 干净的具塞试管，按下表取样。塞盖后，将各试管中溶液纵向倒转混合。放置 2min 后用 1cm 光径的比色皿在 595nm 波长下比色。记录各管测定的吸光度 A_{595nm}，并制作标准曲线。

管　　号	1	2	3	4	5	6
100μg/mL 标准蛋白质液/mL	0	0.2	0.4	0.6	0.8	1.0
蒸馏水/mL	1.0	0.8	0.6	0.4	0.2	0
考马斯亮蓝 G-250 试剂/mL	5	5	5	5	5	5
蛋白质含量/μg	0	20	40	60	80	100
A_{595nm}						

（2）0～1000μg/mg 标准曲线的制作

另取 6 支 10mL 干净的具塞试管，按下表取样。其余步骤同（1）操作。作出蛋白质浓度为 0～1000μg/mg 的标准曲线。

管　　号	7	8	9	10	11	12
1000μg/mL 标准蛋白质液/mL	0	0.2	0.4	0.6	0.8	1.0
蒸馏水/mL	1.0	0.8	0.6	0.4	0.2	0
考马斯亮蓝 G-250 试剂/mL	5	5	5	5	5	5
蛋白质含量/μg	0	200	400	600	800	1000
A_{595nm}						

2. 样品提取液中蛋白质浓度的测定

（1）待测样品的制备

称取新鲜绿豆芽下胚轴 2g 放入研钵中，加 2mL 蒸馏水研磨均匀，转移到离心管中，再用 6mL 蒸馏水分次洗涤研钵。洗涤液收集于同一离心管内，放置 0.5～1.0h 以充分提取，然后在 4000r/min 离心 20min，弃取沉淀，上清液转入 10mL 容量瓶，并以蒸馏水定容至刻度，即得待测样品的提取液。

（2）测定

另取两支 10mL 具塞试管，按下表取样，吸取提取液 0.1mL(做一重复)，放入具塞刻度试管内，加入 5mL 考马斯亮蓝 G-250 蛋白试剂，充分混合，放置 2min 后用 1cm 光径比色皿在 595nm 波长下比色。记录吸光度 A_{595nm} 并通过标准曲线查得待测样品提取液中蛋白质的含量 x(μg)，以标准曲线 1 号试管做空白。

管　　号	13	14
蛋白质待测样品提取液/mL	0.1	0.1
蒸馏水/mL	0.9	0.9
考马斯亮蓝 G-250 试剂/mL	5	5
A_{595nm}		
蛋白质含量/μg		

五、结果计算

样品蛋白质含量（μg/g 鲜重）= x × 提取液总体积（mL）/测定时取样体积（mL）× 样品鲜重（g）

式中，x 为在标准曲线上查的蛋白质含量，μg。

六、注意事项

1. Bradford 法由于染色方法简单而迅速，干扰物质少，灵敏度高，现在已广泛用于蛋白质含量的测定。

2. 有些阳离子，如 K^+、Na^+、Mg^{2+}、$(NH_4)_2SO_4$、乙醇等物质不干扰测定，但大量的去污剂如 TritonX、SDS 等严重干扰测定。

3. 蛋白质与考马斯亮蓝 G-250 结合的反应十分迅速，在 2min 内反应可以达到平衡，其结合物在室温下 1h 内可保持稳定。因此在测定时放置时间不宜太长，否则将使测定结果偏低。

七、思考题

制作标准曲线和样品时，为什么要将各试管中溶液纵向倒转混合？

实验三　淀粉酶活力的测定

一、实验目的

1. 通过本实验，学习酶活力测定的一般方法。

2. 巩固并熟练分光光度计的使用。

二、实验原理

淀粉酶主要包括α-淀粉酶、β-淀粉酶、葡萄糖淀粉酶和R酶，它们广泛存在于动物、植物和微生物界。不同来源的淀粉酶，性质有所不同。植物中最重要的淀粉酶是α-淀粉酶和β-淀粉酶。

α-淀粉酶随机作用于直链淀粉和支链淀粉的直链部分α-1,4糖苷键，单独使用时最终生成寡聚葡萄糖、α-极限糊精和少量葡萄糖。Ca^{2+}能使α-淀粉酶活化和稳定，它比较耐热但不耐酸，pH3.6以下可使其钝化。β-淀粉酶从非还原端作用于α-1,4糖苷键，遇到支链淀粉的α-1,6糖苷键时停止。单独作用时产物为麦芽糖和β-极限糊精。β-淀粉酶是一种巯基酶，不需要Ca^{2+}及Cl^-等辅助因子，最适pH偏酸，与α-淀粉酶相反，它不耐热但较耐酸，70℃保温15min可使其钝化。

通常提取液中α-淀粉酶和β-淀粉酶同时存在。可以先测定（$\alpha+\beta$）淀粉酶总活力，然后在70℃加热15min，钝化β-淀粉酶，测出α-淀粉酶活力，用总活力减去α-淀粉酶活力，就可求出β-淀粉酶活力。

淀粉酶活力大小可用其作用于淀粉生成的还原糖与3,5-二硝基水杨酸的显色反应来测定。还原糖作用于黄色的3,5-二硝基水杨酸生成棕红色的3-氨基-5-硝基水杨酸，生成物颜色的深浅与还原糖的量成正比。以每克样品在一定时间内生成的还原糖（麦芽糖）量表示酶活力大小。

三、仪器、试剂和材料

1. 仪器

电子顶载天平、研钵、容量瓶（100mL 2个）、具塞刻度试管（25mL×15支）、试管8支、吸管（1mL 3支，2mL 12支，5mL 1支）、离心机、离心管、恒温水浴锅、分光光度计。

2. 试剂

（1）1%淀粉溶液。

（2）0.4mol/L氢氧化钠。

（3）pH5.6柠檬酸缓冲溶液　称取柠檬酸20.01g，溶解后定容至1000mL，为A液。称取柠檬酸钠29.41g，溶解后定容至1000mL，为B液。取A液13.7mL与B液26.3mL混匀，即为pH5.6缓冲溶液。

（4）3,5-二硝基水杨酸　精确称取1g 3,5-二硝基水杨酸，溶于20mL 1mol/L氢氧化钠中，加入50mL蒸馏水，再加入30g酒石酸钾钠，待溶解后用蒸馏水稀释至100mL，盖紧瓶塞，防止CO_2进入。

（5）麦芽糖标准液（1mg/mL）　称取0.100g麦芽糖，溶于少量蒸馏水，定容至100mL。

3. 材料

萌发3天的小麦芽。

四、操作步骤

1. 酶液提取

称取 2g 萌发 3 天的小麦种子（芽长 1cm 左右），置研钵中加少量石英砂和 2mL 左右蒸馏水，研成匀浆，无损地转入 100mL 容量瓶中，用蒸馏水定容至 100mL，每隔数分钟振荡 1 次，提取 20min。3000r/min 离心 10min，转出上清液备用。

2. α-淀粉酶活力测定

(1) 取试管 4 支，标明 2 支为对照管，2 支为测定管。

(2) 于每管中各加酶液 1mL，在 70℃±0.5℃恒温水浴中准确加热 15min，钝化 β-淀粉酶。取出后迅速用流水冷却。

(3) 在对照管中加入 4mL 0.4mol/L 氢氧化钠。

(4) 在 4 支试管中各加入 1mL pH5.6 的柠檬酸缓冲溶液。

(5) 将 4 支试管置另一个 40℃±0.5℃恒温水浴中保温 15min，再向各管分别加入 40℃下预热的 1%淀粉溶液 2mL，摇匀，立即放入 40℃恒温水浴准确计时保温 5min。取出后向测定管迅速加入 4mL 0.4mol/L 氢氧化钠，终止酶活动，准备测糖。

3. 淀粉酶总活力测定

取酶液 5mL，用蒸馏水稀释至 100mL，为稀释酶液。另取 4 支试管编号，2 支为对照，2 支为测定管。然后加入稀释的酶液 1mL。在对照管中加入 4mL 0.4mol/L 氢氧化钠。4 支试管中各加 1mL pH5.6 的柠檬酸缓冲溶液。以下步骤重复 α-淀粉酶测定第 (5) 步的操作，同样准备测糖。

4. 麦芽糖的测定

(1) 标准曲线的制作　取 25mL 刻度试管 7 支，编号。分别加入麦芽糖标准液（1mg/mL）0mL、0.2mL、0.6mL、1.0mL、1.4mL、1.8mL、2.0mL，然后用吸管向各管加蒸馏水使溶液达 2.0mL，再各加 3,5-二硝基水杨酸试剂 2.0mL，置沸水浴中加热 5min。取出冷却，用蒸馏水稀释至 25mL。混匀后用分光光度计在 520nm 波长下进行比色，记录吸光度。以吸光度为纵坐标，以麦芽糖含量（mg）为横坐标，绘制标准曲线。

(2) 样品的测定　取步骤 2，3 中酶作用后的各管溶液 2mL，分别放入相应的 8 支 25mL 具塞刻度试管中，各加入 2mL 3,5-二硝基水杨酸试剂。以下操作同标准曲线制作。根据样品比色吸光度，从标准曲线查出麦芽糖含量，最后进行结果计算。

五、结果处理

$$\alpha\text{-淀粉酶活力(mg 麦芽糖/g 鲜重,5min)}=\frac{(A-A_0)V_T}{WV_U}$$

$$\text{淀粉酶总活力(mg 麦芽糖/g 鲜重,5min)}=\frac{(B-B_0)V_T}{WV_U}$$

式中　A——α-淀粉酶水解淀粉生成的麦芽糖，mg；

A_0——α-淀粉酶的对照管中麦芽糖量，mg；

B——($\alpha+\beta$) 淀粉酶共同水解淀粉生成的麦芽糖，mg；

B_0——($\alpha+\beta$) 淀粉酶的对照管中麦芽糖，mg；

V_T——样品稀释总体积，mL；

V_U——比色时所用样品液体积，mL；

W——样品质量，g。

六、注意事项

1. 酶反应时间应准确计算。

2. 试剂加入按规定顺序进行。

七、思考题

1. 淀粉酶活性测定的原理是什么?
2. 酶反应中为什么加 pH5.6 的柠檬酸缓冲溶液? 为什么在 40℃进行保温?
3. 测定酶活力，应注意什么问题?

实验四　血清丙氨酸氨基转移酶（ALT）活性测定

一、目的

掌握血清 ALT 活性测定的原理和改良穆氏法测定的条件。

二、原理

血清中的谷丙转氨酶在最适的温度和 pH 条件下，作用于 ALT 基质液（丙氨酸及 α-酮戊二酸），生成丙酮酸及谷氨酸。

$$\underset{\text{丙氨酸}}{H-\overset{\displaystyle COOH}{\overset{|}{C}}-NH_2 \atop \underset{|}{\ } CH_3} + \underset{\alpha\text{-酮戊二酸}}{HOOC-CH_2-CH_2-\overset{O}{\overset{\|}{C}}-COOH} \xrightarrow[37℃]{ALT} \underset{\text{丙酮酸}}{CH_3-\overset{O}{\overset{\|}{C}}-COOH} + \underset{\text{谷氨酸}}{HOOC-CH_2-CH_2-CH(NH_2)-COOH}$$

丙酮酸与 2,4-二硝基苯肼作用，生成丙酮酸二硝基苯腙。在碱性溶液中显红棕色。另外，取已知浓度的丙酮酸标准液在同样条件下显色，可用比色法测出 ALT 催化反应生成的丙酮酸含量，即可算出酶活性。

$$\underset{\text{丙酮酸}}{CH_3-\overset{O}{\overset{\|}{C}}-COOH} + \underset{\text{2,4-二硝基苯肼}}{H_2N-NH-C_6H_3(NO_2)_2} \longrightarrow \underset{\text{丙酮酸二硝基苯腙}}{CH_3-\underset{COOH}{C}=N-NH-C_6H_3(NO_2)_2} + H_2O$$

本实验用改良穆氏法测定，以 1mL 血清与足量基质液在 37℃保温 30min，产生 2.55μg 丙酮酸称为 1 个酶单位，1mL 血清正常值范围在 1～38 单位。

三、临床意义

转氨酶在氨基酸代谢及蛋白质、脂肪、多糖三者相互转化作用上占有极重要的地位，其作用在于催化将氨基酸的 α-氨基转移至 α-酮酸的酮基位置上。此酶广泛存在于机体组织细胞内，尤以肝、心、肌、脑、肾等细胞内酶活力最强。此酶种类甚多，任何一种氨基酸在进行转氨作用时，都由其专一的转氨酶催化。目前发现在体内活力最强的转氨酶有谷丙转氨酶和谷草转氨酶。它们在血清中也有少量。血清中含量增加往往与组织的变化相关。

SALT 显著增高，见于各种肝炎急性期、药物中毒性肝细胞坏死；中度增高见于肝癌、肝硬化、慢性肝炎及心肌梗死；轻度增加见于阻塞性黄疸及胆道炎症等疾患。

四、实验器材

1. 试管 1.5cm×15cm(×10)。
2. 移液器。
3. 722(或 7220 型）型分光光度计。

五、试剂

1. 1/15mol/L 磷酸盐缓冲溶液（pH=7.4）。

2. 0.4mol/L NaOH 溶液　取标定的 1mol/L NaOH 溶液 400mL 加蒸馏至 1000mL，充分混匀。

3. ALT 基质液：

（1）ALT 基质储存液　称取 α-酮戊二酸 0.3g 及 DL-α-丙氨酸 8.9g，先溶至 5mL 10mol/L NaOH 溶液中，再加浓盐酸 4mL，以蒸馏水稀释至 100mL，混匀，校正 pH 至 7.4 加氯仿 0.1mL，用力振摇片刻，放冰箱可长期保存。

（2）ALT 基质应用液：将上述谷丙转氨酶基质储存液以 1/15mol/L 磷酸盐缓冲溶液（pH7.4）稀释 10 倍，加数滴氯仿，用力振摇后放冰箱保存，可用一星期。

4. 丙酮酸标准液

（1）丙酮酸钠标准储存液（1mL＝2000μg 丙酮酸）　准确称取丙酮酸钠 0.200g，溶于 100mL 1/15mol/L 磷酸盐缓冲溶液。

（2）丙酮酸钠标准应用液（1mL＝100μg 丙酮酸）　将上述丙酮酸钠标准储存液用 1/15mol/L磷酸盐缓冲溶液稀释 20 倍即得。

5. 2,4-二硝基苯肼溶液：称取 2,4-二硝基苯肼 40mg，先溶于 10mL 10mol/L 盐酸中，再用蒸馏水稀释至 100mL。

六、实验步骤

取试管 4 支，标明测定管、测定空白管、标准管和标准空白管，按下表操作。

<table>
<tr><th>样品、试剂 \ 管号</th><th>测定管</th><th>测定空白管</th><th>标准管</th><th>标准空白管</th></tr>
<tr><td>ALT 基质应用液/mL</td><td>0.5</td><td>0.5</td><td>—</td><td>—</td></tr>
<tr><td>1/15mol/L 磷酸缓冲液/mL</td><td>—</td><td>—</td><td>0.5</td><td>0.5</td></tr>
<tr><td></td><td colspan="4">置 37℃水浴保温 5min</td></tr>
<tr><td>丙酮酸标准液/mL</td><td>—</td><td>—</td><td>0.1</td><td>—</td></tr>
<tr><td>血清/mL</td><td>0.1</td><td>—</td><td>—</td><td>—</td></tr>
<tr><td></td><td colspan="4">轻轻混匀，仍置 37℃水浴精确保温 30min</td></tr>
<tr><td>2,4-二硝基苯肼液/mL</td><td>0.5</td><td>0.5</td><td>0.5</td><td>0.5</td></tr>
<tr><td>血清/mL</td><td></td><td>0.1</td><td>—</td><td>—</td></tr>
<tr><td></td><td colspan="4">混匀，置 37℃水浴保温 20min</td></tr>
<tr><td>0.4mol/L NaOH 溶液/mL</td><td>6</td><td>6</td><td>6</td><td>6</td></tr>
</table>

混匀，放置 5min 后，用 520nm 或绿色滤光板比色，以标准空白调节零点，读取各管吸光度。

计算：

$$\frac{\text{测定管吸光度}-\text{测定空白管吸光度}}{\text{标准管吸光度}}\times 10\times\frac{1}{0.1}\div 2.55= \quad \text{单位/1mL 血清}$$

[正常参考值] 血清 ALT 活性为 5～25 卡门单位。

七、思考题

1. 血清 ALT 测定中，为何设置对照管？

2. 简述测定 ALT 活性的临床意义。

3. 体内主要有哪几种转氨基作用？

实验五　比色法分析和 721 分光光度计的使用

1. 比色分析法

许多物质本身具有一定的颜色，也有许多物质本身无颜色，在加入适当的显色剂后生成有色物质。溶液浓度越大，颜色越深。因此可以利用比较溶液颜色深浅的方法来测定有色溶液的浓度。这种方法叫比色分析法。

(1) 物质的颜色和波长

可见光：波长 (λ)400～760nm。

紫外光：λ＜400nm。

红外光：λ＞760nm。

有色物质的颜色是由于它在可见光范围内选择性吸收了一部分光能所致，有色物质对某些波长的光吸收强，而对另一些则吸收弱或者不吸收。自然光照射于有色物质，因选择性吸收而减弱了其中某些光，使得物质显示被吸收掉的光的补色。

光的互补：将两种适当颜色的可见光按一定强度比例混合可得到白光，这两种光叫互补光，该现象叫光的互补，光的互补示意图如下：

单色光：白光通过棱镜后可分解成各种波长不同的色光，把具有一种波长，不能再分解的光叫单色光。

(2) 溶液的颜色和光吸收的关系

溶液的颜色，是由于不同的有色物质有选择地吸收某种颜色的光而引起的。溶液呈现的颜色是与它主要吸收的光相互补的光的颜色。溶液吸收的光越多，呈现的颜色越深。例如：一束白光通过核黄素溶液，溶液呈黄色，是因为蓝色光被吸收，而其他颜色的光均为两两互补，透过光只多余出黄色光，所以核黄素溶液呈黄色。

(3) 物质浓度、液层厚度与光吸收的关系 (Lambert-Beer 定律)

当一束单色光通过溶液后，光被溶液吸收的程度 (A) 与溶液的浓度 (c)，液层厚度 (L) 以及入射光的强度 (I_0) 有关。溶液浓度越大，液层越厚，吸光越多，这就是物质 (均匀透明固体、液体及气体) 对光的吸收定律。

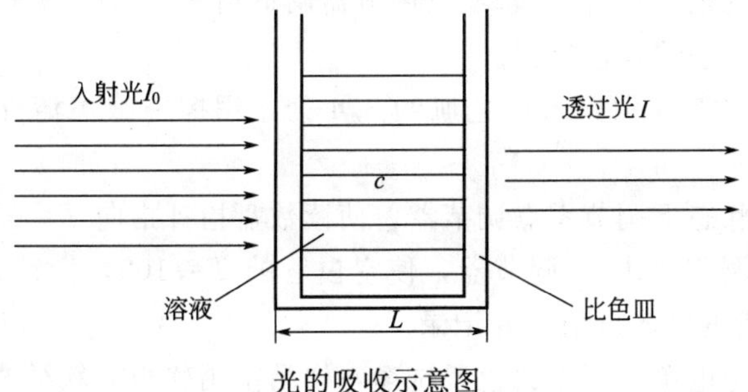

光的吸收示意图

Lambert-Beer 定律公式为：

$$A=\lg I_0/I=EcL$$

式中，A 为吸光度；E 为吸光系数；c 为物质的浓度；L 为液层厚度。

$\lg I_0/I$ 意义：

当 $I=I_0$ 时，$\lg I_0/I=0$，表示溶液完全不吸收光线；

当 $I<I_0$ 时，$\lg I_0/I$ 值较大，表示溶液对光吸收较多；

当 $I\rightarrow 0$ 时，$\lg I_0/I$ 值无穷大，表示光线几乎被溶液完全吸收（溶液不透光）。

由此可见，$\lg I_0/I$ 表示了溶液对光的吸收程度。

吸光系数 E：表示有色溶液在单位浓度和单位液层厚度时的吸光度。

（4）待测溶液浓度定量常用的方法

① 标准比色法　在同样条件下，测得标准液和待测液的吸光度值，根据 Lambert-Beer 定律：

$$标准液：A_s=E_s c_s L_s$$

$$待测液：A_u=E_u c_u L_u$$

对于同种物质，在相同的操作条件下有：$L_s=L_u$，$E_s=E_u$，则可得 $A_s/A_u=c_s/c_u$，那么 $c_u=(A_u/A_s)\times c_s$。

② 标准曲线法　分析大批待测样品时，采用此法较方便。先配制一系列浓度由小到大的标准溶液，测出它们的吸光度（A）值。在一定浓度范围内，溶液浓度（c）与其吸光度（A）值之间呈直线关系。以各管 A 为纵坐标，c 为横坐标，绘制标准曲线。待测溶液 A 值测出后，在曲线上查出 c。

也可以通过线性回归的方法直接求出吸光度 A 与溶液浓度 c 直线方程，待测溶液 A 值测出后，直接带入直线方程，计算得到待测浓度 c。

③ 标准系数法　多次测定标准溶液的吸光度 A 后求出平均值，标准系数＝标准液浓度/标准液平均吸光度，同法测出待测液的吸光度代入下式：

$$c=待测溶液吸光度\times 标准系数$$

2. 721 分光光度计的使用

分光光度法使用分光光度计，利用棱镜或光栅获得单色光，波长精度可达到 0.1nm，具有很好灵敏度、准确度和选择性。

721 分光光度计的操作方法如下。

① 在仪器未接通电源时，电表指针必须位于“0”刻度。必要时可用电表上的校正螺丝调至“0”（一般已经校正）。

② 接通电源，打开仪器开关，掀开样品室暗箱盖，预热 10min。

③ 将灵敏度开关调至“1”挡（若零点调节器调不到“0”时，需选用较高挡）。

④ 根据所需波长转动波长选择钮。

⑤ 将空白液及测定液分别倒入比色皿约 3/4 处，用擦镜纸擦清外壁，放入样品室内，使空白管对准光路。

⑥ 在暗箱盖开启状态下调节零点调节器，使读数盘指针指向 $T=0$ 处。

⑦ 盖上暗箱盖，调节“100”调节器，使空白管的 $T=100$，指针稳定后逐步拉出样品滑杆，分别读出测定管的吸光度值，并记录。

⑧ 比色完毕，关上电源，取出比色皿洗净，样品室用软布或软纸擦净。

3. 实验指导

(1) 比色分析条件的选择

① 波长的选择 原则是“吸收最大，干扰最小”。

例：A，B 两种物质，A 物质最大吸收峰在 a 处，B 物质在 a 处也有吸收，对 A 物质的测定有干扰，故选 b 处波长进行比色测定以满足以上原则。

② 吸光度 A 的选择 A 值读数在检流计标尺中部时，准确度较高，相对误差最小。一般 $A=0.05\sim1$。

③ 显色条件的选择 比色分析中，常需要利用空白溶液调节仪器的透光率为 100%，此时 A 为 0。空白溶液仅仅不含被测物质，而其他溶液、试剂和处理条件与被测溶液完全相同。因此，利用空白溶液可消除显色溶液中其他有色物质的干扰，抵消比色皿和试剂对入射光的影响。

(2) 比色皿使用注意事项

① 要彻底清洗，尤其是盛过蛋白质等溶液，干后形成一层膜，不易洗去，通常杯子不用时可放在 1%洗洁精液中浸泡，去污效果好，使用时用水冲洗干净，要求杯壁不挂水珠，还可以用绸布、丝线或软塑料制作一个小刷子清洗杯子。

② 严禁用手指触摸透光面，因指纹不易洗净，所以应拿毛面。严禁用硬纸和布擦拭透光面，只能使用镜头纸和绸布。

③ 严禁加热烘烤。急用干的杯子时，可用酒精荡洗后用冷风吹干。绝不可用超声波清洗器清洗。

实验六 邻甲苯胺法测定血糖

一、实验目的

1. 掌握测定血糖的原理和方法。
2. 掌握 721 型分光光度计的使用。

二、实验原理

正常人血糖浓度为 80～100mg/dL，保持血糖浓度的恒定具有重要的生理意义。葡萄糖在热醋酸溶液中脱水生成羟甲基糠醛，即 5-羟甲基-2-呋喃甲醛。羟甲基糠醛与邻甲苯胺缩合，生成蓝绿色的席夫碱。

其反应过程为：

$$\text{葡萄糖}\xrightarrow{\text{醋酸，加热}}\text{羟甲基糠醛}\xrightarrow{\text{邻甲苯胺}}\text{席夫碱}$$

其颜色的深浅与血液中葡萄糖的含量成正比。通过与同样处理的葡萄糖标准液比色，就可以测得待检血样中葡萄糖的含量。

这种方法测定葡萄糖的含量特异性较高，果糖等低聚糖和血液中其他的还原性物质对本法几乎没有干扰作用。

三、仪器与试剂

仪器：721 型分光光度计、0.5mL 刻度吸量管 2 支、2mL 刻度吸量管 3 支、水浴锅、离心机、离心管、其他常规仪器。

试剂：邻甲苯胺试剂、饱和硼酸溶液、5%三氯乙酸溶液、葡萄糖标准溶液、0.3%苯甲酸溶液。

四、实验步骤

1. 按 721 型分光光度计操作程序对分光光度计进行安全性检查，预热，调整“0”和

“100%”。

2. 血滤液的制备

吸取 0.4mL 全血于 10mL 离心管中，加入 5%三氯乙酸 3.6mL，边加边振荡，充分混匀后，离心 5～10min，取上清液即为血滤液。

3. 对比测定

(1) 取中号试管 3 支，编号，按下表加入试剂（单位：mL）

试剂＼管号	测定管	标准管	空白管
血滤液	2.0		
葡萄糖标准溶液		2.0	
蒸馏水			2.0
邻甲苯胺试剂	5.0	5.0	5.0

(2) 按上表加入试剂后，同时放入沸水浴中加热 6～8min（注意沸水浴的水面应高于试管内的液面，加热时间过短，生成的颜色不稳定）。取出置冷水中冷却，用 630nm（红色）波长于 30min 内进行，以空白管校正零点，记录吸光度读数。

(3) 计算

$$A_{测}/A_{标}\times 0.2\times 100\times 4/(0.4\times 2)=全血葡萄糖(mg/dL)$$

五、注意事项

1. 邻甲苯胺试剂的配制：称取硫脲 1.5g，置于冰乙酸 400mL 中，续加入邻甲苯胺 80mL，混匀，再加饱和硼酸液（约 6%）40mL，然后用冰乙酸稀释至 1000mL。充分混匀后储存于棕色瓶中保存。

2. 饱和硼酸溶液的配制：称取硼酸 6g 溶于 100mL 蒸馏水，摇匀，放置一夜，取上清液应用。

3. 葡萄糖标准液的配制

① 储存液（1mL 约含 10.0mg） 称取干燥无水的葡萄糖（分析纯）1000mg，溶于 50mL 饱和苯甲酸溶液中，转入 100mL 容量瓶内，用饱和苯甲酸溶液稀释至刻度。

② 应用液（1mL 约含 0.1mg） 吸取储存液 1mL 于 100mL 容量瓶内，用 0.3%苯甲酸溶液稀释至刻度。置冰箱中保存，此应用液可用 1 周（如当天用，可用水稀释）。

六、思考题

1. 测定血糖时为什么要设定空白管？

2. 正常人血糖为什么能基本保持恒定？

试验七 邻苯二甲醛法测定血清中总胆固醇

一、实验目的

了解并掌握比色法测定血清总胆固醇的原理和方法。

二、实验原理

胆固醇是环戊烷多氢菲的衍生物，它不仅参与血浆蛋白的组成，而且也是细胞的必要结构成分，还可以转化成胆汁酸盐、肾上腺皮质激素和维生素 D 等。胆固醇在体内以游离胆固醇及胆固醇酯两种形式存在，统称总胆固醇。总胆固醇的测定有化学比色法和酶学方法两类。本实验采用前一方法。

胆固醇及其酯在硫酸作用下与邻苯二甲醛产生紫红色物质，此物质在550nm波长处有最大吸收，可用比色法作总胆固醇的定量测定。胆固醇含量在400mg/100mL内，与吸光度*A*值呈良好线性关系。

本法不必离心，颜色产物也比较稳定，胆红素及一般溶血对结果影响不大，严重溶血者才使结果偏高。本法在20～37℃条件下显色，显色后5～30min以上颜色基本稳定。温度过低，显色剂强度减弱；加混合酸后振摇过激能使产热过高，也可使显色减弱。

三、试剂和器材

1. 试剂

(1) 邻苯二甲醛试剂：称取邻苯二甲醛50mg，以无水乙醇溶至50mL冷藏，有效期为一个半月。

(2) 混合酸：冰乙酸100mL与浓硫酸100mL混合。

(3) 标准胆固醇储存液（1mg/mL）：准确称取胆固醇100mg，以冰乙酸溶至100mL。

(4) 标准胆固醇工作液（0.1mg/mL）：将上述储存液以冰乙酸稀释10倍，即取10mL用冰乙酸稀释至100mL。

2. 测试样品

0.1mL人血清以冰乙酸稀释至4.00mL。

3. 器材

试管1.5cm×15cm(×12)、吸管0.5mL(×5)、10mL(×1)、0.1mL(×1)、WFJUV-2000型分光光度计。

四、实验步骤

1. 制作标准曲线

取9支试管编号后，按下表顺序加入试剂。

管　号	0	1	2	3	4	5	6	7	8
标准胆固醇工作液/mL	0	0.05	0.10	0.15	0.20	0.25	0.30	0.35	0.40
冰乙酸/mL	0.40	0.35	0.30	0.25	0.20	0.15	0.10	0.05	0
邻苯二甲醛试剂/mL	0.20	0.20	0.20	0.20	0.20	0.20	0.20	0.20	0.20
混合酸/mL	4.00	4.00	4.00	4.00	4.00	4.00	4.00	4.00	4.00
相当未知血清中总胆固醇量/%	0	50	100	150	200	250	300	350	400

加毕，温和混匀，20～37℃下静置10min，与550nm下比色测定，以总胆固醇量为横坐标，*A*值为纵坐标做出标准曲线。

2. 样品测定

取3支试管编号后，分别加入试剂，与标准曲线同时作比色测定。

管　号	对　照	样　品　1	样　品　2
稀释的未知血清样品/mL	0	0.40	0.40
邻苯二甲醛试剂/mL	0.20	0.20	0.20
冰乙酸/mL	0.40	0	0
混合酸/mL	4.00	4.00	4.00
*A*值			

加毕，温和混匀，20～37℃下静置10min，与550nm下比色测定，测得A值，从标准曲线中可查出样品的胆固醇含量。

五、注意事项

1. 混合酸黏度大，要用封口膜充分混匀。保温后如有分层，再次混匀。

2. 混合酸配制时，将浓硫酸加入冰乙酸中，次序不可颠倒。

六、思考题

1. 本实验操作中特别需要注意的是什么，为什么？

2. 脂类难溶于水，将它们均匀分散在水中则形成乳浊液，为什么正常人血浆和血清中含有脂类虽多，但却清澈透明？

实验八　二乙酰一肟法测定血清中尿素氮

一、实验目的

1. 学习并掌握血清尿素氮的测定方法。

2. 熟练掌握分光光度计的使用方法。

二、实验原理

血清中的尿素，在氨基硫脲存在下，与二乙酰一肟和磷酸溶液混合加热，产生红色化合物，其颜色的深浅与血清中尿素的含量成正比。采用标准管对照法可求得血清中尿素的含量。

三、仪器与试剂

仪器：721型分光光度计、5.0mL吸量管1支、0.2mL吸量管1支、微量取样器、容量瓶、量筒、水浴锅、其他常规仪器。

试剂：二乙酰一肟-氨基硫脲（DAM-TSC）试剂、60%磷酸、尿素标准溶液（100mL约含20mg氮）、显色剂、血清。

四、实验步骤

1. 按721型分光光度计操作程序对分光光度计进行安全性检查，预热，调整“0”和“100%”。

2. 取3支大试管编号，按下表操作。

试剂 \ 管号	空　白	测　定	标　准
蒸馏水/mL	0.01	—	—
血清/mL	—	0.01	—
尿素氮标准溶液/mL	—	—	0.01
显色剂/mL	5.0	5.0	5.0

3. 加好试剂后摇匀，同时放入沸水浴中加热20min，然后取出在冷水中冷却至室温。

4. 用721型分光光度计在530nm波长处比色，以空白管调零，记录各管的吸光度A。

5. 计算

$$A_{测}/A_{标}\times 0.02\times 5\times 100/0.1=A_{测}/A_{标}\times 10=\text{尿素氮}(mg/dL)$$

经实验测定，男、女血清中尿素氮的含量范围为：男，6.48～19.88mg/dL；女，2.56～17.28mg/dL。

五、实验指导

(1) 二乙酰一肟-氨基硫脲（DAM-TSC）试剂的配制：准确称取二乙酰一肟0.6g，氨基硫脲 0.03g，溶于少量蒸馏水中，再用蒸馏水稀释至 100mL。此溶液在室温下稳定，几天后出现黄色不干扰此反应。

(2) 60%磷酸的配制：取浓磷酸（85%～87%)60mL，同少量蒸馏水混合，然后加蒸馏水至 100mL。

(3) 尿素氮标准溶液的配制：取尿素（分析纯）于 60～70℃干燥至恒重（或用浓硫酸干燥至少 48h)。准确称取 241mg 干燥尿素，溶于少量蒸馏水中，定量转入 500mL 容量瓶中，加浓硫酸 0.2mL，然后加蒸馏水至刻度，置冰箱中储存。

(4) 显色剂的配制　取 1 份 DAM-TSC，加 5 份 60%磷酸，临用前混合，此溶液在 1h 内稳定。

六、思考题

1. 测定血清中尿素氮的基本原理是什么？

2. 为什么显色剂必须使用前临时配制？

实验九　胡萝卜素的柱色谱分离法

一、实验目的

1. 通过本实验了解并掌握吸附色谱技术的基本原理和方法。

2. 熟悉应用吸附色谱技术分离胡萝卜素的原理及方法。

二、实验原理

存在于胡萝卜、辣椒及绿叶蔬菜中的胡萝卜素和其他的一些植物色素，可用酒精、石油醚和丙酮等有机溶剂提取出来，且能被氧化铝所吸附。由于胡萝卜素与其他植物色素的化学结构各不相同，因此，它们被氧化铝吸附强度以及在有机溶剂中的溶解度都不相同，所以提取液利用氧化铝吸附，再用石油醚等冲洗色谱柱，即可分离成不同色带。在这些植物色素中胡萝卜素吸附程度最差，色带在最前面，最先被洗脱下来。

三、仪器与试剂

试剂：石油醚及 1%丙酮石油醚、95%乙醇、无水 Na_2SO_4、Al_2O_3、干红辣椒皮（自备)。

器材：玻璃色谱柱（1cm×16cm)、铁架台、研钵、滴管等。

四、实验步骤

1. 提取

称取干红辣椒皮 2g，剪碎后放研钵中，加 95%乙醇 4mL，研磨至提取液呈深红色，再加石油醚 6mL 研 3～5min。此时若石油醚挥发过多。可再加油 4mL 左右，提取液颜色愈深，则表明提取的胡萝卜素越多。取出提取液，置 40～60mL 分液漏斗中，用 20mL 蒸馏水洗涤数次，直至水层透明为止，以除去提取液中的乙醇。将红色石油醚自漏斗口倒入干燥试管中，加少量无水 Na_2SO_4 除去水分，用塞子塞紧管口，以免石油醚挥发。

2. 色谱柱的制备

取 1cm×16cm 玻璃色谱柱，在其底部放置少量棉花，然后倒入石油醚-氧化铝悬液，氧化铝即可均匀沉积在玻璃色谱柱内，液柱高要达到 10cm 左右。在柱床上铺一张圆形滤纸片(略小于色谱柱内径)，将色谱柱垂直夹在铁架台上备用。

3. 分离

当色谱柱中石油醚液面与柱床相切时，立即用吸管吸取试管中样品液 1mL，沿色谱柱内壁加入色谱柱上端。待样品液完全流入色谱柱即用1%丙酮石油醚冲洗，使吸附在柱上的色素物质逐渐展开成数条颜色不同的色带。仔细观察色带的位置、宽度与颜色深浅。

五、注意事项

1. 氧化铝应先用高温处理以除去水分，这样可提高其吸附能力。

2. 石油醚提取液中的乙醇必须洗净，否则吸附不好，色素也弥散不清。

3. 展开溶媒中丙酮可增强洗脱效果，但含量不宜过高，以免洗脱过快使色带分离不清晰。

六、思考题

1. 什么叫吸附色谱法，为什么胡萝卜素的色带跑在最前面?

2. 如果氧化铝有水分，对胡萝卜素分离有何影响?

实验十　邻甲酚酞络合酮法测定血清钙

一、实验目的

1. 要求基本掌握邻甲酚酞络合酮法测定血清中总钙的原理。

2. 熟悉邻甲酚酞络合酮法测定血清中总钙的操作方法、注意事项。

3. 了解血清钙临床意义及评价。

二、实验原理

邻甲酚酞络合酮是金属络合指示剂，同时也是酸碱指示剂，在 pH 为 11 的碱性溶液中与钙络合生成紫红色螯合物，与同样处理的钙标准液比色，可求得血清钙含量。

三、实验试剂

1. 邻甲酚酞络合酮显色剂　称取 8-羟基喹啉 500mg 置烧杯中，加浓盐酸 5mL，使其溶解并转入 500mL 容量瓶中，再加入邻甲酚酞络合酮 25mg，待完全溶解后，加 TritonX-100 液 1mL，混匀，然后加去离子水至刻度，置聚乙烯瓶内保存。

2. 1mol/L AMP 碱性缓冲溶液　称取 2-氨基-2-甲基-1-丙醇（简称 AMP）89.14g，置于 1L 容量瓶内，加 500mL 去离子水溶解待完全溶解后加至刻度，置聚乙烯瓶内保存。

3. 显色应用液　试剂 1 和试剂 2 等量混合而成，用时配制。

4. 钙标准液（2.5mmol/L）　精确称取经 110℃干燥 12h 的碳酸钙 250mg，置于 1L 容量瓶内，加稀盐酸（1 份浓盐酸加 9 份去离子水）7mL 溶解后，加去离子水约 900mL，然后用 500g/L 醋酸铵溶液调节 pH 至 7.0，最后加去离子水至刻度，摇匀。

四、实验步骤

取三只试管，按下表操作。

加 入 物	测 定 管	标 准 管	空 白 管
血清/mL	0.05	—	—
钙标准液/mL	—	0.05	—
去离子水/mL	—	—	0.05
显色应用液/mL	4.0	4.0	4.0

混匀，10min 后，用分光光度计与波长 575nm 处，空白管调零，读取各管的吸光度。

计算公式如下：

$$血清钙(mmol/L)=\frac{测定管吸光度}{标准管吸光度}\times 2.5$$

参考值范围为：成人，2.03～2.54mmol/L（8.11～10.15mg/dL）；儿童，2.25～2.67mmol/L(8.98～10.78mg/dL)。

五、临床意义

1. 血钙增高

常见于下列疾病：甲状旁腺功能亢进症、维生素D过多症、多发性骨髓瘤、肿瘤的广泛骨转移、阿狄森病、结节病。

2. 血钙降低

可引起手足抽搐，常见于下列疾病：各种原因引起的甲状旁腺功能减退；肾病综合征，由于血浆白蛋白降低，使蛋白结合钙降低，最终导致血中总钙量的变化，但这种变化一般不影响离子钙的浓度；佝偻病和骨软化病，体内缺乏维生素D，使钙吸收有障碍，血清钙、磷均偏低；吸收不良性低血钙，在严重乳糜泻时，饮食中的钙与不吸收的脂肪酸生成钙皂而排泄。

六、注意事项

1. 用血清或肝素抗凝血浆标本，不能用钙螯合剂（如乙二胺四乙酸二钠盐，即EDTA）及草酸盐作抗凝剂的标本。

2. 邻甲酚酞络合酮灵敏度很高，所用的器皿如有微量的钙污染也会引起较大的测定误差，测定最好用一次性的塑料管，所有试剂应在聚乙烯瓶中保存。如果条件不允许而用玻璃试管和玻璃瓶时，必须经稀盐酸泡洗，再用去离子水冲洗干净后方可使用。

3. 用来做血清钙测定的碱性缓冲溶液较多，可根据条件选用常用的有乙二胺-氰化钾、乙二胺-醋酸钾-盐酸、乙二胺-乙二醇、乙醇胺-硼酸等。用乙二胺-乙二醇缓冲溶液测定较稳定；乙醇胺-硼酸缓冲溶液缓冲容量较大，可使空白试剂的吸光度保持较低读数。

4. 若试剂吸光度较高时，则标准曲线不通过零点，产生负截距。遇此情况，可在试剂中加入适量的EDTA(应呈淡紫色）或用1.25mmol/L、2.50mmol/L标准液做两点定标。

5. 测定过程中加入的8-羟基喹啉起的是络合镁离子的作用，以消除标本中镁离子的干扰。

七、评价

1. 本法试剂单一，操作简便，既适用于手工操作，也适用于各种自动分析仪，准确度和精确度均较高，是目前国际推荐的测定血钙的常规方法。钙浓度在1.25～5.0mmol/L范围内线性良好，且显色稳定，在显色后30min内吸光度无波动。

2. 变异系数批内为1.08%～1.60%，批间为3.05%～4.12%；回收率为98%～101.5%，平均为99.75%。本法与原子吸收法比较，相关系数 $r=0.9645$，回归方程 $y=0.9833x+0.119$。

3. 血清钙测定最常见的干扰因素是胆红素、血红蛋白、脂质和镁。血清在胆红素342μmol/L、Hb 2g/L、甘油三酯4.3mmol/L和镁2.06mmol/L时均不影响测定结果。

八、思考题

1. 阐述邻甲酚酞络合酮法的测定原理。

2. 如何提高测定的准确性？

3. 血清钙测定有何临床意义？

参 考 文 献

[1] 李宗根著. 生物化学. 北京：人民卫生出版社，1999.

[2] 李刚著. 生物化学. 第2版. 北京：科学技术文献出版社，2002.

[3] 王境岩等著. 生物化学. 第3版. 上册. 北京：高等教育出版社，2002.

[4] Vance D E，Vance J E. Biochemistry of Lipids，Lipoproteins，and Membranes，New Comprehensive Biochemistry，Vol. 36，New York：Elsevier Science Publishing Co.，Inc.，2002. An excellent collection of reviews on various aspects of lipid structure，biosynthesis，and function.

[5] 周爱儒等著. 生物化学. 第6版. 北京：人民卫生出版社. 2003.

[6] 周爱儒著. 生物化学学习指南. 第2版. 北京：北京大学医学出版社. 2004.

[7] 潘文干著. 生物化学. 第5版. 北京：人民卫生出版社. 2005.

[8] 张跃林等主编. 生物化学. 北京：化学工业出版社，2007.

[9] 刘群良主编. 生物化学. 北京：化学工业出版社，2011.